人を健康にする施肥

Fertilizing Crops to Improve Human Health: A Scientific Review

編集委員（Editorial Committee）

トム・W・ブルーセマ（Tom W. Bruulsema）

パトリック・ヘファ（Patrick Heffer）

ロス・M・ウェルチ（Ross M. Welch）

イスマイル・カクマック（Ismail Cakmak）

ケビン・モラン（Kevin Moran）

監修

渡辺和彦

翻訳

上杉 登

棟方直比古

鈴井智子

齋藤俊雄

石浦啓佑

前田美穂

長久保有之

大野佳織

土屋慶彦

大石秀和

目次

〈リスク減少〉

註：本書では、KとK_2Oのどちらも「カリウム」、PとP_2O_5のどちらも「リン」と表記する。ただし肥料数量の際は、カリウム(K_2O)、リン(P_2O_5)で計算する。

序論（IFAとIPNIより）

肥料は、伝統的に、土壌の肥沃度の維持・回復と収量増加、そして限定的ながら作物の品質改善用として用いられてきた。その施肥管理の改善が進むことで、収益の最適化と環境負荷の抑制の両立が可能となっている。最近では、肥料がもつもうひとつの効用に注目が集まっている。それは施肥管理を通して、健康的で豊かな生活の実現に貢献できるという事実である。

良好な健康を維持するには、十分なカロリーだけでなく、必須栄養素を十分に摂取する必要がある。いくつかの成功事例が報告されており、たとえばトルコの中部アナトリア地方での亜鉛施肥や、フィンランドでのセレン添加肥料などがある。これらの先進的な取り組みは、住民の健康問題の解決に効果をもたらした。同様の取り組みは、土壌や作物、そして人体に必須栄養素の欠乏が認められる多くの国々でも実施されるべきである。施肥は食料の構成成分にも影響を与える。人の健康に役立つ化合物について、作物の含有量を上げることは、施肥の目的のひとつになりうる。たとえばカリウムの施肥により、トマトのリコペン濃度を高めたり、ダイズのイソフラボン含有量を増やしたりできる。

肥料使用がいかに人の健康増進に資するか、その理解を深めるため、2008年に国際植物栄養協会（the International Plant Nutrition Institute；IPNI）と国際肥料協会（the International Fertilizer Industry Association；IFA）は、この複雑な領域の知識の現状について、徹底的に学術文献の精査を行うことを決定した。本書の各章は、特定の分野から先進的な科学者たちが選ばれて執筆を依頼され、別の専門科学者がその妥当性を検証した。一貫してバランスのとれた分析がなされた出版物であることを、保証するためである。

本書は、農業分野から人間の健康分野まで、栄養問題にかかわるすべての関係者を対象としている。私たちはこの資料が、栄養面での不安の払拭を目的とした新たな施肥提案の開発・普及に科学的根拠を提供し、さらなる研究発展の契機になればと考えている。経済的、社会的、環境保全的効果を生む「4R施肥推進運動（4R Nutrient Stewardship※）」による施肥処方の改善を通して、本書は肥料産業の努力に対する不可欠の図書となるであろう。

ルーク・M・マエネ　国際肥料協会（IFA）

テリー・L・ロバーツ　国際植物栄養協会（IPNI）

※RはRightの略で肥料学では、適切な肥料を適量、適期に適切な場所に施用するという意味の4R。推進運動とはStewardshipを指し、受託者責任の意味を含む。すなわちこの運動には適切に肥料を施用する指導責任も普及責任も、肥料業界が果たさねばならないという意味がある。

序論（IFPRIより）

肥料は前世紀の世界の農業発展に大きな役割を果たした。もっとも有名なのは「緑の革命」である。それは1960年代中頃以降にアジア全域に普及した食料増産の努力で、政策や補助金の改革に加え、改良された品種、肥料、農薬などの作物保護物質をひとまとめに投入する近代的な手法を導入したものであった。この結果、この40年間で穀物の生産は倍増し、十数億人を飢餓から救った。肥料は食糧増産にきわめて効果的だが、同時に、食料の品質改善による人の健康増進という大きな潜在力ももつ。

微量栄養素の欠乏、すなわち「隠れた飢餓」は、世界のおよそ20億人の生命を脅かしている。発展途上国では、毎年1,000万人以上もの5歳以下の子供が死亡している。これらの死因の60％は、栄養失調が関係している。およそ16億人は鉄欠乏性の貧血症に悩み、毎年約100万人の子供がビタミンA欠乏により死亡、妊婦のヨウ素欠乏は毎年約2,000万人の乳児に脳の機能障害を起こし、また亜鉛欠乏により毎年80万人の5歳以下の子供が下痢、肺炎、マラリアによって亡くなっている。食料の量と質とを向上させる科学技術の応用によって、農業はこの「隠れた飢餓」に対処する大きな役割を果たすことができる。これは国際食糧政策研究所（the International Food Policy Research Institute；IFPRI）の2020年ヴィジョン会議「栄養と健康の改善に向けた農業の活用（http://2020conference.ifpri.info）」で広く論じられた。「隠れた飢餓」に陥っている世界の多くの地域は、農業生産性が低いのが現実である。生産者が手頃な価格で肥料を入手できるようにすることが重要である。亜鉛やセレンなど、大切な栄養素の欠乏への対処に肥料を活用するには、総合的なアプローチと人的資源が必要となる。農業バリューチェーン（価値連鎖）での肥料の効率的な利用は難題ではあるが、そのため、民間企業と農家、そして民間企業と農業団体・各国政府・国際機関との有効な連携が期待される。

肥料関係者は、人間の健康・栄養面での成果を遂げる重要方策の頂点にいる。本書『人を健康にする施肥（Fertilizing Crops to Improve Human Health：A Scientific Review)』は、農業と栄養と健康の関連付けという意味で非常にタイムリーな報告である。本書の情報と分析は、世界の弱者の栄養向上と健康増進のため、肥料が果たす役割に目を向ける絶好の機会を提供するものである。

ラジュル・パンジャ＝ローチ
国際食糧政策研究所（IFPRI）

日本版　監修者まえがき

「少ない肥料投与で環境負荷を少なくし、かつ生産力を低下させずに持続的な農業生産をいかに実現できるか」。これが、21世紀の肥料・植物栄養学の大きな課題とされている。20世紀の農業が、化学肥料や農薬の使用により単位面積あたりの農作物収量を飛躍的に増加させ人口急増にみあう食料供給に貢献した反面、過剰施肥による農地の劣化や水質汚染などの環境問題を世界で広く引き起こし反省を強いられたからだ。

適切な肥料（適肥）を適量、適期に適切な場所に施用する「４Ｒ施肥推進運動」を推進すべきことは言うまでもない。農地のどのような場所にどのような肥料をどのような形で施肥をするのが一番効果的で高品質で、安全安心な農作物をつくることができるか、という研究も欠かせない。しかし、肥料がもつ役割＝作物を健全に育てて収量を確保し人間を健康に養うという肥料の基本的価値に変わりはないはずである。人間の健康維持のためには、十分なエネルギーを確保するだけでなく、さまざまなビタミンやミネラルを含めた栄養素を食品を通してまんべんなく摂取する必要がある。作物の健全さとは総合的な意味合いをもち、そのために欠かせないのが肥料である。

「未だ世界人口の六分の一が慢性的な飢餓状態」にあり、「2050年には現在より70％増の農業生産量が必要」だと国際連合食料農業機関（FAO）が報告している。また、エネルギーやタンパク質欠乏の脅威が低下した地域でも微量要素欠乏による栄養失調が深刻化している。今後ますます肥料の価値が認められなければならないと痛切に感じながらも、肥料軽視の世の流れにもどかしさを覚えていたなかで出会ったのが本書であった。

本書は、科学的文献調査に基づき「肥料がいかに人間の健康に貢献できるか」を精査したものである。

〈食物と栄養の安全〉（第１～４章）は、食料安全保障の観点からである。食料生産における肥料貢献は当然であるが、世界のおよそ20億人が微量要素欠乏症の危険にさらされている。貧しさから脱しきれない発展途上国の人々が大部分だが、その原因解析とともに農作物への微量元素強化対策を示している。

〈機能的食品〉（第５～８章）は機能性食品についてである。人間の栄養素としての多量元素も含め、タンパク質、脂質、炭水化物、機能性成分への施肥効果についてとりまとめている。施肥は多くの場面でプラスに働いていることを再認識することだろう。

〈リスク減少〉（第９～11章）は施肥によるリスク管理である。ヨーロッパで恐れられた麦角病の銅施肥による対策、有機農業と慣行農業の比較、ベラルーシの放射線対策事例を紹介している。

全てが科学的実験データに基づくため、本書の内容は生産から消費といったさまざまな場面で、食品としての農産物を扱う全ての人々に役立つはずである。現在の日本においても、亜鉛欠乏の高齢者が大勢存在する（倉澤隆平医師、2005年）のは、日本の現在の食生活習慣と、農産物の亜鉛不足が原因と考えられる。また、微量元素の重要性を早くから看破していた農法を町ぐるみで実施した福島県西会津町では、平均寿命が延び、しかも医療費も低下した実例もある（2003年）。さらに日本では野菜の硝酸塩を有害視する人がまだまだ多いが、本書の263ページには、硝酸イオンに関する考え方は1994年に大きく変わったこと、現在では253ページに書かれているように免疫系への効果も判明している。

肥料は現在のところ日本国内では邪険な扱いをされているが、肥料こそ作物生産を通して人間の健康に貢献できること、すなわち「肥料・ミネラルを適切に投与することは、命の源を人間に届けること」であることを本書が世界的視点から提示してくれている。今まさに「肥料の夜明け」を迎えているといえるだろう。

渡辺和彦
（元東京農業大学客員教授）

日本版　序論

人類は、その誕生以来、「万物の根源とは何か」を問い続けてきた。そのような背景の下、19世紀に登場したのが土壌・肥料・作物栄養学の始祖とも言うべき大化学者シュプレンゲルとリービッヒである。彼らは、植物体は（水、炭酸ガス、太陽エネルギーに加えて）無機元素によりつくられ、その成長は最も不足している元素の量により制限される（この考え方を「最少律」という）とした。

これに基づき、不足している元素を肥料として人為的に施用することにより植物成長の促進（作物収量の向上）を達成し、現在70億の人口を養えるようになったことは紛れもない事実であり、将来にわたってそれを否定することはあり得ないであろう。一方で、過剰あるいは不適切な肥料の施用が環境・健康問題を惹起する例を目にすることも少なくない。

施肥とは本来的にこのような諸刃の剣であることは、原子論を展開したデモクリトスの言「原子は不生・不滅」により明らかである。過剰に与えた分はそこに残り消えてなくなることはなく、不足した分は自然に補充されることはないのである。このような過不足が起こらないようにするのが「賢い肥料の使い方」なのである。

奇しくも2015（平成27）年は「国際土壌年」である。私たちを、さらには地球上に生きとし生けるものを、文字通り「縁の下」から支える土壌に対する認識の向上と、適切な土壌（ならびに施肥）管理を支援するための社会意識の向上を目的として、国連総会で決議された国際年である。

折しも、本書が日本土壌肥料学会会員である渡辺和彦先生の監修の下で和訳され、一般市民の皆様に「私たちの健康を考えた施肥」のあり方をお伝えできることは、天佑神助とも言うべきであり、感謝に堪えない。

読者の方々におかれては、さらに本書を通して、ともすればグローバリゼーションにより地球規模で土壌養分（元素・原子）の地域的過不足が助長され、世界各地で人類と生態系の健康が蝕まれつつある問題解決のためには自分自身に何ができるかを、上述のデモクリトスを想起しつつ、考え、さらに、行動に移していただければ望外の喜びである。これこそが、国際土壌年の究極の目標でもある。

小﨑　隆
（一般社団法人日本土壌肥料学会　会長／国際土壌科学連合　第3部門長）

謝辞

査読に時間を費やし、思慮に富むコメントや提言をくださった以下の科学者たちに、感謝の意を表する。

- Martin R. Broadley, University of Nottingham, United Kingdom
  マーティン・R・ブロードリー、ノッティンガム大学、イギリス
- Kenneth H. Brown, University of California, Davis, USA
  ケニース・H・ブラウン、カリフォルニア大学デービス校、アメリカ
- Kenneth G. Cassman, University of Nebraska/Lincoln, USA
  ケニース・G・カスマン、ネブラスカ大学リンカーン校、アメリカ
- Rosalind S. Gibson, University of Otago, New Zealand
  ロザリンド・S・ギブソン、オタゴ大学、ニュージーランド
- Susan E. Horton, University of Waterloo, Canada
  スーザン・E・ホートン、ウォータールー大学、カナダ
- Chung-Ja C. Jackson, BioLaunch Inc., Canada
  チャン＝ジャ・C・ジャクソン、バイオローンチ株式会社、カナダ
- Jacques Lochard, Centre d'étude sur l'Evaluation de la Protection dans le domaine Nucléaire（CEPN）, France
  ジャック・ロシャール、CEPN、フランス
- Robert Mikkelsen, International Plant Nutrition Institute（IPNI）, USA
  ロバート・ミケルセン、IPNI、アメリカ
- Penelope M. Perkins-Veazie, North Carolina State University, USA
  ペネロペ・M・パーキンス＝ヴィージー 、ノースカロライナ州立大学、アメリカ
- Boris Prister, Institute for Safety Problems of Nuclear Power Plants, Ukraine
  ボリス・プリスター、原子力発電所安全問題研究所、ウクライナ
- James E. Rahe, Simon Fraser University, Canada（retired）
  ジェームズ・E・ラーエ、サイモン・フレイザー大学、カナダ（退官）
- Volker Römheld, University Hohenheim, Germany
  ヴォルカー・ロームヘルド、ホーヘンハイム大学、ドイツ
- Jeffrey J. Schoenau, University of Saskatchewan, Canada
  ジェフリー・J・シェーナウ、サスカチュワン大学、カナダ
- Peter R. Shewry, Rothamsted Research, United Kingdom
  ピーター・R・シェウリー、ロザムステッド研究所、イギリス
- Tjeerd-Jan Stomph, Wageningen University, The Netherlands
  ティアード＝ヤン・ストンフ、ヴァーヘニンゲン大学、オランダ
- J. Keith Syers, Naresuan University, Thailand（deceased）
  J・キース・シアーズ、ナレースワン大学、タイ（故人）
- Nils Vagstad, Bioforsk－ Norwegian Institute for Agricultural and Environmental Research, Norway
  ニルス・バグスタッド、バイオフォースク、ノルウェー農業環境研究所、ノルウェー
- H. Christian Wien, Cornell University, USA
  H・クリスチャン・ウィーン、コーネル大学、アメリカ
- Tsuioshi Yamada, AgriNatura Consultoria Agronômica, Brazil
  ツヨシ・ヤマダ、アグリナチュラ農業コンサルタント、ブラジル

本書全体で使われる略語一覧

略語	正式名	日本語
Al	Aluminum	アルミニウム
B	Boron	ホウ素
C	Carbon	炭素
Ca	Calcium	カルシウム
$CaCO_3$	Calcium carbonate	炭酸カルシウム
Cd	Cadmium	カドミウム
Cl^-	Chloride	塩化物イオン
Cu	Copper	銅
$CuSO_4$	Copper sulphate	硫酸銅（II）
F	Fluorine	フッ素
Fe	Iron	鉄
Fe^{2+}	Ferrous iron	二価鉄イオン
Fe^{3+}	Ferric iron	三価鉄イオン
H^+	Hydrogen ion	水素イオン
HCO_3^-	Bicarbonate	炭酸水素イオン
I	Iodine	ヨウ素
K	Potassium	カリウム
KCl	Potassium chloride (also muriate of potash or MOP)	塩化カリウム（MOP）
K_2O	Oxide form of K, used in trade to express K content of fertilizer	酸化カリウム
K_2SO_4	Potassium sulphate (also sulphate of potash or SOP)	硫酸カリウム（SOP）
Mg	Magnesium	マグネシウム
Mn	Manganese	マンガン
Mo	Molybdenum	モリブデン
N	Nitrogen	窒素
Na	Sodium	ナトリウム
NaCl	Sodium chloride	塩化ナトリウム
N_2	Dinitrogen	二窒素
NH_3	Ammonia	アンモニア
NH_4^+	Ammonium	アンモニウムイオン
Ni	Nickel	ニッケル

NO_2^-	Nitrite	亜硝酸イオン
NO_3^-	Nitrate	硝酸イオン
P	Phosphorus	リン
Pb	Lead	鉛
PO_4^{3-}	Phosphate	リン酸イオン
P_2O_5	Oxide form of P, used in trade to express P content of fertilizer	五酸化リン
Pu	Plutonium	プルトニウム
S	Sulphur	硫黄
Se	Selenium	セレン
Si	Silicon	ケイ素
SO_4^{2-}	Sulphate	硫酸イオン
Zn	Zinc	亜鉛

Original Edition

Fertilizing Crops to Improve Human Health: A Scientific Review
Printed: 2012 (1st Ed.), 2013 (Reprint). IPNI, Norcross, GA, USA; IFA, Paris, France.

ISBN: 978-0-9834988-0-3

3500 Parkway Lane, Suite 550
Norcross, GA 30092 USA
Tel: +1 770 447 0335
Fax: +1 770 448 0439
circulation@ipni.net
www.ipni.net

28, rue Marbeuf
75008 Paris, France
Tel: +33 1 53 93 05 00
Fax: +33 1 53 93 05 45/ 47
publications@fertilizer.org
www.fertilizer.org

Managing Editor: Gavin Sulewski, IPNI
Design and Layout: Bonnie Supplee, Studio Supplee
Editorial Guidance and Assistance: Don Armstrong, Katherine Griffin and Danielle Edwards, IPNI

※この出版物（英語版）は、IPNIもしくはIFAの両サイトからダウンロードできます。書籍はIPNIもしくはIFAにご連絡ください。

※本書で使用される呼称と表現は、IPNIとIFAのいかなる見解も含みません。これにはあらゆる国、領土、都市、地域、また当局の法的立場に属する事項、あるいは国境や境界線の決定に関する問題を含みます。

要　約

人を健康にする施肥

トム・W・ブルーセマ、パトリック・ヘファ、ロス・M・ウェルチ、イスマイル・カクマック、ケビン・モラン[1]

人類の大半は施肥による食料増産にその生存を依存している。
肥料は食料の質・量の両面に寄与する。
その種類・量・時期・場所について、適切な方法で適切な作物に施用すれば、
人類の健康と幸福に大きく貢献する。

1948年以来、世界保健機構（World Health Organization；以下、WHO）は人の健康を「完全な肉体的、精神的および社会的に幸福な状態であり、単に疾病または病弱が存在しないことではない」と定義している。この定義によって、人の健康管理には、医学領域以外の、ほかの多くの学問分野も含まれるようになった。ノーマン・ボーローグ博士の1970年のノーベル平和賞の受賞は、農学が人の健康にかかわるこの定義と強く関連することを示すものであった。

肥料使用の増加は単位面積当たりの収量を高めて農作物の全供給量を増やすとともに、食料の品質と必須微量元素の含量にも寄与する。肥料反応性のよい農作物の生産が増えたことで、栽培作物の組み合わせにも、人が必要とする栄養を充たす食品の組み合わせにも変化が起きている。

人は食料がないと生きてはいけない。また農業には食料生産以上の使命がある。それは人の健康を育むことであり、施肥はその使命を支える。世界の人口が急増している状況のなか、すべての人が健康で活動的な生活を全うするには、この健康を育むという点に配慮した持続可能な農業発展と施肥が必要である。今でも肥料は、人の健康に大きな役割を果たしているが、それをさらに拡充させる機会は今なお多く存在する。

本書を通じてよく使われる略語は、xページ参照のこと。

1　T.W. Bruulsema is Director, Northeast North America Program, International Plant Nutrition Institute, Guelph, Ontario, Canada; e-mail: Tom.Bruulsema@ipni.net
P. Heffer is Director, Agriculture Service, International Fertilizer Industry Association, Paris, France; e-mail: pheffer@fertilizer.org
R.M. Welch is Lead Scientist, Robert W. Holley Center for Agriculture and Health at Cornell University, Ithaca, New York, USA; e-mail: rmw1@cornell.edu
I. Cakmak is Professor, Faculty of Engineering and Natural Sciences, Sabanci University, Istanbul, Turkey; e-mail: cakmak@sabanciuniv.edu
K. Moran is Director of Yara's Foliar and Micronutrient Competence Centre, Yara Pocklington (UK) Ltd, Manor Place, Pocklington, York, UK; e-mail: Kevin.Moran@yara.com

持続可能な発展には、生産者の生産性や収益性という目先の関心を超えて、人の栄養改善を実現する農業組織の体制づくりにまで踏み込むことが必要である。本書は、人の健康に影響する作物の品質に関する複雑な連鎖について、正しい知識の提供を目指している。肥料業界の「4R施肥推進運動（The industry's 4R Nutrient Stewardship）—適肥、適量、適期、適所に対応した肥料の施用」は、その「適切（Right）」の定義に、人の健康との関連性を含めることが必要とされている。

食料・栄養安全保障

食料安全保障：すべての人がいかなる時にも、十分、かつ安全で、栄養のある食料を物理的、社会的、経済的に入手可能であるときに達成される。栄養安全保障とは、人が健康で活動的な生活をおくるために、十分な食品栄養価の摂取が可能な状態を意味する（FAO, 2009）。

1961～2008年の間、世界の人口は31億人から68億人にまで増えた。同時期に世界の穀物生産は9億tから25億t（**図1**）にまで増えた。それを可能にしたのは、3,000万tから1億5,000万t以上まで増加した世界の肥料消費であった。肥料消費がなければ、世界の穀物生産量は半分に留まっていたと思われる（Erisman et al., 2008）。

地上生物圏に窒素やリンを新規投入する量を倍増することで、肥料は人類の食料確保に重要な役割を果たした。しかしすべての人に食料が行き届いた訳ではない。2009年においても、世界の人口の6分の1が、慢性的な飢餓の恐怖にさらされている。FAOによると、人類は2050年までに2005～2007年の70%増の農業生産量が必要とされる（FAO, 2012）。今後の遺伝子改良で期待される収穫増も、すべての植物栄養成分（肥料）を有機物もミネラルもできるだけ効率よく使って、収奪された肥料成分を補充できるかにかかっている。

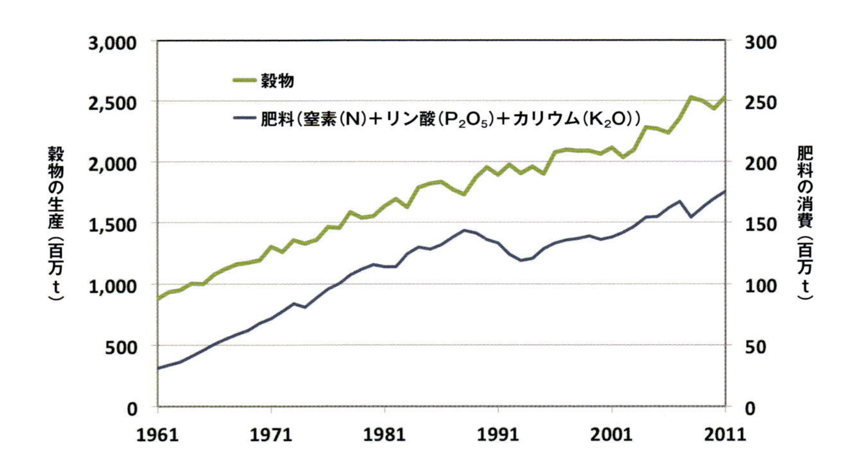

図1　世界の穀物生産と肥料の消費（1961～2011年）（FAO 2012；IFA 2012）

栄養安全保障：植物栄養成分（肥料）は収量に加えて、人が必要とする栄養素、炭水化物、タンパク質、脂肪、ビタミン、ミネラルの量や形態にも影響する。健康によい食物成分は、無機肥料の施用で増やすことができる。ほとんどの生産者は収穫量に最適な施肥をすでに行っているが、人間の健康への施肥効果を見逃している。人の栄養に大切な微量栄養素は、食用作物への施用によって食物として供給されるべきである。

生産高が人口増加に追い付いていないマメ類などの農産物の収穫増と、栄養価向上を同時に実現することは可能である。そのような作物が穀類との価格競争力を維持するには、人の健康にもっとも重要な栄養成分を含む農産物の生産者を優遇する政策が必要である。

微量栄養素の欠乏による栄養失調症：ある面、主食用穀物の増産で逆に拡大している。微量要素を豊富に含むマメ類に代表されるほかの作物は、緑の革命の恩恵には浴さなかった。その結果、これらの作物の価格は相対的に高値となり、栄養失調症で苦しむ世界の貧困層の口には、わずかしか届いていない。

生物学的栄養強化は、数多くの人々の鉄分、ビタミンA、亜鉛の欠乏状態を適切な水準まで回復するのに大変有効である。遺伝子工学と農学的手法を用いた生物学的栄養強化には、微量要素が鍵となる。この２つの手法は相乗的、かつ補完的に作用する。

主食用作物では、遺伝子工学的手法は鉄分やビタミンAに関して効果的であり、肥料などの農学的手法は食物の亜鉛やヨウ素やセレンを増やすのに効果的である。ヨウ素とセレンの不足は植物の成長には支障ないが、亜鉛欠乏の改善は、作物と消費者のどちらにも利益がある。穀物に亜鉛とセレン入り肥料を与えると、微量元素の濃度と生物学的利用能を改善することができる。微量元素の葉面散布時期は、穀物内で亜鉛などの微量元素の含有率を高めるのに特に重要である。圃場試験の結果では、穀物の亜鉛濃度は初期段階の葉面散布よりも成長後期の葉面散布の方が圧倒的に高くなる。とりわけ、コムギの可食部の胚乳部分でその傾向が顕著である。世界の多くの土壌で亜鉛が欠乏しており（**表1**）、地域差はあるが住民が亜鉛欠乏症のリスクにさらされている地域も多くある（**表2**）。

機能性食品

カルシウム、マグネシウム、カリウム：人に必須な多量無機栄養素である。カルシウムの人の骨と歯への役割は別にして、これらのミネラルは、人体で植物体中と同様に必須の働きをもつ。作物のカルシウム濃度は土壌中の濃度で決まる。施肥は作物の生産量を最適な状態とし、さらに人体に必要なミネラルの供給を助ける。カルシウム欠乏は、搗精された穀物やコメに偏った食習慣の国々で発症する（たとえば、バングラデシュやナイジェリア）。マグネシウムの適切な摂取量は簡単には決められないが、研究報告では、米国を含め、相当多くの成人がマグネシウムの摂

表1　肥料元素が欠乏している農地土壌の比率

元素	%
N	85
P	73
K	55
B	31
Cu	14
Mn	10
Mo	15
Zn	49

（世界190土壌の調査より、Sillanpaa, 1990）

表2　世界と地域における亜鉛欠乏症のリスクにさらされている人口の比率（Hotz and Brown, 2004）

地域	欠乏者の比率(%)
北アフリカ／東地中海	9
アフリカのサブサハラ	28
ラテンアメリカ、カリブ	25
アメリカ合衆国、カナダ	10
東ヨーロッパ	16
西ヨーロッパ	11
東南アジア	33
南アジア	27
中国（香港含む）	14
西太平洋	22
世界全体	21

取不足に陥っている。同様に、カリウムの1日所要量の定義も明確ではなく、米国で十分とされる4.7g/日以上を摂取しているのは男性でわずか10%、女性は1%未満の状態である。

炭水化物、タンパク質、脂肪：窒素を穀物に施用すると、収量に加え、タンパク質も増加する。コメでは、窒素は収量を大幅に増やすものの、タンパク質の量はわずかに増える程度である。窒素はタンパク質の品質に関して、ほかのタンパク質よりも制限アミノ酸であるリジン［訳註：リシンとリジンは同意。本書ではリジンとする］を多く含むグルテリンの濃度を高める。トウモロコシやコムギでは、最適収量に必要な量以上の窒素の施用でタンパク質が増加する場合もある。しかし、必須アミノ酸であるリジン濃度が低いため、栄養価の改善は制限される。例外は、品種改良された高タンパク質トウモロコシ［訳註：QPM; Quality Protein Maize］である。この品種では、窒素を多用するとリジンの濃度が高くなる。ジャガイモは、窒素がデンプンとタンパク質の濃度を増やし、リン、カリウム、硫黄がタンパク質生物価［訳註：タンパク質の栄養価を示す指標で、体内に吸収された窒素量のうち、体内に蓄えられた量の百分比で表す］を高める。収穫を抑制する栄養欠乏状態が緩和されると脂質の量は増えるが、作物の脂質組成は施肥量の影響を受けにくい。

窒素の最適施用（適肥、適量、適期、適所）の管理手段により、健康によいタンパク質、脂肪、炭水化物の生成を助ける肥料の働きがよりよく発揮される。窒素の利用効率を高める遺伝子改良では、穀物タンパク質の量と質に対する効果に注意を払うことが必要になる。その一方で、収穫前の葉面散布や緩効性肥料を用いた施肥管理は、余剰窒素による損耗（ロス）を最小に抑え、タンパク質の合成に有効な窒素を増やし得る。

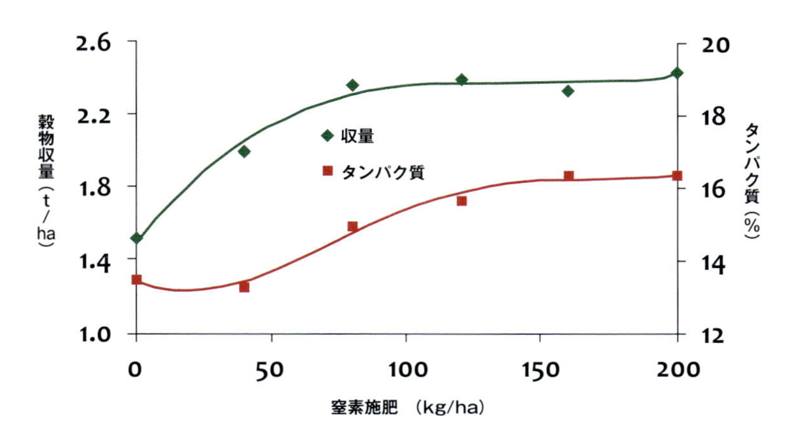

図2 窒素施肥に応答したコムギの収量とタンパク質

果物と野菜の健康機能品質：多くの科学的証拠によって、妥当な施肥管理は果物と野菜の生産性と市場価値を上げるばかりか、人の健康増進という特性を高めることが明らかになった。窒素の施用で、カロテノイド（ビタミンA前駆体）の濃度は高まるが、ビタミンCの濃度は減少する。カリウムと硫黄の葉面散布はマスクメロンの甘味、食感、色度、ビタミンC、β-カロテンや葉酸成分を高めた。ピンクグレープフルーツでは、カリウムの葉面追肥でβ-カロテンとビタミンCの濃度が高まった。バナナでのいくつかの研究で、カリウム成分と果物の品質尺度である糖度やアスコルビン酸（ビタミンC）との正の相関関係、果実酸度との負の相関関係が報告されている。

ビタミン類に対する効果に加え、肥料は作物の機能性（健康増進）成分の濃度にも効果があることが明らかとなっている。カナダのオンタリオ州のカリウム欠乏土壌で栽培されたダイズは、カリウムの施用によりイソフラボンの濃度が13%高くなった。カリウムはグレープフルーツやトマトのリコピン濃度を高めるという試験結果も報告されている。

ブロッコリーとダイズは、人の食事にカルシウムとマグネシウムを供給する植物の代表例である。やせた酸性土壌でこれらの作物を栽培する際は、苦土石灰の施用によりこの重要なミネラルの濃度を上げることができる。

一般的に窒素の施用で抗酸化物質のルテインとβ-カロテンの濃度を高めることができる。これらの成分は、ビタミンA、C、Eとともに、失明原因のひとつとなる老人性黄斑変性症の発症を抑える効果がある。

リスク軽減

植物病害：銅欠乏の穀物では、麦角病（*Claviceps* sp.）による汚染が食品安全問題の一例であり、それは銅入り肥料の施用で抑制できる。植物病原菌は無機栄養素を固定したり、競合して植物性食品のミネラル量を減少させ、栄養品質と安全性を劣化させる。ほかにも多くの植物病害は、作物の栄養状態に影響することが知られるが、食の安全にかかわる植物病害を抑制する最適な栄養管理については、知見が不足している。

作物の養分管理は、植物病害とその抑制に深くかかわる。肥料ミネラルの特徴を利用して植物病害を減らす戦略には次のものがある：

- マンガン吸収効果の高い品種の開発
- 各肥料要素の適量施用により要素間のバランスをとること
- 作物に適した肥料の形態の選択（たとえば、硝酸とアンモニア、塩化物と硫化物）
- 植物の吸収と生育に最適な窒素施用のタイミング
- 耕起、輪作による土壌微生物の総合的管理

農業システム：有機農業生産者の施肥方針は、ほかの生産者と異なる。この違いは食品の健康増進効果によい影響があるのだろうか？　有機農法では肥料供給源の制約により、増え続ける世界の人口をまかなうことはできない。また有機農業システムは反芻動物と飼料作物の栄養循環に大きく依存しているため、有機食品の生産物比率は健康的な食生活が必要とするものと合っていない。偏った食事内容は、ヒトの必須栄養素の供給不足や特定成分の過剰摂取で、健康問題を引き起こす可能性がある。

銅の施肥は麦角病が発生しやすい土壌に有効な手段である（写真右は硫酸銅の結晶）

食品成分は、窒素供給の違いに対して小さな変化を示し、その変化は植物の生理的な反応により説明できる。有機農法でビタミンCは増えるが、ビタミンA、B群やタンパク質、硝酸塩は減少する。慣行農法で栽培された食料の高濃度の硝酸塩は、危険ではなく人の健康に有益である。有機農業の支持者は食品の品質に関心が高いが、（世界的規模での）食料供給と食品構成（食事内容）に注目して考えることが、人の健康にはもっとも重要である。

放射性物質の汚染対策：チェルノブイリや福島での原子炉事故の例にあるように、土壌が放射性核種で汚染された時、人の健康を守るには、植物への吸収を抑制するのが最大の目標となる。ベラルーシのゴメル地方での土壌における研究では、カリウムを施用したところ、それが肥料由来でも土壌由来でも、土壌中での交換性カリウム増加にともない、作物中の放射性セシウム137（^{137}Cs）とストロンチウム90（^{90}Sr）が減少した。これらの放射性核種は、窒素・リン肥料をドロマイトと合わせて施肥することでも、その濃度が下がった。放射線汚染地域で人々の生活を改善するためには、復興の過程からの地域住民の参画と自己開発も重要である。

要約

以上、人類の健康にかかわる作物の特性の改善に、肥料が重要な役割を果たしていることを示した。

肥料が食料安全保障や栄養安全保障の促進に果たす重要な役割を考えると、施肥効果を最適化するための研究投資は、なお一層重要となる。適肥・適量・適期・適所を実現する「4R施肥推進運動（4R Nutrient Stewardship）」を支援する研究が求められる。肥料業界が推進するこの構想、つまり人の健康維持に重要な経済、社会、環境保全のすべてで持続可能性を達成するには、この「適切（Right）」が重要な要素となる。人類が真に必要とする栄養素を備えたよりよいバランスの食料生産に向けて、農業システムの適正な戦略転換とあわせて、農学研究と普及における「4R」に力点を置いた活動は、肥料施用に伴う効果を高め弊害の最小化を図るものである。

参考文献

Erisman, J.W., M.A. Sutton, J. Galloway, Z. Klimont, and W. Winiwarter. 2008. How a century of ammonia synthesis changed the world. Nature Geoscience 1:636-639.

FAO. 2012. http://faostat.fao.org/site/339/default.aspx and http://www.fao.org/worldfoodsituation/wfs-home/csdb/en/. Verified April 2012.

FAO. 2009. The State of Food Insecurity in the World 2009. Food and Agriculture Organization of the United Nations. http://www.fao.org/docrep/012/i0876e/i0876e00.HTM

適切な植物の栄養素を適量、適期、適所に施肥することで作物の品質を改善できる

Hotz, C. and K.H. Brown. 2004. International Zinc Nutrition Consultative Group (IZiNCG), technical document no. 1: Assessment of the risk of zinc deficiency in populations and options for its control. Food Nutr Bull 25(1): S94-204.

IFA. 2012. International Fertilizer Industry Association statistics. [Online]. Available at http://www.fertilizer.org/ifa/Home-Page/STATISTICS (verified 27 April 2010).

Sillanpaa, M. 1990. Micronutrient assessment at the country level: A global study. FAO Soils Bulletin 63. Food and Agricultural Organization of the United Nations, Rome.

第1章

食料安全保障を支える肥料の役割

テリー・L・ロバーツ、アルマンド・S・タシストゥロ[1]

要約

2009年、世界の人口の6分の1は慢性的な飢餓状態にあった。食料、飼料、バイオ燃料間の争奪需要の増加により、2050年までに穀物の生産を70%増やすことが必要とされている。食料増産には、作付面積の拡大と穀物の生産性の改善が可能な対策とされ、特に後者が重要となる。バイオ技術の進歩、新たな遺伝学、農学的管理の改善、さらには効率のよい施肥管理が、農業生産の飛躍的な増加に不可欠である。

化学肥料は世界の穀物生産の40～60%を支えており、今後も現実の収穫量と達成しうる収穫量とのギャップを埋める大事な役割を担うことになる。それ以外では、入手可能な家畜ふん堆肥、緑肥、生物的窒素固定などの有機源の使用や、無機肥料との併用を考えなければならない。肥料の最適管理ならびに栄養管理、すなわち科学原理を根拠にした「4R（適肥・適量・適期・適地）」の施肥適正化は、世界の食料安全保障に役立つ効率的で効果的な施肥指針と、国際的な枠組みを提供する。

序論

「食料安全保障」とは多面的な事象であり、すべての人が健康で活動的な生活を送る基礎として、重要である。いつでも十分かつ安全で、栄養があり、嗜好に合った食料の供給が、物理的、社会的、経済的な影響を受けることなく確保されて初めて、その目標が達成できる（FAO, 2003）。

本章では、十分な食料生産が、食料安全保障の達成の必要条件（十分条件ではないが）との認識を前提に、世界の食料生産量に対する肥料の役割について分析する。1961～2008年までの間、世界の人口は31億人から68億人に増加した。また同時期に、穀物の総生産高は9億トンから史上最高の25億トンまで増加したが（**図1**）、世界の人口の6分の1（10億2,000万人）は慢性的な飢餓状態にあり、これは過去40年間で最悪の栄養失調の状態となっている（FAO, 2009a）。1970

本書を通じてよく使われる略語は、xページ参照のこと。

1 T.L. Roberts is President, International Plant Nutrition Institute, Norcross, Georgia, USA;
e-mail: troberts@ipni.net
A.S. Tasistro is Director, Mexico and Central America, International Plant Nutrition Institute, Norcross, Georgia, USA; e-mail: atasistro@ipni.net

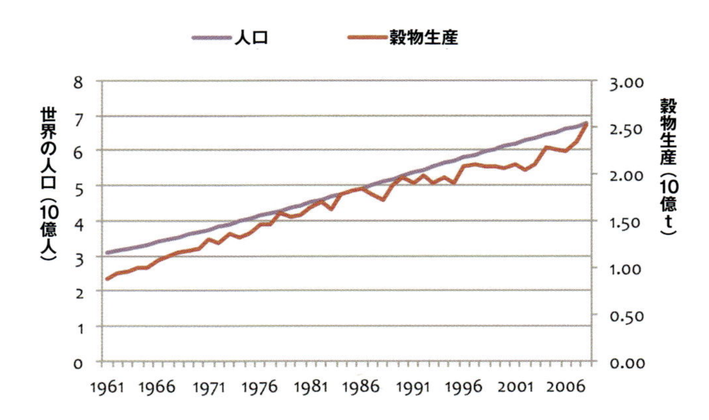

図1 世界の人口と穀物生産の推移（1961～2008年）

年代と1980年代に飢餓人口は減少したものの、1990年代半ば以降には人口の増加が鈍化したにもかかわらず、1人当たりの穀物生産量の減少にともなって、飢餓人口は増加に転じている（**図2**）。近年、人口の増加は低調になっているとはいえ、2050年には世界の人口は92億人に達すると予測されている（国連、2008）。

飢餓人口の大部分は、発展途上国に集中しており、アジア太平洋地域で63%、サブサハラアフリカ地域で26%となっている。FAOの推定では現在、世界33カ国が食料危機に直面している（FAO, 2010a〔訳註：世界食料農業白書 2010-11年報告〕）。2008年には、コムギとトウモロコシの価格が3倍（2005年初頭比）、コメの価格はさらに高騰し（Beddington, 2010）、貧困国では食料暴動が発生した。発展途上国での食料需要の増加、石油の高値、バイオ燃料、肥料の高価格、世界の穀物在庫の減少、投機取引などが食料危機の背景とされた（Glenn et al., 2008）。

畜産部門は、穀物と油糧種子の需要が増えた要因のひとつである。畜産部門でさらに大量の穀物が必要とされているのは、世界の食肉生産量が1970～2000年までの30年間に、1人当たり11kgから27kgに倍増したこと（**図2**）、2050年には44kgに達するとの予測（Alexandratos et al., 2006）からも明らかなように、都市化の進行と富裕層の増加にともなう食生活の変化によるものである。

ちなみに中国では、同じ期間に食肉の消費量が1人当たり9kgから50kg以上に増えている。1970年代に飼料用穀物の消費は、飼育頭数の増加と同じ伸び率だったが（年間2.4%）、その後の20年間で飼育頭数が年率2%以上増加しているにもかかわらず、飼料用穀物の消費は約1%減少した。これはおそらく、穀物のエネルギー交換率が改善した影響と思われる。1999～2001年の飼料用穀物の消費は、全穀物の35%に相当する6億6,600万トン（Mt）と推定されている。

近年、バイオディーゼルとエタノールの生産・消費が劇的に増加していることから、バイオ燃料用の穀物の需要が高まっている。2000～2007年の間に、米国とブラジルを中心に、世界のエタノール生産は3倍になり、バイオディーゼルは10億ℓ以下から、ほぼ110億ℓに膨れ上がった

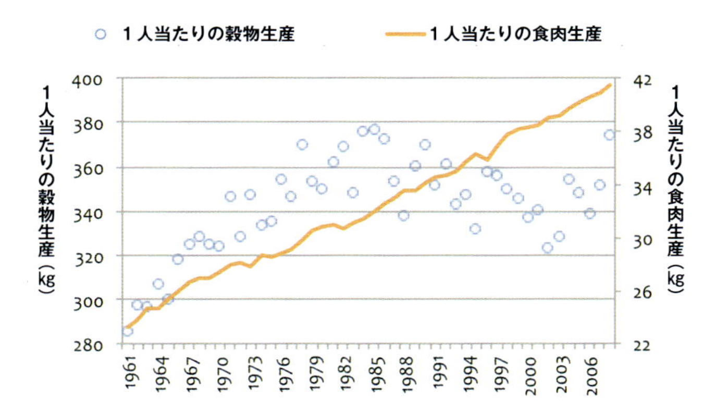

図2　1人当たりの穀物生産と食肉生産の推移（1961～2008年、FAO, 2010b）

（OECD-FAO, 2008）。2007～2008年には世界の粗粒穀物生産量の約10%に相当する1億1,000万tが、エタノール生産用に使われた（FAO, 2009a）。この白書でFAOは、世界のバイオ燃料の生産は、2018年には1,920億ℓになるというOECD-FAOの予測にふれている。この影響により、砂糖、トウモロコシ、油糧種子などの農産原料の需要増による食料価格の高騰が懸念される。アレクサンドラトスら（Alexandratos et al., 2006）は、2018年以降、2050年までに、2億tもの穀物がバイオ燃料用に消費されるおそれがあるとしている。

食料、飼料、バイオ燃料間で争奪する穀物の需要が増えたことから、1990～1992年の世界食料サミットが最低目標とした“2015年までに世界の飢餓人口8億4,200万人を半減させる”という「ミレニアム開発目標」の達成は難しくなっている（FAO, 2008［訳註：FAO世界食料農業白書2008年報告］）。将来的に穀物の増産は必須であるものの、増産の規模については見方が分かれている。最新の「地球未来白書」でグレンら（Glenn et al., 2008）は、2013年までに50%増、30年間で倍増が必要だと提唱した。2009年の「世界食料安全保障サミット」は、2050年までの23億の人口増を養うには、世界の穀物生産を70%増に、発展途上国では倍増が必要だと予測した（FAO, 2009a）。

では世界はどのようにして、食料生産を50～70%増、あるいは30～40年で2倍に増やすことができるのだろうか？　食料増産の手段は2つしかない。耕地面積（たとえば、作付面積や作付回数）の拡大と生産性の向上である。

穀物生産の拡大

コメ、コムギ、トウモロコシが世界の年間作付面積の58%、摂取カロリー源の約50%を占めていることから、世界の食料安全保障は、戦略的にこの三大作物に引き続き依存することになる。1960年以来、コメとコムギは発展途上国の人口の重要なエネルギー源であるのに対し、トウモロコシは商業用飼料の60%以上（エネルギー換算）の供給を担ってきた（Fischer et al., 2009）。世界の134億haの陸地のうち、耕地は約16億haである。非農業用途の土地（森林地帯、保護地区、都市など)、生態系の脆弱性、やせた土壌、有害物、病害発生、インフラ未整備などの制約条件を考慮すると、2050年までの新たな追加耕地は約0.7億haと考えられる（発展途上国の1.2億haの増加と先進諸国の0.5億haの減少を相殺。FAO, 2009［訳註：FAO 2009年報告「世界の食料不安の現状」］)。さらに集約的な耕地活用（多毛作や休耕期間の短縮）により、0.4億haの追加が可能で、全体として1.1億haの作付面積の増加となる。

耕地の拡大は、サブサハラアフリカ地域と中南米でもっとも見込みがある。サブサハラアフリカ地域で1997～2020年に0.2億ha、中南米で0.08億haの穀物用耕地の追加が予想されるが、そのほかの発展途上国ではせいぜい0.13億haの増加にとどまるだろう（Rosegrant et al., 2001)。しかし、インフラ未整備や技術不足、環境不安（森林伐採など)、政治的思惑、そのほかの反対運動などから、耕地の拡大は容易ではない。したがって、将来の食料需要を充たすのにより好ましいシナリオは、既存の耕作地の収穫量を上げて、食料の供給力を増やすことである。

遺伝子工学の新たな発展によらずとも、収穫量を増やす方法はある。通常、多くの地域における平均的な収穫量は､潜在的な収穫量を驚くほど下回っている。ロベルら（Lobell et al., 2009）は、コムギ、コメ、トウモロコシの作付システムに関する資料を検討した結果、おそらく世界の主要生産地のすべてで、平均的な収穫量は潜在的な収穫量の20～80%の範囲にとどまっているとの見解を報告している。

潜在的な収穫量とは、水、養分、病害虫による制約を受けない良好な生育環境のもとで育てられた、栽培適応作物としての収穫量を意味する。さらにロベルら（Lobell et al., 2009）は、世界のコメ、コムギの主要産地の数カ所で、収穫量がすでに潜在的な収穫量の70～80%に近づいていると結論づけたが、それを超える結果は出ていない。おそらくこれは「収穫逓減の法則」によるものと思われる。

ノイマンら（Neumann et al., 2010）は、現収穫量と達成可能収穫量（確率的フロンティア生産関数で算出した理論値―遺伝子工学による上振れ要因を除外して､現在生産しうる限界収穫量）を分析した結果、コムギ、トウモロコシ、コメの現収穫量は、平均して限界収穫量のそれぞれ64%、50%、64%と結論づけた。

（現収穫量と潜在的な収穫量の差を埋める）耕作地強化の成否は、地域特有の制約条件にどれだけ精通しているかにかかっている。発展途上国の穀物収穫量は先進諸国に劣り、発展途上国間ですら大きな差がある。上記の収穫量の差は、気候条件（温度や雨量分布など)、潅漑整備の不足、地形、土壌肥沃度などの生物物理学的な制約によって変わる。さらに市場や信用機関へのアクセス、政府の支援策、各種メーカーの研修プログラムへの参加機会などの、社会経済的な条件も影響する。投入資材や栽培技術が、不十分だったり不適切だったりするのは、往々にして知識不足、もしくは改善する手段に恵まれていないからである。

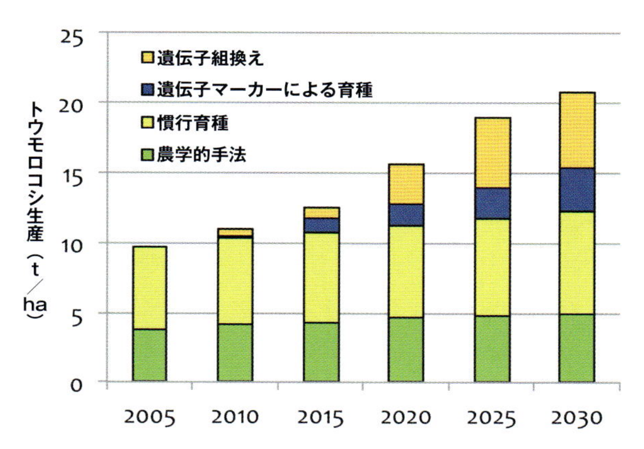

図3 米国のトウモロコシの平均生産量に与える、さまざまな改良手法により期待される影響（Edgerton, 2009）

一般にバイオ技術の発展が、食料増産の鍵を握っていると思われている。遺伝学とバイオ企業は、収穫量の年3～4%という飛躍的な拡大を実現できると宣伝してきた（Fixen, 2007）。世界最大の種苗会社モンサントは、今の3分の2の水と少なめの窒素で、穀物と繊維のエーカー当たりの単位収量の倍増が可能なトウモロコシ、ダイズ、ワタの新しい品種を、2030年までに開発すると公約した（Monsanto, 2008; Edgerton, 2009）。これらの技術の発展は、世界の飢餓撲滅に不可欠だが、遺伝学的な進歩だけで世界の食料不足を解消することはできない。カスマンとリスカ（Cassman and Liska, 2007）は、過去40年間の傾向として、米国のトウモロコシの生産量は112kg/haから9.2t/haへと、年率1.2%で直線的に改善してきたと指摘している。この年率1.2%の増収は、おもに遺伝子工学による優良形質導入（ハイブリッド品種や、Bt由来の殺虫性タンパク質を産生する遺伝子組換えの害虫抵抗性トウモロコシなど）、土壌診断、バランスのとれた施肥、潅漑の拡充、不耕起栽培といった、ほかの技術進歩との相互作用で可能になった。

たしかに、驚異的な生産性の向上には、作付管理の改善とバイオ技術の進化を組み合わせることが必要である。ドゥービック（Duvick, 2005）の推定通り、適正な栽植密度、施肥効率、土壌管理などの農学技術は従来のスピードで進化すると仮定して、エジャートン（Edgerton, 2009）は、トウモロコシの収量を倍増させるモンサントの公約実現には、慣行育種、遺伝子マーカーによる育種、遺伝子工学による遺伝子組換え、そして農学的手法（作付技術の持続的進歩）の組み合わせが必要であろうと述べている（**図3**）。

官民の各研究団体における作物の遺伝子操作についての考え方は、従来型の育種と分子育種の活用・改良や遺伝子組換え技術の応用によって、気温上昇、渇水・浸水、塩分上昇、病原体・害虫耐性変化などへの既存の食用作物の適応力と、栄養分の摂取効率の向上を図ることである（Fedoroff et al., 2010）。しかし植物性タンパク質における窒素の役割と、10t/haのトウモロコシに100kg/haの窒素が穀類タンパク質として含有されている点を考えると、窒素を減らすのは限度がある（Edgerton, 2009）。

穀物生産性における肥料の役割

世界的に見ると、化学肥料は養分を補充する主な方法であり、地上生物圏に窒素とリンの新規投入量を2倍以上に増やすことで、人類の食料確保に決定的な役割を果たした（Vitousek et al., 2009）。収穫量に対する肥料の役割は、土地本来の土壌肥沃度、気象条件、輪作、栽培管理などの条件もあるため正確に定量化するのはむずかしいが、世界の穀物生産と肥料の消費は密接に相関している（**図4**）。1970年代と1980年代における、世界の穀物生産増の3分の1とインドの穀物生産増の半分は、肥料の使用増が背景にあった（Bruinsma, 2003）。1960年代中期以降、アジアの発展途上国での収穫量増の50～75%には、肥料がかかわっている（Viyas, 1983, cited by Heisey and Mwangi, 1996）。

適正な肥料が不可欠なことについて、より最近のデータをフィッシャーら（Fischer et al., 2009）が紹介している。それは2008年に国際稲研究所（IRRI；International Rice Research Institute）が専門的知見に基づいて実施した南アジアのコメ生産の制約と可能性に関する調査結果（未公表）だが、その推計によれば、現在のコメ収穫量（5.1t/ha）は平均して1.9t/ha（収穫量の37%相当）の制約を受けている。内訳は、肥料不足 10%、病害 7%、雑草 7%、水不足 5%、ネズミ被害 4%などである。南アジアの天水低湿地と天水畑地でも似たような調査結果がでており、現在の収穫量（1.8t/ha）と潜在的な収穫量との差は68%で、肥料不足 23%、病害 15%、雑草 12%の制約を受けていた。

植物の栄養状態を改善することで、作物の潜在的収穫量を増加させることは、農学上の重要な手段となっている。コムギ、トウモロコシ、ソルガム、ラッカセイ、ササゲ、ダイズ、リョクトウなどといった広範囲の作物で、日光の照射を効率的に利用することで、葉の窒素含量に明らかな反応があったことが報告されている（Muchow and Sinclair, 1994; Bange et al., 1997）。

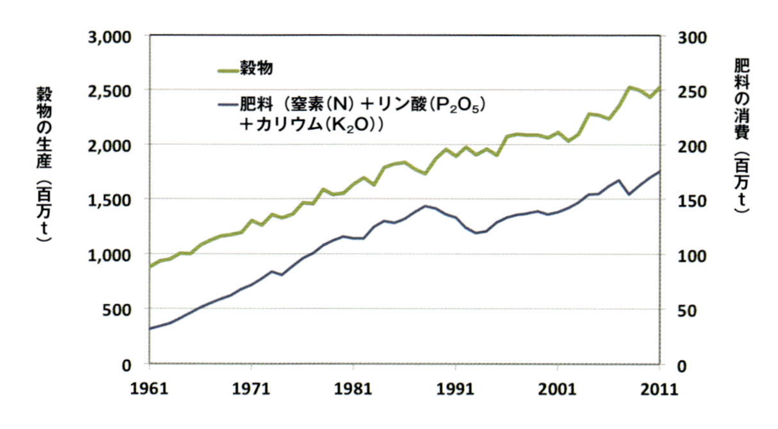

図4 世界の穀物生産と肥料の消費（1961～2011年、FAO 2012; IFA 2012）

発展途上国における平均的な穀物への施肥量が少なくとも100kg/haで、年に3.6%の肥料の消費増があり、穀物の施肥への反応が5:1だと仮定して、フィッシャーら（Fischer et al., 2009）は、毎年0.6%増に相当する18kg/haずつ収穫量が追加されると試算している。発展途上国での平均的な穀物収穫量は、年率1%増という推定値と比較すれば、この肥料による増収は大きな貢献をしている（Bruinsma, 2003）。

作物の収穫量に対する化学肥料の貢献度は、無施肥の対照区と施肥区の収穫量の長期比較研究によって、推計されている。長期試験は、毎年の気象条件、病害虫被害などとの総合評価が可能という意味で、特に有効である。スチュワートら（Stewart et al., 2005）は、362作分の作物生産データを検証した結果、収穫量の40〜60%が化学肥料の投入効果だと報告している。いくつかの例を挙げる。

表1は、米国で窒素肥料無施用の場合、穀物の平均収穫量が16〜41%減少したことを示している。ダイズとラッカセイ（ともにマメ科）は、窒素施肥抜きでも、収穫量への影響はなかった。リンとカリウムの無施用試験を実施すると、顕著な収穫量減になることが予想できる。

1892年設立の米国オクラホマ州のマグルーダー試験圃場は、中西部でもっとも古い土壌肥沃度試験圃場である。試験圃場の設立以来、施肥基準は幾度か改定され、1930年からは窒素は年37〜67kg/ha、リンは年15kg/haとなっている。この圃場の71年間の平均で、コムギ収穫量に対する窒素とリンの投入効果は、無施肥に比べて40%増であった（**図5A**）。
ミズーリ大学のサンボーン試験圃場は、1888年からコムギの輪作と家畜ふん堆肥の施用試験を始め、1914年からは化学肥料区を導入した。毎年、使用比率は変動しているが、無肥料区と窒素・リン・カリウム施用区との比較をすると、化学肥料を投入したコムギの収穫量は、無肥料区に対し過去100年以上の平均で62%増加した（**図5B**）。

表1　米国の穀物生産地における、窒素（N）無施肥の影響の概算（Stewart et al., 2005）

作物	収量の概算（t/ha）		窒素無施肥の減収率（%）
	基礎収量	N無施肥	
トウモロコシ	7.65	4.52	41
コメ	6.16	4.48	27
オオムギ	2.53	2.04	19
コムギ	2.15	1.81	16

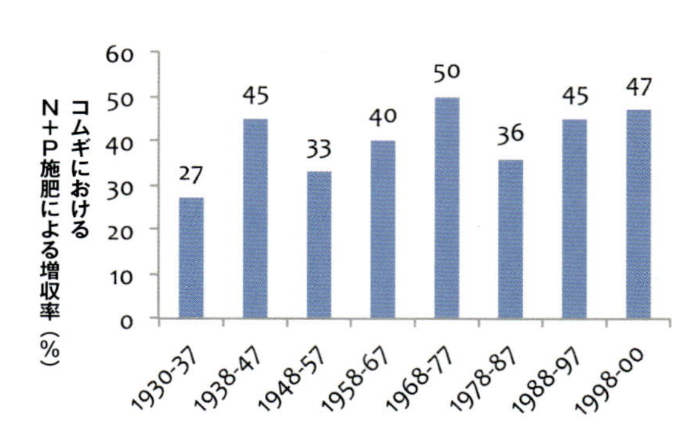

(B) 平均62%

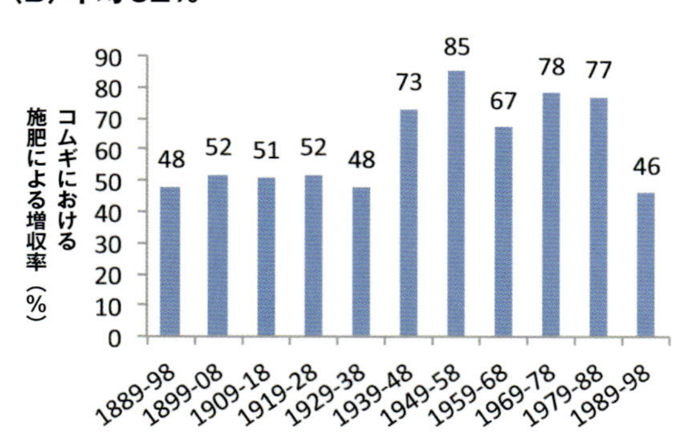

(C) 平均57%

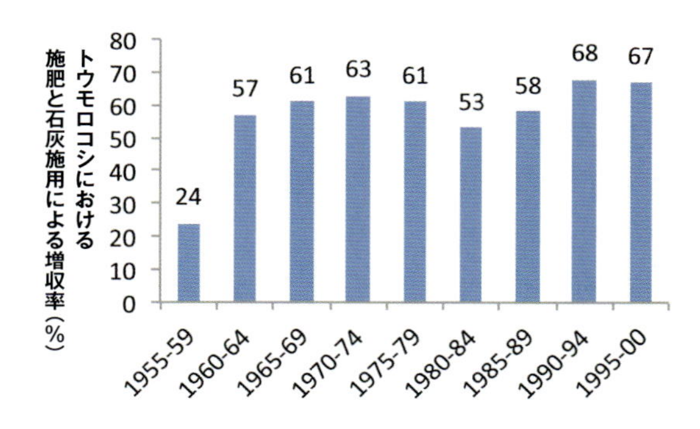

(D) 平均64%

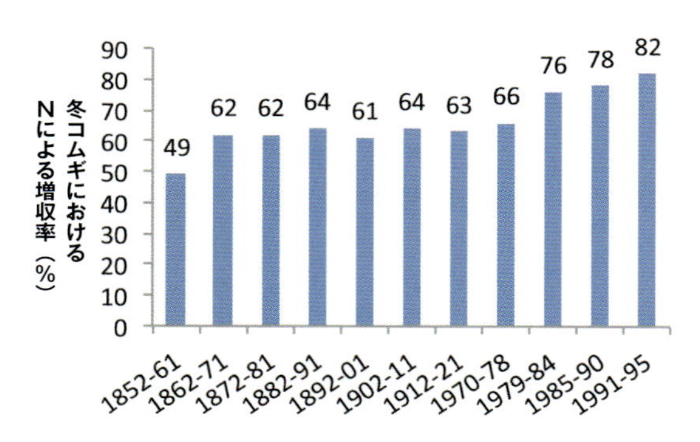

図5 施肥による増収率　**(A)** 無施肥に対するN+Pの施肥によるコムギ増収率。1930～2000年のオクラホマ州立大学のマグルーダー試験圃場、アメリカ　**(B)** N+P+Kの施肥によるコムギ増収率。1989～1998年のミズーリ大学のサンボーン試験圃場、アメリカ **(C)** N+P+K+石灰の施肥によるトウモロコシ増収率。1955～2000年のイリノイ大学のモロー試験圃場、アメリカ　**(D)** Nと十分な量のP+K、P+Kのみを与えた場合に比較した1852～1995年の冬コムギ増収率（ただし1921～69年を除く。雑草制御のため毎年休閑地として試験をしていた）。ローサムステッドのブロードバーク試験圃場、イギリス（Stewart et al., 2005）

1876年設立のイリノイ大学のモロー試験圃場では、古くからトウモロコシ施肥は家畜ふん堆肥、リン鉱石、石灰石で、化学肥料（N、P、K）と石灰の施肥は1955年まで行われていなかった。化学肥料と石灰の施用によるトウモロコシ収穫量は、従来の農法に比べ平均57%増となった（**図5C**）。

英国のローサムステッドのブロードバーク試験圃場は、世界でもっとも古くから連用圃場試験を行っている。1843年以降、冬コムギの試験が継続的に実施され、数十年間、リン・カリウム混合の窒素肥料の施用は、リン･カリウムのみの施用に比べ、62～82%の収穫増となっている（**図5D**）。

1970～1995年の間、高収量の冬コムギに継続的に窒素成分として96kg/haの肥料を投入し、リン肥料ゼロの場合は平均で44%、カリウム肥料ゼロの場合は36%、それぞれ収穫量が減少した。

以上の温帯気候条件での長期試験から、肥料は穀物収穫量の少なくとも50%の貢献度があり、穀物の生産にいかに肥料が必須かは明らかである。焼畑農法で土地固有の土壌肥沃度を損なう熱帯地方では、作物に対する肥料の役割はなお一層重要で、スチュアートら（Stewart et al., 2005）は、焼畑の翌年に施肥を行うことで、穀物の収穫量に80%以上の効果が出た、ブラジルやペルーのアマゾン川流域の例を紹介している。

以上の例から、NPK肥料が作物の増産に非常に重要な役割を果たすことは明らかであるが、中量要素や微量要素も、それに匹敵する重要性がある。NPK肥料は増収効果をもつ半面、「希釈効果」と呼ばれる現象のため、ほかの栄養素の低濃度化をもたらしかねない（Davis, 2009）。植物は、中量要素や微量要素を含め、すべての栄養素を十分かつバランス良く摂取する必要がある。つまりNPK肥料のみを施用して、ほかに必要な中量要素や微量要素が適切に供給されないと、すべての栄養素の吸収効率が低下して逆効果となる。

さらにほとんどの国で不足のおそれがあるとされている亜鉛（Zn）とホウ素（B）などの微量要素のニーズは非常に高い（Sillanpaa, 1982）。それ以外の、銅（Cu）、塩素（Cl）、鉄（Fe）、マンガン（Mn）、モリブデン（Mo）、ニッケル（Ni）といった微量要素欠乏は、特定の土壌と特定の作物で多く見受けられる。たとえばインドでは、亜鉛欠乏はもっとも広範囲に発生している障害で、ついで水稲の窒素・リン欠乏、ついで油糧種子やマメ類の窒素・リン・カリウム・硫黄欠乏が報告されている（Rattan and Datta, 2010）。

植物の養分は、有機原料からも効果的に供給できる。最適な施肥管理では、まず農地由来の養分を利用し、そのうえで化学肥料で養分を補充する。有機と無機の栄養素をバランス良く利用することが重要で、しかも最善の作付システム（栽培品種の選択、病害予防、水管理、植栽日と植栽密度）と、農学的管理手法に準じることが必要である。すべての養分源は、"総合的施肥管理（IPNM；Integrated Plant Nutrient Management）"に従って、相互補完的に利用されなければならない（Roy, 2006）。これには、土壌残留養分、土壌の作物生産力、土地特有の養分必要量、農地の養分供給力の定量（例：家畜ふん尿や作物残渣）、圃場外からの養分供給力査定、用いる肥料の種類・施用時期・対象地などの施肥設計などが含まれる。IPNMは、環境負荷を最小に抑え、栄養供給の効率を高めることに焦点を当てている。

有機養分源と無機養分源を一緒に施用した時、生産量が最高に達するという結果が多数出ている。**表2**は、インドのバンガロールで9年間行われたシコクビエ（イネ科）の試験作付の結果を示した。推奨量の化学肥料を10t/haの家畜ふん堆肥と一緒に施用したところ、最高量の収穫を達成している。有機養分源と無機養分源を一緒に施用することで、9年間の試験で8年、最低でも3t/haの収穫をあげている。

表2 シコクビエに対する肥料と堆肥の施用効果ならびに9年間の収量安定性（インド、バンガロール）(Roy et al., 2006)

施用	平均収量 (t/ha)	収量水準（t/ha）を達成した年数			
		<2	2-3	3-4	4-5
対照区（無施肥）	1.51	9	0	0	0
堆肥	2.55	1	6	2	0
NPK [※]	2.94	0	5	4	0
堆肥（10t/ha）+NPK	3.57	0	1	5	3

[※] *肥料50-50-25（kg/ha N-P_2O_5-K_2O）*

総合的土壌肥沃度管理（ISFM：Integrated Soil Fertility Management）は、IPNMの構成要素である。IPNMは、植物の養分吸収量や養分要求量のすべてを管理する。養分吸収力を促進する遺伝子改良や土壌肥沃度の生物学的、物理学的事項もすべて含む（Alley and Vanlauwe, 2009）。このISFMは「…肥料や有機源の使用効率と作物の生産性を最適化するような土壌肥沃度管理の実行、並びにその土壌管理を各地の状況に適用させるための知見のこと。これらの実践には、改良された遺伝資源の利用と組み合わせて、適正な肥料と有機物を投入する管理が必ず含まれる」と定義されている。

ISFMは、肥料、有機資源、改良された遺伝子源、農家の智恵を、最大限に相互利用することを目指している。IPNMとISFMは、本章で後述する「4R施肥適正化」と同じ原理である。ISFMのコンセプトは、サブサハラアフリカ地域でもっとも多く採用されている。アレイとヴァンローウェ（Alley and Vanlauwe, 2009）は、このコンセプトと化学肥料と有機源の併用による生産性改善について、徹底した議論を展開している。

化学肥料なしでは、農業は大きく生産を増やすことはできないが、化学肥料には作物の品質と栄養分を改善する重要な役割もある。NPKS肥料と一部の微量要素（たとえば亜鉛、ニッケル、モリブデン）は、多くの作物の栄養素（たとえばビタミン、ミネラル、タンパク質）と健康補助成分の集積によい効果があることが、多くの文献で報告されている（Grunes and Allaway, 1985; Allaway, 1986 ; Bruulsema, 2002; Wang et al., 2008）。微量要素の施用（特に亜鉛）は、人の食事から微量要素欠乏に対処する、費用対効果に優れた方策のひとつである（Bouis and Welch, 2010; Shetty, 2009）。

世界の肥料消費の進化

1961～2008年の間、世界の肥料消費は、1980年代に堅調に増加した後、1990年代半ばまで減少傾向にあった。1990年中期から2008年までは再び増加に転じたが､2008年には主にリン（P_2O_5）10.5%、カリウム（K_2O）19.8%と大きく落ち込んだため、前年（2007年）比6.8%の減少となっ

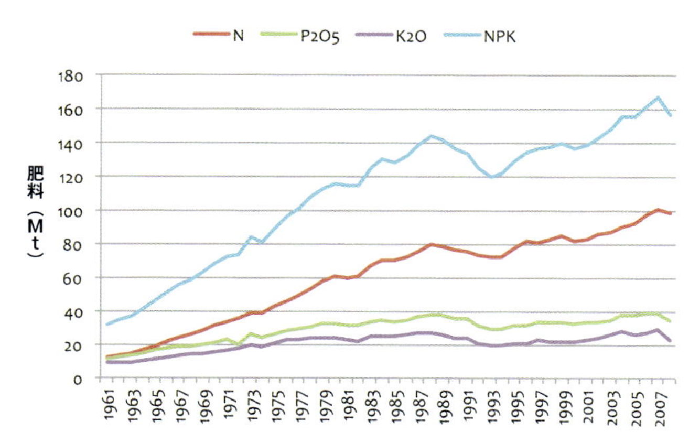

図6　世界の肥料消費（N, P_2O_5, K_2O／1961～2008年）（IFA, 2010）

た（**図6**）。

発展途上国の肥料消費は「緑の革命（the Green Revolution）」以来増大し、現在、世界の肥料消費の68%を占めている。今も発展途上国の肥料消費は、先進諸国を上回っているが（**図7A**）、先進諸国の消費はピークを過ぎ、旧ソ連諸国では市場経済の導入後、顕著な落ち込みになっている。

アジアの肥料消費は最速、かつ最大の伸びを示したが、中南米の施肥率も北米のそれを上回っている（**図7B**）。しかし、サブサハラアフリカ地域では、肥料の高価格と市場の貧弱さのため、肥料消費は惨憺たる低さ（例：8kg/ha以下）である（Morris et al., 2007）。肥料消費の低さは、この地域における生産性向上の遅さの相当部分を説明している。

肥料は世界の需要と供給、市況変動に左右される、国際的な市況商品である。近年、肥料は未曽有の需要で記録的な高値にある（**図8**）。肥料の国際価格（USドル/Mt）は、2000～2005/06年まで比較的安定していて、尿素は115～215ドル（FOB中東）、輸出用燐安（DAP）は150～230ドル（FOB USガルフ）、塩化カリウムは123～160ドル（FOBバンクーバー）の範囲であった（Pike and Fischer, 2010）。しかし2007年に、世界的な需要増加（農産物市況の高騰、エタノール生産増）、ドル安、輸送コストの上昇、そして供給不足のために、国際価格は上昇し始め（米国肥料協会; TFI, 2008; IFA, 2008）、2008年9月と10月にはピークに達し、尿素は350ドル、燐安は1,014ドル、カリウムは580ドルになった。2009年に価格は下がったが、依然として2008年以前のベース価格より高いレベルで推移している。

肥料の最適管理策（BMPs）と肥料の責務

収穫後の穀物の栄養分が、平均して窒素1.83%、リン0.33%、カリウム0.44%（IPNI未公表値）とすると、2008年に収穫された穀物25.2億トンは、窒素（N）4,620万トン、リン（P_2O_5）1,920

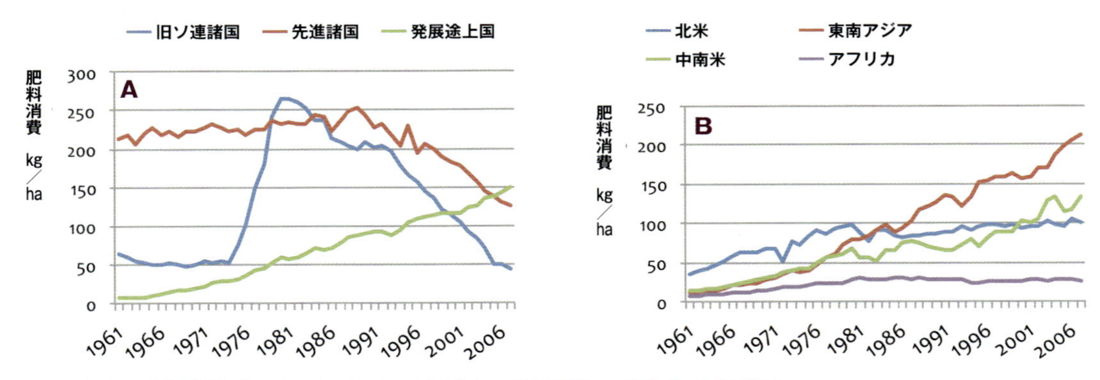

図7 地域の肥料消費（N, P_2O_5, K_2O／1961～2007年）（FAO, 2010b）

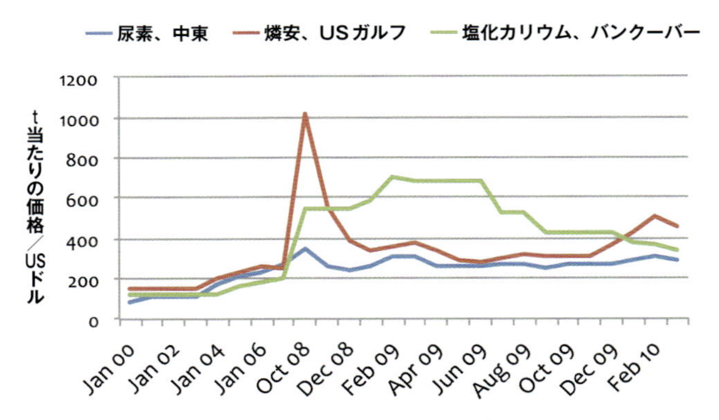

図8 尿素、燐安（DAP）、塩化カリウム（MOP）の月平均価格（2000年1月～2010年3月）（Pike & Fischer, 2010）

万トン、カリウム（K_2O）1,330万トンを吸収した計算になる。養分吸収量は、作物残渣の管理、穀物収穫量と品種、土壌肥沃度、気象条件によって大きく変わる。

しかし、今後30～40年の間に生産量が倍増することは、養分吸収量が倍になることを必ずしも意味しない。ドーベルマン（Dobermann, 2006）の指摘にあるように、オセアニアと東欧・中央アジアを除き、多くの工業諸国で窒素肥料を多用しなくても、過去20年間、穀物収穫量の増加が続いた。施肥効率の向上は、肥料の多用と同等の効果がある（Tilman et al., 2002）。

養分利用効率（NUE：Nutrient Use Efficiency）の改善は大きな挑戦で、化学肥料の生産が非再生資源に依存している点や、大気汚染、土壌汚染、水質汚染などの環境負荷を最少にする必要性を勘案すると、その重要性は今後ますます増すだろう。

NUEは、段階別（たとえば国、地域、農地）に評価管理ができるダイナミックな指標である。NUEの測定方法は、その多様な定義と用語のため、非常に複雑である。スナイダーとブルーセマ（Snyder and Bruulsema, 2007）は、肥料の最適管理策に関連する共通の定義と使用基準を概説している。

米国には、窒素の利用効率の改善が有用と実証した例がある。そこでは要因の一部である窒素の生産性（投入窒素1kg当たりの穀物kg）が、1980年の42kg/kgNから、2000年の57kg/kgNに改善した。その間トウモロコシの収穫量は40%増えた。肥料由来窒素の使用停滞に加えて、ストレス耐性の強い新ハイブリッド品種の採用、作付方法の改善（不耕起栽培、高品質種子、高密植栽培）、そして窒素施肥法の改善などにより、窒素の利用効率が上昇している（Dobermann and Cassman, 2002; Dobermann and Cassman, 2004）。さらに、効果的な研究開発、農業者と農業指導者に対する教育、十分なインフラ整備など、窒素施肥管理の発展に影響した大きな制度要因もあった（Fixen and West, 2002）。同様に、窒素の利用効率の改善例は、ほかの先進諸国でも認められている。

リン肥料のNUEは、投入したリンの初年度の回収率がほかの栄養分に比較して低い（20%以下）という理由で、本来的に低いと考えられてきた。しかし、作物のリン吸収量を施肥リンの回収量とする収支差し引き法で長期評価すると、リン肥料の利用効率がほかの養分に比較して高率（最高90%）なケースがよくある（Syers et al., 2008）。リン資源を効率的に利用することは重要である。不適切に管理されると、家畜ふん堆肥や化学肥料に含まれるリン分は地表水の富栄養化の原因になるおそれがあるほか、リン鉱石は有限で、無駄にできない非再生資源だからである。

肥料の最適管理策は、養分供給量と作物の必要量を釣り合わせ、田畑での肥料養分の流亡による損失を最少化することで、NUEを向上させるのに重要な役割を果たす。その方法は単純で、植物が必要とする適正な栄養分を適正量、適正な時期に、適正な場所に施用することである。「4R施肥適正化（適肥・適量・適期・適地）」は、肥料の最適管理策の基盤である（Roberts, 2007）。

国際植物栄養協会（Bruulsema et al., 2008）と国際肥料協会（IFA, 2009）は、「4R施肥適正化」の国際的な枠組みを開発中である。施肥管理は4つの“R（適正な）”で概括的に述べられているが、当該圃場にどのような施用法が適するかの決定は、その地域の土壌、気候環境、作物、管理状況、そして場所に特異的なその他の要素に左右される。その枠組みの目的は、世界的な肥料の最適管理策（BMPs）の開発と応用に向けて各地へ科学的原則の適用を示すことであり、一方では経済的にも、社会的にも、環境的にも持続可能な到達点に向かうためである。

NUEの向上には、一層の知識集約が必要である。上述の通り、生産性と効率性の向上には、農業者への教育と指導者のネットワークの強化が求められる。発展途上国では、貧困層の削減なくして、生産性と効率性の進歩はありえない。加えて、小農家の所得水準の改善は、肥料やそのほかの農具、食料の購買力の拡大につながる。FAOとOECDが指摘するように（FAO, 2009a; Dewbre, 2010）、世界、国内を問わず、総量的に食料供給が確保できたとしても、人々が食料を買う手段をもたない限り、十分な食事はすべての人に行き渡らない。

まとめ

世界の食料安全保障は、引き続き21世紀のもっとも重大な挑戦のひとつである。世界人口はこの50年で2倍の68億人まで増え、世界の穀物生産量は2倍以上の25億トンに達したが、それでも2009年の世界人口の6分の1（10.2億人）は栄養失調であった。世界人口の増加に対応するには、世界の穀物生産は2050年までに70%増やす必要がある。食用需要の増加、発展途上国での動物性タンパク質食品の生産増、先進国でのバイオ燃料需要の増大などで、穀物増産のニーズが高まるなか、食料、飼料、バイオ燃料間の穀物争奪戦は世界の飢餓状況の緩和に大きなプレッシャーとなっている。

バイオ技術と遺伝子技術の発達は、農作物の収穫増にきわめて重要だが、増え続ける世界の食料需要を満たすことは、バイオ技術単独ではできない。十分な肥料成分がなければ、世界が必要とする主食用食料の半分しか生産できないため、さらなる森林面積の農地転用が必要となる。農産物の増産には、有機源と無機源の植物養分が不可欠である。無機肥料は、世界の食料安全保障の実現に大きな役割を果たすが、最高収量の達成は有機源と無機源の併用で可能となる。土壌肥沃度総合管理（たとえば、遺伝子組換え作物を含めた化学肥料・有機資材の最適利用）は、食料生産と植物養分の利用効率の最適化に重要である。「4R（適肥・適量・適期・適地）」は、施肥管理の根本であり、生産性を最適化するのに、すべての栽培システムで適用できる。

参考文献

Alexandratos, N., J. Bruinsma, G. Bodeker, J. Schmidhuber, S. Broca, P. Shetty, and M. Ottaviani. 2006. World agriculture: towards 2030/2050. Interim Report. Food and Agriculture Organization of the United Nations. Rome, June 2006.

Allaway, W.H. 1986. Soil-plant-animal and human interrelationships in trace element nutrition. *In* W. Mertz (ed.). Trace Elements in Human and Animal Nutrition. Academic Press, Orlando, FL.

Alley, M.M. and B. Vanlauwe. 2009. The role of fertilizers in integrated plant nutrient management. IFA, Paris, France, TSBF-CIAT, Nairobi, Kenya.

Bange, M.P., G.L. Hammer, and K.G. Rickert. 1997. Effect of specific leaf nitrogen on radiation use efficiency and growth of sunflower. Crop Sci. 37:1201-1207.

Beddington, J. 2010. Food security: contributions from science to a new and greener revolution. Phil. Trans. R. Soc. B. 365, 61-71.

Bouis, H.E. and R.M. Welch. 2010. Biofortification—a sustainable agricultural strategy for reducing micronutrient malnutrition in the global south. Crop Sci. 50:S20-S32.

Bruulsema, T.W. (ed). 2002. Fertilizing Crops for Functional Foods. Symposium Proceedings. 11 November 2002. Indianapolis, Indiana, USA. American Society of Agronomy, Soil Science

Society of America, Crop Science Society of America Annual Meeting.

Bruulsema, T., C. Witt, F. Garcia, S. Li, N. Rao, F. Chen, and S. Ivanova. 2008. A global framework for best management practices for fertilizer use. International Plant Nutrition Institute Concept Paper. Available at http://www.ipni.net/bmpframework (verified 27 April 2010).

Bruinsma, J. (ed.). 2003. World agriculture: towards 2015/2030—An FAO perspective. Earthscan, London and FAO, Rome.

Cassman, K.G. and A.J. Liska. 2007. Food and fuel for all: realistic or foolish? Available at http://www3.interscience.wiley.com/cgi-bin/fulltext/114283521/PDFSTART (verified 27 April 2010).

Davis, D.R. 2009. Declining Fruit and Vegetable Nutrient Composition: What Is the Evidence? Hortscience 44(1): 15-19.

Dewbre, J. 2010. Food security. OECD Observer n°278. Available at http://www.oecdobserver.org/news/fullstory.php/aid/3212/Food_security.html (verified 27 April 2010).

Dobermann, A. 2006. Reactive nitrogen and the need to increase fertilizer nitrogen use efficiency. Proceedings of 13th Agronomy Conference, Perth, Western Australia. Available at www.regional.org.au/au/asa/2006 (verified 27 April 2010).

Dobermann, A. and K.G. Cassman. 2004. Environmental dimensions of fertilizer nitrogen: What can be done to increase nitrogen use efficiency and ensure global food security? In “Agriculture and the nitrogen cycle: Assessing the Impacts of Fertilizer Use on Food Production and the Environment” (A.R. Mosier, J.K. Syers, and J.R. Freney (eds.). p. 261-278. Scope 65, Paris, France.

Dobermann, A. and K.G. Cassman. 2002. Plant nutrient management for enhanced productivity in intensive grain production systems of the United States and Asia. Plant and Soil, 247: 153-175.

Duvick, D.N. 2005. The contribution of breeding to yield advances in maize (*Zea mays* L.) Adv. Agron. 86:83-145.

Edgerton, M. 2009. Increasing crop productivity to meet global needs for feed, food, and fuel. Plant Physiol. 149: 7-13.

FAO. 2012. http://faostat.fao.org/site/339/default.aspx and http://www.fao.org/worldfoodsituation/wfs-home/csdb/en/ (verified 27 April 2012).

FAO. 2010a. GIEWS Country Briefs. Food and Agriculture Organization of the United Nations. Rome. Available at http://www.fao.org/giews/countrybrief/ (verified 27 April 2010).

FAO. 2010b. FAOSTAT. Food and Agriculture Organization of the United Nations statistics. [Online]. Available at http://faostat.fao.org/ (verified 27 April 2010).

FAO. 2009a. State of food insecurity in the world 2009. Food and Agriculture Organization of the United Nations. Rome.

FAO. 2009b. How to Feed the World in 2050. Food and Agriculture Organization of the United Nations. Rome.

FAO. 2008. Briefing paper: Hunger on the rise. Soaring prices add 75 million to global hunger rolls. Food and Agriculture Organization of the United Nations. Rome. Available at http://www.fao.org/newsroom/common/ecg/1000923/en/hungerfigs.pdf (verified 27 April 2010).

FAO. 2003. Trade reforms and food security: conceptualizing the linkages. Food and Agriculture Organization of the United Nations. Rome.

Fedoroff, N.V., D.S. Battisti, R. N. Beachy, P.J.M. Cooper, D.A. Fischhoff, C.N. Hodges, V.C. Knauf, D. Lobell, B. J. Mazur, D. Molden, M.P. Reynolds, P.C. Ronald, M.W. Rosegrant, P.A. Sanchez, A. Vonshak, and J.K. Zhu. 2010. Radically rethinking agriculture for the 21st century. Science 327: 833-834.

Fischer, R.A., D. Byerlee, and G.O. Edmeades. 2009. Can technology deliver on the yield challenge to 2050? Food and Agriculture Organization of the United Nations. Expert Meeting on "How to Feed the World in 2050", 24-26 June 2009, Rome.

Fixen, P.E. 2007. Potential biofuels influence on nutrient-use and removal in the U.S. Better Crops with Plant Food 91(2):12-14.

Fixen, P.E. and F.B. West. 2002. Nitrogen fertilizers: meeting contemporary challenges. Ambio 31(2): 169-176.

Glenn, J.C., T.J. Gordon, E. Florescu, and L. Starke. 2008. The Millennium Project. The state of the future. World Federation of United Nations Associations.

Grunes, D.L. and W.H. Allaway. 1985. Nutritional quality of plant in relation to fertilizer use. *In* O.P. Engelstad (ed.) Fertilizer Technology and Use. SSSA, Madison, WI.

Heisey, P.W. and W. Mwangi. 1996. Fertilizer Use and Maize Production in Sub-Saharan Africa. CIMMYT Economics Working Paper 96-01. Mexico, D.F.: CIMMYT.

IFA. 2012. http://www.fertilizer.org/ifa/HomePage/STATISTICS (verified 27 April 2012).

IFA. 2010. International Fertilizer Industry Association statistics. [Online]. Available at http://www.fertilizer.org/ifa/Home-Page/STATISTICS (verified 27 April 2010).

IFA. 2009. The global "4R" nutrient stewardship framework. Developing fertilizer best management practices for delivering economic, social and environmental benefits. Paper drafted by the IFA Task Force on Fertilizer Best Management Practices. International Fertilizer Industry Association, Paris, France. Available at http://www.fertilizer.org/ifa/Home-Page/LIBRARY/Publication-database.html/The-Global-4R-Nutrient-Stewardship-Framework-for-Developing-and-Delivering-Fertilizer-Best-Management-Practices.html2 (verified 30 April 2010).

IFA. 2008. Feeding the earth: Food Prices and Fertilizer Markets. Issues Brief. International Fertilizer Industry Association, Paris, France. Available at http://www.fertilizer.org/ifa/Home-Page/LIBRARY/Issue-briefs (verified 27 April 2010).

Lobell, D.B, K.G. Cassman, C.B. Field. 2009. Crop yield gaps: their importance, magnitudes, and causes. Annu. Rev. Environ. Resourc. 34:179-204.

Monsanto. 2008. Monsanto will undertake three-point commitment to double yield in three major crops, make more efficient use of natural resources and improve farmer lives. Monsanto News Release. Available at http://monsanto.mediaroom.com/index.php?s=43&item=607 (verified 27 April 2010).

Morris, M., V.A. Kelly, R.J. Kopicki, and D. Byerlee. 2007. Fertilizer use in African agriculture. Lessons learned and good practice guidelines p. 144. The World Bank. Washington, DC.

Muchow, R.C. and T.R. Sinclair. 1994. Nitrogen response of leaf photosynthesis and canopy radiation use efficiency in field-grown maize and sorghum. Crop Sci. 34:721-727.

Neumann, K., P.H. Verburg, E. Stehfest, and C. Müller. 2010. The yield gap of global grain production: A spatial analysis. Agr. Syst. In Press.

OECD-FAO. 2008. Agricultural outlook 2008-2017. Organisation for Economic Co-Operation and Development. Food and Agriculture Organization of the United Nations. Available at http://www.fao.org/es/esc/common/ecg/550/en/AgOut2017E.pdf (verified 27 April 2010).

Pike & Fischer. 2010. Greenmarkets. Fertilizer Market Intelligence Weekly. 2000-2010. Vol. 24-34. Available at http://greenmarkets.pf.com/ (verified 27 April 2010).

Rattan, R.K. and S.P. Datta. 2010. Micronutrients in Indian Agriculture. The Fertiliser Association of India Annual Seminar, Reforms in Fertiliser Sector. Preprints of Seminar Papers. November 29 – December 1, 2010, New Delhi

Roberts, T.L. 2007. Right product, right rate, right time and right place ... the foundation of best management practices for fertilizer. *In* Fertilizer Best Management Practices: General Principles, Strategy for their Adoption, and Voluntary Initiatives vs. Regulations. IFA International Workshop on Fertilizer Best Management Practices. 7-9 March 2007. Brussels, Belgium.

Rosegrant, M.W., M.S. Paisner, S. Meijer, J. Witcover. 2001. 2020 Global Food Outlook Trends, Alternatives, and Choices. International Food Policy Research Institute, Washington, DC.

Roy, R.N., A. Finck, G.J. Blair, and H.L.S. Tandon. 2006. Plant nutrition for food security, a guide for integrated nutrient management. FAO Fertilizer and Plant Nutrition Bulletin 16. FAO, Rome.

Sillanpaa, M. 1982. Micronutrients and the nutrient status of soils: a global study. FAO Soils Bulletin 48: FAO, Rome.

Shetty, P. 2009. Incorporating nutritional considerations when addressing food insecurity. Food Sec. 1:431-440.

Snyder, C.S. and T.W. Bruulsema. 2007. Nutrient use efficiency and effectiveness in North America: indices of agronomic and environmental benefit. International Plant Nutrition Institute. Norcross, GA. Ref. # 07076.

Stewart, W.M., D.W. Dibb, A.E. Johnston, and T.J. Smyth. 2005. The contribution of commercial fertilizer nutrients to food production. Agron. J. 97: 1-6.

Syers, J.K., A.E. Johnston, and D. Curtin. 2008. Efficiency of soil and fertilizer phosphorus use. FAO Fertilizer and Plant Nutrition Bulletin 18. Rome.

TFI. 2008. Supply & demand, energy drive global fertilizer prices. Briefing Brochure. The Fertilizer Institute. Washington, DC. Available at http://www.sdaba.org/pdfs/prices%20(south%20dakota)%20-%20nov.%2018%20-%20eg.pdf (verified 15 May 2012).

Tilman, D., K.G. Cassman, P.A. Matson, R. Naylor, and S. Polasky. 2002. Agricultural sustainability and intensive production practices. Nature 418:671-677.

United Nations 2008. World population prospects: the 2008 revision population database. [Online]. Available at http://esa.un.org/wpp/unpp/ (verified 15 May 2012).

Vitousek, P.M., R. Naylor, T. Crews, M.B. David, L.E. Drinkwater, E. Holland, P.J. Johnes, J. Katzenberger, L.A. Martinelli, P.A. Matson, G. Nziguheba, D. Ojima, C.A. Palm, G.P. Robertson, P.A. Sanchez, A.R. Townsend, and F.S. Zhang. 2009. Nutrient imbalances in agricultural development. Science 324 (5934):1519-1520.

Wang, Z.-H., S.-X. Li, and S. Malhi, 2008. Effects of fertilization and other agronomic measures on nutritional quality of crops. Journal of the Science of Food and Agriculture, 88: 7–23.

第2章

微量栄養素の欠乏による栄養失調症

ハワース・ブイズ、エリック・ボイ＝ガジェゴ、J・V・ミーナクシ[1]

序論

発展途上国の数十億人の人口は、「微量栄養素欠乏による栄養失調症」と呼ばれる潜行性の飢餓状態にある。軽度の微量栄養素欠乏による栄養失調症でも、知的発育障害や子供の抵抗力の低下をもたらすほか、出産時の母親の生存率を下げる恐れがある。生命の損失や粗悪な生活環境など、この欠乏症がもたらす社会的コストは莫大である。

微量栄養素欠乏による栄養失調症の背後には、主食穀物の高い摂取量に対し、ミネラルやビタミンが豊富な肉類、魚類、果物、マメ類、野菜などの摂取不足がある。つまり、栄養失調症を患っている人は、高品質の微量栄養素が豊富な食物を購入できないか、自分たちで栽培できない状態にある場合が多い。

農業研究と農業施策をもっと栄養素の改善に振り向ける必要がある。今まで、公衆栄養学は、栄養失調症の解消に食物から介入することにあまり注目して来なかった。農業界も、農業を一義的に生活手段ととらえるだけで、人の健康に資するビタミン、ミネラルやほかの生命を維持する物質の供給源としての視点は十分ではなかった。

本章では最初に、農業と食料品価格と家計収入が、貧困層の食生活や微量栄養素欠乏症の有病率や欠乏症を解消する、さまざまなタイプの介入方法の有効性にいかに影響を与えるかを検討する。次に、世界でどの程度の人口がミネラルとビタミン欠乏に陥っているか、さらに、これらの欠乏の結果生じる機能障害について議論する。最後に、微量栄養素欠乏の解消に向けた、農業やそれ以外のアプローチとその費用対効果を紹介する。

本書を通じてよく使われる略語は、xページ参照のこと。

1 H. Bouis is Director of HarvestPlus, International Food Policy Research Institute (IFPRI), Washington, D.C., USA; e-mail: h.bouis@cgiar.org
E. Boy-Gallego is Senior Research Fellow, IFPRI, Washington, D.C., USA; e-mail: e.boy@cgiar.org
J.V. Meenakshi is Professor, Department of Economics, Delhi School of Economics, University of Delhi, Delhi, India; e-mail: meena@econdse.org

微量栄養素欠乏を改善する農業

ここでは、現状改善に効果的な農業的介入の重要性（多くは見過ごされてきた）を理解するため、まず欠乏症を生み出した経済的要因を検討する。作物から摂取するミネラルやビタミンと、そのマーケティングシステムの改善策は、a）長期的な農業と経済の発展と、b）日常の家計支出配分の関連で考えるべきである。その関連で言うと、一般世帯の一人当たりの食事摂取量は、（i）家計収入と（ii）食料品価格（実質穀物価格の過去数十年の低下と直近の上昇）に左右される。[脚註2]

食事の質と家計収入

表1は、3カ国の所得階層別の一人当たりエネルギー摂取量と食物別の食費支出の割合である。低所得層は空腹を満たすため、もっとも安いエネルギー源である主食食物（food staples）の購入を優先する。所得が増えると、副食物（non-staple foods）の味を好んで、植物性副食（レンズ豆、果物、野菜）や動物性副食（魚を含む）の購入に動く。

表1は、食事をエネルギー単位（ミネラルやビタミンではなく）で示しているが、それは植物性副食物や動物性副食物が、主食食物より生物学的に利用可能なミネラルとビタミン濃度が高いことによる。ミネラルとビタミンの摂取量の増加率は、エネルギー摂取増よりも所得の増加に大きく連動する。動物性食品はもっとも高価なエネルギー源であるが、生物学的に利用可能なミネラルとビタミンをもっとも多く含んでいる。

食生活が経済発展に伴って向上するのは自然な傾向である。すべての条件が同一なら、家計収入の上昇と、植物性副食と動物性副食の需要増に伴い、良質な食料品の価格は上昇する。価格の上昇は農業者の生産意欲を高める。本質的に、経済（農業）発展は農業の技術改良を促し（農業研究への官民投資による高収量品種の開発など）、より効率的な生産と急速な供給の伸び率につながり、最終的には副食価格を引き下げる。

この長期循環の促進が公共食料政策の役割で、これによって全体の成長が加速し、社会経済層（特に栄養失調状態にある貧困層）もその分け前にあずかる。この観点に立って、食料価格を左右する「緑の革命（Green Revolution）」の役割を簡単に検討する。

2　どの土地の食品価格も、市場へのアクセス（供給）と地元の食文化（需要）の関係で決まる。たしかに、（時に教育や知識の影響から）家庭や個人によって好きな食品に違いがあるため、これが特定の所得層や社会経済層の平均的な消費レベルに差を生み出す。

表1 3カ国の所得階層別の1人当たりエネルギー摂取量（カロリー/日）と食物別の食費支出の割合（Graham et al., 2007）

食品群	バングラデシュ				ケニヤ					フィリピン				
	収入の3分位				収入の4分位					収入の4分位				
	1	2	3	全世帯	1	2	3	4	全世帯	1	2	3	4	全世帯
1人当たりエネルギー摂取量														
主食	1805	1903	1924	1879	1283	1371	1388	1394	1360	1361	1431	1454	1381	1406
植物性副食	281	347	394	340	256	348	363	464	357	197	229	304	395	281
全動物性副食	44	61	89	64	112	120	161	187	145	67	102	118	207	124
総計	2130	2311	2407	2283	1651	1839	1912	2045	1862	1625	1762	1876	1983	1811
食費支出の割合（%）														
主食	46	41	36	40	データ得られず					43	36	28	24	33
植物性副食	32	35	36	34						30	36	39	37	35
全動物性副食	22	24	28	26						27	28	33	39	32
総計	100	100	100	100						100	100	100	100	100

食事の質、食料品価格、緑の革命

図1は、1965～1999年の発展途上国の人口、穀物生産、マメ類生産の伸び率を示している。この期間に発展途上国の人口は倍増した。急激な技術革新によって穀物生産が2倍以上に増加したのは、「緑の革命」の偉業である。インフレ率調整後の実質穀物価格は、発展途上国の人口倍増にもかかわらず、長期の下落となった。**表1**からも分かるように、貧困層は収入の多くを主食品の購入に充てるが、穀類価格の低下によってこの階層に（上等な食料品を含む）さまざまな必要品を買う余裕が生まれる。

図1のマメ類の生産は、植物性副食と動物性副食の生産増の典型例である。マメ類生産は大きく増加したが、発展途上国の経済発展に伴う人口増と所得増による需要増を賄うほどではなかった。しかし副食物分野では、ふさわしい技術革新がなく、**図2**で示すように、多くの副食物の価格（インフレ調整後）は時間と共に上昇した。

このような相対的な価格変動が起きると、エネルギー源（バングラデシュではコメ）は手ごろな価格になるが、良質の食生活（副食物）は費用がかさむことになる。**図3**にあるように、植物性副食物や魚類や肉類に対する合計支出は、コメを上回る（Bouis et al., 1998）。

1990年代半ばにバングラデシュの農村部で収集したデータ（**図3**）によると、1970年代初期以降、コメ価格（インフレ調節後）は大きく下落したが、副食物の価格は大幅に上昇した。

この相対的な価格変動（主食品の値下がりと副食物の値上がり）は、貧困層の十分なミネラル

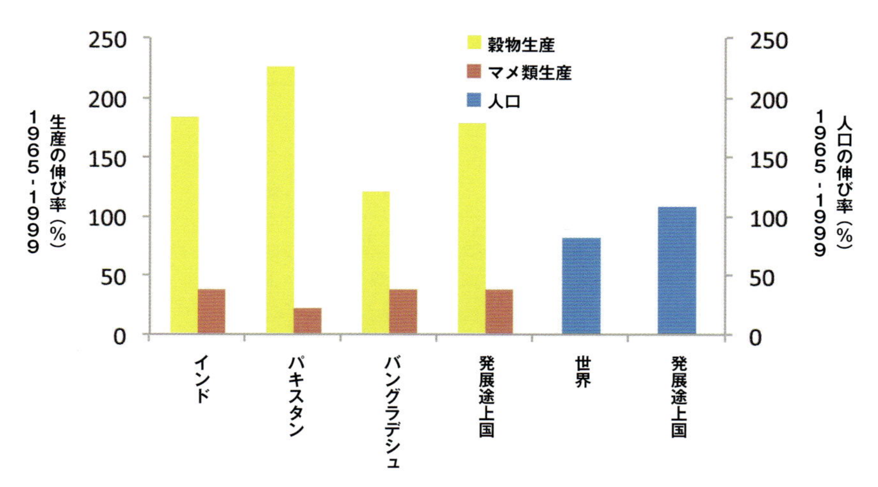

図1 1965～1999年の穀物生産、マメ類生産、人口の伸び率（Graham et al., 2007）

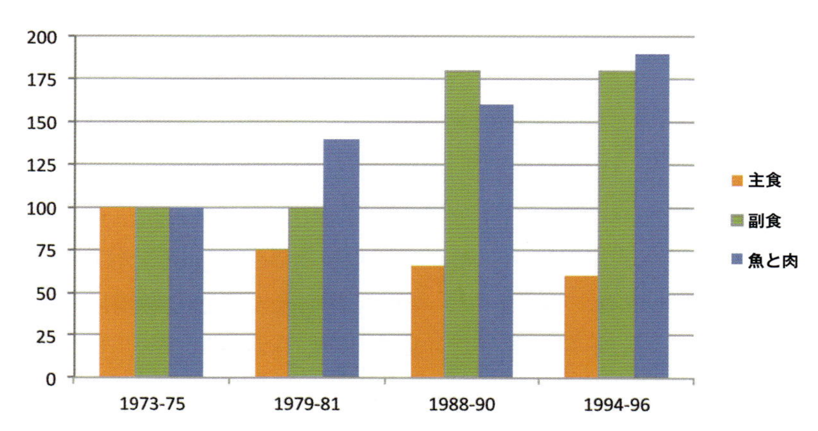

図2 バングラデシュにおける価格指数（1973～1975年を100としてインフレを調整。Bouis et al., 1998）

やビタミン摂取をより困難なものにした。所得が変わらない貧困層は、栄養ある食事がどれほど健康に重要で、安価な副食物がどの程度のミネラルやビタミンを含んでいるかを理解しないまま、単純にその価格差から、ますます主食偏重に走った。このため、発展途上国の国民の多くの層でミネラルやビタミンの摂取量が悪化し、微量栄養素の欠乏による栄養失調症や健康不良など、非常に悲惨な状態に陥った。

繰り返すと、公共食料政策の長期的使命とは、農業研究、教育、インフラ整備、農業の生産資材と農産物の流通市場の改善など、さまざまな方法を駆使して、（「高付加価値農業」と呼ばれる）副食物分野の成長を促すことである。しかし、これは数十年もかかる長いプロセスとなる。一方、短期間にミネラルやビタミン摂取量が改善可能な、農業を活用した経済的な方法（亜鉛やセレンを肥料に添加する生物学的栄養強化など）がある。

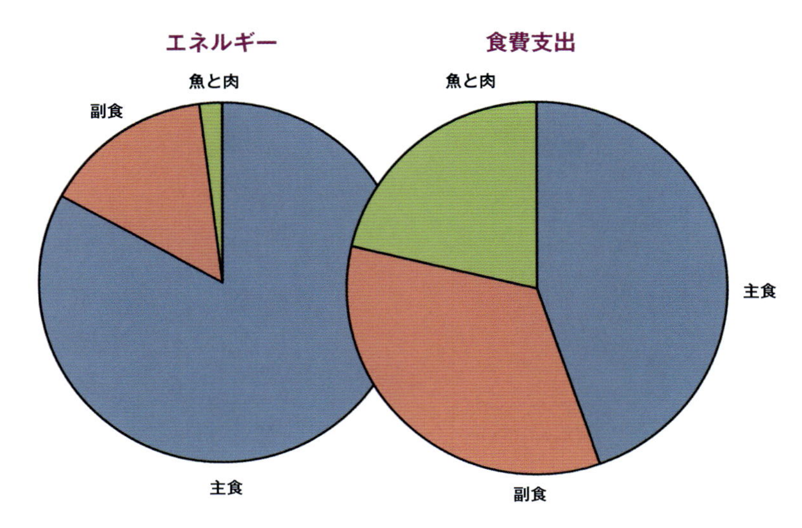

図3 バングラデシュの農村部におけるエネルギー源と食費支出の割合（Bouis et al., 1998）

「緑の革命」後の、食事の質と最近の主食用食物の値上がり

図2のバングラデシュのケースに例示されているように、コメとコムギとトウモロコシの急速な生産増加により主食用食物の価格は低下した。しかし、過去20年間、農業研究に対する公共投資の減少で、発展途上国での高い穀物生産の伸び率が維持できなくなった。その期間も、人口増加は続いた。中国やインドやその他の発展途上国では、所得増に伴って肉類の需要が高まり、飼料用穀物の消費が増大した。バイオ燃料用の穀物需要も増加した。この長期の需給構造の変化により、主食用食物の価格は上昇し始めた。短期的な現象としては、世界的な穀物在庫の低下や主要生産国の干ばつなどの異常気象で、2008年前半に主食用食物の価格が暴騰した。2008年の暴騰には投機的な要因もあったが（Piesse and Thirtle, 2009）、商品バブルの崩壊後、価格は幾分下落した。しかし、底流にある長期的な需給圧力は解消した訳でなく、2011年には価格は新たに高値をつけた。このような価格動向は、貧困層の食生活にどのような影響を及ぼすのだろうか。

貧困層は餓えをしのぐため、なりふり構わず主食用食物の確保に走る。たとえば現在、バングラデシュではコメの出費が増加している。結果、**図4**にあるように、副食物や食品以外に支出する余裕がなくなる。

経済学者は、食料価格と所得の変動率に対する食料消費の変動率を試算する「価格弾力性」と「所得弾力性」を使って、食料品価格の上昇による食生活の変化を予測している。**表2**は、バングラデシュ農村部の「需要弾力性マトリックス」の一例である。

この需要弾力性マトリックスを使って特定値を試算すると、仮に所得が倍増（100％増）すれば、

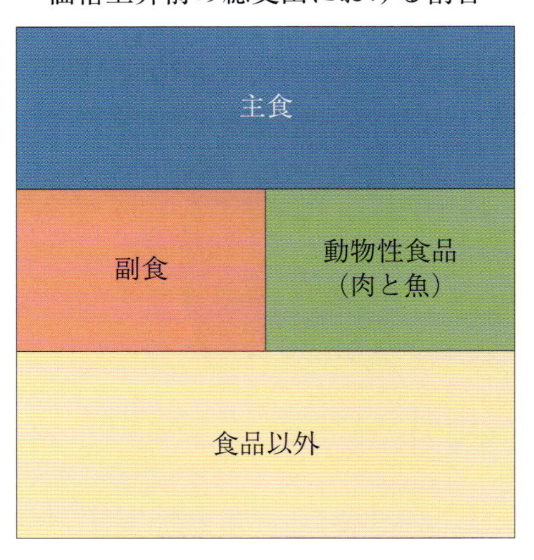

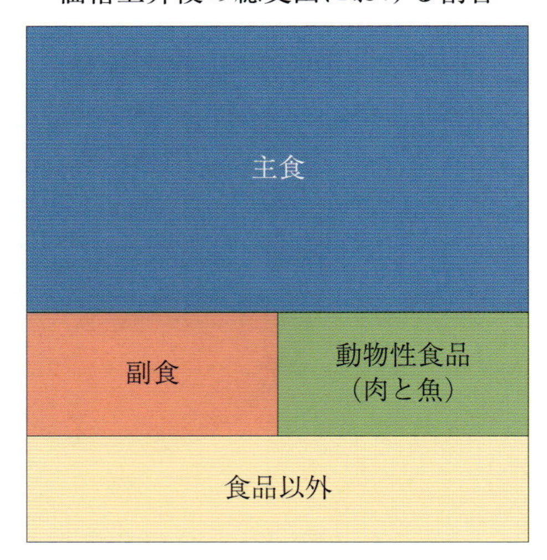

図4 主食の価格上昇前／後の総支出における、食品群と食品以外の割合（Bouis et al., 2011a）

註）価格上昇前の図（左図）は、1995~96年のデータによる。価格上昇後の図（右図）は、表3で示されたシミュレーションによる。

主食用食料の消費が5％増加する（**表2**最終列）。つまり、「主食・所得弾力性」は0.05（0.05＝+5%/+100%）となる。対照的に、所得の倍増で副食物（植物と肉類・魚類の合計）の消費は110%、（1.10=+110%/+100%）増える。これを「所得弾力性」と呼ぶ。

主食用食料の価格が50%上昇すると（バングラデシュの場合はコメ）、主食用食料の消費が10%（-0.20=-10%/+50%）減少する（**表2**主食列）。これを「価格弾力性」と呼ぶ。副食物価格が50%増加し、主食用食料の消費が5%増加した場合の弾力性は10％（0.10=+5%/+50%）となる。これを「交差価格弾力性」と呼ぶ。

この弾力性マトリックスを使用すると、価格の変化に伴う消費量の変化を予測することができる。消費量の変化は栄養分摂取量の変化に置き換えることができる。**表3**は、主食用食物と副食物の50%の価格上昇に対し、食品以外の価格と所得に変化がない場合の予測結果を示している。

表3からは以下が読み取れる。

- 大きい順に見ると、鉄摂取は30%減少し、エネルギー摂取は15%減少する。ただしエネルギー摂取量減は、一義的には副食物の消費減による。
- 非弾力的な需要のため、主食用食料の支出は顕著に増加する。副食物と非食料品の支出は減少する。
- 副食物を「贅沢品」（副食物の所得弾力性の最大値は1.4近辺）と見る貧困層は、副食物支

表2 バングラデシュの農村部における需要弾力性マトリックス（Bouis et al., 2011a）

	支出の割合	主食	副食	食品以外	収入
主食	0.35	-0.20	0.10	0.05	0.05
副食	0.35	-0.27	-0.95	0.12	1.10
食品以外	0.30	-0.62	-0.18	-1.20	1.99

表3 バングラデシュの農村部におけるシミュレーションの結果。主食と副食の50%の価格上昇に対し、所得に変化がない場合の予測結果（Bouis et al., 2011a）

副食の供給弾力性マトリックス	1.0	1.1	1.2	1.3	1.4
鉄摂取量の変化（%）	-27	-29	-30	-32	-34
エネルギーの変化（%）	-14	-14	-15	-16	-16
主食の総支出における変化（%）	43	43	43	43	43
副食の総支出における変化（%）	-23	-29	-34	-39	-44
食品以外の総支出における変化（%）	-23	-17	-10	-5	1
主食のカロリーの絶対的変化	-74	-74	-73	-73	-72
副食のカロリーの絶対的変化	-196	-210	-224	-238	-251

註）上の表に示した結果は、表2にある食料需要マトリックスと一致する。基本となる1日当たりの総消費カロリーを2,000カロリーと仮定し、内訳を主食1,600カロリー、副食を400カロリーとした。鉄の摂取は主食から50%、残りの50%を副食から供給されると仮定した。

出を減らすが、食品以外の支出への影響はさほどではない。副食物を必要品とする（副食物の所得弾力性の最小値は1.0近辺）貧困層は、副食物と食品以外の両方の支出を減らす。

鉄摂取量の30%の低下とは、どのくらい大変なのだろうか？　イメージを掴むために、**図5**に、平均鉄摂取量ごとに摂取量が十分な女性の累積分布を示す。ほかの栄養分と同様、鉄の摂取必要量は人によって異なり、7mgFe/日で十分な女性（同図、30%）と、そうでない女性がいる（同図、70%）。

食料価格が50%値上がりすると、鉄摂取量は7mgFe/日から5mgFe/日まで約30%減少する（同図、食料価格シミュレーション）。必要量をカバーできている女性は全体のわずか5%であり、見方を変えると、必須鉄量を摂取できていない女性が25%増加することになる。

表2と**表3**は、バングラデシュの農村部で収集した消費と栄養のデータである。この結果は、ほかの発展途上国の農村部でも適用可能だろうか？[脚註3]

アフリカやアジアや中南米の貧困層も、主食、副食、非食料品に対する支出割合は**表2**とほぼ同等である。これは単純に、低所得と空腹を満たすため主食を多く購入することが必要（食料値上がり前の総支出の約1/3）という理由のほか、残りの収入を、①主食以外の食料品（総支出の

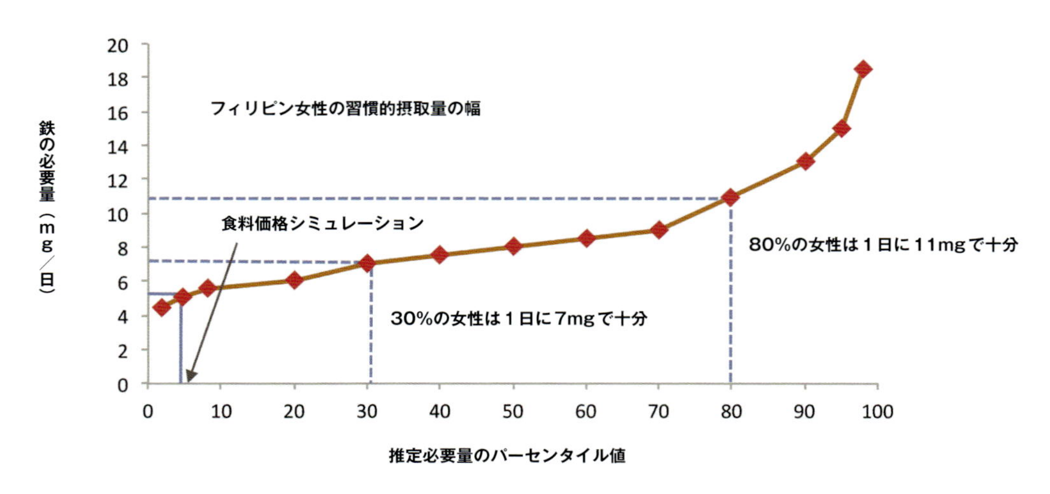

図5　フィリピン女性の鉄必要量と充足度の累積分布

鉄必要量の分布は、体格、年齢、生理による血液のロス、避妊薬の使用が階乗計算されたモデルによる（Food and Nutrition Board and Institute of Medicine, 2001）。モンテカルロのシミュレーション（n >1,000）が使われた。フィリピン女性の平均鉄摂取量は7mg/日、鉄強化米（12mg/kg精米）のみ消費する場合は11mg/日となる。
出典:John Beard, Pennsylvania State University

約1/3）と、②住居、衣類、衛生用品などの購入（総支出の約1/3）に充てる必要があるためである。したがって、貧困層の需要弾力性は**表2**と余り乖離していない。

バングラデシュの場合、以下の2つの理由により、食料価格の上昇に伴う鉄の摂取量の低下は特に大きいと思われる。

（i）精米（バングラデシュの主食）の鉄濃度は相対的に低いが、それでもバングラデシュでは、コメは貧困層の食物由来鉄源の40～45%を占める（Arsenault, 2010）。ほかの国、特に全粒粉コムギ（鉄濃度は精米より高い）を主食にする地域では、主食から摂取する鉄はもっと大きい（50%以上）。結果的に、副食物の摂取量が急激に減少したとしても、鉄の総摂取量の大幅な減少にはならない（ただし、肉類、魚類の摂取不足により、食事から来る鉄

3　ドスーザとジョリフェ（D'Souza and Jolliffe, 2010）は、アフガニスタンのコムギ価格の上昇に着目した。食事の多様性が少ないことが関連していることに気づいた。需要システムを完全には推計できなかったため、主食と副食の（価格）弾力性の違いの根底にあるものが何かを特定できなかった。
ブリンクマンら（Brinkman et al., 2010）は、シミュレーションと回帰という違う方法を取り合わせて、食事の多様性への食品の高価格の影響を調べた。ネパール、ハイチ、ナイジェリアに着目し、高価格により食事の多様性が減ることをみつけた。
ジェンセンとミラー（Jensen and Miller, 2008）は、2006年前後の中国での食品の高価格がカロリー摂取に与える影響を調べた。明らかな影響はみられず、中国の消費者は高いものを安いカロリー源に代替してエネルギー摂取を保っていることを結論づけた。
スコウフィアスら（Skoufias et al., 2010）は、総カロリーへの主食カロリーの割合を、1998年の経済恐慌（収入への負のショック）後にどう変化したかを調べた。デンプン性の主食は恐慌の間も変わらず、特定の微量要素（鉄、カルシウム、ビタミンB_1）は恐慌の間に収入に対してとても敏感に変化した。

の生物学的利用総量は低下する)。

(ii)特にアフリカ諸国では、貧困層は同じ時期に出回る3～4種類の主食用食物を一緒に食べる。仮に特定の主食食料の価格が高騰したとしても、ほかの安価な主食用食物に切り替えが可能である。主食品のエネルギー／カロリー量が高いなら、こういう方法でエネルギー摂取量の維持を図り、同時に、将来の副食物購入のために出費を抑えることができる。

食料価格の高騰が生産者所得に与える影響

食料価格の上昇は貧困層には打撃だが、農業生産者としては生産物の市場価格が上がることで所得上のメリットを享受する。この所得増は食事や栄養の摂取量のロスをどの程度カバーできるのだろうか。この回答のために、**表3**のバングラデシュでの結果を基に、総所得が名目で35%上昇したと仮定しよう。[脚註4]

35%の所得増は、農業を生業とする土地持ち生産者の最大値と言える。生産者は、(まずは所得の70%を食費に充当するため、食料価格の50%上昇と) この所得増をすべて食料品のコスト増に充てる判断もありうるという意味で、この35%は微妙な境目ともいえる。

食料価格の50%上昇と名目所得の35%増のシミュレーションは、**図4**の通りである。注目すべきは、わずかではあるが、エネルギーと鉄の摂取量が減少している点である。食料価格の上昇で、食料品以外への支出が相対的に魅力を増す。一般家庭は従来の食生活パターンを維持しないということだ。

微量栄養素欠乏による栄養失調症の結果、有病率、傾向

すべての生物と同様、人類もミネラルとビタミン源を食料に依存するように進化した。これらの化合物なくして、刺激に反応・適応できる人体の生体機能や自然環境との複雑な相互作用はうまく機能しない。この化合物は必須栄養素や微量栄養素として知られている。多量栄養素(タンパク質、脂質と炭水化物) とは対照的に、微量栄養素の一日平均摂取必要量は、ミリグラムかより小さい単位で計量する。微量栄養素は健康維持に必要な多種多様の食事構成群である。9つの微量元素(鉄、亜鉛、銅、クロム、セレン、ヨウ素、フッ素、マンガン、モリブデン) と13種のビタミン(ビタミンA、ビタミンB_1、B_2、B_6、B_{12}、ナイアシン(Niacin)、葉酸(Folate)、パントテン酸(Pantothenic acid)、ビタミンC、ビタミンD、ビオチン、ビタミンEとビタミンK) は、人体に必須と特定された (Bogden and Klevay, 2000)。

4　たとえば、全所得の70%を農業所得が占める生産者の場合、名目所得の35%増は(追加コストを一切かけない前提で)、農産物価格の50%増で達成できる。

微量元素の中には、極めて特異的な代謝機能と特定の生理学的区画に関連づけられたバイオマーカーをもつものがあることが知られている。たとえば、ビタミンAはほぼすべて肝臓内の肝星細胞（別名:伊東細胞）に貯蔵され（Blomhoff et al., 1990)、網膜内の夜間視覚サイクル（Rando, 1990）や、消化・呼吸器官の粘膜内層での感染症をブロックするバリア機能の維持保全を支える（West et al., 1991)。葉酸を介した一炭素単位転移は、デオキシリボ核酸（DNA)、リボ核酸（RNA)、細胞膜脂質、神経伝達物質などの生成プロセスに重要である。葉酸塩（葉酸）は血中ホモシステインを低下させ、赤血球（RBC）の生成、タンパク質の代謝、細胞の成長と分裂などを促進し、神経管閉鎖不全（脊椎披裂）や無脳症を予防する。鉄はヘモグロビン分子で酸素を運搬する赤血球や、神経伝達物質の正常な生成、神経回路網の形態や組織化、髄鞘形成などに必要とされている（Lozoff and Georgieff, 2006)。ヨウ素を含有するホルモン類は、あらゆる生細胞の増殖を調整する働きがあるが、特に胎児や幼児期の神経系に大きな影響をもつ（Zimmerman et al., 2008)。一方、ほかの栄養素（亜鉛など）は複数の代謝経路に関与しているが、そのいくつかは機能がまだ完全には解明されていない（Golden, 1994)。たとえば亜鉛は体内に遍在して、タンパク質の合成や、細胞成長・分裂に重要な役割を担う（Hotz and Brown, 2004)。

いくつかの微量要素（ビタミンDなど）はプロホルモンの働きをもち（DeLuca and Zierold, 1998)、ほかのビタミン類（ビタミンC、ビタミンE、ビタミンA）やミネラル類（銅、亜鉛、セレン）は、より複雑な生化学システムでの抗酸化機能やその促進効果を発揮する（Heyland et al., 2005)。

主に食事上の原因による微量栄養素欠乏や、栄養失調症と感染症の複雑な関係から見て、単一の（栄養素の）欠乏症は、公衆衛生上は例外的なことで、普通ではないとするのは理にかなっている（Black, 2001)。しかし、欠乏症の中にはより拡散的で、個人や集団に深刻な健康被害を引き起こすものがある。それゆえ、貧困で食物が不安定な住民が罹りがちな疾病への対処能力に欠ける地域では、被害人口の大きさ、人命の危険性、致死危険度、障害調整生存年数（disability-adjusted life years；DALYs）の程度、そして、ビタミンA、鉄、ヨウ素、亜鉛の投与という費用対効果の高い対処法が可能かどうかで、優先順位を決めるようになった。また妊娠前後の葉酸欠乏に伴う神経管閉鎖障害の予防に対する関心のなさは、蔓延するはしかに予防接種をためらうのと同じ公衆衛生レベルとの指摘にもかかわらず（Pitkin, 2007)、発展途上国での葉酸添加の食品による栄養強化や栄養補助食品（サプリメント）への投資は極めて低い状況にある（Botto et al., 2005)。

世界人口のざっと3分の1以上は、ひとつ以上の微量要素欠乏症の危険にさらされている。有病率の順で見ると、もっとも一般的な微量栄養素の欠乏症は、鉄（約16億人、de Benoist et al., 2008a)、ヨウ素（約20億人、de Benoist et al., 2008b)、亜鉛（約15億人、Hotz and Brown, 2004）で、そのあとにセレン（Brown and Authur, 2002）と銅（Madsen and Jonathan, 2007）が続く。公衆衛生上、もっとも広範に蔓延しているビタミン欠乏はビタミンAで、1億9,000万人の学齢未満の子供達と1,900万人の妊婦が（命の）危険にさらされ（WHO, 2009)、葉酸欠乏では、約

表4 代表的なビタミンとミネラル欠乏に関する世界と地域での有病率（%）

WHO管轄地域	ビタミンA欠乏症[1]		貧血（鉄欠乏症）[2]			ヨウ素欠乏[3]
	学齢前の子供	妊婦	学齢前の子供	妊婦	妊娠していない女性	学齢期の子供
アフリカ	44.4	13.5	67.6	57.1	47.5	40.8
アメリカ	15.6	2	29.3	24.1	17.8	10.6
ヨーロッパ	19.7	11.6	21.7	25.1	19	52.4
東地中海沿岸	20.4	16.1	46.7	44.2	32.4	48.8
東南アジア	49.9	17.3	65.5	48.2	45.7	30.3
西太平洋	12.9	21.5	23.1	30.7	21.5	22.7
世界	33.3	15.3	47.4	42	30.2	31.5

註1）ビタミンA欠乏症の世界の有病率（1995～2005年）：WHO Global Database on Vitamin A deficiency
註2）貧血の世界の有病率（1993～2005年）：World Health Organization, 2008
註3）ヨウ素欠乏の世界の有病率（2007年）：Global progress since 2003：World Health Organization, 2008

表5 世界と地域別の亜鉛欠乏症の罹患リスク人口率

地域	罹患リスク人口率（%±S.D.）
北アフリカと東地中海沿岸	9.3 ± 3.6
サブサハラアフリカ地域	28.2 ± 15.0
ラテンアメリカとカリブ海地域	24.8 ± 12.0
USAとカナダ	9.5 ± 1.3
東ヨーロッパ	16.2 ± 10.5
西ヨーロッパ	10.9 ± 5.2
東南アジア	33.1 ± 5.9
南アジア	26.7 ± 9.4
中国（＋香港）	14.1
西太平洋	22.1 ± 8.2
世界	20.5 ± 11.4

出典：IZiNCG, Estimated risk of zinc deficiency by country, FNB 2004; vol. 25(supplement 2).

30万人強の新生児が神経管閉鎖障害に罹っている（Botto, 2005）。そのあと、ビタミンB_{12}、ビタミンDと続くが、その欠乏がもたらす機能障害がまだ明確に検証されていないため、世界規模の有病率や公衆衛生上の栄養失調率に関する科学者間のコンセンサスは無い。

4つの代表的な微量栄養素欠乏症について、地域別の有病率の推定値は**表4**と**表5**に示されている。しかし、この数字からは、アジアとアフリカに集中する世界人口の約半分を占める欠乏症に苦しむ人たちの実態をうかがい知ることはできない。中でも、特に最貧困層は、予防可能な精神障害、子供や大人の身体能力の低下、母親や胎児の死亡、さらには社会経済の発展を阻害するような長期的な弊害に直面している。各栄養素の欠乏は人間の健康に別々の障害をもたらすが、正確な測定は別にしても、障害が重なることで付加的ないし相乗的な形で、個人や集団的レベルでの人的資本が損なわれている。

主に鉄欠乏によるが、慢性感染症や社会環境による栄養素欠乏で貧血症に罹っている人は世界で16億人にのぼっている。鉄欠乏は、子供の精神障害（Lozoff and Georgieff, 2006）、重症だと妊婦の死亡（Allen, 1997）や子供と成人の身体能力の低下（Haas and Brownlie, 2001）につながる。ビタミンA不足は失明（夜盲症）を引き起こすほか、免疫力障害や子供のはしかなどの感染症による死亡率増加（West, 2002）の原因となる。世界の人口の20%は亜鉛含有食品の摂取不足が原因の亜鉛欠乏症[脚註5]（**表5**）の危険にさらされ、下痢や上気道感染症などが原因となる児童の発育不全（Brown et al., 2009a）や死亡率の上昇をもたらす（Walker et al., 2009）。2008年に、「母子の栄養不足に関する研究グループ」は、微量栄養素欠乏による栄養失調症と関連する疾病負荷の推定を発表した（Lanset, 2008）。この推計によると、発育障害、激しい体力消耗、子宮内胎児の発育遅延による死亡は220万人で、障害調整生存年数（DALYs）の21%となっている。[脚註6] 免疫学的システムと関連した2つの微量要素（亜鉛とビタミンA）の欠乏に起因する死亡はさらに100万人で、障害調整生存年数（DALYs）の9%となっている（Black et al., 2008）。WHOは、約80万人の妊産婦の死亡（同年齢層の全死亡の1.5%）と13万人以上の小児死亡は鉄欠乏が原因で、これは3,500万生命年の損失（DALYsは2.4%）であり、その3分の1は東南アジアで、次の3分の1はサブサハラアフリカで発生している（Stoltzfus et al., 2004）、との推計を発表した。鉄欠乏は、生殖可能年齢の女性だけでもDALYsの0.4%となる。激しい体力消耗、発育障害、子宮内の胎児の発育遅延（IUGR）、授乳不足などが、これらの栄養素欠乏の要因の影響を受けており、世界の小児死亡の35%と病気負荷全体の11%を占める。

5 亜鉛欠乏の有病率の指標は現在、世界保健機関（WHO）で検討中。仮に発病率を代替指標とすると、有病率は世界中で28.5%もの高率に達するおそれがある。

6 DALYとは、“健康的な生活”が失われた年数。予防できる病気や病状によって不健康な状態ですごした（病的状態）期間と、早すぎる死によって失われた日数を測る試みである。この年間基準には、病気や死という結果だけでなく、長期の夜盲症や、下痢といった短期症状も含まれる。また、機能障害も考慮に入れられる。

各微量栄養素欠乏の結果

鉄欠乏症

鉄は、酸素運搬（ヘモグロビン）、酸素貯蔵（ミオグロビン）、細胞内のエネルギー伝達（シトクロム）といった基本的な細胞の働きがあるため、すべてのヒトの組織に必要であり、とりわけ筋肉、脳、赤血球に必須である（Yehuda and Mostofsky, 2009）。食物から摂取する鉄が常態的に1日の必要量を満たしていない場合、まず体は体内に貯蔵されている鉄を消耗し、次に鉄需要が大きい組織（骨髄、横紋筋、脳など）で鉄不足が起き、最終的に酸素運搬の役割を担うタンパク質であるヘモグロビンの循環量が減少する貧血症に陥り、重要な臓器への酸素運搬が不足する。すべてのヒトの細胞はその活動に酸素を必要とするため、貧血の程度によっては、広い範囲の臨床的問題を引き起こす。貧血症の測定は低コストで簡便にできるため、赤血球形成を阻害する重度の鉄欠乏症の診断材料に使われてきたが、これは決して信頼できる指標ではない。多くの住民にとって、鉄欠乏症は貧血だけでなく、複数の症状の原因になっている可能性がある（失血を起こす寄生虫、ビタミンA欠乏、慢性感染症や慢性失血症など、Hershko and Skikne, 2009）。貧血の50％は鉄欠乏が原因という説（WHO, 2008）は、生態系上の地域や人口横断的に適正に検証されたものではない。

幼児の成長期と妊娠中は多量の鉄を必要とするため、この二者が鉄欠乏障害にもっとも罹りやすい時期である（Preziosi et al., 1997）。一方、慢性的な鉄欠乏性貧血は、めったに直接の死亡原因にはならない。しかし、中程度や重度の鉄欠乏性貧血は低酸素症を引き起こし、肺機能障害や心血管障害を増幅する危険性があり、死亡に至る場合もある（Horwich et al., 2002）。それでも、肉類を摂取せず、主食作物に偏った食生活を続けると、一生を通じて鉄欠乏症の発症や（Zimmerman et al., 2005）、失血原因となる感染症に頻繁に罹るおそれがある。

発展途上国での周産期死亡率の5分の1と妊産婦死亡率の10分の1は、鉄欠乏症が原因とされているが、ヘモグロビン基準値の低さ、実際の重度貧血の有病率、人口集団別の鉄欠乏性貧血症の発症率のばらつき、重度貧血で悪化する潜在因子の発生率などのテーマを取り扱った研究報告が少ないことから、過大評価の可能性もある（Rush, 2000）。幼年期の鉄欠乏性貧血と小児期中期の知力低下の間に因果関係があるという多くの実証報告もある（Lozoff, 2008）。鉄不足が、筋肉内の酸素輸送や呼吸効率などの体内メカニズムを通して、基礎体力と有酸素運動能力の低下を引き起こすという実証結果も明らかになっており（Haas, 2001）、労働生産性の低下や収入減など、特に肉体労働に依存する経済には悪材料となる。

亜鉛欠乏

生物学的に利用可能な亜鉛の摂取不足および体内消耗の亢進は、亜鉛欠乏症を引き起こす。肉類が唯一の良質で生物学的に利用可能な亜鉛の摂取源であることや、亜鉛の吸収を阻害するフィチン酸の影響もある（Hotz and Brown, 2004）。したがって、食事が菜食主体の人々は影響を受けやすい。また、下痢性疾患による亜鉛の消耗は、体内の亜鉛の栄養バランスを崩す（Castillo-Duran et al., 1988）。

重度の亜鉛欠乏症はめったにない。1900年代初期には、小人症、二次性徴の遅発や思春期初期の胴短長足、免疫機能障害、皮膚疾患、食欲不振などの身体特徴と関連づけられた（Prasad, 1991）。この40年の間に、無症状欠乏の弊害の理解が深まったことによって、亜鉛欠乏は稀な栄養障害から公衆栄養上の世界的課題として認識されるようになった（Mathers et al., 2006）。

世界では、亜鉛欠乏による下気道感染症、下痢、マラリア感染などのリスクが増大している(Black, 2003a)。亜鉛欠乏は、下気道感染症の約16%、マラリアの18%、下痢症の10%の原因と考えられている（Caulfield and Black, 2004）。

亜鉛欠乏は、下痢、肺炎、マラリアによる年間80万人もの5歳以下の子供の死亡の原因とされている（Caulfield and Black, 2004）。肺炎と下痢の疾病負荷がもっとも高いのがアフリカのサブサハラ諸国で、子供の死亡率は高く、大人の死亡率はさらにその上を行く。東南アジア、東部地中海とアメリカ諸国では子供も大人もともに高い死亡率となっている。サブサハラアフリカ地域では、マラリアに罹るほぼすべての原因となっている(Mathers et al.,2006)。

ビタミンA欠乏

ビタミンAは、目の健康と視力、成長、そして免疫機能の維持に不可欠である。典型的には、いくつかの症状（食欲不振、吸収不良、はしかや同種の病気によるビタミンAの排泄量の増加）が重なってあらわれるのが、ビタミンA欠乏(VAD）の明確な徴候である。ビタミンA欠乏は、動物性組織の低摂取、植物由来のプロビタミンAカロテノイドの摂取不足、それに伴う食事の脂肪の摂取不足によって発症する（Sommer, 2008)。重症かつ長期のビタミンA欠乏は、角膜障害や失明の原因となる眼球乾燥症（ドライアイ）などの古典的な眼性症状から診断でき、今も児童の予防可能で代表的な失明原因である（WHO, 2009)。眼球乾燥症（結膜乾燥症と角膜潰瘍）の徴候は、紅斑性狼瘡（エリテマトーデス）や慢性関節リウマチなどの全身性自己免疫疾患でも認められる（Roy, 2002)。しかし、ビタミンA欠乏では紅班が目立たないのが普通で、ビタミンAの状態の生化学検査に限界があるなか､女性､子供の夜間視力を測定する人にやさしい技術（小型コンピューター内蔵型瞳孔暗順応測定ゴーグル）の最近の進歩は、状況査定とプログラム負荷テストに有望である（Labrique et al., 2009)。

世界全体で約80万人（1.4%）の死亡原因が、女性と子供（男子1.1%、女子1.7%）のビタミンA欠乏症であると推定されている。障害調整生存年数（DALYs）に起因するものは、世界の疾病負荷の約1.8%を占める（Black, 2003b）。ここでも、5歳以下の子供と生殖年齢の女性が、この栄養素欠乏とそれが原因の健康障害の最大のリスク当事者で、その最大の有病率地域は東南アジア（30～48%）とアフリカ（28～35%）である（Rice et al., 2004）。

最近、生後6～59カ月の子供を対象とした9例のプラセボ対照試験によるメタ分析において、ビタミンA補給の結果、リスクが軽減されたことが、「母子栄養に関するランセット論文集」に報告されている（Black et al., 2008）。原因別死亡率の相対危険度の試算では、ビタミンA欠乏症が起因した下痢による死亡率は1.47（95%CI 1.25～1.75）、はしかによる死亡率は1.35（0.96～1.89）となっている。さらに、アジアにおける新生児に対するビタミンA補給に関する3例の試験調査で、生後6カ月の死亡率の低下が報告されている。この試験結果では、生後6カ月の相対危険度は、すべての感染症による死亡については1.25、未熟児による死亡については2/3であった。

ヨウ素欠乏

ヨウ素欠乏は、知的発達障害や脳障害のもっとも一般的で予防可能な障害である（Zimmerman et al., 2008）。胎児のヨウ素欠乏が引き起こす重度の精神発達遅滞のひとつ"地方性クレチン症"は、ヨウ素欠乏症（IDD）として総称的に知られている、広範な生殖異常、神経病、内分泌異常などの疾患である。ヨウ素欠乏症には、低体重新生児、高乳児死亡率、運動機能障害、聴力障害、甲状腺機能低下、放射線感受性亢進、ヨウ素誘発性甲状腺機能低下症、神経機能障害などが含まれるが、損傷時期と期間によって症状は千差万別である（WHO et al., 2007）。ヨウ素欠乏症による損失生存年数は250万年（全体の0.2%）であり、地域的にはアフリカの最貧諸国に偏在し（約25%）、次いで東南アジアの17%、地中海東部の16%となっている（WHO, 2002）。

微量栄養素欠乏の管理と予防介入

効果的なビタミンやミネラル欠乏管理の介入法としては、中央で一括加工された栄養強化食品や調味料・ソース、食事の多様化または改善、医薬部外品のサプリメント（5万IU、10万IU、20万IUカプセル入り、ないしシロップ状のレチノール、ヨウ素化油カプセル、鉄単独ないし鉄を含む複合微量栄養素のタブレットやシロップ、鉄を含む分散性粉末などの大量投与）がある。発展途上国の農村地域で栽培・消費される主食用穀物に、交配や遺伝子組換えなどの人為的方法で必須微量栄養素を増やす栄養強化は、肥料に微量元素を添加する農業的栄養強化と共に、栄養強化と食事改善の両方の対策となる。 鉄強化米（Haas et al., 2005）とカロテノイドを多く含むサツマイモ（Low et al., 2007）は、フィリピンの女性とモザンビークの子供たちの微量栄養素の状態をよくすることにそれぞれ効果があることが明らかとなった。ほかの栄養強化主食穀物（高亜鉛米・コムギ、高鉄分マメ類・トウジンビエ、高プロビタミンAカロテノイドを多く含むキャッサバとトウモロコシ）の効果についての評価が進んでいる。栄養素に特化した介入の評価はほかで広範囲に行われているので（Bhutta et al., 2008）、ここでは個々の掘り下げは省略し、国家

表6 効果的な大規模微量栄養素プログラムの推進と検証に対する横断的課題（Klemm et al., 2009）

• 主な関係者は栄養素対策のゴールを共有するが、優先順位の策定、提案、実施を調整するリーダーシップが欠如
• 微量栄養素推進組織に属する関係団体間のコミュニケーションの不足
• 関係者が地球的課題と一国の課題を未整理のまま、しばしば競合する対策を進め、結果、連携が取れず共通目標の達成に遅延が生じる
• 微量栄養素推進組織は、より広範囲の栄養・保健開発計画と十分に連動していない
• 微量栄養素推進組織は、微量要素製品、サービス、配達プラットホームの改善に、民間部門の資源、知見、配送システムの活用が十分でない
• 国の機関に手引書が不足し、系統的にニーズを査定し、エビデンスに基づいた意思決定を行う権限を与えられていない
• 不十分な微量栄養素介入のモニタリング、評価、実績・成果の文書化の結果、プログラム、提案、執行責任、各国機関のマネージャー教育、などの強化努力に支障が生じる
• 全体的な栄養関連資金の不足で微量栄養素対策の達成に支障が生じる
• 実施検証のための資金不足により、大規模微量栄養素プログラムの制度設計、マネージメント、実施、評価、資金の検討に支障が生じる

プログラム的介入全般の教訓としての活用にとどめる。

「母子の栄養不足に関するランセット論文」は、ミレニアム開発目標1（目標1C、栄養不足）、4（幼児死亡率の削減）、5（目標5A、妊産婦死亡率の削減）の達成に向け、微量栄養素に関する介入が果たす役割を明らかにした。この論文集での国際連携の呼びかけに応える意味も含め、微量栄養素フォーラムのメンバーは『2008イノチェンティ・プロセス』を作成し、世界で広く実施されている微量栄養素欠乏の撲滅プログラムの実績を批判的に検証した。それには、地方現場のマネージャーや担当者を動員し、関係団体間で成功実例と失敗実例の原因確認を行った。(Klemm et al., 2009)。この検証を通して、微量栄養素プログラムの実施に影響する介入特有の課題が明らかになった（**表6**）。要約すると、関係団体はリーダーシップ、連携、そしてより多くの資源を必要とし、他方、地方の現場は指導、権限委譲、より強力なモニタリングと評価、国家プログラムとそれを改善支援する国際支援を引き出すための実施効果の文書化が必要である。

その実施効果を根拠に、『2008イノチェンティ・プロセス』は、大規模な微量栄養素に関する介入を以下の通り分類した：

表7 障害調整生存年数（disability-adjusted life year；DALY）当たりの平均コストの幅（USD）

介入	アフリカ	アジア
大規模実施の効果が実証済みの介入		
ビタミンAのサプリメントによる栄養補給、50%到達	26-52	55
ビタミンAの栄養強化、50%到達	21-41	22
大規模実施の効果の追加検証が必要な介入		
鉄のサプリメントによる栄養補給、50%到達[2]	30	70
鉄の栄養強化、50%到達[2]	27	43
将来有望な新規介入		
ビタミンAを栄養強化したサツマイモ、40%到達[3]	9	
ビタミンAを栄養強化したトウモロコシ、40%到達[3]	11-18	
亜鉛を栄養強化したコメ、60%到達[3]		2-7
亜鉛のサプリメントによる栄養補給、50%到達[1]	476-823	7

註1）WHO-CHOICE, http://www.who.int/choice/results/en/
註2）Baltussen et al. (2004). "Iron Fortification and Supplementation are Cost-Effective Interventions to Reduce Iron Deficiency in Four Subregions of the World" The Journal of Nutrition.
註3）Meenakshi et al. (2010). "How Cost-Effective is Biofortification in Combating Micronutrient Malnutrition? An Ex Ante Assessment" World Development.

1.実施効果と広範な成果が実証済みの介入
（例：就学前の児童へのビタミンA補給、ヨウ素強化食塩、ビタミンA添加砂糖、葉酸強化小麦粉）

2.実施効果と成果の追加検証が必要な微量栄養素介入
（例：妊産婦に対する鉄と葉酸補給、大規模鉄強化プログラム）

3.効果は認められているが、まだ大規模実施の積み上げが必要な新型微量栄養素介入
（例：粉末微量栄養素を使った在宅栄養強化（Dewey and Adu-Afarwuah, 2008）、低浸透性経口補水塩の補助剤と子供の急性下痢治療のための亜鉛補給[脚註7]（Thapar and Sanderson, 2004）、条件付き現金振込やマイクロクレジットと同じ、貧困削減策としての栄養成分を含む農業的介入など）

一連の介入に関連したDALYs当たりのコスト節減の概要を**表7**に紹介する。我々の見解では、主食穀物の栄養強化は第3区分に該当、最近のプロビタミンA入り（オレンジ色）サツマイモの成功によって、サツマイモの栄養強化は第2区分に属する。

7　6カ月以上の新生児には20mg／日を10～14日、6カ月未満の新生児には10mg／日を投与した。

サプリメントによる栄養素補給

ヨウ素欠乏とビタミンA欠乏予防の成功例に対し、鉄欠乏食と亜鉛欠乏食では期待外れの結果となった。そもそも前者は油に溶かすことで人体への吸収率と貯蔵力は高くなるが、鉄と亜鉛の吸収率は、同時に摂取するほかの食物成分や、日々の吸収・貯蔵量を少量に抑制する恒常性（ホメオスタシス）維持の影響を受ける。生理学的な面からより少量服用への転換が推奨されているが、定番の2万IUレチノールは授乳期の女性の100日以上分の必要量を十分に満たし、元素状ヨウ素（elemental I）200mg入りヨウ素化ケシ油0.4mlの1回の少投与量は学齢児童の1年分の必要量を満たす（Zimmerman et al., 2000）。予防的な鉄補給は、対象集団によって異なるものの、30～90余日の期間、1日必要量の15～30倍を毎日服用する。鉄補給（ないしは複合栄養素）は、時間をかけて習慣を身につける（学校などの）環境なら、毎週の摂取が可能である。しかし、この補給方法は、短期間に鉄の貯蔵が必要となる妊娠中には効果的とはいえない。

さらに、（亜鉛や鉄欠乏に対する）長期の予防的補給療法に関しては、患者の疲労や不快な胃腸副作用（胸やけ、金属的な後味、下痢、その他）のため、継続が困難である。加えて、ビタミンA欠乏による眼球摘出や角膜瘢痕、ヨウ素欠乏症の甲状腺腫やクレチン症（先天性甲状腺機能低下症）のような明確な兆候がない。栄養補給プログラムを支援する政府と関係機関には、これらの欠乏症に1カ月もしくは3カ月毎に30錠、または90錠を配布するよりは、発症する危険がある個人にカプセル1錠を6～12カ月毎に投与する方が費用対効果に優れている。それゆえ、鉄・亜鉛欠乏の抑制と予防プログラムを効果的に持続させるには、ほかの医療供給システムとは独立せず、一体的、かつ年間を通じた後方支援と効果的なモニタリング・システムが必要である。

既成ビタミンA（レチノール）を年2回大量に補給した結果、発展途上国の5歳以下の幼児のビタミンA欠乏に起因する失明やほかの眼性徴候は大幅に減少した。ビタミンAサプリメント（VAS）の合理的根拠は、特にはしか予防接種の低普及率環境での幼児死亡率の20～30％の減少である（年間約35万人の死亡を回避。Sommer, 2008）。国際基準は、出生1,000人当たり70人と高い幼児死亡率を有するすべての国で、生後6カ月から5歳までのすべての子供に対するビタミンAの定期的投与である（UNICEF, 2007）。当初は短期の緊急介入として想定されたものだが、食料不安が今の水準である限り、またすべての該当地域で、ビタミンAサプリメント（VAS）は公衆栄養医療対策の必須要素となる。

亜鉛サプリメントが下痢症の予防と治療に有効なことは、いくつかの研究によって確認されているが（Santosham et al., 2010）、予防的な亜鉛サプリメント・プログラムが行われたことはほとんどない。他方、過去5年間に、45カ国以上の国で、亜鉛を下痢治療指針に取り入れるなどの国家幼児健康策の改善を実施した（Fischer-Walker et al., 2009）。予防的ビタミンAサプリメントと、予防、かつ臨床的な亜鉛サプリメントは、2008年のコペンハーゲン・コンセンサスによって、幼児死亡率の低下にもっとも費用対効果が優れている公衆衛生介入として分類され

(Lomborg, 2007)、母子の健康と栄養の改善にもっとも有効な介入であるとされた (Bhutta et al., 2008)。

食品の栄養強化

食品の栄養強化は、WHOによって大々的に再検討された (Allen et al., 2006)。一般的に、食物の栄養強化は中長期的な微量栄養素の改善に効果的で費用対効果も高い。その効果の最たる例は、ヨウ素欠乏症を予防する食塩のヨウ素添加で、何百万もの死産や流産、重度精神・神経障害新生児 (クレチン症や軽度の子宮内の胎児のヨウ素欠乏症) や甲状腺機能障害者の発生を防止し、欠乏症に関連した何百万ドルもの公的医療サービスのコスト削減をもたらした (Zimmerman et al., 2008)。ヨウ素強化はヨウ素欠乏症 (IDD) の発生を73%も減少させた (Mahomed and Gülmenzoglu, 1997)。先天性欠損症 (脊椎披裂や無脳症など) や葉酸欠乏性貧血を予防する穀粉 (主に小麦粉) の合成葉酸添加も、主食作物の加工による効果の一例である。神経管閉鎖は妊娠20週目前に発症し、その閉鎖障害は受胎時の葉酸欠乏に関連するため、葉酸の摂取時期は極めて重要であり、上記介入と同様、妊娠適齢の女性が日々規則正しく摂取する食料に葉酸を添加することで最善の効果が得られる。既に小麦粉の生産ではパン特性の向上と保存性の強化のために添加物を使用していることから、その製造技術をもってすれば、小麦粉に必須栄養素を添加するのは単純、かつ実現可能である。しかし、理想的な食物－栄養分の組み合せは地方独特であり、食事の栄養素不足や対象集団が、その食物媒体を通常摂取する量と頻度によって決めることになる。

アフリカの小規模製粉所で小麦粉の栄養強化の取り組みがなされてきたが、この規模の製粉所網での成功体験の報告はされていない。ネパールでは村が管理する小型ローラーミルに地元で作った調合装置を設置することで、微量栄養素の添加に成功した例がある。

デアリー (Dary, 2007) は、鉄強化プログラムの最近の研究で、食料や調味料 (塩、醤油・魚醤、砂糖など) の鉄強化について、鉄含有量に制限がかかる主要な要因は技術的なもので、つまり鉄化合物と食品基質の相性の問題と結論づけた。事実、小麦粉がもつ知覚的特性 [訳註：風味、匂いなどの五感にかかわる官能性] の変化を抑えるには、鉄の添加量を比較的少量にすべきである。最大許容量は鉄化合物によって異なる (たとえば、低抽出、高精製の小麦粉では、硫酸鉄の場合、小麦粉1kg当たり鉄約30mg、フマル酸第一鉄の場合は約55mg、低抽出の高精製小麦粉には電解鉄では60～80mg/1kgの小麦粉、高抽出の未製粉小麦粉にはより少量のエチレンジアミン四酢酸一ナトリウム鉄 (II)、Hurrell et al., 2010)。栄養強化した食品の生物学的影響の大きさは、推定平均必要量 (EAR)、ないし基準栄養所要量 (RNI) の供給量と吸収量に関係する。鉄欠乏が深刻な国では、鉄貯蔵量の改善には少なくとも推定平均必要量の60%を、また栄養性貧血の減少には少なくとも推定平均必要量の90%の鉄を補給する必要がある。ほかの効果的な鉄強化例としては、食卓塩 (Zimmerman et al., 2003)、コメ (Diego et al., 2006)、砂糖 (Viteri et al., 1978)、醤油 (Chen et al., 2005）などの研究論文があるが、自由市場条件や公的プログラム条件での大規模効果に関しては、まだ研究段階である。

砂糖へのパルミチン酸レチノールの添加は（Ribaya-Mercado et al., 2004）、1980年代以降、ビタミンA欠乏の解消策として、グアテマラ、エルサルバドル、ホンジュラスとニカラグアで効果的に実施されているが、ザンビアではまだ着手されていない（Arroyave, 1981）。アフリカでは、調理油や油脂食品（マーガリン）へのレチノールの添加が増えているが、その有効性を証明する研究論文はない。

興味深いサプリ栄養強化のハイブリッドテクノロジーによって、幼児期と幼少期の栄養性貧血［訳註：血液をつくる成分が十分補給されないために起こる貧血、ビタミンB_6、ビタミンB_{12}、葉酸、鉄などの欠乏により起こる］との戦いに大きな進展があった。スタンレー・ズロトキン（Stanley Zlotkin）は、世界で起きた母子の鉄シロップやドロップの服用拒否の解決策として、家庭での補助食品の栄養強化のための粉末複合微量栄養素（Sprinkles™）の使用を考案した。1～3カ月間、複数の1パック0.5～1.0g入りの粉末微量栄養素を日常的に使用した結果、数カ所の異なる環境で貧血を効果的に削減することができた（ガーナ、ネパール、インド、中国、ボリビア、メキシコなど。Zlotkin et al., 2004）。その成功の秘訣は、商品の使い勝手、顧客絞り込み、魅力的包装、鉄化合品のマイクロカプセル化による食品の金属臭除去など、消費者の受容性を高める取り組みであった。

食品の亜鉛強化の影響については、ばらつきの多い結果であった。亜鉛強化食品は亜鉛摂取量の大幅な増加と、追加亜鉛による亜鉛吸収の純増をもたらしたが、血清中の亜鉛濃度の効果と亜鉛の機能指標に関する研究はまだ十分ではない（Brown et al., 2009）。これまでの調査結果のばらつきの理由の究明が求められる。これに関する最近の総説でも（Hess, 2009）、媒体食品の選択、年齢階層、研究対象集団の亜鉛の状態、ないしは研究デザインのあり様を、今後の研究でしっかり整理すべきとしている。“亜鉛欠乏症の高リスク集団の亜鉛摂取増、亜鉛強化後の総吸収量増の実証報告、副作用が一切ないこと、亜鉛添加の低コスト、などの利点”から、亜鉛強化の有効性に関する研究不足の改善が、もっとも優先すべき課題である。

食の多様化と食習慣の変化

発展途上国の食事は一般的に多様性に欠け、エネルギーと栄養分の供給には不十分なため、介入戦略では、食品の常日頃の多様化に加え、食事摂取の総量増に力点を置く必要がある。微量栄養素欠乏症の程度と分布は、政治・経済状況、教育・公衆衛生水準、季節性・気候条件、食料生産、文化的・宗教的食習慣、母乳習慣、伝染性の病気の流行、栄養プログラムや（健康）保険サービスの存在と質などによって間違いなく異なってくる。1種類の栄養素や食物だけの取り組みでは、発展途上国の栄養失調症に十分に対応することはできない。サプリメントや強化食品が十分に届かない、食事が不安定な村落集団では、食事の充実に向けた持続的改善は、農業・畜産資源と生活改善介入を基盤とした食改善アプローチで達成されるであろう。小規模な試みではあるが、多彩な食材を食べることで食事の多様化を実現した事例がある（自家菜園と小規模畜産）（Tontisirin et al., 2002）。食料が不安定な環境では、生産者は濃緑色野菜、黄・橙色果物、卵、牛乳、魚類、小動物家畜などを生産拡大するための指導・支援が必要とされており、実際、異論はないが、これはほとんど小規模開発・研究プロジェクトに基づく話で、科学的根拠に乏しいのが実態である。唯一注目できる大規模な取り組みは、飢餓・栄養失調症の撲滅を目指したブラジルの「ゼロ・ハンガー」（Fome Zero）プログラム（FAO, 2007）である。これは、地域社会の開発施策を国家プログラムに直結させて、バラエティーに富んだ食事の拡大と、地元産食材を使った食の多様化を阻む諸条件の解消を目指したもので、おそらく、都市と地方の貧困層に蔓延する微量栄養素欠乏による栄養失調症（と飢餓）の持続的解消を目指す戦略としてはベストものである（Gómez-Calera et al., 2010）。

農業からのアプローチ

生物学的栄養強化

生物学的栄養強化の理論的根拠

近代的農業は、発展途上国の貧困層のエネルギー需要を満たすことに大きな成功を収めた。過去40年間、発展途上国の農業研究は穀物増産を中心に据えることで、マルサスの挑戦に臨んできた。しかし、今日、農業は単に食料増産だけでなく、良質な食料もあわせて提供するという、新たなパラダイムに焦点を据えなければならない。[脚註8]

植物育種を通した生物学的栄養強化は、貧困層がすでに摂取している主食の栄養価を改善することが可能である。これにより比較的安価で費用対効果に優れ、かつ、持続可能で長期的な手段として微量栄養素を貧困層により多く供給できることになる。このアプローチは、補助的介入治療が必要な、重度の栄養失調者の数を減らすだけでなく、改善後の栄養状態の維持にも役立つ。さらに、生物学的栄養強化は、強化食品やサプリメントが市場で入手できない地方の栄養失調者にも解決策となる。

継続的な財政支出を必要とする従来のサプリメントや栄養強化プログラムと異なり、植物育種への一度の投資で、世界の生産者は微量栄養素に富む植物を長期に収穫し続けることができる。この時間と距離を超えた乗数性が、生物学的栄養強化が提供する優れた費用対効果である。[脚註9]

8　総合的な解決に重要なのは、数ある副食作物の生産性を改善することである。ただし大量の食品がかかわるため、目標達成には多大な投資が必要となるが、ここではその範囲にはふれていない。

生物学的栄養強化の比較優位性

農村地域の栄養欠乏の到達点

貧しい生産者が栽培しているのは、国際農業研究協議グループ（CGIAR）の支援を受けた農業研究センターや官民農業研究システム（NARS）が開発し、非政府組織（NGOs）や政府系営農機関が普及する近代的な作物品種である。生物学的栄養強化の戦略は、生産者向けのもっとも高収益・高収量が期待できる品種に微量栄養素を高濃度に含む特性を付加し、できる限り多くの市場品種にもこの特性をもたせることである。さらに、余った作物は小売店の販路を経由して、都市と地方の両消費者に供給される。都市の中央部から始まる補足的介入とは対照的に、農産物のように、農村から都市へと流れる方向性ができる。

費用対効果と低コスト

生物学的に栄養強化された主食類はサプリメントや工業的に作られた強化食品ほど高レベルの1日当たりのミネラルやビタミンは供給できないものの、数百万人もの人々を栄養失調状態から微量栄養素が十分なレベルまで引き上げる助けになる。**図6**は、鉄欠乏人口の中で軽度の鉄欠乏症の人の割合が高い時の可能性を図示した。重度の鉄欠乏症患者はサプリメント（もっとも高コストの介入）が必要となる。

2003年の商業ベースの栄養強化の分析において、ホートンとロスは南アジアでの鉄欠乏症の各回避事例の経済メリット（現在価値）を20.10ドル/人・年と試算した（Horton and Ross, 2003）。[脚注10]

生物学的栄養強化の研究開発プロジェクトが始まって以降、16年目から25年目の期間に回避できた10億事例の鉄欠乏症の価値を考えてほしい（南アジアでは年間1億事例）。生物学的栄養強化の投資と成果が出るまでのタイムラグを勘案すると、名目価値200億ドル（10億事例×20.10ドル）は割り引かれなければならない。割引率3%で現在価値は約100億ドル、12%では現

---

9 ブイズら（Bouis et al. 2011）はハーベストプラス計画で進められている7つの主食作物を対象とした生物学的栄養強化の進捗度調査を行った。一般的に、育種における栄養目標は推定平均必要量（EAR）の30〜50%の達成で、これは貯蔵、加工、調理の過程での栄養素の保持と生物学利用能を考慮に入れたものである。ハーベストプラスの研究で、鉄、亜鉛、プロビタンAの含有量と収穫量の間に固有の相関性は存在しないことが分かっている。収穫量の改善と連動した高栄養素の実現には、育種研究により大きなリソースの投入が必要である。ただ、公衆衛生が享受できる経済メリットは育種研究の追加コストや投資額をはるかに凌駕する。

10 1994年の世界銀行の研究では、栄養強化で回避できた鉄欠乏症の事例（年齢性別の混成集団）の経済メリットとして年45ドル/人・年（現在価値）を採用。同じく、学齢前児童のビタミンA欠乏症の事例には年96ドル/人・年（現在価値）を適用。

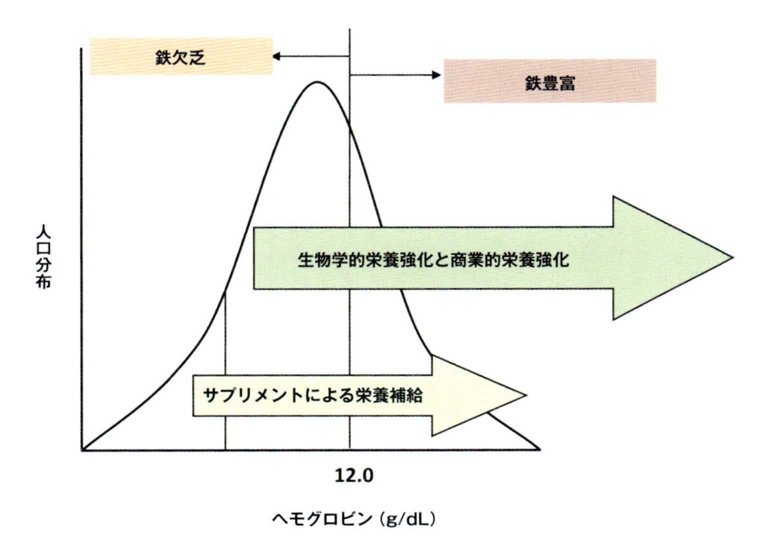

図6 生物学的栄養強化は、低度の欠乏を改善し、低価格でその状態を維持する

在価値は約20億ドルとなる。この利益は、南アジアの鉄強化米や亜鉛強化コムギの育種、試験栽培、普及に要したコスト（1億ドル以下の名目コスト）をはるかに上回る。

生物学的栄養強化の持続性

いったん制度化できると、前項で述べたシステムは持続可能である。品種開発に加え、栄養・植物学界にその重要性と効果を確信してもらう努力に要した固定費の多くは、ハーベスト・プラス（www.harvestplus.org）などのプログラムからの支援を受けている。しかし、栄養改善された品種はこの先ずっと栽培が続き、消費される。品種特性のモニターと維持にかかる必要経費が継続的に発生するのは間違いないが、この維持コストは、栄養的に改善された作物の初期開発や、栄養成分が法令的に適した育種目的として確立されるのにかかる経費に比べると安い。

肥料の栄養強化

微量栄養素（微量元素）強化肥料の使用は、食用作物の微量栄養素強化に向けたもう一つの重要な農業アプローチとなる。たとえば、亜鉛、セレン、ヨウ素などの対象となる微量栄養素を使った食用作物の栄養強化には、肥料は迅速かつ効果的な方法である。ただ、資源不足や肥料の品薄で施肥に制約を受ける国々では、手頃な方法ではないという恐れはある。

pHが非常に高いとか、土壌中の有機物量が少ないなどの極端な土壌条件によって、微量元素の化学的な活性化が阻害され、根からの吸収が著しく低下するような土壌では、微量元素を強化した肥料の施用は特別な注意が求められる。世界の穀物耕作地の土壌のほぼ50％は亜鉛欠乏土壌である。

窒素、リン、カリウム、硫黄を含む多量元素肥料と、特定の微量元素肥料（亜鉛、ヨウ素、コバルト、モリブデン、セレンなど）は、食用植物内の栄養貯蔵に大きな影響を及ぼす（Allaway, 1986; Grunes and Allaway, 1985）。土壌欠乏の程度にもよるが、インド、オーストラリア、トルコにおいて、亜鉛欠乏のコムギ・コメ土壌で実証されているように、微量元素肥料の施用は穀物収穫量の向上にも役立つ（Graham et al., 1992; Cakmak, 2008）。インドでは、亜鉛入り尿素（亜鉛、最高3%含有）をコメとコムギに施用したところ、穀物の亜鉛濃度と収穫高が共に大きく向上した、との圃場試験結果がある（Shivay et al., 2008）。鉄など、ほかの微量元素肥料では、土壌施用か葉面散布かを問わず、食用種子や穀類中の微量元素蓄積量への影響はほとんどない（Welch, 1986）。これは、篩管液中の移動性が非常に限定されているためである（Welch, 1999）。

亜鉛、ヨウ素、セレンでは、食用作物への土壌中の利用可能な供給量を増やすことで植物の可食部分での濃度が高まった（Graham et al., 2007; Welch, 1995）。コムギ（*Triticum aestivum* L.）に対する亜鉛とセレンの供給を増やした結果、穀粒中の亜鉛・セレンの総量と生物学的利用能が大幅に増加した（Cakmak, 2008; Haug et al., 2008; House and Welch, 1989）。亜鉛肥料の葉面散布（特に収穫直前）も、穀物粒でもっとも食される胚乳部分の亜鉛濃度を増やすのに非常に効果的である。

鉄の場合、最大収穫に必要な量以上を施用しても、食用種子や穀粒中の鉄濃度は増加しない。

最近公表されたデータから、コムギの根からの吸収と亜鉛・鉄の穀粒内貯蔵の改善に関する窒素肥料の重要性が明らかになった（Kutman et al., 2010）。一般的に、高タンパク質濃度の穀物は亜鉛と鉄の含有量が多いが、これは亜鉛と鉄が穀粒のタンパク質に貯蔵されている可能性を示唆している。

興味深いことに、微量元素のヨウ素を灌漑用水に混入すると、食用作物の可食部分のヨウ素含有量が増加し、衰弱性の疾患やクレチン症、そのほか、低ヨウ素土壌で灌漑栽培に従事する集団のヨウ素欠乏障害を軽減できる（Cao et al., 1994; Ren et al., 2008）。フィンランドでは、セレン入り肥料を土壌に施用したところ、フィンランドの全国民のセレン状態がよくなった（Mäkelä et al., 1993）。

以上の結果から、発展途上国の国民の栄養状態の改善に有効な農業手段として、肥料の重要性がクローズアップされている。食用作物中の微量栄養素蓄積に関する施肥効果の更なる詳細は、ウェルチ（Welch, 2001）およびカクマック（Cakmak, 2008）の両論文、ならびにライオンズとカクマックの第4章（Lyons and Cakmak, 2011）を参照いただきたい。

ホームステッド食料生産プログラム（HFPPs）

この介入プログラムは、ヘレンケラー・インターナショナル（HKI；Helen Keller International）によって開発され、元来、農村地帯のビタミンA欠乏症の有病率対策として、バングラデシュ、カンボジア、ネパール、フィリピンで実施された。これは重要な栄養教育と一体となった自家菜園と小規模家畜生産を主体としたプログラムで、地元NGOの活動を通して実施された。NGOは自家菜園の立ち上げに必要な種や苗などの資材を提供する。当初、本プログラムは野菜や果物の生産にのみ力点を置くものであった。しかし、栄養士たちの新たな研究から、植物由来のプロビタミンAカロテノイドの生物学的利用能の低さが明らかになり、（ビタミンA前駆体ないしレチノールを提供する）小動物の生産がプログラムに加えられた。

自家菜園は3種類に分類される。（i）***伝統型菜園***は季節依存型で、各地に分散した非固定用地で数種類のみの野菜を生産、（ii）***改良型菜園***も季節依存型であるが、固定用地で多種多様の野菜を生産、（iii）***発展型菜園***は、一年中多種多様の野菜を生産。プログラムは成功をおさめ、参加家庭の大半が発展型菜園を開いた。

ホームステッド食料生産プログラム（HFPPs）の影響度調査では、栄養教育と一体化した食料増産により、世帯収入の向上、高品質食料の消費増、ビタミンとミネラル摂取量増、微量栄養素欠乏症の減少、そして女性の社会進出などにつながったとしている。20年に及ぶバングラデシュでの事業では、HFPPsによって、国土全体に広がる多様な農業生態学的地帯の約500万人の貧困層（人口の約4%）の食料安全保障を改善した（Spielman and Pandya-Lorch, 2009）。

食料体系への新たな高栄養価食品の導入

この戦略を例示するために、ビタミンA欠乏が深刻な食料体系に（プロビタミンAカロテノイドが濃厚な縞模様を有する）橙色サツマイモを導入した事例を考えてみよう。これは、アフリカのサブサハラ地域の多くの地区のように、白サツマイモ種が消費されている地域での生物学的栄養強化戦略の一例である。

南アジアの一部を含むほかの地域では、サツマイモは全くの新品種だと言って良い。新しい食品の手ざわり、味、臭い、その他の感覚刺激特性をこの地域の消費者が気に入るかという意味で、この新しい食品の「売り込み」は大変挑戦的である。

いずれの場合も、コミュニケーション戦略の工夫が必要で、ユーザーだけでなく、政策担当者やこの技術普及係も売り込み先となる（普及係は、最終的に普及戦略を推進する環境を用意するかどうかを決める政策担当者に報告をあげる）。高収穫、高収益品種と効果的なコミュニケーションが一緒になることで、初めて生産者の需要が次々と立ち上がり、供給者と市場とのつながりができる。効果的なコミュニケーションを通じた栄養改善メッセージによって消費者需要を促すことが必要である。最後に、新しい作物の食料体系への導入時の公的な初期投資の実施後、一定の時点で官の関与を引き上げ、市場経済の需給調整に委ねるべきである。

代替介入の費用対効果分析

実質的に、前述のすべての介入は費用対効果に優れている。微量栄養素欠乏による栄養失調症の影響はさまざまで、変動的であり、罹病率や死亡率とも絡むため、介入による健康効果の評価は、すべての結果に適用できる定量手法を用いることが必要である。介入実施から生じる共同体の障害調整生存年数（DALYs）負荷の改善は地域の健康改善の指標となる。一般的に費用対効果の数字は、DALYs当たりのコストで表示される（Disease Control Priorities Project 2008）。

表7は、3種類の介入カテゴリーの費用対効果の数字を示している。就学前のビタミンAサプリメントによる栄養強化は、上述通り、大規模実施の効果が実証できた。鉄サプリメントと栄養強化も、大規模実施の効果を検証する必要がある。 亜鉛サプリメントと生物学的栄養強化は将来性のある新たな介入である。

費用対効果の数字は、2段階で評価できる。まず、効果が費用を超えたかの評価、次いで、介入の横断的な比較である。実質的に、**表7**で引用されている数字はすべて、『費用対効果が極めて高い』カテゴリーに相当する。言い換えると、単独の介入の効果だとみなしたとしても、効果は費用を大きく上回っており、これらの介入はすべて投資に値する。

また、**表7**の数字の計算方法の違いにより、介入全体の直接比較は無理だが、生物学的栄養強化はビタミンAと亜鉛の栄養強化ではサプリメントに比べ優れているのは明白である。この理由をみつけるのは難しくはない。生物学的栄養強化は農業を基盤とする戦略で、生物学的栄養強化された植物資材の開発と実施時に先行投資が発生する。いったんこれらが生産者の作付パターンに組み込まれれば、微量栄養素を含有した種子は年々利益をもたらす。種としての特質継承などの維持管理のために、継続的に発生する経費は、コストのきわめてわずかな率にとどまる。さらに、食事内容の急速な変化にもかかわらず、モデルベース・シミュレーションでは、今後とも主食が貧困層の食の中心であり続けること、とりわけ農村地帯でその傾向が強いことが示されている（Msangi et al., 2010）。これとは対照的に、栄養強化とサプリメントは、毎年対象集団に届けるための投資を必要とする。

問題の大きさにもよるが、介入の多様性は成果を出すのに必要と思われ、実際の組み合わせは経費次第となる。たとえば、生物学的栄養強化の場合、一般に消費される白色品種と対照的にβ-カロテンの存在で作物がオレンジ色を帯びることから、ビタミンA作物の方が亜鉛作物よりも一般的にコストが高くなる。なじみの薄い色は、目に見えない特質への必要性より、消費者の行動変化を呼び込むためのコミュニケーションへの投資が必要となりそうである。しかし、研究結果によると、今のところオレンジ色は選択の障害にならないようだ(Chowdhury et al., 2009; Meenakshi et al., 2010; Stevens and Winter-Nelson, 2008)。また、農業の新技術の普及基盤は、一般的にアフリカよりアジアの方が進んでいるため、生物学的栄養強化による介入はアジアの方が安くできる見込みである。したがって、特定の国でどのような介入の組み合わせがベストかは、ケースバイケースで検討する必要がある。

結論

最終的に、良好な栄養状態とは多様な栄養素と成分を十分に摂取することだが、その組み合わせとレベルについては、まだ分かっていない部分がある。したがって、発展途上国の公共衛生課題である栄養不足の解消に向けた最善で最終的な解決策は、副食物をできるだけ多く摂取することである。しかし、この実現にはまだ数十年の時間、政府施策の情報公開、農業研究と農業インフラ整備に対する比較的巨額の公共投資が必要である（Graham et al., 2007)。

さまざまな栄養失調症の解決を考えるには、植物学者と栄養学者間で学際的交流を行うことは大きな可能性を秘めている。たとえば栄養学者は、特定の作物に含まれるビタミン、ミネラル濃度や、その生物学的利用能を促進ないしは抑制する化合物が育種によってどの程度修正可能かについての情報を必要としている。植物育種家は、栄養素の利用に関して農業研究がこれまでに為した成果（たとえば新品種における微量ミネラルの生物学的利用能と在来品種との比較）ならびに、栄養・健康面の改善に関する今後の育種の可能性について意識する必要がある。

参考文献

Allaway, W.H. 1986. Soil-plant-animal and human interrelationships in trace element nutrition. *In* W. Mertz (ed.) Trace elements in human and animal nutrition. Orlando, San Diego, New York, Austin, London, Montreal, Sydney, Tokyo, Toronto: Academic Press, 465-488.

Allen, L., B. de Benoist, O. Dary, and R. Hurrell (eds.). 2006. Guidelines on Food Fortification with Micronutrients. Geneva: World Health Organization and Food and Agriculture Organization of the United Nations: Geneva.

Allen, L.H. 1997. Pregnancy and Iron Deficiency: Unresolved Issues. Nutr Rev 55: 91-101.

Arroyave, G. 1981. The effect of vitamin A fortification of sugar on the serum vitamin A levels of preschool Guatemalan children: a longitudinal evaluation. Am J Clin Nutr 34: 41-49.

Arsenault, J.E. 2010. HarvestPlus Bangladesh Biofortified Rice Project, Baseline Dietary Survey Report.

Bhutta, Z.A., T. Ahmed, R.E. Black, S. Cousens, K. Dewey, E. Giugliani, B.A. Haider, B. Kirkwood, S.S. Morris, H.P.S Sachdev, and M. Shekar. 2008. What works? Interventions for maternal and child undernutrition and survival. Lancet 371(9610): 417-440.

Black, B.E. 2001. Micronutrients in pregnancy. Brit J Nutr 85: S193-S197.

Black, R.E., L.H. Allen, Z.A. Bhutta, L.E. Caulfield, M. de Onis, M. Ezzati, C. Mathers, and J. Rivera. 2008. Maternal and child undernutrition: global and regional exposures and health consequences. Lancet 371: 243–260.

Black, R.E. 2003a. Zinc deficiency, infectious disease and mortality in the developing world. J Nutr 133: 1485s-1489s.

Black, R.E. 2003b. Micronutrient deficiency: an underlying cause of morbidity and mortality. Bull World Health Organ 81: 79.

Blomhoff, R., M.H. Green, T. Berg, and K.R. Norum. 1990. Transport and Storage of Vitamin A. Science. 1990; 250, 4979: 399-404.

Bogden, J.D. and L.M. Klevay (eds.). 2000. Clinical nutrition of the essential trace elements and minerals: The Guide for Health Professionals. Totowa, NJ: Humana Press Inc.

Botto, L.D., A. Lisi, E. Robert-Gnansia, J.D. Erickson, S.E. Vollset, P. Mastroiacovo, B. Botting, G. Cocchi, C. de Vigan, H. de Walle, M. Feijoo, L.M Irgens, B. McDonnell, P. Merlob, A. Ritvanen, G. Scarano, C. Siffel, J. Metneki, C. Stoll, R. Smithells, and J. Goujard. 2005. International retrospective cohort study of neural tube defects in relation to folic acid recommendations: are the recommendations working? Brit Med J 330: 571–73.

Bouis, H.E., P. Eozenou, and A. Rahman. 2011a. Food prices, household income, and resource allocation: Socioeconomic perspectives on their effects on dietary quality and nutritional status. Food and Nutrition Bulletin Vol. 32(1): S14-S23.

Bouis, H.E., C. Hotz, B. McClafferty, J.V. Meenakshi, and W.H. Pfeiffer. 2011b. Biofortification: A new tool to reduce micronutrient malnutrition. Food and Nutrition Bulletin Vol 32 (1): S31-S40.

Bouis, H.E., B. de la Briere, L. Guitierrez, K. Hallman, N. Hassan, O. Hels, W. Quabili, A. Quisumbing, S.H. Thilsted, Z.H. Zihad, and S. Zohir. 1998. Commercial vegetable and polyculture fish production in Bangladesh: Their impacts on income, household resource allocation and nutrition. Washington, D.C. International Food Policy Research Institute.

Brinkman, H., S. de Pee, I. Sanogo, L. Subran, and M.W. Bloem. 2010. High food prices and the global financial crisis have reduced access to nutritious food and worsened nutritional status and health. The Journal of Nutrition 140: 153S-161S.

Brown, K.H., S.K. Baker, and the IZiNCG Steering Committee. 2009a. Galvanizing action: Conclusions and next steps for mainstreaming zinc interventions in public health Programs Food and Nutrition Bulletin (30)1:169S-184S.

Brown, K.H., J.M. Peerson, S.K. Baker, and S.Y. Hess. 2009b. Preventive zinc supplementation among infants, preschoolers, and older prepubertal children. Food Nutr Bull 30(1): S12-S40.

Brown, K.M. and J.R. Arthur. 2002. Selenium, selenoproteins and human health: a review. Public Health Nutr 4(2B): 593-599.

Cakmak, I., M. Kalayci, Y. Kaya, A.A. Torun, N. Aydin, Y. Wang, Z. Arisoy, H. Erdem, O. Gokmen, L. Ozturk, and W.J Horst. 2010. Biofortification and localization of zinc in wheat grain. J Agric Food Chem 58: 9092-9102.

Cakmak, I. 2008. Enrichment of cereal grains with zinc: Agronomic or genetic biofortification? Plant Soil 302: 1-17.

Cao, X.Y., X.M. Jiang, A. Kareem, Z.H. Dou, M.R. Rakeman, M.L. Zhang, T. Ma, K. O'Donnell, N. DeLong, and G.R. DeLong. 1994. Iodination of irrigation water as a method of supplying iodine to a severely iodine-deficient population in Xinjiang, China. Lancet 344: 107-110.

Castillo-Duran, C., P. Vial, and R. Uauy. 1988. Trace mineral balance during acute diarrhea in infants. J Pediatr 113: 452-457.

Caulfield, L.E. and R.E. Black. 2004. Zinc Deficiency. *In* M. Ezzati, A.D. Lopez, A. Rodgers, and C.J.L. Murray (eds.). Comparative Quantification of Health Risks: Global and Regional Burden of Disease Attributable to Selected Major Risk Factors. Geneva: World Health Organization, 1: 257-259 and 554.

Chen, J., X. Zhao, X. Zhang, S. Yin, J. Piao, J. Huo, B. Yu, N. Qu, Q. Lu, S. Wang, and C. Chen. 2005. Studies on the effectiveness of NaFeEDTA-fortified soy sauce in controlling iron deficiency: a population-based intervention trial. Food Nutr Bull 2: 177-189.

Chowdhury, S., J.V. Meenakshi, K. Tomlins, and C. Owori. 2009. Are consumers willing to pay more for biofortified foods? Evidence from a field experiment in Uganda HarvestPlus Working Paper 3. Washington, D.C.: HarvestPlus.

Dary, O. 2007. The importance and limitations of food fortification for the management of nutritional anemias. *In* K. Kraemer and M.B. Zimmerman (eds.). Nutritional Anemia. Basel, Switzerland: Sight and Life Press, 315-336.

de Benoist, B., E. McLean, L. Egli, and M. Cogswell. 2008a. Worldwide Prevalence of Anaemia 1993-2005, World Health Organization.

de Benoist, B., E. McLean, M. Andersson, and L. Rogers. 2008b. Iodine deficiency in 2007: Global progress since 2003. Food Nutr Bull 29(3): 195-202.

DeLuca, H.F. and C. Zierold. 1998. Mechanisms and Functions of Vitamin D. Nutr Rev 56: S4-S10.

Dewey, K.G. and S. Adu-Afarwuah. 2008. Systematic review of the efficacy and effectiveness of complementary feeding interventions in developing countries. Matern Child Nutr 4: 24-85.

Diego, M., M.B. Zimmermann, S. Muthayya, P. Thankachan, T. Lee, A.V. Kurpad, and R.F. Hurrell. 2006. Extruded rice fortified with micronized ground ferric pyrophosphate reduces iron deficiency in Indian schoolchildren: a double-blind randomized controlled trial. Am J Clin Nutr 84: 822-829.

D'Souza, A. and D. Jolliffe. 2010. Rising food prices and coping strategies: Household-level evidence from Afghanistan. Policy Research Working Paper 5466. Washington, D.C.: The World Bank.

FAO, 2007. Right to Food: Lesson Learned in Brazil. Rome: Food and Agricultural Organization.

Fischer-Walker, C.L., O. Fontaine, M.W. Young, and R.E. Black. 2009. Zinc and low osmolarity oral rehydration salts for diarrhoea: a renewed call to action. B World Health Organ 87(10): 780-786.

Golden, M. 1994. Specific Deficiencies Versus Growth Failure: Type I and Type II Nutrients. SCN News 12.

Gómez-Calera, S., E. Rojas, D. Sudhakar, C. Zhu, A.M. Pelacho, T. Capell, and P. Christou. 2010. Critical evaluation of strategies for mineral fortification of staple food crops. Transgenic Res 19:165-180.

Graham, R.D., J.S. Ascher, and S.C. Hynes. 1992. Selection of zinc-efficient cereal genotypes for soils of low zinc status. Plant Soil 146: 241-250.

Graham, R.D., R.M. Welch, D.A. Saunders, I. Monasterio, H.E. Bouis, M. Bonierbale, S. de Hann, G. Burgos, G. Thiele, R. Liria, C.A. Meisner, S.E. Beebe, M.J. Potts, M. Kadiajn, P.R. Hobbs, R.K Gupta, and S. Twomlow. 2007. Nutritious subsistence food systems. Adv Agron 92: 1-74.

Grunes, D.L. and W.H. Allaway. 1985. Nutritional quality of plants in relation to fertilizer use. *In* O.P. Englestad (ed.). Fertilizer Technology and Use. Madison, WI: Soil Science Society of America, 589-619.

Haas, J.D., J.L. Beard, L.E. Murray-Kolb, A.M. del Mundo, A. Felix, G.B. Gregorio. 2005. Iron-biofortified rice improves the iron stores of nonanemic Filipino women. J Nutr 135: 2823–2830.

Haas, J.D. and T. Brownlie. 2001. Iron deficiency and reduced work capacity: A critical review of the research to determine a causal relationship. J Nutr 131: 676S-690S.

Haug, A., R.D. Graham, O.A. Christopherson, and G.H. Lyons. 2008. How to use the world's scarce selenium resources efficiently to increase the selenium concentration in food. Microb Ecol Health D 19: 209-228.

Hershko, C. and B. Skikne. 2009. Pathogenesis and management of iron deficiency anemia: emerging role of celiac disease, helicobacter pylori, and autoimmune gastritis. Semin Hematol 46(4): 339-350.

Hess, S.Y. and K.H. Brown. 2009. Inpact of zinc fortification on zinc nutrition. Food and Nutrition Bulletin, Vol. 30, No 1 (supplement) S79-S107.

Heyland, D.K., R. Dhaliwal, U. Suchner, and M.M. Berger. 2005. Antioxidant nutrients: A systematic review of trace elements and vitamins in the critically ill patient. Intens Care Med 31: 327–337.

Horton, S and J. Ross. 2003. The economics of iron deficiency. Food Pol 28: 51-75.

Horwich, T.B., G.C. Fonarow, M.A. Hamilton, W.R. MacLellan, and J. Borenstein. 2002. Anemia is associated with worse symptoms, greater impairment in functional capacity and a significant increase in mortality in patients with advanced heart failure. J Am Coll Cardiol 39:1780-1786.

Hotz, C. and K.H. Brown. 2004. International Zinc Nutrition Consultative Group (IZiNCG), technical document no. 1: Assessment of the risk of zinc deficiency in populations and options for its control. Food Nutr Bull 25(1): S94-204.

House, W.A. and R.M. Welch. 1989. Bioavailability of and interactions between zinc and selenium in rats fed wheat grain intrinsically labeled with 65Zn and 75Se. J Nutr 119: 916-921.

Hurrell, R., P. Ranum, S. de Pee, F. Biebinger, L. Hulthen, Q. Johnson, and S. Lynch. Revised recommendations for iron fortification of wheat flour and an evaluation of the expected impact of current national wheat flour fortification programs. Food & Nutrition Bulletin, 2010; 31(1):7S-21S.

Jensen, R.T. and N.H. Miller. 2008. The impact of the world food crisis on nutrition in China. Harvard Kennedy School Faculty Research Working Papers Series RWP08-039. Cambridge, M.A., USA: Harvard University.

Klemm, R.D.W., P.W.J. Harvey, E. Wainwright, S. Faillace, and E. Wasantwisut. 2009. Scaling Up Micronutrient Programs: What Works and What Needs More Work? The 2008 Innocenti Process. Washington, DC: Micronutrient Forum.

Kutman, U.B., B.Yildiz, L. Ozturk, and I. Cakmak. 2010. Biofortification of durum wheat with zinc through soil and foliar applications of nitrogen. Cereal Chem. 87: 1-9.

Labrique, A., K. West Jr., P. Christian, and A. Sommer. 2009. An advanced, portable dark adaptometer for assessing functional vitamin a deficiency - A micronutrient forum update. Poster Session – Micronutrient Forum, Beijing.

Lancet. 2008. Lancet Series on Maternal and Child Nutrition. 371: 9612.

Lomborg, B. (ed.). 2007. Solutions for the World's Biggest Problems - Costs and Benefits. Cambridge Universtity Press.

Low, J.W., M. Arimond, N. Osman, B. Cunguara, F. Zano, and D. Tschirley. 2007. A food-based approach introducing orange-fleshed sweet potatoes increased vitamin A intake and serum retinol concentrations in young children in rural Mozambique. J Nutr 137: 1320-1327.

Lozoff, B., K.M. Clark, Y. Jing, R. Armony-Sivan, M.L. Angelilli, and S.W. Jacobson. 2008. Dose-Response Relationships between Iron Deficiency with or without Anemia and Infant Social-Emotional Behavior. J Pediatr 152: 696-702.

Lozoff, B. and M.K. Georgieff. 2006. Iron Deficiency and Brain Development. Semin Pediat Neurol 13: 158-165.

Madsen, E. and G.D. Jonathan. 2007. Copper deficiency. Curr Opin Gastroen 23: 187-192.

Mahomed, K. and A.M. Gülmezoglu. 1997. Maternal iodine supplements in areas of deficiency. Cochrane Database Syst Rev 4.

Mäkelä, A-L, V. Näntö, P. Mäkelä, and W. Wang. 1993. The effect of nationwide selenium enrichment of fertilizers on selenium status of healthy Finnish medical students living in south western Finland. Biol Trace Element Res 36: 151-157.

Mathers, C.D., J.A. Salomon, M. Ezzati, S. Begg, S. Vander Hoorn, and A.D. Lopez. 2006. Sensitivity and Uncertainty Analyses for Burden of Disease and Risk Factor Estimates. *In* A.D. Lopez, C.D. Mathers, M. Ezzati, D.T. Jamison, and C.J.L. Murray (eds.). Global Burden of Disease and Risk Factors. Washington, DC: World Bank, 399-426.

Meenakshi, J.V., A. Banerji, V. Manyong, K. Tomlins, P. Hamukwala, R. Zulu, and C. Mungoma. 2010. Consumer Acceptance of Provitamin A Orange Maize in Rural Zambia, HarvestPlus Working Paper 4. Washington, D.C.: HarvestPlus.

Msangi, S., T. Sulser, A. Bouis, D. Hawes, and M. Batka. 2010. Integrated Economic Modeling of Global and Regional Micronutrient Security. HarvestPlus Working Paper 5.

Piesse, J. and C. Thirtle. 2009. Three bubbles and a panic: An explanatory review of recent food commodity price events. Food Policy 34(2): 119-129.

Pitkin, R.M. 2007. Folate and neural tube defects. Am J Clin Nutr 85: 285S-288S.

Prasad, A.S. 1991. Discovery of human zinc deficiency and studies in an experimental human model. Am J Clin Nutr 53: 403-412.

Preziosi, P., A. Prual, P. Galan, H. Daouda, H. Boureima, and S. Hercberg. 1997. Effect of iron supplementation on the iron status of pregnant women: consequences for newborns. Am J Clin Nutr 66: 1178–1182.

Rando, R.R. 1990. The Chemistry of Vitamin A and Vision. Angew Chem Int Edit 29: 461-480.

Ren, Q., F. Fan, Z. Zhang, X. Zheng, and G.R. DeLong. 2008. An environmental approach to correcting iodine deficiency: Supplementing iodine in soil by iodination of irrigation water in remote areas. J Trace Elem Med Bio 22: 1-8.

Ribaya-Mercado, J.D., N.W. Solomons, Y. Medrano, J. Bulux, G.G. Dolnikowski, R.M. Russell, and C.B. Wallace. 2004. Use of the deuterated-retinol-dilution technique to monitor the vitamin A status of Nicaraguan schoolchildren 1 y after initiation of the Nicaraguan national program of sugar fortification with vitamin A. Am J Clin Nutr 80: 1291-1298.

Rice, A.L., K.P. West Jr., and R.E. Black. 2004. Vitamin A Deficiency. *In* M. Ezzati, A.D. Lopez, A. Rodgers, and C.J.L. Murray (eds.). Comparative Quantification of Health Risks: Global and Regional Burden of Disease Attributable to Selected Major Risk Factors. Geneva: World Health Organization 1: 21-256.

Rush, D. 2000. Nutrition and maternal mortality in the developing world. Am J Clin Nutr 73: 134.

Roy, F.H. 2002. Ocular syndromes and systemic diseases, 3rd ed. Philadelphia: Lippincott Williams & Wilkins.

Santosham, M., A. Chandran, S. Fitzwater, C.L. Fischer-Walker, A.H. Baqui, and R.E. Black. 2010. Progress and barriers for the control of diarrhoeal disease. Lancet 376: 63-67.

Shivay, Y.S., D. Kumar, and R. Prasad. 2008. Effect of zinc-enriched urea on productivity, zinc uptake and efficiency of an aromatic rice–wheat cropping system. Nutr Cycl Agr 81: 229-243.

Shrimpton, R. 2010. Progress in Nutrition, 6th Report on the World Nutrition Situation. Geneva: United Nations System Standing Committee on Nutrition.

Skoufias, E., S. Tiwari, and H. Zaman. 2010. Can we rely on cash transfers to protect dietary diversity during food crises? Estimates from Indonesia. Policy Research Working Paper 5548. Washington, D.C., The World Bank.

Sommer, A. 2008. Vitamin A deficiency and clinical disease: an historical overview. J Nutr 138: 1835-1839.

Spielman, D.J. and R. Pandya-Lorch (eds.). 2009. Millions fed: proven successes in agricultural development. Washington, DC: International Food Policy Research Institute; 159.

Stevens, R. and A. Winter-Nelson. 2008. Consumer acceptance of pro-vitamin A biofortified maize in Maputo, Mozambique. Food Pol 33: 341–351.

Stoltzfus, R.J., L. Mullany, and R.E. Black. 2004. Iron Deficiency Anemia. *In* M. Ezzati, A.D. Lopez, A. Rodgers, and C.J.L. Murray (eds.). Comparative Quantification of Health Risks: Global and Regional Burden of Disease Attributable to Selected Major Risk Factors. Geneva: World Health Organization. 1: 163-209.

Thapar, N. and I.R. Sanderson. 2004. Diarrhoea in children: an interface between developing and developed countries. Lancet 363: 641-653.

Tontisirin, K., G. Nantel, and L. Bhattacharjee. 2002. Food-based strategies to meet the challenges of micronutrient malnutrition in the developing world. Proc Nutr Soc 61: 243-50.

UNICEF. 2007. Vitamin A Supplementation: A decade of progress. New York, NY.

Viteri, F.E., R. Garcia-Ibanez, and B. Torun. 1978. Sodium iron NaFeEDTA as an iron fortification compound in Central America. Absorption studies. Am J Clin Nutr 31: 961-971.

Walker, C.L.F., M. Ezzati, and R.E. Black. 2009. Global and regional child mortality and burden of disease attributable to zinc deficiency. Eur J Clin Nutr 63: 591-597.

Welch, R.M. 2001. Micronutrients, agriculture and nutrition; linkages for improved health and well being. *In* K. Singh, S. Mori, and R.M. Welch (eds.). Perspectives on the Micronutrient Nutrition of Crops. Jodhpur, India: Scientific Publishers (India), 247-289.

Welch, R.M. 1999. Importance of seed mineral nutrient reserves in crop growth and development. *In* Z. Rengel (ed.). Mineral Nutrition of Crops. Fundamental Mechanisms and Implications. New York: Food Products Press, 205-226.

Welch, R.M. 1995. Micronutrient nutrition of plants. Crit Rev Plant Sci 14: 49-82.

Welch, R.M. 1986. Effects of nutrient deficiencies on seed production and quality. Adv Plant Nutr 2: 205-247.

West, C.E., J.M. Rombout, A.J. Van der Ziypp, and S.R. Siytsma. 1991. Vitamin A and immune function. Proc Nutr Soc 50: 251-262.

West, K.P. 2002. Extent of vitamin A deficiency among preschool children and women of reproductive age. J Nutr 132: 2857S-2866S.

WHO. 2009. Global Prevalence of Vitamin A deficiency in populations at risk 1995-2005: WHO database on vitamin deficiency. Geneva: World Health Organization.

WHO. 2008. Global Prevalence of anaemia 1993-2005: WHO Global Database on Anaemia. Geneva: World Health Organization.

WHO. 2002. World Health Report 2002: Reducing risk, promoting healthy life. Geneva: World Health Organization.

World Health Organization/United Nations Children's Fund/International Council for Control of Iodine Deficiency Disorders (WHO/UNICEF/ICCIDD). 2007. Assessment of iodine deficiency disorders and monitoring their elimination: A guide for programme managers. 3rd edition. Geneva: World Health Organization.

Yehuda, S. and D.L. Mostofsky (eds.). 2009. Iron deficiency and overload: from basic biology to clinical medicine. New York: Humana Press.

Zimmermann, M.B., P. Adou, T. Torresani, C. Zeder, and R. Hurrell. 2000. Low dose oral iodized oil for control of iodine deficiency in children. Brit J Nutr 84(2):139-41.

Zimmerman, M.B., N. Chaouki, and R.F. Hurrell. 2005. Iron deficiency due to consumption of a habitual diet low in bioavailable iron: a longitudinal cohort study in Moroccan children. Am J Clin Nutr 81: 115–121.

Zimmerman, M.B., P.L. Jooste, and C.S. Pandav. 2008. Iodine-deficiency disorders. Lancet 372 (9645): 1251-1262.

Zimmermann, M.B., C. Zeder, N. Chaouki, A. Saad, T. Torresani, and R.F. Hurrell. 2003. Dual fortification of salt with iodine and microencapsulated iron: a randomized, double-blind, controlled trial in Moroccan schoolchildren. Am J Clin Nutr 77: 425-432.

Zlotkin, S.H., A.L. Christofides, S.M.Z. Hyder, C.S. Schauer, M.C. Tondeur, and W. Sharieff. 2004. Controlling iron deficiency anemia through the use of home-fortified complementary foods. Indian J Pediatr 71(11): 1015-1019.

第3章

微量元素による作物の栄養価改善への展望

ロス・M・ウェルチ、ロビン・D・グラハム[1]

要約

人間は、少なくとも10種類の必須微量元素であるホウ素（B)、銅（Cu)、フッ素（F)、ヨウ素（I)、鉄（Fe)、マンガン（Mn)、モリブデン（Mo)、ニッケル（Ni)、セレン（Se)、亜鉛（Zn）を必要としている。これらの栄養素は、主として耕作地で生産された作物から供給される。資源の乏しい発展途上国においては、女性、乳幼児、子供をはじめとして多くの人々が微量元素欠乏症（特に鉄、ヨウ素、セレン、亜鉛の欠乏）に悩まされている。微量要素欠乏症（微量元素およびビタミンの欠乏症を含む）は、人間に必要な栄養素を部分的にしか満たしていない農業体系に基づく、生産から消費までの食料供給システムの機能不全の結果である。微量要素欠乏症は、栄養価を高めた作物の育種や微量元素入り肥料の使用といった、農業技術を用いて対処することができる。亜鉛は、ほかの栄養素と相互作用をすることから、多くの国において微量要素欠乏症を減らす重要な栄養素とされている。可食部におけるプレバイオティクス［訳註：有用な腸内細菌を増殖させる作用のあるオリゴ糖や食物繊維のこと］を高めた主食作物の育種こそ、人間の体内における、作物の必須微量元素の利用効率を改善するもっとも有効な手段と考えられている。本総説では、農業は人間の栄養および健康と密接に結びついていること、世界で栄養失調に悩む貧しい人々が食べる主食作物の栄養価を高める肥料技術が用いられるべきであることを、提唱している。

序論

生物は地球上に自然に存在する90種類の元素のうち大部分を保持している。いくつかの元素

本章に特有の略記
DcytB = Duodenal Cytochrome B;十二指腸のシトクロムB／DMT1 = Divalent Metal Transporter 1;二価金属トランスポーター／CIMMYT = Centro Internacional de Mejoramiento de Maiz y Trigo;国際トウモロコシ・コムギ改良センター／WHO = World Health Organization;世界保健機関
本書を通じてよく使われる略語は、xページ参照のこと。

1 R.M. Welch is Lead Scientist, Robert W. Holley Center for Agriculture and Health at Cornell University, Ithaca, New York, USA; e-mail: rmw1@cornell.edu
R.D. Graham is Professor, School of Biology, Flinders University of South Australia, South Australia, Australia; e-mail: robin.graham@flinders.edu.au

は生体組織に多量に存在するが、その他の元素は通常"trace（追跡）"できる程度の微量しか存在しない。こうして、生体組織に通常高濃度で存在する元素と区別するために、通常低濃度しか存在しない元素を"trace element（微量元素）"と呼ぶようになった。（Mertz, 1987; Pais and Jones, Jr., 2009）。**表1**で示すとおり、73の元素が生物体系において通常低濃度で存在する微量元素に分類されている。水素（H）、炭素（C）、窒素（N）、酸素（O）、カリウム（K）、マグネシウム（Mg）、カルシウム（Ca）、リン（P）、硫黄（S）の9元素は、植物、動物、ヒトにとって必須多量元素であり、ナトリウム（Na）と塩素（Cl）は動物とヒトにとって必須多量元素である。73の微量元素のうち9元素は動物とヒトにとって必須元素であることが一般に認められている（クロム（Cr）、マンガン（Mn）、鉄、コバルト（Co）、銅、亜鉛、セレン、モリブデン、ヨウ素）。植物においては、鉄、亜鉛、マンガン、銅、ニッケル、塩素、ホウ素、そしてモリブデンを必須微量元素とするのが一般的である。コバルトは、窒素固定を行う植物には必須であり、ケイ素（Si）およびナトリウムも、ある種の植物には必須だが、すべての高等植物にとって必須とは証明されていない（Epstein and Bloom, 2005; Welch, 1995）。その他の微量元素（ホウ素、フッ素、リチウム（Li）、ケイ素、バナジウム（V）、ニッケル（Ni）、ヒ素（As）、カドミウム（Cd）、スズ（Sn）、鉛（Pb））に関しても、必須性を定義する判断基準にもよるが、動物およびヒトに必須であると一部では考えられている（Nielsen, 1993; Nielsen, 1997）。上述した以外の微量元素に関しても、将来的には必須であると証明される可能性がある。この章では主に、ヒトに必須であると証明された微量元素（すなわちヒトの微量要素）に焦点を当てている。世界の資源の乏しい地域に暮らす多くの人々の食事には微量元素が不足し、結果として微量要素欠乏症およびこれに関連した健康障害、労働生産性の低下、倦怠感が引き起こされ、多くの人々が亡くなっている。これらの必須微量元素とは、鉄、亜鉛、セレン、ヨウ素、そしてコバルトである。

本章では、農業と世界における微量元素欠乏が密接に関係すること、そして、特に貧困地域の人々が抱える微量元素欠乏の問題を持続的に解決するのに、これらの関係性の理解が不可欠であることについて述べる。

植物、動物、ヒトにとっての必要性

植物

植物の異なる器官や組織における必須微量元素の要求量は、多くの環境要因、遺伝的要因が相互作用して決まる。これらの相互作用は複雑で、植物の遺伝子構造や環境要因（生物的あるいは非生物的ストレス）、すなわち多様な土壌因子、病害、生育期間中の天候などが影響している（Welch, 1995）。このように、動的で生理的、環境的要因が相互作用して、欠乏症あるいは過剰症が発生する微量要素の濃度が決定する。**表2**において、標準的な圃場で栽培された主要作物の複数の組織における微量要素の濃度範囲（欠乏から過剰まで）の例を示す。**表3**では、3つの主要作物における必須微量元素の下限濃度（すなわち、個体の中で成長率がもっとも大きい部位と

表1 地球上に自然に存在する90の元素のうち、生物体系において微量元素に分類される73の元素（緑色）。
多量元素および希ガスは白色地で示す

H（水素）																	He（ヘリウム）
Li（リチウム）	Be（ベリリウム）											B（ホウ素）	C（炭素）	N（窒素）	O（酸素）	F（フッ素）	Ne（ネオン）
Na（ナトリウム）	Mg（マグネシウム）											Al（アルミニウム）	Si（ケイ素）	P（リン）	S（硫黄）	Cl（塩素）	Ar（アルゴン）
K（カリウム）	Ca（カルシウム）	Sc（スカンジウム）	Ti（チタン）	V（バナジウム）	Cr（クロム）	Mn（マンガン）	Fe（鉄）	Co（コバルト）	Ni（ニッケル）	Cu（銅）	Zn（亜鉛）	Ga（ガリウム）	Ge（ゲルマニウム）	As（ヒ素）	Se（セレン）	Br（臭素）	Kr（クリプトン）
Rb（ルビジウム）	Sr（ストロンチウム）	Y（イットリウム）	Zr（ジルコニウム）	Nb（ニオブ）	Mo（モリブデン）		Ru（ルテニウム）	Rh（ロジウム）	Pd（パラジウム）	Ag（銀）	Cd（カドミウム）	In（インジウム）	Sn（スズ）	Sb（アンチモン）	Te（テルル）	I（ヨウ素）	Xe（キセノン）
Cs（セシウム）	Ba（バリウム）	La（ランタン）	Hf（ハフニウム）	Ta（タンタル）	W（タングステン）	Re（レニウム）	Os（オスミウム）	Ir（イリジウム）	Pt（白金）	Au（金）	Hg（水銀）	Tl（タリウム）	Pb（鉛）	Bi（ビスマス）	Po（ポロニウム）	At（アスタチン）	Rn（ラドン）

Ce（セリウム）	Pr（プラセオジム）	Nd（ネオジム）		Sm（サマリウム）	Eu（ユウロピウム）	Gd（ガドリニウム）	Tb（テルビウム）	Dy（ジスプロシウム）	Ho（ホルミウム）	Er（エルビウム）	Tm（ツリウム）	Yb（イッテルビウム）	Lu（ルテチウム）				
Fr（フランシウム）	Ra（ラジウム）	Ac（アクチニウム）	Th（トリウム）	Pa（プロトアクチニウム）	U（ウラン）												

表2 普通食用作物における必須微量元素の濃度範囲（μg/g 乾燥重。Welch, 1995より改変）

元素	植物種と部位	欠乏	適量	過剰
Fe（鉄）	大豆（*Glycine max* L. Merr.）、地上部	28-38	44-60	—
	エンドウ豆（*Pisum sativum* L.）、葉	14-76	100	>500
	トウモロコシ（*Zea mays*, L.）、葉	24-56	56-178	—
	トマト（*Lycopersicon esculentum* Mill.）、葉	93-115	107-250	—
Mn（マンガン）	大豆（*Glycine max* L. Merr.）、葉	2-5	14-102	>300
	ジャガイモ（*Solanum tuberosum* L.）、葉	7	40	—
	トマト（*Lycopersicon esculentum* Mill.）、葉	5-6	70-400	—
	コムギ（*Triticum aestivum* L.）、地上部	4-10	75	>750
	テンサイ（*Beta vulgaris* L.）、葉	5-30	7-1200	>1200
Zn（亜鉛）	ジャガイモ（*Solanum tuberosum* L.）、葉	<30	30-87	—
	トマト（*Lycopersicon esculentum* Mill.）、葉	9-15	65-200	>500
	トウモロコシ（*Zea mays*, L.）、葉	9-15	>15	—
	エンバク（*Avena sativa* L.）、葉	<20	>20	—
	コムギ（*Triticum aestivum* L.）、地上部	<14	>20	>120
Cu（銅）	キュウリ（*Cucumis sativa* L.）、葉	<2	7-10	>10
	ジャガイモ（*Solanum tuberosum* L.）、地上部	<8	11-20	>20
	トマト（*Lycopersicon esculentum* Mill.）、葉	<5	8-15	>15
	トウモロコシ（*Zea mays*, L.）、葉	<2	6-20	>50
	コムギ（*Triticum aestivum* L.）、地上部	<2	5-10	>10
Ni（ニッケル）	大豆（*Glycine max* L. Merr.）、葉	<0.004	0.05-0.1	>50
	ササゲ（*Vigna unguiculata* L. Walp）、葉	<0.1	>0.1	—
	オオムギ（*Hordeum vulgare* L.）、全粒	<0.1	>0.1-0.25	—
	エンバク（*Avena sativa* L.）、葉	<0.2	>0.2	—
B（ホウ素）	ブロッコリー（*Brassica olearaces* L.）、葉	2-9	10-71	—
	ジャガイモ（*Solanum tuberosum* L.）、葉	<15	21-50	>50
	トマト（*Lycopersicon esculentum* Mill.）、葉	14-32	34-96	91-415
	トウモロコシ（*Zea mays*, L.）、地上部	<9	15-90	>100
	コムギ（*Triticum aestivum* L.）、ワラ	4.6-6.0	17	>34
Mo（モリブデン）	トマト（*Lycopersicon esculentum* Mill.）、葉	0.13	0.68	>1000
	オオムギ（*Hordeum vulgare* L.）、地上部	—	0.03-0.07	—
	ブロッコリー（*Brassica olearaces* L.）、地上部	0.04	—	—
Cl（塩素）	ジャガイモ（*Solanum tuberosum* L.）、葉	210	2580	>5000
	テンサイ（*Beta vulgaris* L.）、葉	40-100	>200	—

（*Jones, Jr., 1991；Chapman, 1966；Asher, 1991.を改変*）

表3 トウモロコシ、ダイズ、コムギにおける必須微量要素の下限濃度（μg/g　乾燥重）（Welch, 1995を一部改変）

微量元素	トウモロコシ[†]	ダイズ[‡]	小麦[§]
Fe（鉄）	25	30	25
Mn（マンガン）	15	20	30
Zn（亜鉛）	15	15	15
Cu（銅）	5	5	5
Ni（ニッケル）	—	<0.004[¶]	<0.1[#]
B（ホウ素）	10	25	15
Mo（モリブデン）	0.2	0.5	0.3
Cl^-（塩素）[††]	—	—	—

† 出穂期における穂の下の葉
‡ 葉鞘形成後のもっとも若い展開葉および葉柄
§ 出穂前の時期における地上部すべて
¶ 地上部すべて
 # 成熟粒
†† これらの作物におけるCl^-の下限濃度はまだ確定していない。多くの作物においては、乾燥重1gあたり35μg～数千μg とされている（Römheld and Marschner, 1991; Jones, Jr., 1991）。

して選択された組織における下限濃度）を示す。必須微量元素の至適濃度範囲に関する詳細は、ほかの総説に記載されている（Reuter and Robinson, 1997 ; Jones, Jr., 1991 ; Bennett, 1993 ; Chapman, 1966）。

動物とヒト

植物と同様に、動物やヒトの体細胞における必須微量元素の濃度範囲は、遺伝的および生理的要因、栄養状態や健康状態、そして環境変化によって大きく異なる。**表4**は、動物やヒトの必須微量元素とその欠乏による影響、機能、成人男性の推定必要量、必須微量元素を豊富に含む食物の例を示している。動物やヒトの細胞における必須微量元素の濃度および必要量に関しては、ほかの総説を参照のこと（Mertz, 1986; Mertz, 1987; World Health Organization, 1996; Pais and Jones, Jr., 2009）。

微量元素欠乏に関する世界的な見通し

いかなる生物も、成長するために必須栄養素をバランスよく摂取しなければならない。どれかひとつの栄養素が欠けても生産性が低下し、病気が引き起こされ、最終的には死につながる。よって、一年を通して必要な栄養素を必要量摂取することが、全生物にとってもっとも重要なこと

表4 動物とヒトの必須微量元素とこれらの欠乏症状、機能、必要摂取量、豊富に含む食品[†]の一例（Welch, 2001の表を引用）

元素	欠乏症状および機能	食事からの必要摂取量[‡] 豊富に含む食品
As （ヒ素）	生殖障害、周産期死亡率の増加、発育不良、メチオニンの代謝物への変換、生体分子のメチル化	約12μg／日　コムギおよび穀類製品
B （ホウ素）	骨のカルシウム吸収障害、ビタミンDが関与するくる病の重篤化の兆候、Ca・Mg・Pの吸収低下、45歳以上男女の精神機能障害、生体分子のシス－ヒドロキシル反応、細胞膜の保全	約0.5～1.0mg／日　非柑橘系の果物、葉物野菜、ナッツ、マメ類
Cr （クロム）	グルコース耐性低下、生育不良、血清中のコレステロール、トリグリセリドの増加、大動脈プラークの発生増加、角膜病変、生殖障害と精子数の低下、インスリン反応増強	約33μg／日　加工肉、全粒穀類製品、マメ類、香辛料
Cu （銅）	低色素性貧血、好中球減少、髪や皮膚の色素沈着減少、骨の脆弱性や骨粗しょう症を伴う骨形成不良、血管異常、毛髪硬化、金属酵素の補因子（シトクロムオキシダーゼ、セルロプラスミン、スーパーオキシドジスムターゼなど）	1.5～3.0mg／日　内臓肉、魚介類、ナッツ、種子
F （フッ素）	本論文では必須微量元素であると提議、歯科衛生に効果的な有益元素	1.5～4.0mg／日　茶、骨ごと食べる海洋魚
I （ヨウ素）	知的障害を伴う重篤なクレチン病を含む広範囲の疾患、甲状腺肥大（甲状腺腫）、甲状腺ホルモンの必須構成要素	150μg／日　魚介類、ヨウ素添加塩、牛乳；植物性食品中のヨウ素含量は地質学的環境、肥料、食品加工、摂食方法により大きく異なる
Fe （鉄）	鉄欠乏性赤血球生成による作業性の低下、ヘモグロビンおよび赤血球の収縮を伴う鉄欠乏性貧血、免疫機能の低下、無気力、集中力低下、学習能力低下、ヘモグロビン・ミオグロビン・酵素の構成要素	15mg／日　肉、卵、野菜、鉄強化穀物
Mn （マンガン）	生殖率低下、発育遅延、先天性奇形、骨および軟骨形成異常、グルコース耐性低下、酵素反応の活性金属（デカルボキシラーゼ、ヒドロラーゼ、キナーゼ、トランスフェラーゼなど）、ミトコンドリアにおけるピルビン酸カルボキシラーゼおよびスーパーオキシドジスムターゼの構成要素	2.0～5.0mg／日　全粒穀類および穀類製品、果物、野菜、茶

Mo （モリブデン）	体重増加遅延、摂取量減少、生殖障害、平均寿命低下、神経機能障害、眼球転位・知的障害、亜硫酸オキシダーゼおよびキサンチンデヒドロゲナーゼの補因子（モリブドプテリン）	75 ～ 250µg ／日　牛乳、マメ、パン、穀類
Ni （ニッケル）	発育不良、生殖率低下、Ca、Fe、Zn、ビタミン B_{12} 等の栄養素の機能および体内分布の異常、アミノ酸およびプロピオン酸代謝経路で生成される奇数鎖脂肪酸に作用する酵素の補因子	<100µg ／日　チョコレート、ナッツ、乾燥豆、エンドウ豆
Se （セレン）	地域性心筋症（克山病）、白筋症、関節の肥大および変形を伴う地域性関節症（Kashin-Beck 病）、肝細胞壊死、滲出性素因、膵臓萎縮、成長抑制、チロキシン（Ｔ４）からトリヨードチロニン（Ｔ３）を生成する脱ヨード酵素の活性抑制、ウイルス感染に対する免疫応答不全、抗がん作用、グルタチオンペルオキシダーゼおよびセレンタンパク質 - Ｐの必須構成要素	55 ～ 70µg ／日　魚介類、内臓肉、食肉、Se が豊富な土壌で栽培された穀物、ブラジルのナッツ；植物性食品の Se 含量は土壌の Se 含有量によって大きく異なる
Si （ケイ素）	骨格形成異常を伴うコラーゲン含量の低下、長骨の異常、関節軟骨・水分・ヘキソサミン・コラーゲンの減少、Ca 欠乏条件における脛骨と頭蓋骨の Ca・Mg・Ｐ含量の減少	約５～ 20µg ／日　未精製穀物、穀類製品、根や塊茎作物
V （バナジウム）	てんかん発作による死、骨格奇形、甲状腺重量の増加、ハロゲン化物イオンの酸化および受容体タンパク質のリン酸化に関与	約 <10µg ／日　貝類、キノコ類、黒コショウ、ディルの種
Zn （亜鉛）	食欲不振、生育不良、皮膚の変化、免疫学的異常、難産、奇形発生・性腺機能低下症、小人症、創傷治癒の遅延、乳幼児の成長遅延・食欲不振・味覚障害、下痢、免疫機能不全、多くの酵素の構成要素、細胞膜の安定化	15mg ／日　動物性食品、特に赤肉やチーズ、マメ科種子、マメ類

†出典：世界保健機関（WHO）、1996：米国学術研究会議（NRC）、1989。
‡一日あたりの必要摂取量は成人男性が対象。一般的に必須と認められていない元素に関しては、文献から引用した推定値を示す。

である。人類に必要な食料は、その主要な栄養源を農業に依存している。もし農業ですべての栄養分を十分に供給することができなければ、これらの食料生産システムは機能不全となり、結果として栄養失調が生じてしまう。急増する人口に対して農業でどれだけ養うことができるのか、かつてない課題に直面して、今日の世界の指導者は頭を悩ませている。世界の人口はすでに、生態学者（エコロジスト）が持続可能と定義した水準の3倍まで増えている（Evans, 1998）。さらに、農地として利用可能な土地はほぼ最大限使われており、エネルギーや肥料といった資源も限界に近づいている。こうした状況において、本章では、肥料を栄養素として利用することに焦点を当てる。肥料そのものは限界が近づいているかもしれないが、必須微量元素が多量元素（たとえば窒素、リン、カリウム）の利用効率を劇的に向上させることを考えると、将来の作物生産において楽観視できる余地がある。

世界の土壌中の微量元素欠乏に関してはシランパーによって研究されている（Sillanpaa, 1990; Sillanpaa, 1982）。シランパーは世界中から190の代表的な土を採取して調査した。190という点数は土壌の種類の総数に比べれば少ないが、土壌栄養研究の中ではこれまででもっとも詳細である。特にシランパーは、肥料や複数の作物を用いた野外実験において、一般的な土壌分析よりも微量元素の要求量を精緻に評価できる植物組織分析の手法を用いたのが特徴である。こうしたシランパーの研究成果によって、世界における微量元素および多量元素の欠乏症状の発生程度の全体像が見えるようになった。とりわけ、ほかのすべての元素が十分に存在し、標的元素のみが欠乏した場合の作物の生育反応を調査したことはきわめて意味深く、これは土壌調査ではめったに用いられない手法である。このように、シランパーはそれぞれの元素の「潜在的欠乏」について調査することができた（**表5**）。潜在的欠乏とは、ほかの栄養素が欠乏状態から通常状態へ戻った時に生じる、特定の必須微量元素の欠乏状態を意味している。

表5 世界の190の土壌における窒素（N）、リン（P）、カリウム（K）、ホウ素（B）、銅（Cu）、鉄（Fe）、マンガン（Mn）、モリブデン（Mo）、亜鉛（Zn）の欠乏割合（%）
（Sillanpaa, 1990より引用）

欠乏	N	P	K	B	Cu	Fe	Mn	Mo	Zn
急性	71	55	36	10	4	0	1	3	25
潜在	14	18	19	21	10	3	9	12	24
合計	85	73	55	31	14	3	10	15	49

シランパーの素晴らしい研究のおかげで、無機元素の観点から見た、地球の土壌のもっとも詳細で確実な実態を、把握することができた。まず第一に、窒素、リン、カリウムのような多量元素の欠乏はもっとも起こりやすく、作物の生育には、調査した全土壌の55%～85%で不足している。多量元素ほどではないが、必須微量元素の欠乏も同様に広がっている。たとえば、ほぼ半数（49%）の土壌で亜鉛が欠乏しているが、自然状態で亜鉛欠乏を示す土壌はわずか25%で、残りの24%は窒素、リン、カリウムなどのより大きな制御因子の不足を肥料で適切に補正した場合に生じる亜鉛欠乏であった。このようにしてみると、世界の亜鉛欠乏土壌の範囲は、（個体群としての）ヒトにおける亜鉛欠乏症の発生する範囲と一致しており、公表された両者の分布図はきわめて良く似ている（Hotz and Brown, 2004; Alloway, 2008; Graham, 2008）。亜鉛欠乏の分布と範囲がよく似ていることから、土壌の亜鉛欠乏がヒトの亜鉛欠乏の直接の原因である可能性もあるが、ホウ素に関して見てみると、そのような共通性はない。シランパーの研究結果では、

作物にとってホウ素は微量元素の中で2番目に欠乏しやすく、全土壌の31%がホウ素欠乏であるものの、ヒトにとってホウ素が必須だという証拠は十分になく、ホウ素欠乏症もまれに見られる程度でしか発生しない（Hunt, 2003）。一方、予想外なことに、植物の鉄欠乏は一般的ではない（シランパーの研究ではわずか3%）。ヒトにとって鉄欠乏性貧血は、もっとも一般的なミネラル欠乏症状であり、世界人口の35%～80%に及ぶと推定されている（Kennedy et al., 2003 ; Mason and Garcia, 1993）。鉄欠乏性貧血は、ほかの養分欠乏や遺伝病、伝染病によって引き起こされる可能性もあるが、一般的には鉄欠乏そのものが原因と考えられている。さらに、セレンとヨウ素はいずれも約10億人が暮らす土壌で欠乏しているが、高等植物にとって必須ではないため、陸生植物における欠乏症は知られていない（Graham, 2008）。セレンとヨウ素の肥料は、動物やヒトの欠乏症をなくすという点で効果的だが（Lyons et al., 2004; Cao et al., 1993）、生産者にとっては収量メリットがなく、消費者にとっても作物の栄養価が見た目では分からない（生産者と消費者の栄養強化作物に対する受け入れについてはグラハムの総説参照：Graham et al., 2001 and 2007）。

一般的に酸性土壌では、ホウ素、モリブデンが欠乏しやすく、アルカリ土壌ではマンガン、鉄が欠乏しやすく、有機質が多い土壌や砂質土壌では銅が欠乏しやすい傾向がある。このため、多量元素でも言えることだが、土壌の大半は少なくともひとつの微量元素が欠乏している可能性が高い。このことは、微量元素欠乏が多量元素欠乏と同様に広がっていることを意味するが、微量元素欠乏の診断は難しく、高度な分析技術の習得と、栄養素同士の複雑な相互作用を理解しなければならない。必須微量元素は必要量がわずかなので、費用は少ないものの、それを無視した場合の代償として、費用がかかる多量元素肥料の効き目が大幅に制限されてしまう。

食料供給システムにおける必須微量元素の利用率に影響を与える主要因

土壌中の栄養分は、玄武岩や閃緑（せんりょく）岩のようにミネラルの豊富なアルカリ岩由来の土壌では高く、花こう岩や流紋岩のような酸性岩由来の土壌では低いという傾向がある。また、母材の年齢、降雨による風化や浸出の程度、そして土壌形成に要した時間も影響する（Donald and Prescott, 1975）。

今日の土壌中の微量元素の可給性を左右する主な原因は、土壌pHである。pHが低いと、溶脱によりホウ素の可給性が低下するが、ホウ酸を肥料として施用すれば回復する。また、モリブデンは酸性土壌に固定されるが、通常は農業用石灰を施用することで補正できる。一方、pHが高いと、特に下層土においてマンガン、銅、コバルト、鉄、亜鉛、ニッケルのような遷移元素の可給性が低下する。pHが高い場合は、低い場合ほど簡単に補正できない。農業的にもっとも有効な手段としては、制限因子となる微量元素を多く施用するのが一般的である（Cakmak, 2008）。下層土で土壌がアルカリ化している場合は、下層土の微量元素欠乏に耐性のある作物を栽培するのが有効である。耐性品種は、通常品種よりも制限因子となる栄養素を効率的に吸収し、種子や可食部により多く蓄積すると考えられている。可食部は多くの場合、翌年の種子になるため、次世代により良い作物を残すことができる（Graham et al., 2001）。

微量要素が可給態であっても、表土が乾燥していると、植物による吸収能力を低下させる原因になる（Holloway et al., 2010）。この場合、植物は下層土から微量要素を確保しなければならないが、下層土はpHが高いため通常は可給性が低く、根圏もあまり発達していない。このような条件下では、体内の微量要素の効率が高い遺伝子型が有利である。またすべての層が乾燥した場合は、水そのものが制限因子になる。

土壌の有機物の状態と微量要素の可給性が相互作用しているのは、興味深い現象である。我々の研究では、微量要素が欠乏する土壌では有機物は蓄積しないこと、また有機物が蓄積するには、すべての養分の欠乏を解消しなければならないことがわかっている。なぜなら有機物の大半は、まさにその土壌で行われる作物の生産に由来するからである。有機物は、植物が利用できる形で養分と結合することによって、すでに適度に生産性のある土壌での持続的な作物の生産を可能にしている。すなわち作物の生産性向上のためには、土壌有機物の少なさよりも、養分の欠乏の方が解決すべき根本的問題なのである。

第一次緑の革命が発展途上国の貧困層の微量栄養素欠乏症におよぼす影響

第二次世界大戦後の爆発的な人口増加は、1960年までに大量飢餓という脅威をもたらし、このことがいわゆる「緑の革命」のきっかけになった。高収量品種の開発、NPK肥料の使用、病害防除によって、アジアの人口密集地域におけるトウモロコシ、コムギ、コメの収量が劇的に増加した。そして、この現象は徐々にほかの地域へも拡散し、1980年には世界の主食作物は再び余剰となった。

10年後、WHOはヒトの鉄欠乏症が広範囲で増加していることを認識し始めた。特に貧困国において、ビタミンA欠乏症も年々深刻になっている。のちにヒトの亜鉛欠乏症の増加も認められている（WHO, 1996）。同時に、1970年代以降、中国やアフリカでは広範囲でセレン欠乏の、全世界的にはヨウ素欠乏の問題が増加していった（Hetzel, 1989）。つまり、エネルギーやタンパク質欠乏の脅威が低下するにつれて、微量元素欠乏の重大さが増してきたのである。

南アジアにおけるマメ類の生産は、コムギやコメほど劇的には増加しなかった（Graham et al., 2007；**図1**）。結果として、1人当たりのマメ類の生産量は低下した。バングラデシュの特定の地域では、入手可能なもっとも安いエネルギー源として「緑の革命」に寄与したコメの生産に、マメ類の生産が完全に置き換えられた。一般的にマメ類は、コメやコムギに比べてビタミンや必須微量元素のような微量栄養素が豊富である。ヒトの微量栄養素欠乏症の増加は、マメ－コメあるいはマメ－コムギ主体の伝統的な食生活からコメやコムギ単独の食生活に置き換わったことが

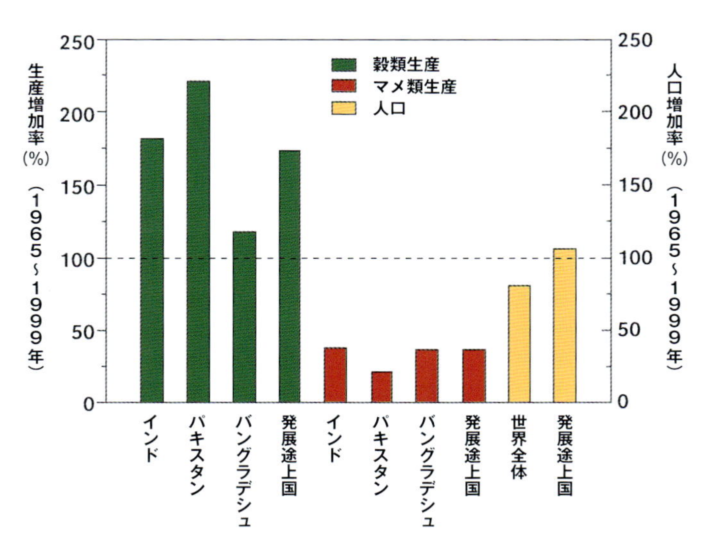

図1 穀類、マメ類の生産増加率および世界全体、発展途上国の人口増加率（1965～1999年）（Graham et al., 2007）

原因だと我々は主張してきた（Welch and Graham, 1999; Welch et al., 1997）。この置き換えは伝統や文化に反するものだが、土地の人口が増えたこと、そしてコメは確実に大量生産でき値段も安いことが劇的変化の引き金となった。同時に、マメ類は一般的に病気や環境ストレス、たとえば洪水（コメは特に洪水に強い）、乾燥、熱に弱い作物である。よって我々は、ある母集団における微量栄養素欠乏症の拡大は「第一次緑の革命」の直接の結果であるという仮説を展開してきた。

このように特異的で地球規模の現象に対して、我々の仮設は厳密には科学的根拠をともなっていない。しかしながら、微量栄養素の欠乏によって地球への負荷と健康への影響が増大し、膨大な犠牲者が出る事態を防ぐためには、間違いなく「第二次緑の革命」に焦点を当てるべきであり、我々の仮説は十分に合理的であると考えている。

グラハム（2008）は、「第一次緑の革命」が人間にもたらしたもっとも深刻な微量栄養素の負の影響は、亜鉛欠乏であると提唱している。そのため「第二次緑の革命」では、特に亜鉛入り肥料（窒素、リン、カリウム、硫黄に追加）の必要性に注目が集まっている。この理由として、亜鉛が作物でもっとも広範に欠乏する微量元素であること、ヒトの生体内の鉄のホメオスタシス［訳註：生体内の状態を一定に保つこと］に亜鉛が作用していることが挙げられる（Yamaji et al., 2001; Iyengar et al., 2009; Balesaria et al., 2010）。またセレンおよびヨウ素の欠乏を解消すると、食品から摂取した鉄を生体内で利用しやすくなる（Lyons et al., 2004）。さらに、鉄－亜鉛－ビタミンAの相乗効果については、1970年代以降に確立されている（Thurlow et al., 2005）。食の安全を確保し、人間がより健康的な生活を送るためには、微量元素である亜鉛、ヨウ素、鉄、コバルト、セレン入り肥料の開発とともに、プロビタミンAであるカロテノイドが豊富な作物の創出が有効であると我々は考えている。こうした肥料や品種の開発によって、高収量化と環境保全の両方を実現できる。

時間経過とともに減少する穀物の微量元素

穀物の栄養素含量が、時代／時間の経過とともに減少するという事例は数多く報告されている（Fan et al., 2008 および前述論文の引用文献）。このことは集団レベルで考えた場合、ヒトの栄養状態に明らかに影響を及ぼす。しかしながら、さまざまな要因から対処法を推定するのは、簡単ではない。一方、オリッツ＝モナステリオは、コムギの品種改良によるコムギ粒中の栄養素含量への影響について、変異を最小限に抑える方法でその時間的傾向を調べている（Monasterio and Graham, 2000）。過去40年間に開発された主要なCIMMYT（国際トウモロコシ・コムギ改良センター）品種はすべて、メキシコのオブレゴンとエルバタンで栽培された。この過程で、多収品種育種の目覚ましい進展のおかげで収量は増加したが、コムギ粒中の鉄や亜鉛の含量は、ごくわずかだが減少した。

教訓

栄養と収量の「同等性」に関しては、リーおよびハースによって論証されている（Li et al., 1994; Zhu and Haas, 1997）。これらの論文によると、同じ肉体労働をした場合、軽度の鉄欠乏症の女性は、鉄が十分な女性に比べて5～10％も余分にカロリーが必要になる。コムギの収量を10％上げるのに、現行のオーストラリアの育種方法では約20年かかる（オーストラリア農学会議、2008）が、代わりにこの期間に、微量元素含量の増加などの形質を品種に組み込むことができれば、同じ労働能力を得たうえに健康増進も実現できるであろう。つまり微量元素含量の高い品種を開発する方が、対象となる（栄養欠乏の）人々を満たし、健康も増進させ、同じ育種期間で少なくとも同等の労働能力が得られる。また、肥沃土壌で生産される穀物に対抗できる、高収量でストレス耐性の強いマメ類品種も必要とされている。第二次緑の革命の最終目標は、すべての人にカロリーだけでなく、栄養分も十分に供給されることであり、第一次緑の革命より体力的にも精神的にも健康になること、そしてこれらが持続していくことである。こうした複合的な目標こそが、第二次緑の革命で期待されている目標にほかならない。第一次緑の革命の達成目標であった高収量化だけでは、人口過剰かつ栄養不足が進行する地域の人々を満足させることはできないのである。

食品中の微量元素に関するヒトでの生物学的利用能

食事から摂取した微量元素のうち、体内で吸収・利用される量（例：生体内利用量；bioavailable amount）は、対象集団の微量要素欠乏症の緩和に大きな影響を与えるため、微量要素強化作物の開発にとって、重要な指標となる（Welch, 2008; Hotz et al., 2007）。微量元素の一部は、加工や調理の過程で失われる。また食品中の物質と結合して胃腸からの吸収が阻害されたり、吸収されても体内で代謝できない場合もある（Hotz et al., 2007; Fairweather-Tait and Hurrell, 1996; Welch, 2002）。さらに、微量要素が腸内で微生物に吸収された場合は、微生物が体外に排出されると同時に、失われる。

食事由来の微量元素の生体内利用量をある母集団で測定するには、無数の要因が関連するため、きわめて複雑で困難である（Welch and House, 1984; Welch and Graham, 2004; Matzke, 1998; WHO, 1996）。よって作物からヒトへの微量元素の生物学的利用能（bioavailability）を、生体内（in vivo）で測定するには、通常は微量元素の同位体（放射性同位体または安定同位体）を用いた臨床試験が厳しい管理の下で行われる（Turnlund, 2006）。現在のところ、ヒトの微量元素の生物学的利用能を調べる手段は生体外（*in vitro*）での同位体実験のみだが、こうした実験は比較的高額であり、開発途上国の多様な（主食）栄養源に依存し、自由な生活をする人々にとってはあまり価値がない。さらに、始めから食品に標識する方法（たとえば、培養液に添加した同位体を植物に吸わせて標識する）のは莫大な費用がかかるため、多くは食品に同位体標識する方法（外来性標識）で行われている。残念ながら、“外来性標識”は常に不安定な状態にある。なぜならば、添加された同位体“標識”は、食品あるいは食事に本来備わっている因子と結合する微量元素とは完全な平衡状態ではないからである（Jin et al., 2008）。こうした臨床試験から得られた結果は、資源の乏しい開発途上国の人々における作物由来の微量元素の生物学的利用能を正しく反映しているとは限らない（Graham et al., 2001; Welch, 2002; Welch and Graham, 1999）。栄養強化作物が対象集団の健康に及ぼす真の影響を調べるには、ヒトへの有効性試験を行う以外にない。たとえば、対象集団の居住地に微量元素強化作物を導入し（対照グループも設定）、導入前後で人々の健康に影響があるかを調査する。しかしながら、よく設計された有効性試験というのは多くの費用と時間がかかり、実行に移すのが困難である。これらの理由から、植物育種家を支援するために、栄養学者と協議しながら、高栄養価の形質をもつ作物を選抜するモデルシステムが開発された。この開発には、生体外（*in vitro*）腸管吸収細胞モデル（例：Caco-2細胞モデル）、動物モデル（例：ラット、豚、家禽）、そして育種作物中の微量元素の生物学的利用能を推定するアルゴリズムが用いられている。ただし、いずれのモデルも何らかの制約があることを、栄養強化プログラムで用いる前に理解しておかねばならない。

ヒトの生体外（*In Vitro*）Caco-2 細胞モデル

Caco-2細胞は、人工培養されたヒト結腸腺がん上皮細胞である。この細胞は、栄養を吸収する腸の粘膜細胞を模した細胞モデルで、植物性食品や食事、実験のために準備された調理品を試験管内で消化することで、植物性食品に含まれる利用可能な鉄の量を調べることができる（Sharp, 2005; Glahn et al., 1998; Glahn, 2009）。Caco-2細胞は、ヒト腸管細胞を模して作製された培養細胞モデルであり、ヒトの生体に本来備わっている消化・吸収に作用する要素の影響を必ずしも反映していないという制約がある。このモデルは腸内細菌、特に大腸の細菌の役割とそれらが微量元素の吸収に与える影響を考慮していない。さらに、微量元素の生物学的利用能に影響しかねない、植物性食品の構成物質との相互作用についても考慮されていない。しかしながら、育種過程に大量の植物の原因遺伝子をスクリーニングする能力を考えると、このモデルは迅速で低コストであると言える。ただし、Caco-2細胞スクリーニングには限界があるので、栄養強化した原因となる遺伝子を選定し大規模な育種活動を展開する前に、動物モデルとヒト効力臨床モデルの試験を行うことが不可欠である。

動物モデル

食品中の微量元素の生物学的利用能を測定するために、齧歯動物（マウス、ラットなど）、家禽類、豚、霊長類など、多くの動物モデルが用いられてきた。しかしながら最適な動物モデルを選択する以前に、これらの動物とヒトには違いがあることに言及しなければならない（Baker, 2008）。マウス、ラット、家禽類は、取扱いが容易で安価、餌や実験材料も少量ですむため、動物モデルとして広く使用されてきた。家禽類は安価だが、哺乳類に比べて腸が短いため、結果としてヒトよりも微量元素の吸収効率が悪い可能性がある。豚はミネラルの生物学的利用能の研究には最適な動物モデルとされているが、小さな齧歯動物や家禽類に比べると相対的に高価で、実験材料として用いる餌も多くなる（Miller and Ullrey, 1987）。また、豚はヒトよりも腸が長いため、吸収効率もヒトより高い可能性がある。霊長類はもっともヒトに近い動物モデルだが、きわめて高価なため、維持するのも実験で使用するのも困難である。

アルゴリズム

植物性食品や食事に由来する、鉄や亜鉛の生物学的利用能を予測するアルゴリズム（予測方程式など）は、これまでに数多く開発されてきた（Beard et al., 2007; Hotz, 2005; Reddy, 2005; Lynch, 2005; Hunt, 1996）。これらのアルゴリズムでは、まず食べもの中の栄養素含量を測定し、次に養分吸収を阻害、あるいは促進する物質の影響を評価することで、生物学的利用能を予測する。鉄に関して言えば、長期にわたるヒトの有効性試験を経てもなお、体内における鉄の存在形態の変化は予測できていない状態にあり、この段階におけるアルゴリズムの利用は疑問視されている（Beard et al., 2007）。よって、微量元素の生物学的利用能を推定する現在のアルゴリズムは、植物育種におけるスクリーニングの手段として使用することは推奨されない。微量元素欠乏のリスクが高まりつつある地域で、自由（で多様）なヒト集団の微量元素の生物学的利用能を正確に推定できると証明されたものは、ひとつもないのである。

ヒト腸内での食品成分の動態

微量元素の生物学的利用能に影響を及ぼす要因は無数にあり、さまざまな食料の成分も含まれる。例として、生化学的なミネラルの形態（たとえば、非特異的吸着、溶解性、微量元素の錯体形成とリガンド結合）、微量元素の酸化状態（たとえばFe^{2+}とFe^{3+}）、栄養吸収阻害物質（後述）、栄養吸収促進物質（後述）、類似した結合部位や化学的性質を有する物質による、腸細胞原形質膜に存在する微量元素輸送タンパク質への、競合的・非競合的阻害が挙げられる。したがって、植物性食品に含まれる微量元素の生物学的利用能を明らかにする際には、あらゆる食料の成分を考慮しなければならない（Matzke, 1998）。以下に、もっとも研究が進んでいるいくつかの要因を紹介する。

加工方法・調理方法・食事の構成による影響

食品加工、調製、および調理方法は、食物に含まれる微量元素量、ならびに、その最終的な生物学的利用能に影響を及ぼす（Matzke, 1998; Duchateau and Klaffke, 2009）。微量元素や食品からの生物学的利用能を左右する加工技術は数多く存在する。それらには、浸漬、製粉、精米、熱処理（例：沸騰、漂白、蒸熱、低温殺菌、浸出、殺菌、缶詰、オーブン調理、フライ）、乾燥、凍結、発酵、発芽、押出成形、包装、保管、および家庭での調理法が挙げられる。本稿だけでは、微量元素の生物学的利用能に影響する食品加工や調理法のすべてをカバーすることは難しい。このトピックについてさらに知りたい場合は、以下の文献を参照されたい（Matzke, 1998; Hotz and Gibson, 2007; Gibson et al., 2007; McClements and Decker, 2010; Hemery et al., 2007）。

栄養吸収阻害物質

食料となるマメ科種子や穀粒は、腸からの多価微量元素カチオン（たとえば、Fe^{3+}、Zn^{2+}）の吸収を抑制し、ヒトの生物学的利用能を強力に低下させる栄養吸収阻害物質を含んでいる。食用種子や穀粒で見つかった既知の栄養吸収阻害物質を**表6**に示す。特定の植物性食品に含まれる微量元素の生物学的利用能に対する負の影響を、既知の栄養吸収阻害物質ではすべて説明できないため、ほかに未知の栄養吸収阻害物質が存在すると考えられ、特定にはさらなる研究が求められる。作物の中でもっとも研究されている栄養吸収阻害物質は、鉄、亜鉛、およびそのほかの多価カチオンの生物学的利用能を抑制するフィチン酸（ミオイノシトール六リン酸）である（Kumar, 2010）。鉄の生物学的利用能に関係する特定のフェノールおよびポリフェノール化合物について

表6　微量金属元素の生物学的利用能に影響を与える主食植物性食品中の栄養吸収阻害物質の例

栄養吸収阻害物質	主要な主食植物性食品
フィチン酸	マメ科植物の種子や穀物
フェノール&ポリフェノール	マメ、ソルガム、その他穀物
特定の繊維質	マメ科植物の種子や穀物
ヘマグルチニン（レクチン）	マメ科植物の種子や小麦粒
重金属（例：カドミウム、水銀、鉛）	種子や重金属汚染土壌で栽培された穀物 （例：米粒内のカドミウム）

も、広く研究されている（Bravo, 1998)。

慣行の育種アプローチや遺伝子導入による分子生物学的なアプローチにより、穀物種子や穀粒の栄養吸収阻害物質を大幅に減らすことが可能である。しかしながら多くの栄養吸収阻害物質は、人間の健康増進と同じくらい植物代謝にとっても重要かつ有益な役割を果たしているので、栄養吸収阻害物質を低減する際には、慎重に行う必要がある。

フィチン酸

低フィチン変異体を用いた植物育種や遺伝子工学により、植物性食品中のフィチン酸塩を低減することは可能であるが、リスクも存在する。フィチン酸塩は植物の代謝に重要な役割を果たしており、種子中のリンの主要な貯蔵庫になっている。発芽時の初期胚と根軸の成長のために、フィターゼ（フィチン酸を加水分解する酵素）が活性化され、フィチン酸からリン酸が遊離される。低フィチン変異体は、吸水時に胚や根軸から拡散しやすい無機リン酸をより多く種子に貯蔵する。土壌中の可給態リンが乏しい場合、種子中のフィチン酸塩を低下させることは、苗の成長に悪影響を及ぼす可能性がある。鉄と亜鉛の生物学的利用能を高めるために、作物種子中のフィチン酸塩を大幅に減らすと、リン欠乏土壌で作物生産性が顕著に低下することがある。たとえば、メイスら（Meis et al., 2003）は、フィチン酸塩の濃度が低いダイズ種子は圃場出芽率が極端に低く、生存能力や発芽率、耐冷性が通常レベルのフィチン酸塩を含有する種子に比較して、低下していると報告している。オルトマンら（Oltmans et al., 2005）は、通常レベルのフィチン酸塩を含有する種子に比べて低フィチン酸ダイズは、全リン酸量は同じにもかかわらず、出芽率が大幅に減少すると報告している。

フィチン酸は、ヒトの健康にも役立つことが報告されている。フィチン酸の有益な効果は次のとおりである。

- がんのリスク減少（ヒト細胞による試験結果では、結腸腺がん、赤白血病、乳腺がんや前立腺がん）
    - ○HT-29ヒト結腸がん細胞において、腫瘍抑制遺伝子（p53およびp21）の発現増加
    - ○シグナル伝達経路、細胞周期調節遺伝子、分化遺伝子、がん遺伝子やがん抑制遺伝子に関与
- イノシトール五リン酸（IP5）が、強力な抗発がん性物質と考えられる
- 心臓疾患の予防に役立つ可能性
    - ○血清コレステロールおよびトリグリセリド（中性脂肪）の減少
    - ○天然抗酸化剤として過酸化脂質の低下
    - ○加水分解生成物がセカンドメッセンジャーとして機能している可能性

- 神経伝達、エキソサイトーシス（開口分泌；細胞外への分泌形態）、RNAの効率的な運搬
- 腎結石形成のリスクを低減する可能性
- 重金属の生物学的利用能の低下（例：カドミウム、水銀、鉛）
- フィチン酸塩は、亜鉛・フィチン酸塩複合体としてiRNA（生体防御）編集酵素に要求されるため、すべての生物に必要な物質である

（From Zhou and Erdman, Jr., 1995; Liao et al., 2007; Grases et al., 2002; Shamsuddin, 1999; Saied and Shamsuddin, 1998; Shamsuddin et al., 1997; Jariwalla, 1992; Macbeth et al., 2005; Hanson et al., 2006; Lee et al., 2006）

したがって、主食用作物のフィチン酸塩を著しく減らすことは、これらの作物を常食する人々の慢性疾患率に、負の影響を及ぼすおそれがある。ヒトの必須元素の生物学的利用能に対するフィチン酸塩の負の影響を減らすため、何をすべきであろうか？　主食用作物には、フィチン酸塩のような栄養吸収阻害物質が存在する一方で、必須金属微量元素の生物学的利用能を促進する物質が含まれている。主食用作物中の栄養吸収促進物質の含有量を高めることは、非常に有望な戦略であり、後述する。

フェノールおよびポリフェノール

フェノールは植物の二次代謝産物としてさまざまな植物組織に存在している。ポリフェノールは、分子内に複数のフェノール基を含有する化合物グループであり、一般に加水分解型タンニン、重合タンニン、フェニルプロパノイドに分類される。フェノールおよびポリフェノールを豊富に含む植物性食品の摂取は、心臓疾患およびがんなどの慢性疾患のリスクを低下させ、ヒトの健康に有益であることが明らかになっている（Bravo., 1998; El Gharras., 2009）。しかしながら、フェノールおよびポリフェノール化合物の多くは栄養吸収阻害物質でもあり、食物中の微量元素と結合して腸での吸収を妨げる（Slabbert, 1992; Bravo, 1998）。一方で、抗酸化物質としてある種の微量元素の酸化を抑え、たとえばFe^{3+}をFe^{2+}に還元し、生物学的利用能を高める効果があると推測されている（Duthie et al., 2000; Andjelkovic et al., 2006; Boyer et al., 1990）。ポリフェノールが微量元素の生物学的利用能に及ぼす影響に関する研究の大部分は、作物中の鉄と亜鉛に焦点を当てている（Lopez and Martos, 2004）。作物中のフェノール類の含量を下げることで、鉄の生物学的利用能を高めようとする前に、主食作物の可食部に含まれるフェノール類の化学的構造と機能を把握することが絶対に必要であり、これによって作物の生産性とヒトの健康への負の影響の発生を避けなければならない。

栄養吸収促進物質

これまでに知られている微量元素の吸収促進物質は、植物性食品中の栄養吸収阻害物質の作用を打ち消すことができる食材から見つかっており、それらを**表7**に列挙する。残念なことに、植物性食品からはわずかな栄養吸収促進物質しか同定されていない（Graham et al., 2001; Welch, 2002; Graham et al., 2007; House, 1999を参照のこと）。

主食作物中の栄養吸収促進物質の含有量を著しく高める育種戦略を可能にするために、栄養吸収促進物質を同定する研究に、一層集中するべきである。これらの化合物の多くは一般的な植物代謝産物であり、その濃度がわずかに変化するだけで、必須微量元素の生物学的利用能に大きな影響を与えると期待される。さらに、植物中の栄養吸収促進物質の含有量を制御する分子メカニズムは、その生合成を制御する少数の遺伝子しか必要としないと思われる。この仮説が正しければ、食用作物の食用部分における必須微量元素の「取り込み」「輸送」「再輸送」「貯蔵」に関与する数多くの遺伝子に比べて、わずかな遺伝子に着目すればよいので、育種家にとっては栄養吸収促進物質を主眼とした育種がはるかに容易になる（Grotz and Guerinot, 2006; Welch, 1995）。したがって、食料作物の栄養強化をヒトの必須微量元素の供給源とするためには、植物育種家がこの育種戦略を詳細に検討することを強く推奨する。さらに動物モデルにおいて、栄養吸収促進作用があることが明らかとなった物質の効果を確認するために、ヒトでの有効性試験の実施が必

表7　主食植物性食品における鉄、亜鉛の生物学的利用能を促進する食材中の物質

物質	微量元素	主な栄養源
特定の有機酸（アスコルビン酸、フマル酸塩、リンゴ酸塩、クエン酸塩）	鉄、亜鉛	新鮮な果物と野菜
ヘム鉄（ヘモグロビン）	鉄	食肉
特定のアミノ酸（メチオニン、システイン、ヒスチジン）	鉄、亜鉛	食肉
長鎖脂肪酸（パルミチン酸）	亜鉛	ヒトの母乳
食肉成分（硫化グルコサミノグリカン、システイン残基に富んだポリペプチド）	鉄、亜鉛	食肉
β-カロテンとプロビタミンAカロテノイド	鉄、亜鉛	緑黄色野菜
イヌリンおよびその他の非消化性炭水化物（プレバイオティクス）	鉄、亜鉛	チコリ、ニンニク、タマネギ、全粒（丸粒）小麦、キクイモ
特定のポリフェノール（タンニン酸、ケルセチン）	亜鉛	着色したマメの種、赤ワイン、緑茶、ソルガム粒

要であろう。続いて、いくつかの栄養吸収促進物質について紹介する。

有機酸

アスコルビン酸（ビタミンC）は、植物性食品中の非ヘム鉄をFe^{3+}→Fe^{2+}に還元し、ヒトへの生物学的利用能を向上させる（ほかの遷移金属についても同様であり、たとえばCu^{2+}からCu^{1+}への還元）。アスコルビン酸は、植物から同定された鉄の吸収促進物質として、もっとも研究が進んでいる（Lopez and Martos, 2004; Fairweather-Tait, 1992）。腸細胞頂端膜のDMT1を経由して、粘膜細胞によって運ばれる無機態の鉄分は、主にFe^{2+}の形態をとる。Fe^{3+}からFe^{2+}に還元されることで、さまざまな有機配位子や無機配位子（カルボキシル－アミン、リン酸エステルなど）と形成されたリガンド結合が不安定化するため、鉄が遊離しやすくなり、食物からより吸収されやすくなる。Fe^{3+}からFe^{2+}への還元は、粘膜細胞頂端膜にある鉄還元酵素DcytBの働きによっても起こる（Donovan et al., 2006）。残念なことに、アスコルビン酸は、調理や貯蔵の間に酸化されて、デヒドロアスコルビン酸になりやすいため、Fe^{3+}の還元力と鉄吸収促進能が失われてしまう。さまざまな有機酸（たとえば、クエン酸塩、フマル酸塩、リンゴ酸塩、シュウ酸塩など）は、Fe^{3+}、Zn^{2+}などの各種微量元素の金属イオンと、可溶性かつ安定的な錯体を形成することで、消化中のこれらの金属イオンの可溶性を維持する。そしてほかの食品成分や個々のヒトの生理的状態にも影響を受けて、腸管粘膜細胞を介した吸収が促進される（House, 1999）。

アミノ酸

いくつかのアミノ酸は、鉄、亜鉛およびほかの微量元素の吸収を促進することが知られている（Mertz, 1987; Mertz, 1986）。たとえばシステインは、鉄と亜鉛の生物学的利用能を高める。システインは、還元されたスルフヒドリル基（硫黄を末端にもつ有機化合物。SH基）をもち、ある種の微量金属を還元するとともに、Zn^{2+}とFe^{2+}との水溶性錯体を形成して可溶性を高め、粘膜細胞からの吸収を促進させる（Li and Manning, 1955）。システイン残基に富むペプチドは、亜鉛と鉄の生物学的利用能を高める。システインは、ほかの微量元素の陽イオンとも可溶性錯体を形成して、生物学的利用能を高める。ヒスチジンは、Zn^{2+}やFe^{2+}のような、微量元素の陽イオンと安定的な複合体を形成することができ、粘膜細胞からの吸収を高める（Freeman, 1973）。メチオニンは亜鉛の吸収を促進するが、Zn^{2+}とは安定的な錯体を形成しない。おそらく粘膜細胞による輸送においてさまざまな働きをもつ亜鉛を、効率的に吸収するたびにメチオニンは必要とされている。したがってメチオニンの欠乏は、亜鉛の吸収率低下につながる（House et al., 1997）。

食肉成分

食肉は、フィチン酸などの栄養吸収阻害物質が多い主食作物に含まれる非ヘム鉄と亜鉛の吸収を促進することが知られている。食肉中に含まれるこの成分を同定する多くの研究がなされたが、まだ完全な成功には至っていない（Hurrell et al., 2006; Huh et al., 2004; Welch and House, 1995)。多くの研究で、鉄および亜鉛の生物学的利用能を高める食肉の効果の一部は、システインおよびヒスチジン残基が豊富な食肉由来のペプチドに起因していることが示唆されている。消化中に食肉から遊離する硫化グルコサミノグリカンも、栄養吸収促進効果に寄与していることが示唆されている（Huh et al., 2004)。食肉による栄養吸収促進効果の全体像を描き出すには、さらなる研究が必要である。

プレバイオティクス

プレバイオティクスは、食品中に含まれる腸内有用微生物の増殖を促す物質である。もっとも研究されているのは、イヌリン（フルクタン）などの非消化性炭水化物である。これらの物質は、ミネラル栄養素（たとえば鉄、亜鉛、カルシウム、マグネシウム）の生物学的利用能を促進する上で、好ましい効果を有していることが知られている（Manning and Gibson, 2004)。ヒトの腸内細菌が栄養と健康にもたらす効果は、ようやく認識され始めたばかりである。食物や栄養素、植物性化学物質（ファイトケミカル）の利用能に対する、我々の腸内細菌叢の働きは計り知れないものがある（Dethlefsen et al., 2007; Food and Agriculture Organization and WHO, 2006; Manning and Gibson, 2004)。後述の通り、微量元素栄養において、プロバイオティクス（健康を促進する有益な腸内細菌）は、食物からの生物学的利用能を左右する重要な役割を果たしていると推測される。

ヒトの腸には、全身の真核細胞よりも多くの細菌が存在している（体細胞が約1兆なのに比べて、少なくとも10兆の微生物細胞がいる)。腸内微生物の代謝活動は、重要な臓器の働きに等しく、微生物組織はふん便の乾燥重量の60%を占める（Steer et al., 2000)。腸内微生物に関する研究から、宿主と微生物の相互作用は代謝活性や免疫恒常性などの哺乳類の生理に対して必要不可欠であることが明らかになっている（Dethlefsen et al., 2007)。腸内微生物の活動によって、未消化の食物からエネルギーが供給され、免疫系が強化され、病原体の増殖を防ぎ、特定の栄養素や有益なファイトケミカルを利用可能な物質に変換し、特定のビタミンを合成し、特定の疾患を予防し、細胞の成長を刺激し、いくつかのアレルギーを防ぎ、ミネラル吸収を向上させ、抗炎症作用を得るなど、腸の健康を全般的に向上させることができる。

食生活を通じて、腸内細菌の集団を、より多くのプロバイオティクス細菌にシフトすることで、亜鉛やほかの微量元素の吸収促進効果が発揮できると思われる（Bouis and Welch, 2010)。プレバイオティクスを摂取することにより必須微量金属の生物学的利用能に対する栄養吸収阻害物質の負の影響をなくすことができるかもしれない。多くの腸内細菌の働きを高めることで、フィチン酸やポリフェノールといった栄養吸収阻害物質と金属との結合（錯体）を解いて分解し、腸細胞による吸収を助けることができる。プロバイオティクスシステムは、腸内で鉄などの金属の吸収を制御する遺伝子を誘導し、必須微量元素の生物学的利用能を高めると推測される。おそらくプレバイオティクスの機能としてさらに重要なのは、腸の健康を向上させることにより、数多くの栄養素の利用・吸収能力を向上させ、免疫系の調節を図り、病原体の侵入を防ぐことである。したがって、主食作物中のプレバイオティクス含有量を増加させることは、世界中の栄養不足に苦しむ人々、とりわけ衛生環境が悪い場所に住み、腸の健康状態がよくない貧しい家庭の栄養と健康を向上させるのに、きわめて重要な戦略となる。現在の知見では、植物の育種により主食作物中の数少ない栄養素濃度を高める「ハーベストプラス戦略」よりも、この戦略の方が（関与する遺伝子が少ないので）遺伝学的に実現しやすいことが示唆されている（www.harvestplus.org）。

栄養素間の相互作用

植物栄養について

ある要因に対する生物の反応がほかの要因によって変動する場合、相互作用が存在すると考えられる。例として、土壌中の窒素とリンの両方が欠乏している場合の収量は、どちらかを単独で施肥するよりも、両成分ともに施肥する方がはるかに増加する（相乗効果）。栄養培地中で見られる、欠乏する2つの必須栄養素の相互作用の大部分は、（ほかの栄養素が大きく不足する場合を除いて）このポジティブな相乗タイプである。養分欠乏がみられない場合、あまり不足していない肥料成分の施肥は、収量減（拮抗作用）となるか、効果がほとんど認められない。このような否定的な結果がでた場合には、高度な分析によって裏付けされた経験豊富な農学者のアドバイスが必要となる。拮抗的相互作用は、たとえば銅および亜鉛のような2つの栄養素間で発生する可能性がある（Gartrell, 1981）。典型的な拮抗作用の場合には、不足している成分を施肥することで作物の収量は向上し、さらに（ほかの養分の欠乏がないと仮定して）両成分を一緒に施肥することで、比較的少ないコストで収量の大幅な向上を図ることができる。

栄養素はその他の環境要因と相互作用し、その環境要因の変化が大きいので、施肥と環境ストレス間の相互作用が生じると考えられる。栄養素不足は、猛暑、寒冷、干ばつ、冠水、病原性糸状菌、高塩分、不耕起直播、表土の乾燥、除草剤被害や季節変化の年次変動などの環境ストレスで悪化する。たとえば微量元素の欠乏、および／または窒素の過剰施肥は、病原性糸状菌による病気を悪化させる（Graham, 1983; Graham and Webb, 1991; Wilhelm et al., 1985; Sparrow and Graham, 1988; Thongbai et al., 1993）。栄養素と相互作用するもうひとつの重要な因子に、作物の遺伝子型が挙げられる。ある品種はほかの品種と比較して、遺伝子が子実への微量元素の輸送をより強くコントロールすることにより、養分欠乏に対する耐性を有している。そのような特性を考慮して育種することはやりがいがあり、しばしば植物育種家によって経験的に行われている。

これらの特性は、主働遺伝子支配（Graham, 1984）と量的形質(Loneragan et al., 2009; Cakmak et al., 2010)の両者であり、施肥が現実的に難しい土壌で、特定の栄養素欠乏への耐性をつけるには、もっとも効果的である。土壌中の微量元素欠乏を克服するために、鉄、マンガン、銅、亜鉛、およびホウ素などの栄養素では育種による対策が有効であったが、一般的にこれらの特性は量的形質であり、20近くの遺伝子座が関与している(鉄に関しては、Fehr, 1982；亜鉛に関しては、Lonergan et al., 2009)。

ヒトの栄養について

ヒトの微量要素欠乏症について、さまざまな必須微量元素やビタミンで広く研究が行われている。しかしながら、ヒトの臨床試験は困難かつ多大なコストがかかることから、植物に比較して栄養素間の相互作用に関する研究が進んでいない。鉄、亜鉛、ビタミンAの相乗効果は、数十年前に研究が進んだテーマである（Thurlow et al., 2005; Kennedy et al., 2003; Garcia-Casal et al., 1998, and references therein)。それぞれの微量要素は、ほかの栄養素の吸収、輸送、または利用率を促進できるため、2つないし3つの微量要素が欠乏している場合、同時投与により、わずかな量であってもめざましく健康が回復する。セレン、ヨウ素、鉄も同様に、欠乏症状に対して相乗的相互作用があるように思われる（Lyons et al., 2004; Hotz et al., 1997; Contempre et al., 1991)。このような相乗効果と拮抗作用は微量要素の特徴であり、すべての欠乏症に対処することが、健康を保つためにきわめて重要である。

ヒトの栄養と植物の養分との関係

特に菜食主義者にみられる、ヒトの必須微量元素の欠乏は、明らかに作物中の必須微量元素濃度が原因であり、最終的にはその作物が育った土壌の必須微量元素濃度に影響される。しかしながら、複数の要因により、この因果関係は弱く間接的なものである。第一に、ヒトには40以上の必須元素があるのに対して、植物の必須元素は17しか存在しない。ビタミン類を中心としたすべての有機栄養素は、植物の生体内反応で合成されるので、外部から供給される植物栄養素とは、定義上違うものである。第二に、微量要素の欠乏に対する植物の感受性は、若葉中の養分濃度で決まるのに対して、ヒトの場合は、摂食されて腸に到達する可食部の栄養分の濃度であり、また、ヒトの腸の高度なシステムが何を選択吸収するかによって、大部分が決まる。このように個人では複雑であるが、一般的な相互関係は前述のように集団レベルで明らかであり、世界規模で見ていくと、亜鉛欠乏土壌とヒトの亜鉛欠乏症の分布には類似性がある（Alloway, 2008)。

ヒトの微量要素欠乏を克服するための農業を活用した戦略

*栄養強化戦略：*栄養強化（Biofortification）は食用作物（主に主食用）の栄養的価値を改善するための、農業上の取り組みである。主な取り組みとしては、慣行もしくは生物工学的な植物育

種を通じて行われているが、微量要素を施肥することでも栄養価の改善が可能である。植物育種と同様に、肥料によっても増収のみならず特定の植物部位の栄養素濃度を高めることができる。

*育種とバイオテクノロジー：*ハーベストプラス・プログラム（www.harvestplus.cgiar.org）では、穀類、マメ類、根菜類の、鉄、亜鉛、ビタミンAといった栄養価を改善するために、主に育種を利用している。慣行の育種では、鉄や亜鉛濃度の高い穀類、マメ類、イモ類を育種するために量的形質を利用しており、さらにサツマイモ、キャッサバ、ジャガイモのβ-カロテン濃度を高めるために主働遺伝子（質的形質）も活用している。これまでに改良品種が育種されており、その形質はアフリカと南アジアの7つの対象国で栽培されているいくつかの作物で導入されている。このプログラムは現在、これらの第1次栄養強化品種が対象地域で実証試験を待っている第2段階に進んでいる。この育種の取り組みは継続して行われており、今後も栄養豊富で収量も高い品種が発展途上国に供給されるであろう（Pfeiffer and McClafferty, 2007）。

世界中の多くの機関の研究者は、バイオテクノロジー戦略を採用して栄養豊富（たとえば鉄、亜鉛、プロビタミンAカロテノイド）で優れた系統を開発しているが、現状では安定性、栄養濃度、収量低減、社会的受容性や規制などの克服すべき問題があり、高栄養価の遺伝子組み換え作物は生産者の手に渡っていない。

我々は、発展途上国の貧しい生活をしている人々の間で深刻な問題となっている、微量要素欠乏に対するもっとも有望な解決策は、前述したプレバイオティクス含有量を向上した主食用作物の育種であると考えているが、ヒトでの有効性試験を実施する必要がある。我々はすでに、穀類、コムギ、コメ、トウモロコシ、ソルガムといった現代の主要穀物には、可食部に含まれるプレバイオティクス量を左右する遺伝的変異があり、そのメカニズムは遺伝的に比較的単純で、環境による影響をほとんど受けないことを明らかにしている（Huynh et al., 2009; Stoop et al., 2007; Weyens et al., 2004）。最後に、鉄、亜鉛と同じようにカルシウム、マグネシウムの吸収も同時に向上できるであろう（Manning and Gibson, 2004; Yasuda et al., 2006）。予備的な動物モデル試験では、外部由来のプレバイオティクスを食用作物に補う研究が始まっており、将来的には、十分なプレバイオティクス含量がある新品種が本格的に普及していくであろう（Yasuda et al., 2006を参照のこと）。我々は十分な母集団を確保した臨床的な調査が急務だと考える。

*肥料による栄養強化：*液体肥料は固形肥料と比べて、収量と微量要素量の両方を向上できる重要な資材であるが、作物の必須微量元素を高めて強化する施肥技術（しばしば農学的強化といわれる）は、数十年の間“棚上げ”されていた（Holloway et a., 2008）。実のところ、鉄に関しては肥料による栄養強化戦略にあまり意味がない。亜鉛、ヨウ素、セレンの栄養強化と比較すると、鉄は急速に酸化して土壌コロイドと結合することに加えて、植物内での鉄の吸収と移動が恒常性により強く制御されているためである（Lyons et al., 2004）。ビタミンAは植物体内で合成されるため、植物栄養素ではない。トルコやオーストラリアで検証されているように、亜鉛の欠乏は、

土壌、作物、ひいては人間にも広がっていることに加えて、亜鉛は施肥効果が高いこと、世界各地で良質な亜鉛肥料を入手しやすいことから、肥料による栄養強化戦略の中でもっとも成功するであろうと考えられている（Cakmak, 2009; Holloway et al., 2008）。

グラハム（Graham, 2008）は、「第一次緑の革命」の期間中ならびにその後に、人々に微量要素欠乏が発生したのは、これまで窒素とリンが施肥されていなかった農地に、新しい高収量品種に必要な窒素肥料、リン肥料が大量に投入されたことが原因のひとつであったと主張している。土壌中の亜鉛濃度が低い場合、窒素とリンの追肥は、土壌と作物の亜鉛濃度が低い状態を更に悪化させ、高収量品種の亜鉛不足をもたらすと指摘している（Loneragan and Webb, 1993）。

世界中の微量要素欠乏に対して持続可能な解決策を見つけるには、植物由来の食品の栄養価を高めるために、あらゆる農業技術を活用した「新しい緑の革命」が不可欠である。

まとめ

毎年、世界中で3,000万人以上の人が栄養失調で死亡している。（Bouis and Welch, 2010）。ほとんどの原因は必須微量元素の欠乏によるものであり、特に鉄、亜鉛、ヨウ素が深刻である。微量元素欠乏をはじめとする栄養失調は、人々に栄養を供給する農業を基盤とした食料システムの機能不全の結果である。そのため、農業生産者を栄養素の供給者として認識しなければならない。残念なことに、これまで農業は人間の健康や栄養素を向上することに関して明確な目標を立てておらず、栄養失調に対処する主要な戦略として活用されていなかった。これは変えねばならない！　第一次「緑の革命」は、コメ、コムギ、トウモロコシの大増産によって数百万人の飢えを救ったが、逆に食物の多様性が減ったため、発展途上国において微量要素欠乏が多発するという、予想もしない結果に陥った。微量要素欠乏を減らす持続可能な方法を見つけるために、農業と人間の健康を密接に関連づけることが求められている。育種による主食用作物の栄養強化は、微量要素欠乏を減らす戦略のひとつに挙げられる。もうひとつの戦略は、貧困地域で食べられている作物中の必須微量元素を増やすために、肥料を用いることである。貧困層の食事に動物の肉／魚肉を加えることも、戦略として考えられる。人類の健康、幸福、長命のために必要な栄養素をすべて供給することは何よりも重要なことである。この目標を達成するための持続可能な手段は、農業の中から生まれなくてはならない。

参考文献

Alloway, B.J. 2008. Micronutrient Deficiencies in Global Crop Production. Springer Science + Business Media, B.V., New York.

Alloway, B.J. 2008. Zinc in Soils and Crop Nutrition. 2nd ed. International Fertilizer Industry Association; International Zinc Association, Paris, France; Brussels, Belgium.

Ambe, S., F. Ambe, and T. Nozaki. 1987. Mössbauer study of iron in soybean seeds. J Agric Food Chem 35:292-296.

Andjelkovic, M., J. Van Camp, B. De Meulenaer, G. Depaemelaere, C. Socaciu, M. Verloo, and R. Verhe. 2006. Iron-chelation properties of phenolic acids bearing catechol and galloyl groups. Food Chemistry 98:23-31.

Asher, C.J. 1991. Beneficial elements, functional nutrients, and possible new essential elements. p. 703-723. *In* J.J. Mortvedt, F.R. Cox, L.M. Shuman, and R.M. Welch (eds.). Micronutrients in Agriculture. Soil Science Society of America, Madison, WI.

Baker, D.H. 2008. Animal Models in Nutrition Research. J Nutr 138:391-396.

Balesaria, S., B. Ramesh, H. McArdle, H.K. Bayele, and S.K.S. Srai. 2010. Divalent metal-dependent regulation of hepcidin expression by MTF-1. FEBS Letters 584, 719-725.

Beard, J.L., L.E. Murray-Kolb, J.D. Haas, and F. Lawrence. 2007. Iron absorption prediction equations lack agreement and underestimate iron absorption. J Nutr 137:1741-1746.

Beard, J.L., L.E. Murray-Kolb, J.D. Haas, and F. Lawrence. 2007. Iron absorption: comparison of prediction equations and reality. Results from a feeding trial in the Philippines. International Journal for Vitamin and Nutrition Research 77:199-204.

Benito, P. and D. Miller. 1998. Iron absorption and bioavailability: An updated review. Nutri Res 18:581-603.

Bennett, W.F. 1993. Nutrient Deficiencies and Toxicities in Crop Plants. APS Press, St. Paul, Minnesota.

Bensinger, S.J. and P. Tontonoz. 2008. Integration of metabolism and inflammation by lipid-activated nuclear receptors. Nature 454:470-477.

Bouhnik, Y., L. Raskine, K. Champion, C. Andrieux, S. Penven, H. Jacobs, and G. Simoneau. 2007. Prolonged administration of low-dose inulin stimulates the growth of bifidobacteria in humans. Nutri Res 27:187-193.

Bouis, H.E. and R.M. Welch. 2010. Biofortification--A Sustainable Agricultural Strategy for Reducing Micronutrient Malnutrition in the Global South. Crop Sci 50:5-20.

Boyer, R.F., J.S. McArthur, and T.M. Cary. 1990. Plant phenolics as reductants for ferritin iron release. Phytochem 29:3717-3719.

Bravo, L. 1998. Polyphenols: Chemistry, dietary sources, metabolism, and nutritional significance. Nutrition Reviews 56:317-333.

Brune, M., L. Rossander, and L. Hallberg. 1989. Iron absorption and phenolic compounds: Importance of different phenolic strucutures. Euro J Clin Nutr 43:5476-558.

Cairns, A.J. 2003. Fructan biosynthesis in transgenic plants. J Exp Bot 54:549-567.

Cakmak, I. 2009. Enrichment of fertilizers with zinc: An excellent investment for humanity and crop production in India. J Trace Elem Med Biol 23:281-289.

Cakmak, I. 2008. Enrichment of grains with zinc: Agronomic or genetic biofortification? Plant and Soil 302: 1-17.

Cakmak, I., W.H. Pfeiffer and B. McClafferty. 2010. Biofortification of durum wheats with zinc and iron. Cereal Chem. 87:10-20.

Cani, P.D., R. Bibiloni, C. Knauf, A. Waget, A.M. Meyrinck, N.M. Delzenne, and R. Burcelin. 2008. Changes in gut microbiota control metabolic endotoxemia-induced inflammation in high fat diet-induced obesity and diabetes in mice. Diabetes 57:1470-1481.

Cani, P., A. Neyrinck, F. Fava, C. Knauf, R. Burcelin, K. Tuohy, G. Gibson, and N. Delzenne. 2007. Selective increases of bifidobacteria in gut microflora improve high-fat-diet-induced diabetes in mice through a mechanism associated with endotoxaemia. Diabetologia 50:2374-2383.

Cao, X.Y., X.M. Jiang, A. Kareem, Z.H. Dou, M. Abdul Rakeman, M.L. Zhang, T. Ma, K. O'Donnell, N. DeLong, G.R. DeLong. 1994. Iodination of irrigation water as a method of supplying iodine to a severely iodine-deficient population in Xinjiang, China. Lancet 334: 107-110.

Chapman, H.D. 1966. Diagnostic Criteria for Plants and Soils. 1 ed. Division of Agricultural Sciences, University of California, Riverside.

Contempre, B., J.E. Dumont, B. Ngo, C.H. Thilly, A.T. Diplock, and J.B. Vanderpas. 1991. Effect of selenium supplementation in hypothyroid subjects of an iodine and selenium deficient area – the possible danger of indiscriminate supplementation of I-deficient subjects with selenium. Journal of Clinical Endocrinology and Metabolism 73: 213–215

Crea, F., C. De Stefano, D. Milea, and S. Sammartano. 2008. Formation and stability of phytate complexes in solution. Coordination Chemistry Reviews 252:1108-1120.

Dethlefsen, L., M. McFall-Ngai, and D.A. Relman. 2007. An ecological and evolutionary prespective on human-microbe mutulaism and disease. Nature 449:811-818.

Donald, C.M., and J.A. Prescott. 1975. Trace elements in Australian crop and pasture production, 1924-1974. p. 7-37. *In* D.J.D. Nicholas, and A.R. Egan (eds.). Trace Elements in Soil-Plant-Animal Systems. Academic Press, New York.

Donovan, A., C.N. Roy, and N.C. Andrews. 2006. The Ins and Outs of Iron Homeostasis. Physiology 21:115-123.

Duchateau, G. and W. Klaffke. 2009. Health food product composition, structure and bioavailability. p. 647-675. *In* D.J. McClements, and E.A. Decker (eds.). Designing functional foods - measuring and controlling food structure breakdown and nutrient absorption. CRC Press, Boca Raton, Florida.

Duthie, G.G., S.J. Duthie, and J.A.M. Kyle. 2000. Plant polyphenols in cancer and heart disease: implications as nutritional antioxidants. Nutr Res Rev 13:79-106.

El Gharras, H. 2009. Polyphenols: food sources, properties and applications - a review. International Journal of Food Science & Technology 44:2512-2518.

Epstein, E. and A.J. Bloom. 2005. Mineral Nutrition of Plants: Principles and Perspectives. second ed. Sinauer Associates, Inc., Sunderland, MA.

Evans, L.T. 1998. Feeding the Ten Billion: Plants and Population Growth. Cambridge University Press, Cambridge, U.K.

Fairweather-Tait, S.J. 1992. Bioavailability of trace elements. Food Chemistry 43:213-217.

Fairweather-Tait, S.J. and R.F. Hurrell. 1996. Bioavailability of minerals and trace elements. Nutr Res Rev 9:295-324.

Fairweather-Tait, S.J., R. Collings, and R. Hurst. 2010. Selenium bioavailability: current knowledge and future research requirements. Am J Clin Nutri 91:1484S-1491.

Fehr, W.R. 1982. Control of iron deficiency chlorosis in soybeans by plant breeding. J Plant Nutr 5:611-621.

Food and Agriculture Organization, and World Health Organization. 2006. Probiotics in food. Health and nutritional properites and guidelines for evaluation. Rep. 85. WHO/FAO, Rome.

Freeman, H.C. 1973. Metal complexes of amino acids and peptides. p. 121-166. *In* G.L. Eichhorn (ed.). Inorganic Biochemistry, Vol. 1. Elsevier Scientific Publishing Company, Amsterdam, London, New York.

Garcia-Casal, M.N., M. Layrisse, L. Solano, F. Arguello, D. Llovera, J. Ramirez, I. Leets, and E. Tropper. 1998. Vitamin A and β-carotene can improve no-heme iron absorption from rice, wheat and corn by humans. J. Nutr. 128: 646-650.

Gartrell, J.W. 1981. Distribution and correction of copper deficiency in crops and pastures. p. 313-349. *In* J.F. Loneragan, A.D. Robson, and R.D. Graham (eds.). Copper in Soils and Plants. Academic Press Australia, Sydney, Australia.

Gibson, R.S., P. Andersen, J. K. Tuladhar, K.B. Karki, and S.L. Maskey. 2007. Dietary strategies to enhance micronutrient adequacy: experiences in developing countries. p. 3-7. Micronutrients in South and South East Asia: Proceedings of an International Workshop held in Kathmandu, Nepal, 8-11 September, 2004. International Centre for Integraed Mountain Development, Kathmandu, Nepal.

Glahn, R. 2009. The use of Caco-2 cells in defining nutrient bioavailability: applications to iron bioavailability in foods. p. 340-361. *In* D.J. McClements and E.A. Decker (eds.). Designing functional foods - measuring and controlloing food structure breakdown and nutrient absorption. CRC Press, Boca Raton, Florida.

Glahn, R.P., O.A. Lee, A. Yeung, M.I. Goldman, and D.D. Miller. 1998. Caco-2 cell ferritin formation predicts nonradiolabeled food iron availability in an in vitro digestion/Caco-2 cell culture model. J Nutr 128:1555-1561.

Graham, R.D. 2008. Micronutrient deficiencies in crops and their global significance. p. 41-61. *In* B.J. Alloway (ed.). Micronutrient Deficiencies in Global Crop Production. Springer.

Graham, R.D. 1984. Breeding for nutritional characteristics in cereals. Adv. Plant Nutr. 1: 57-102.

Graham, R.D. 1983. The role of plant nutrition in resistance to pathogenic diseases with special reference to the trace elements. Advances in Botanical Research 10:221-276.

Graham, R.D. and M.J. Webb. 1991. Micronutrients and disease resistance and tolerance in plants. p. 329-370. *In* J.J. Mortvedt, F.R. Cox, L.M. Shuman, and R.M. Welch (eds.). Micronutrients in Agriculture. Soil Science Society of America, Madison, WI.

Graham, R.D., R.M. Welch, and H.E. Bouis. 2001. Addressing micronutrient malnutrition through enhancing the nutritional quality of staple foods: Principles, perspectives and knowledge gaps. p. 77-142. Advances in Agronomy. Academic Press.

Graham, R.D., D. Senadhira, S.E. Beebe, C. Iglesias, and I. Ortiz-Monasterio. 1999. Breeding for micronutrient density in edible portions of staple food crops: Conventional approaches. Special volume, R.M. Welch and R.D. Graham (eds.). Field Crops Research, 60:57-80.

Graham, R.D., R. M. Welch, D.A. Saunders, I.O. Monasterio, H.E. Bouis, M. Bonierbale, S. de Haan, G. Burgos, G. Thiele, R. Liria, C.A. Meisner, S.E. Beebe, M.J. Potts, M. Kadian, P.R. Hobbs, R.K. Gupta, and S. Twomlow. 2007. Nutritious Subsistence Food Systems. p. 1-74. *In* L.S. Donald (ed.). Advances in Agronomy. Academic Press.

Grases, F., B.M. Simonet, I. Vucenik, J. Perello, R. M. Prieto, and A.M. Shamsuddin. 2002. Effects of exogenous inositol hexakisphosphate (InsP(6)) on the levels of InsP(6) and of inositol trisphosphate (InsP(3)) in malignant cells, tissues and biological fluids. Life Sci 71:1535-1546.

Griffiths, E.A., L.C. Duffy, F.L. Schanbacher, H. Qiao, D. Dryja, A. Leavens, J. Rossman, G. Rich, D. Dirienzo, and P.L. Ogra. 2004. In Vivo Effects of Bifidobacteria and Lactoferrin on Gut Endotoxin Concentration and Mucosal Immunity in Balb/c Mice. Digestive Diseases and Sciences 49:579-589.

Grotz, N. and M.L. Guerinot. 2006. Molecular aspects of Cu, Fe and Zn homeostasis in plants. Biochimica et Biophysica Acta (BBA) - Molecular Cell Research 1763:595-608.

Hambidge, K.M. 2010. Micronutrient bioavailability: Dietary Reference Intakes and a future perspective. Am J Clin Nutr.

Hanson, L.N., H.M. Engelman, D.L. Alekel, K.L. Schalinske, M.L. Kohut, and M.B. Reddy. 2006. Effects of soy isoflavones and phytate on homocysteine, C-reactive protein, and iron status in postmenopausal women. Am J Clin Nutri 84:774-780.

Haros, M., N. Carlsson, A. Almgren, M. Larsson-Alminger, A. Sandberg, and T. Andlid. 2009. Phytate degradation by human gut isolated Bifidobacterium pseudocatenulatum ATCC27919 and its probiotic potential. International Journal of Food Microbiology 135:7-14.

Hellwege, E.M., S. Czapla, A. Jahnke, L. Willmitzer, and A.G. Heyer. 2000. Transgenic potato (*Solanum tuberosum*) tubers synthesize the full spectrum of inulin molecules naturally occurring in globe artichoke (*Cynara scolymus*) roots. Proc Nat Acad Sci 97:8699-8704.

Hemery, Y., X. Rouau, V. Lullien-Pellerin, C. Barron, and J. Abecassis. 2007. Dry processes to develop wheat fractions and products with enhanced nutritional quality. Journal of Cereal

Science 46:327-347.

Hetzel, B.S. 1989. The Story of Iodine Deficiency. Oxford Medical Publications, New York.

Holloway, R.E., R.D. Graham, T.M. McBeath, and D.M. Brace. 2010. The use of a zinc-efficient wheat cultivar as an adaptation to calcareous subsoil: a glasshouse study. Plant Soil 336, 15-24.

Holloway, R.E., R.D. Graham, and S.P. Stacey. 2008. Micronutrient deficiencies in Australian field crops. p. 63-92. *In* B.J.Alloway (ed.). Micronutrient Deficiencies in Global Crop Production. Springer Science + Business Media, B.V., New York.

Hotz, C. 2005. Evidence for the usefulness of in vitro dialyzability, Caco-2 cell models, animal models, and algorithms to predict zinc bioavailability in humans. Int J Vitam Nutr Res 75:423-435.

Hotz, C. and K.H. Brown. 2004. Assessment of the risk of zinc deficiency in populations and options for its control. Food and Nutrition Bulletin 25:94-204.

Hotz, C., B. McClafferty, C. Hawkes, M. Ruel, and S. Babu. 2007. From harvest to health: challenges for developing biofortified staple foods and determining their impact on micronutrient status. Food and Nutrition Bulletin 28:S271-S279.

Hotz, C. and R.S. Gibson. 2007. Traditional Food-Processing and Preparation Practices to Enhance the Bioavailability of Micronutrients in Plant-Based Diets. J Nutr 137:1097-1100.

Hotz, C., D.W. Fitzpatrick, K.D. Trick, and M.R. L'Abbé. 1997. Dietary iodine and selenium interact to affect thyroid hormone metabolism of rats. Journal of Nutrition 127, 1214–1218.

House, W.A. 1999. Trace element bioavailability as exemplified by iron and zinc. Field Crops Res 60:115-141.

House, W.A., D.R. Van Campen, and R.M. Welch. 1997. Dietary methionine status and its relation to the bioavailability to rats of zinc in corn kernels with varying methionine content. Nutri Res 17:65-76.

Hu, Y., Z. Cheng, L.I. Heller, S.B. Krasnoff, R.P. Glahn, and R.M. Welch. 2006. Kaempferol in Red and Pinto Bean Seed (*Phaseolus vulgaris* L.) Coats Inhibits Iron Bioavailability Using an in Vitro Digestion/Human Caco-2 Cell Model. J Agric Food Chem 54:9254-9261.

Hunt, C.D. 2003. Dietary boron: An overview of the evidence for its role in immune function. J Trace Elements Experimental Med. 16:291-306.

Huh, E.C., A. Hotchkiss, J. Brouillette, and R.P. Glahn. 2004. Carbohydrate fractions from cooked fish promote iron uptake by Caco-2 cells. J Nutr 134:1681-1689.

Hunt, J.R. 1996. Bioavailability algorithms in setting recommended dietary allowances: Lessons from iron, applications to zinc. J Nutr 126 (9 Suppl.):2345S-2353S.

Hurrell, R.F., M.B. Reddy, and J.D. Cook. 2006. Meat protein fractions enhance nonheme iron absorption in humans. J Nutr 136:2808-2812.

Huynh, B.L., L. Palmer, D.E. Mather, H. Wallwork, R.D. Graham, R.M. Welch, and J.C.R. Stangoulis. 2009. Genotypic variation in wheat grain fructan content revealed by a simplified HPLC method. Journal of Cereal Science 48: 369-378.

Huynh, B.L., H. Wallwork, J.C.R. Stangoulis, R.D. Graham, K.L. Willsmore, S. Olsen, and D.E. Mather. 2008. Quantitative trait loci for grain fructan concentrations in wheat (*Triticum aestivum* L.). Theor Appl Genet 117:701-709.

Iyengar, V., R. Pullakhandam, and K.M. Nair. 2009. Iron-zinc interaction during uptake in human intestinal Caco-2 cell line: kinetic analyses and possible mechanism. Indian J Biochem Biophys 46:299-306.

Jariwalla, R.J. 1992. Anticancer effects of phytate. Am J Clin Nutri 56:609.

Jin, F., Z. Cheng, M.A. Rutzke, R.M. Welch, and R.P. Glahn. 2008. Extrinsic Labeling Method May Not Accurately Measure Fe Absorption from Cooked Pinto Beans (*Phaseolus vulgaris*): Comparison of Extrinsic and Intrinsic Labeling of Beans. J Agric Food Chem 56:6881-6885.

Jones, J.B., Jr. 1991. Plant tissue analysis in micronutrients. p. 477-521. *In* J.J. Mortvedt, F.R. Cox, L.M. Shuman, and R.M. Welch (eds.). Micronutrients in Agriculture. Soil Science Society of America, Madison, WI.

Kemna, E., H. Tjalsma, C. Laarakkers, E. Nemeth, H. Willems, and D. Swinkels. 2005. Novel urine hepcidin assay by mass spectrometry. Blood 2005.

Kennedy, G., G. Nantel, and P. Shetty. 2003. The scourge of "hidden hunger": global dimensions of micronnutrient deficiencies. Food Nutr Agr 32:8-16.

Kumar, V. 2010. Dietary roles of phytate and phytase in human nutrition: A review. Food Chemistry 120:945-959.

Kutman, U.B., B. Yildiz, L. Ozturk, and I. Cakmak. 2010. Biofortification of durum wheat with zinc through soil and foliar applications of nitrogen. Cereal Chem 87:1-9.

Laparra, J.M. 2010. Interactions of gut microbiota with functional food components and nutraceuticals. Pharmacological Research 61:219-225.

Lee, S.H., H.J. Park, H.K. Chun, S.Y. Cho, S.M. Cho, and H.S. Lillehoj. 2006. Dietary phytic acid lowers the blood glucose level in diabetic KK mice. Nutri Res 26:474-479.

Li, N.C., and R.A. Manning. 1955. Some metal complexes of sulfur-containing amino acids. J Am Chem Soc 77:5225-5228.

Li, R., X. Chen, H. Yan, P. Deurenberg, L. Garby, and J.G.A.J. Hautvast. 1994. Functional consequences of iron supplementation in iron-deficient female cotton mill workers in Beijing, China. Am. J. Clin. Nutr. 59:908-913.

Liao, J., D.N. Seril, A.L. Yang, G.G. Lu, and G.Y. Yang. 2007. Inhibition of chronic ulcerative colitis associated adenocarcinoma development in mice by inositol compounds. Carcinogenesis 28:446-454.

Loneragan, J.F. and M.J. Webb. 1993. Interactions between zinc and other nutrients affecting the growth of plants. p. 119-134. *In* A.D. Robson (ed.). Zinc in Soils and Plants. Kluwer Academic Publishers, Dordrecht, The Netherlands.

Loneragan, P.F., M.A. Pallotta, M. Lorimer, J.G. Paull, S.J. Barker and R.D. Graham. 2009. Multiple genetic loci for zinc uptake and distribution in barley (*Hordeum vulgare*). New Phytologist 184, 168-179.

Lopez, M.A. and F.C. Martos. 2004. Iron availability: An updated review. Int J Food Sci Nutr 55:597-606.

Lynch, S. 2005. The precision of in vitro methods and algorithms for predicting the bioavailability of dietary iron. Int J Vitam Nutr Res 75:436-445.

Lyons, G.H., J.C.R. Stangoulis, and R.D. Graham. 2004. Exploiting micronutrient interaction to optimize biofortification programs: the case for inclusion of selenium and iodine in the HarvestPlus program. Nutrition Reviews 62:247-252.

Macbeth, M.R., H.L. Schubert, A.P. VanDemark, A.T. Lingam, C.P. Hill, and B.L. Bass. 2005. Inositol Hexakisphosphate Is Bound in the ADAR2 Core and Required for RNA Editing. Science 309:1534-1539.

Manning, T.S. and G.R. Gibson. 2004. Prebiotics. Best Practice & Research in Clinical Gastroenterology 18:287-298.

Mason, J.B. and M. Garcia. 1993. Micronutrient deficiency - the global situation. SCN News 9:11-16.

Matzke, H.J. 1998. Impact of processing on bioavailability examples of minerals in foods. Trends in Food Science & Technology 9:320-327.

May, L., E.R. Morris, and R. Ellis. 1980. Chemical identity of iron in wheat by Moessbauer spectroscopy. J Agric Food Chem 28:1004-1006.

McClements, D.J. and E.A. Decker. 2010. Designing functional foods - measuring and controlling food structure breakdown and nutrient absorption. CRC Press, Boca Raton, Florida.

Meis, S.J., W.R. Fehr, and S.R. Schnebly. 2003. Seed Source Effect on Field Emergence of Soybean Lines with Reduced Phytate and Raffinose Saccharides. Crop Sci 43:1336-1339.

Mertz, W. 1987. Trace Elements in Human and Animal Nutrition. Vol. 1. 5 ed. Academic Press, Inc., San Diego, New York.

Mertz, W. 1986. Trace Elements in Human and Animal Nutrition. Vol. 2. 5 ed. Academic Press, Inc., San Diego, New York.

Miller, E.R. and D.E. Ullrey. 1987. The pig as a model for human nutrition. Ann Rev Nutr 7:361-387.

Monasterio, J.I. and R.D. Graham. 2000. Breeding for trace minerals in wheat. Food and Nutrition Bulletin. 21 (4):392-396.

Morris, E.R. 1986. Phytate and dietary mineral bioavailability. p. 57-76. *In* E. Graf (ed.). Phytic Acid: Chemistry and Applications. Pilatus Press, Minneapolis.

Morris, E.R. and R. Ellis. 1982. Phytate, wheat bran, and bioavailability of dietary iron. p. 121-141. *In* C. Kies (ed.). Nutritional Bioavailability of Iron. ACS Symposium Series 203. American Chemical Society, Washington, D.C.

Murray-Kolb, L.E., R.M. Welch, E.C. Theil, and J.L. Beard. 2003. Women with low iron stores absorb iron from soybeans. Am J Clin Nutr 77:180-184.

National Research Council. 1989. Recommended Dietary Allowances. National Academy Press, Washington, D.C.

Nielsen, F.H. 1997. Beyond copper, iodine, selenium and zinc: other elements that will be found important in human nutrition by the year 2000. *In* P.W.F. Fischer, M.R. L'Abbé, K.A. Cockell, and R.S. Gibson (eds.). Trace Elements in Man and Animals - 9. Proceedings of the Ninth International Symposium on Trace Elements in Man and Animals. NRC Research Press, Ottawa.

Nielsen, F.H. 1993. Ultratrace elements of possible importance for human health: An update. Progress in Clinical and Biological Research 380:355-376.

Oatway, L., T. Vasanthan, and J. Helm. 2001. Phytic acid. Food Reviews International 17:419.

Oltmans, S.E., W.R. Fehr, G.A. Welke, V. Raboy, and K.L. Peterson. 2005. Agronomic and Seed Traits of Soybean Lines with Low-Phytate Phosphorus. Crop Sci 45:593-598.

Pais, I. and J.B. Jones, Jr. 2009. The Handbook of Trace Elements. St. Lucie Press, Boca Raton, FL.

Pfeiffer, W.H. and B. McClafferty. 2007. HarvestPlus: Breeding Crops for Better Nutrition. Crop Sci 47:S-88.

Reddy, M.B. 2005. Algorithms to assess non-heme iron bioavailability. Int J Vitam Nutr Res 75:405-412.

Reuter, D.J. and J.B. Robinson. 1997. Plant analysis: An interpretation manual. CSIRO, Melbourne, Australia.

Römheld, V. and H. Marschner. 1991. Function of micronutrients in plants. p. 297-328. *In* J.J. Mortvedt, F.R. Cox, L.M. Shuman, and R.M. Welch (eds.). Micronutrients in Agriculture. Soil Science Society of America, Madison, WI.

Saied, H.T. and A.M. Shamsuddin. 1998. Up-regulation of the tumor suppressor gene p53 and WAF1 gene expression by IP6 in HT-29 human colon carcinoma cell line. Anticancer Research 18:1479-1484.

Salminen, S., C. Bouley, M.C. Boutron-Ruault, J.H. Cummings, A. Franck, G.R. Gibson, E. Isolauri, M.C. Moreau, M.B. Roberfroid, and I. Rowland. 1998. Functional food science and gastrointestinal physiology and function. Brit J Nutr 80:S147-S171.

Scalbert, A. and G. Williamson. 2000. Dietary intake and bioavailability of polyphenols. J Nutr 130:2073S-2085S.

Schiffrin, E.J. and S. Blum. 2002. Interactions between the microbiota and the intestinal mucosa. Euro J Clin Nutr 56:S60-S64.

Shamsuddin, A. M. 1999. Metabolism and cellular functions of IP_6: A review. Anticancer Research 19:3733-3736.

Shamsuddin, A.M., I. Vucenik, and K.E. Cole. 1997. IP_6: a novel anticancer agent. Life Sci 61:343-354.

Sharp, P. 2005. Methods and options for estimating iron and zinc bioavailability using Caco-2 cell models: benefits and limitations. Int J Vitam Nutr Res 75:413-421.

Sillanpaa, M. 1990. Micronutrient assessment at the country level: A global study. FAO Soils Bulletin 63. Food and Agriculture Organization of the United Nations, Rome.

Sillanpaa, M. 1982. Micronutrients and the nutrient status of soils: a global study. FAO Soils Bulletin 48. Food and Agriculture Organization of the United Nations, Rome.

Slabbert, N. 1992. Complexation of condensed tannins with metal ions. p. 421-445. Plant Polyphenols. Plenum Press, New York.

Sparrow, D.H., and R.D. Graham. 1988. Susceptibility of zinc-deficient wheat plants to colonization by *Fusarium graminearum* Schw. Group 1. Plant Soil 112:261-266.

Sreenivasulu, K., P. Raghu, and K.M. Nair. 2010. Polyphenol-rich beverages enhance zinc uptake and metallothionein expression in Caco-2 cells. Journal of Food Science 75:H123-H128.

Steer, T., H. Carpenter, K. Tuohy, and G.R. Gibson. 2000. Perspectives on the role of the human gut microbiota and its modulation by pro- and prebiotics. Nutr Res Rev 13:229-254.

Stoop, J.M., J. Van Arkel, J.C. Hakkert, C. Tyree, P.G. Caimi, and A.J. Koops. 2007. Developmental modulation of inulin accumulation in storage organs of transgenic maize and transgenic potato. Plant Sci 173:172-181.

Teitelbaum, J.E. and W.A. Walker. 2002. Nutritional impact of pre- and probiotics as protective gastrointestinal organisms. Annl Rev Nutr 22:107-138.

Thongbai, P., R.J. Hannam, R.D. Graham, and M.J. Webb. 1993. Interaction between zinc nutritional status of cereals and *Rhizoctonia* root rot severity. Plant Soil 153:207-222.

Thurlow, R.A., P. Winichagoon, T.J. Green, E. Wasantwisut, T. Pongcharoen, L.B. Bailey, and R.S. Gibson. 2005. Only a small proportion of anemia in northeast Thai schoolchildren is associated with iron deficiency. Am J Clin Nutr 82:380-387.

Turnlund, J.R. 2006. Mineral bioavailability and metabolism determined by using stable isotope tracers. J. Anim Sci. 84:E73.

Wang, Z.M., G.M. Xiao, Y.M. Yao, S.M. Guo, K.M. Lu, and Z.M. Sheng. 2006. The Role of Bifidobacteria in Gut Barrier Function After Thermal Injury in Rats. Journal of Trauma-Injury Infection & Critical Care 61:650-657.

Welch, R.M. 2008. Linkages between trace elements in food crops and human health. p. 287-309. *In* B.J. Alloway (ed.). Micronutrient Deficiencies in Global Crop Production. Springer.

Welch, R.M. 2002. Breeding strategies for biofortified staple plant foods to reduce micronutrient malnutrition globally. J Nutr 132:495S-499S.

Welch, R.M. 2001. Micronutrients, agriculture and nutrition; linkages for improved health and well being. p. 247-289. *In* K.Singh, S. Mori, and R.M. Welch (eds.). Perspectives on the Micronutrient Nutrition of Crops. Scientific Publishers (India), Jodhpur, India.

Welch, R.M. 1995. Micronutrient nutrition of plants. Crit. Rev. Plant Sci. 14:49-82.

Welch, R.M., G.F. Combs, Jr., and J.M. Duxbury. 1997. Toward a “Greener” revolution. Issues in Science and Technology 14:50-58.

Welch, R.M. and R.D. Graham. 2005. Agriculture: The real nexus for enhancing bioavailable micronutrients in food crops. Journal of Trace Elements in Medicine and Biology 18:299-307.

Welch, R.M. and R.D. Graham. 2004. Breeding for micronutrients in staple food crops from a human nutrition perspective. J Exp Bot 55:353-364.

Welch, R.M. and R.D. Graham. 2000. A new paradigm for world agriculture: Productive, sustainable, nutritius, healthful food systems. Food and Nutrition Bulletin 21:361-366.

Welch, R.M. and R.D. Graham. 1999. A new paradigm for world agriculture: meeting human needs - Productive, sustainable, nutritious. Field Crops Res 60:1-10.

Welch, R.M. and W.A. House. 1995. Meat factors in animal products that enhance iron and zinc bioavailability: Implications for improving the nutritional quality of seeds and grains. p. 58-66. 1995. Cornell Nutrition Conference for Feed Manufacturers. Department of Animal Science and Division of Nutrition, Cornell University Agricultural Experiment Station, Ithaca, NY.

Welch, R.M. and W.A. House. 1984. Factors affectin the bioavailability of mineral nutrients in plant foods. p. 37-54. *In* R.M. Welch, and W.H. Gabelman (eds.). Crops as Sources of Nutrients for Humans. American Society of Agronomy, Madison, WI.

Weyens, G., T. Ritsema, K. Van Dun, D. Meyer, M. Lommel, J. Lathouwers, I. Rosquin, P. Denys, A.Tossens, M. Nijs, S. Turk, N. Gerrits, S. Bink, B. Walraven, M. Lefebvre, and S. Smeekens. 2004. Production of tailor-made fructans in sugar beet by expression of onion fructosyltransferase genes. Plant Biotechnology Journal 2:321-327.

Wilhelm, N.S., J.M. Fisher, and R.D. Graham. 1985. The effect of manganese deficiency and cereal cyst nematode infection on the growth of barley. Plant Soil 85:23-32.

World Health Organization. 1996. Trace elements in human nutrition and health. World Health Organization, Geneva.

Yamaji, S., J. Tennant, S. Tandy, M. Williams, S. Singh, and P. Sharp. 2001. Zinc regulates the function and expression of the iron transporters DMT1 and IREG1 in human intestinal Caco-2 cells. FEBS Letters 507:137-141.

Yasuda, K., K.R. Roneker, D.D. Miller, R.M. Welch, and X.G. Lei. 2006. Supplemental Dietary Inulin Affects the Bioavailability of Iron in Corn and Soybean Meal to Young Pigs. J Nutr

136:3033-3038.

Zhou, J.R. and J.W. Erdman, Jr. 1995. Phytic acid in health and disease. Crit Rev Food Sci Nutr 35:495-508.

Zhu, Y.I. and J.D. Haas. 1997. Iron depletion without anemia and physical performance in young women. Am J Clin Nutri 66:334-341.

第4章

微量元素による作物の農学的栄養強化

グラハム・ライオンズ、イスマイル・カクマック[1]

要約

世界の人々から微量栄養素不足による栄養障害を減らすには、食用作物の農学的栄養強化が、「食料生産システム」戦略の中で有効な構成部分となる。さまざまな無機栄養素について農学的栄養強化の適性を概括する。一般的に、鉄は農学的栄養強化の候補には向かないものの、ヨウ素とコバルトは効果的で、とりわけ葉中の濃度を高めることができる。また、亜鉛とセレンは農学的栄養強化が非常に効果的である。亜鉛に関しては、土壌施肥と葉面散布の組み合わせ（もしくは穂ばらみ後期と乳熟初期の2回、計画的に葉面散布）がきわめて効果が高いようである。この時、硫酸亜鉛が安価であり、使用する目的にも適当である。亜鉛が低濃度の土壌においては、亜鉛施用によって作物の種子も栄養強化されるため、その種子を用いて次作の増収という副次効果も期待できる。低濃度亜鉛土壌における耐性と穀粒中の亜鉛の高濃度蓄積性は、別々の遺伝的仕組みによって制御されている。セレンについては、土壌タイプによって、土壌施肥または葉面散布が非常に効果的である。亜鉛のように葉面散布のタイミングが重要であり、穂ばらみ中期または乳熟初期の1回のセレン散布で効果が見られることが多い。土壌施肥には、セレン酸ナトリウムの方が、亜セレン酸塩よりも効果的である。亜鉛やセレンは価値が高く、基本的に再生不可能な資源であり、したがって、食用作物や食品に対する亜鉛とセレンの施肥効率を最大化する研究は、極めて重要である。尿素と亜鉛およびセレンを組み合わせた葉面散布、有機資材の施用、間作を組み合わせる研究も含まれる。食用作物の栄養強化にあたっては、微量元素とともに殺菌剤、または殺虫剤の散布を合わせて施用することも、今後の重要な研究領域となる。

生産者が作物に微量元素を施用する動機としては増収効果が、さもなければ助成金が必要であ

本章に特有の略記
ATP = adenosine tri-phosphate; アデノシン三リン酸／CIAT = Centro Internacional de Agricultura Tropical（International Centre for Tropical Agriculture）; 国際熱帯農業センター／DTPA = di-ethylene tri-amine penta-acetic acid; ジエチレントリアミン五酢酸／EDTA = ethylene diamine tetra-acetic acid; エチレンジアミン四酢酸（エデト酸）／IDD = iodine deficiency disorders; ヨード欠乏症／KBD = Kashin-Beck disease; カシン—ベック病／NWAFU = Northwest Agricultural and Forestry University, Yangling, China; 西北農林科技大学（中国、楊陵区）／UK = United Kingdom; イギリス ／UVB = ultraviolet-B; 紫外線B波／WHO = World Health Organization; 世界保健機関
本書を通じてよく使われる略語は、xページ参照のこと。

1 G. Lyons is Research Associate, School of Agriculture, Food and Wine, University of Adelaide, Waite Campus, PMB 1, Glen Osmond, South Australia, Australia; e-mail: graham.lyons@adelaide.edu.au.
I. Cakmak is Professor, Faculty of Engineering and Natural Sciences, Sabanci University, Istanbul, Turkey; e-mail: cakmak@sabanciuniv.edu

ろうが、増収は亜鉛濃度が低い土壌でしか通常は期待できないだろう。

序論

栄養失調は、食事関連の病気による死因の50%以上を占めるほど、世界的にもっとも重要な死因となっている。微量元素の欠乏は、特に鉄、亜鉛、セレン、ヨウ素ならびにさまざまなビタミンにおいて顕著で、世界の広範囲な地域に拡大しており、世界の半分以上の人々がその影響を受けている。また、各々の微量元素の欠乏が、同時に発生している(WHO, 2003)。食料システムが機能不全になると、最適な栄養分を人間に供給できない。もはや農業を収穫物の全生産量だけで評価するのでは不十分であり、食料供給システムの生産性、持続可能性と、栄養価の高さから評価するべきである(Graham et al., 2001)。

可食部における微量栄養素の栄養強化を達成するには、主要作物の育種／遺伝子工学による方法(*genetic* biofortification；遺伝学的栄養強化)と施肥による方法(*agronomic* biofortification；農学的栄養強化)という、2つの栄養強化の手段が考えられる。いずれも栄養不足に対処するには極めて重要な戦略で(Storsdieck gennant Bonsmann and Hurrel, 2008)、もっとも必要とする人々、農村の貧困層にまで届く必要がある。その他の方法として、栄養源の多様化、加工過程での栄養強化、サプリメント(栄養補助剤)の直接摂取、および家畜へのサプリメントの投与などがある(Lyons et al., 2003; Haug et al., 2007)。

どのような栄養強化戦略においても、生産者や消費者の関心を引く、あるいは関心を維持するために、農学上の特性や、最終用途の特性を危うくする妥協はしないことが重要である。生産者は、標準品種よりも収量は低いが鉄を多く含むコムギ品種の栽培には、関心を抱かない(Bouis and Welch, 2010; Cakmak et al., 2010a)。穀粒中にミネラルが高濃度含まれていたとしても、消費者にはわからないので、産物の認証やブランド化といった課題がでてくる(Pfeiffer and McClafferty, 2007)。食品における微量栄養素の生物学的利用能は、もうひとつの重要な要因である(Welch and Graham, 2004)。

今までの研究では、遺伝子工学による作物の栄養強化はプロービタミンAであるカロテノイドや鉄を増やすのに適しており、それに対し亜鉛、セレン、ヨウ素を増やすには農学的手法による作物の栄養強化が適していると報告されている(Cakmak, 2008; Lyons et al., 2008)。サツマイモ、バナナ、キャッサバは、プロービタミンAのカロテノイドでの遺伝的変異がかなりあるので、従来の育種方法が役に立つ(Chavez et al., 2000, 2005; Bouis and Welch, 2010; Genc et al., 2010)。遺伝子工学は、高濃度カロテノイド米である「ゴールデンライス(Golden Rice)」で示されたように、微量栄養素の栄養強化において重要な役割を果たしている(Potrykus, 2003)。伝統的な育種法であろうが遺伝子組換え技術を用いた近代的育種法であろうが、食用作物の微量栄養素を栄養強化するには、長期間かかる。さらに、遺伝子工学技術による栄養強化であっても、土壌溶液中に利用可能な微量元素（すなわち、亜鉛、セレン、鉄）が十分あることが前提となる。農学的栄養強化は短期的な問題解決のために有効であり、（時間がかかる）遺伝的な栄養強化を補完する。以下、農学に基づく、個々の微量元素の栄養強化の可能性について述べる。

鉄、ヨウ素、コバルト

鉄

現代の高収量性のコムギ品種の多くは、穀粒中の微量元素、特に鉄および亜鉛含量が低い（Cakmak et al., 2010a）。穀粒中の鉄は一般的に20～35mg/kg（Rengel et al., 1999; Zhang et al., 2008）であり、ときには100mg/kg以上になることもある（Rengel et al., 1999）。しかしノハラフタツブコムギ（学名：*Triticum dicoccoides*）のような古代のコムギ品種は、現代のコムギ品種よりも穀粒中の微量元素の濃度が高く、鉄は一般的に40～100mg/kg含まれている（Cakmak et al., 2004; White and Broadley, 2005, 2009; Cakmak et al., 2010a）。

遺伝的な多様性を利用してコムギおよびほかの主食用作物の近代品種の穀粒中の鉄および亜鉛を高濃度にして生物学的利用能を高めることを試みる「ハーベストプラス栄養強化チャレンジ計画（HarvestPlus Biofortification Challenge Program／www.harvestplus.org）」［訳註：マイクロソフトのビル・ゲイツが提供する基金で、開発途上国の人々の飢餓や疾病を救済するために、世界の食料増産に貢献する研究者集団として活動している計画］が精力的に行われている（Cakmak et al., 2010a; Genc et al., 2010）。さらに、コムギ、ライムギ、トウモロコシ、ソルガムの穀粒中のタンパク質と鉄、および亜鉛濃度の間には密接な相関があることがわかっている。このことから、これらの濃度を制御している遺伝子は、共分離する［訳註：co-segregating；同一染色体上の2つ以上の遺伝子がまとまって伝達され、すなわち連鎖している］ことが示唆されている（Cakmak et al., 2010a）。このように、高タンパクのコムギ品種を選抜育種すると、その品種は穀粒中の鉄や亜鉛含量も高いことが予想される。

注意すべき点は、小麦粉中の鉄含量の妥当な目標レベルである40mg/kgを達成するのは、困難かもしれないということである。なぜなら、製粉により鉄が除去されることと、非ヘム鉄（植物ではすべてが非ヘム鉄で構成されており、動物では50％以上が非ヘム鉄で構成されている）の生物学的利用能がヘム鉄の15～35％と比べて、2～20％と低いためである（Storsdieck gennant Bonsmann and Hurrell, 2008）。

鉄の栄養強化、特に農学的手法による強化は困難であることがわかっている（Rengel, 1999; Welch,2001）。無機態鉄を土壌に施肥しても、Fe^{2+}は植物が利用できないFe^{3+}の形態へと急速に変化するため、通常はその効果が低い（Rengel et al., 1999; Frossard et al., 2000; Zhang et al., 2008）。通常キレート状態の鉄の方が利用効率は高いものの、それは高価であり、穀粒中の鉄含量を高める効果は無機態の鉄よりもわずかに優れる程度である。穀粒中の鉄含量を増加させる上で、硫酸鉄の葉面散布は土壌施肥よりも若干効果的であり、有効な鉄が乏しい土壌で生育させた作物では収量も増加する（Rengel et al., 1999）。

食品加工時への鉄栄養強化には長い歴史があり、鉄が強化された食品としては、米、魚、醤油、小麦粉、トウモロコシ粉、ミルク、乳児用調整粉乳が流通している。小麦粉および塩への大規模な鉄栄養強化は、遠隔地の農村貧困層には供給困難であるが、都市部の貧困層への鉄供給には効果的である（Storsdieck gennant Bonsmann and Hurrell, 2008）。

これらのことから、食用作物中の鉄の生物的利用能を高めるには、遺伝子工学的手法がもっともよいと考えられる。たとえば、米の鉄濃度はダイズのフェリチン遺伝子を組み込むことで3倍まで増加したとの報告もある（Goto et al., 1999）。鉄の栄養強化における現状の課題は、鉄の濃度を栄養学的に有用な水準まで高め、生物学的に利用可能な状態にすることである（Storsdieck gennnant Bonsmann and Hurrell, 2008）。同時に、食生活の多様化（たとえばマメ類、葉菜類、ナッツ類の消費増加や、特に肉類、卵、魚類が入手できないか、高価すぎないかどうか）を見過ごしてはならない。

ヨウ素

ヨウ素添加塩を使用したサプリメントは、多くの国でヨウ素欠乏症（iodine deficiency disorders；IDD）を緩和する効果が証明されている（Rengel et al., 1999）。したがって、ヨウ素の農学的栄養強化は、ヨード入り塩の費用対効果を考えると、亜鉛、セレンもしくは鉄と比べると優先順位は低いかもしれない（Storsdieck gennant Bonsmann and Hurrell, 2008）。しかしいくつかの地域では、これらの計画はインフラの状況もしくは文化的な問題により失敗している。このような場合、農学的栄養強化のための「食料システム」の構築が必要であり、この方法で大成功を収めた地域がある。中国北西部の新彊自治区では、ヨウ素酸カリウム（5%）を用水路に添加した結果、土壌中のヨウ素レベルが3倍に増加し、コムギのワラ中のヨウ素含量が3倍になり、乳児死亡率が50%減少し、主にヨウ素欠乏症（IDD）の発生を軽減できた。このヒトへの健康利益は、7年後に明確になった（Cao et al., 1994; Jiang et al., 1997）。このプログラムでは、灌水同時施肥（*fertigation*）により、効率的に農学的栄養強化を行っている。

ヨウ素酸塩が植物に取り込まれるためには、ヨウ化物に還元される必要があるが、一般的にヨウ化物よりもヨウ素酸塩で供給した方がよりヨウ素を蓄積する（Mackowiak and Grossl, 1999; Dai et al., 2006）。また、ヨウ素酸塩の効果は、特に熱帯の気候でより安定している（Diosady et al., 2002）。

国際熱帯農業センター（CIAT）およびコロンビアのアデレード大学による、キャッサバを用いた圃場試験では、定植4週間後に土壌へ基準量のヨウ素115g I/ha（ヨウ化物）を施肥したところ、根部のヨウ素含有量は増加しなかった（Lyons, G., F. Calle, Y. Genc, and H. Ceballos, unpublished, 2008）。黄土高原の西北農林科技大学（NWAFU）およびアデレード大学で行われた圃場試験では、同じヨウ素の施肥（ただしヨウ素酸塩の形態で、土壌施肥と葉面散布を比較する試験）で、トウモロコシ、コムギ、ダイズの穀粒およびジャガイモの塊茎に含まれるヨウ素含量は増加しなかった。キャベツでは唯一、ヨウ素が有意に増加した（Wang, Z., H. Mao, G. Lyons, unpublished, 2010）。

ほとんどのヨウ素は、主に植物体中の維管束の木部を転流する（Mackowiak and Grossl, 1999）。したがって、葉の栄養強化はヨウ素酸の土壌施肥で比較的容易であるが（キャベツ、レタス、ホウレンソウなどの葉菜類）、穀粒や塊茎・塊根のヨウ素濃度を増やすことは困難である（Mackowiak and Grossl, 1999）。にもかかわらず新疆のプログラムでは、家畜および家禽の餌となる葉、コメ・コムギの殻のヨウ素の栄養強化を図ることで、その産物やそのものを食べる人のヨウ素の状態が、顕著に改善できることが実証された。

コバルト

コバルトは、マメ科植物のリゾビウム属およびある種の非マメ科植物（例:アルダー、*Alnus glutinosa*［訳註：ヨーロッパハンノキ、湿地に生息する落葉高木］）の根粒での窒素（N_2）固定に必要である。コバルトが欠乏した土壌でマメ科植物を生育させると、コバルトを施肥したときの方が、一般的に根粒の活性が高まる（Yoshida, 1998; Marschner, 2002）。しかし、高等植物の代謝におけるコバルトの直接的な役割に関する証拠は不足している。反芻動物においてコバルトは必須元素で、第一胃内の微生物相は、動物の必要量を十分に満たすビタミンB_{12}（コバルトが補因子）を合成することができる（Marschner, 2002）。ヒトおよびほかの非反芻動物は、あらかじめ形成されたビタミンB_{12}が必要であり、それらは赤血球形成のときに重要な役割を果たし、時には「抗悪性貧血因子」と呼ばれる（Krautler, 2005）。ビタミンB_{12}は動物性食品およびある種の微生物食品から供給されるが、一般的に植物には存在しない。このようにコバルトを用いた植物の栄養強化は、その植物を反芻動物が消費することでビタミンB_{12}に取り込まれ、最終的に人間にも供給されるため、人間の健康においても有益であると考えられる。

亜鉛、セレン

現在までに得られた証拠では、亜鉛およびセレンは、特に農学的手法による無機栄養素の栄養強化に、もっとも適していることが示されている。

亜鉛

高濃度亜鉛含有穀物のための育種

鉄について考察したように、植物育種は亜鉛を含む食用作物においても、栄養強化のための有望かつ費用対効果のある戦略である。しかしながら、育種によって穀粒の亜鉛濃度を望ましい水準まで高めるには、種子または穀粒中に関する亜鉛濃度の十分な遺伝的変異と土壌中で利用可能な亜鉛を必要とする。さらに、高収量穀物の種間、種内では穀粒中の亜鉛濃度にかかわる遺伝的変異は非常に狭く、育種プログラムの成功に結び付かない可能性もある。カクマックら（Cakmak et al., 2010a）の最近の総説には、コムギ種子の遺伝的変異がもたらす亜鉛濃度の範囲が報告されている。さまざまなコムギの近代品種の亜鉛濃度範囲は24～44mg/kgであるが、コムギの野生種の種子中の亜鉛濃度は36～132mg/kgであった。これらの結果は、穀粒の亜鉛濃度を高める育種の遺伝的資源として、コムギの野生種が有望であることを示している。

コムギ野生種の穀粒中の亜鉛濃度を調査した結果、ノハラフタツブコムギ（*Triticum dicoccoides*）が最大の遺伝的変異と最高の亜鉛濃度を示した（Cakmak et al., 2004）。もっとも有望なノハラフタツブコムギの遺伝子型（複数）が同定され、その種子の亜鉛濃度は最大190mg/kgもあった（Cakmak et al., 2004; Peleg et al., 2008）。一般的にコムギの野生種は非常に低収量であり、亜鉛の高濃度は収量性が低いことに起因する「濃度効果（濃縮効果）」の可能性もあり、慎重に評価すべきである。遺伝子組換え技術を用いた亜鉛および鉄濃度の増加は、種子中の標的タンパク質（すなわちフェリチン［訳註：貯蔵鉄と結合しているタンパク質］）の発現の結果であるとの報告がある（Goto et al., 1999; Lucca et al., 2006; Drakakaki et al., 2005）。しかしこれらの研究のほとんどは、植物個体の種子生産性（収量）を報告していない。重要なことは、穀物の収量が損なわれることなく、ヒトの栄養にとって望ましい水準まで種子中の亜鉛および鉄濃度を高めることである。さもないと、新しく開発された栄養強化した遺伝子型（品種）が受け入れられ、広がることは厳しく制限されるであろう。

植物育種によるアプローチもまた、土壌中の植物が利用可能な亜鉛濃度が低い場合には逆効果となることもある。穀物の栽培土壌の半数近くは、土壌中の水分と有機物が少ない上に、pHと炭酸カルシウム含量が高いという、亜鉛には不適な条件も影響し、植物が利用可能な亜鉛濃度は低い（Cakmak, 2008）。土壌水分は、植物における亜鉛欠乏発生の重要な要因である。根の表面への亜鉛輸送は主に、土壌水分に影響される拡散を経由して行われる（Marschner, 1993）。土壌水分の低下は、亜鉛の根の表面への輸送と吸収に著しく影響を与える。穀物、特にコムギは、主に半乾燥地域で栽培されているが、土壌表層は乾燥しやすく、根による亜鉛の吸収が減少することがしばしば生じる。オーストラリア（Graham et al., 1992）やトルコ（Ekiz et al., 1998; Bagci et al., 2007）では、降水量が少なく水供給に障害があったり降水した地域や時期に異常があった時に、コムギの亜鉛欠乏が発生するが、それは驚くべきことではない。半乾燥地域における植物が利用可能な、土壌中の亜鉛濃度を維持することは、穀物中の亜鉛濃度だけでなく、穀物の収量増加にも関係する重要な課題である。

トルコにおいて土壌中の亜鉛欠乏はよく知られている問題であるが、さまざまなコムギ品種の亜鉛濃度は、土壌中の植物が利用可能な亜鉛が十分に存在する条件では15～25mg/kgとなり、利用可能な亜鉛が少ない条件では8～12mg/kgであった（Cakmak et al., 2010a）。トルコでは土壌の高pHと土壌有機物の不足が、植物の亜鉛利用能が低い主な理由である。類似した土壌の問題や広範囲な土壌中での亜鉛欠乏の発生は、インド、パキスタン、中国とほかのいくつかの発展途上国で報告されている。中国北部の石灰質土壌においては、約5,000万haにも及ぶ広大な低亜鉛土壌地帯が発見されている（Zou et al., 2008）。それゆえ、いろいろな国々で、土壌の亜鉛欠乏とヒトの亜鉛欠乏症発生が地理的に重なることが報告されているが、驚くことではない（Cakmak, 2008）。

土壌の化学的条件が悪く、植物が利用できる亜鉛濃度が低い土壌では、ヒトの栄養に最適な水準まで亜鉛を蓄積する能力をもたせた栄養強化品種でも、その能力が十分に発揮されない可能性がある。このことは、食用作物の亜鉛濃度を高める育種プログラムの成功にも影響を及ぼす可能性がある。したがって、植物が利用できる土壌中の亜鉛濃度を適切な水準に維持することは、食用作物における亜鉛の農学的栄養強化プログラムのために重要な課題である。近年、登熟期間中の継続的な根の亜鉛吸収と種子への転流が、種子中の亜鉛蓄積において非常に重要であることが報告されている（Waters and Grusak, 2008; Kutman et al., 2010）。これらの結果は、植物育種と農学的栄養強化は別々ではなく、補完的かつ相乗的なアプローチとして捉えるべきものである。

亜鉛による農学的栄養強化

亜鉛肥料の施用は、土壌の亜鉛欠乏と穀物中の亜鉛低濃度の両方の問題を迅速に解決する手段である。亜鉛入り肥料の試験は種々の食用作物で行われてきたが、これらの実験では、亜鉛欠乏の防止と穀粒収量の増加に最大の焦点が当てられてきた。穀粒の栄養価や亜鉛濃度にはほとんど注目してこなかった。「ハーベストプラス栄養強化チャレンジ計画（HarvestPlus Biofortification Challenge Program）」による栄養強化チャレンジプログラムの開始とともに、育種や農学的アプローチによる食用作物における亜鉛の栄養強化への関心が高まってきている。

亜鉛肥料の種類と施肥量

硫酸亜鉛は、硫酸亜鉛七水和物または硫酸亜鉛一水和物として、一般的に農業で使用される亜鉛肥料である。酸化亜鉛やオキシ硫酸亜鉛を含むほかの化合物もまた、使用が増加している。亜鉛の供給源としての酸化亜鉛は、その安い価格と1分子当たりの亜鉛含量が高い点で普及している。近年、微量元素肥料の粒径制御技術が進歩したことで、酸化亜鉛は土壌や植物の葉面上で化学的に可溶化するように改良され、コーティング種子や粒状肥料への添加、葉面散布での亜鉛供給源となっている（Moran, 2004）。後述するように、酸化亜鉛および硫酸亜鉛は作物の亜鉛欠乏を防ぐのには同様に有効であるが、食用作物における亜鉛栄養強化には、硫酸亜鉛が酸化亜鉛よりも効果的である（Mordvedt and Gilkes, 1993; Cakmak, 2008; Shivay et al., 2008）。亜鉛入り複合肥料は、特にトルコ、インド、オーストラリア、南アフリカで広く使用されている。キレート亜鉛であるエチレンジアミン四酢酸亜鉛（ZnEDTA）はよく知られているが、コストが高いため農業における使用は限定的である。また、ZnEDTAは亜鉛欠乏の防止という点では硫酸亜鉛に勝ることはない。マーチンおよびウェスターマン（Martens and Westermann, 1991）は、亜鉛の葉面散布における慣行量は、0.5～1.0kg/haがもっとも普通であると報告している。亜鉛の葉面散布では、硫酸亜鉛かキレート亜鉛のいずれかを使用する。亜鉛の葉面散布時期は、穀粒中の亜鉛蓄積における有効性を決定するもっとも重要な要因である。植物の成長後期に亜鉛肥料を葉面散布した方が、亜鉛の種子への転流量は多くなる（Yilmaz et al., 2007; Cakmak, 2008）。最近の論文によれば、コムギの圃場試験の結果として、出穂期や乳熟期のような生育後期に亜鉛を葉面散布した方が、より早い節間伸長期や穂ばらみ期のような時期に比べ、種子中の亜鉛濃度はより高くなることが示されている（**表1**、Cakmak et al., 2010b）。亜鉛の土壌施用や葉面散布による穀粒の亜鉛濃度の増加は、穀粒のすべての画分（胚、糊粉層、および胚乳）で生じているが、特に食料として消費される胚乳部分で高い（**表1**）。

可給態亜鉛濃度が非常に低い土壌では、亜鉛の葉面散布は穀粒中のフィチン酸濃度を減らすのに非常に効果的である（Erdal et al., 2002; Cakmak et al., 2010a）。亜鉛が欠乏した植物では、リンの根からの吸収と根から地上部への転流量が多いことが、以前より知られている（Loneragan et al., 1982; Cakmak and Marschner, 1986）。リンは穀粒中のフィチン酸塩中に主に貯蔵される化合物である。亜鉛の施肥によって、リンの根からの吸収と茎への転流が減少した結果、穀粒中のフィチン酸濃度は低下する。すなわちフィチン酸／亜鉛のモル比が低下する（Cakmak et al., 2010a）。フィチン酸／亜鉛のモル比は、食物中の亜鉛の生物学的利用能のよい指標と考えられる。フィチン酸塩は亜鉛との結合（錯化）によって、食物中の亜鉛の生物学的利用能が低下し、ヒトの亜鉛の利用率の減少に大きくかかわっている。

亜鉛施肥が食用作物の亜鉛の栄養強化において、迅速かつ効果的であった例は多数ある。中部アナトリア地方の亜鉛欠乏土壌での圃場試験では、硫酸亜鉛の土壌施肥により、収量のみならず穀粒中の亜鉛濃度も改善した。土壌施用と葉面散布の両方を行った場合に穀粒中の亜鉛濃度は特に高くなり、3倍にまで増加した。土壌施肥の穀粒の亜鉛濃度向上に対する有効性は、インドとオーストラリアでも確認された。亜鉛の土壌施用では、25～50kg/haの硫酸亜鉛施用が標準的である（Cakmak, 2008）。

亜鉛をコーティングした尿素、または亜鉛入りNPK肥料のような亜鉛を含む肥料は、トルコ、オーストラリア、南アフリカで長年使用されてきた。このような肥料は、亜鉛の施用に際して、新たな圃場作業を必要としないので、生産者が採用しやすい。インドでの亜鉛をコーティングし

表 1. 亜鉛の土壌施肥の有無（0.5%、50kg$ZnSO_4 \cdot 7H_2O$/ha）と異なる生育時期の葉面散布（約4kg$ZnSO_4 \cdot 7H_2O$/ha）がコンヤの圃場条件で栽培したデュラムコムギ品種「Selcuklu」の穀粒全体、糊粉層、胚および胚乳の亜鉛濃度に及ぼす影響（Cakmak et al., 2010b）

亜鉛の土壌施肥 (kg/ha)	葉面散布の生育ステージ	亜鉛濃度（mg/kg）			
		穀粒全体	糊粉層	胚	胚乳
0	対照区（亜鉛施肥なし）	11.7	20	38	8
	茎立期＋穂ばらみ期	18.8	28	47	10
	穂ばらみ期＋乳熟期	26.9	35	62	15
	乳熟期＋糊熟期	25.4	41	63	15
50	対照区（亜鉛施肥なし）	21.7	33	52	11
	茎立期＋穂ばらみ期	25.5	34	58	13
	穂ばらみ期＋乳熟期	29.3	45	69	16
	乳熟期＋糊熟期	25.4	41	63	15
	$LSD_{0.05}$（亜鉛の土壌施肥）	1.8	3.0	3.4	1.0
	$LSD_{0.05}$（葉面散布）	2.6	4.8	4.2	4.8

表 2. 亜鉛強化尿素の施肥がイネおよびコムギの穀粒収量および穀粒中の亜鉛濃度に及ぼす影響（試験地：IARI、New Delhi）
データは２年間の圃場試験の平均値。統計処理の詳細は引用論文に記載（Shivay et al., 2008）。

処理	イネ		コムギ	
	穀粒収量 (t/ha)	穀粒中の亜鉛濃度 (mg/kg DW)	穀粒収量 (t/ha)	穀粒中の亜鉛濃度 (mg/kg DW)
プリル尿素	3.99	30	3.72	40
亜鉛強化尿素				
亜鉛 1%（ZnO）	4.46	36	4.14	46
亜鉛 1%（$ZnSO_4$）	4.67	39	4.25	49
亜鉛 2%（ZnO）	4.95	43	4.39	49
亜鉛 2%（$ZnSO_4$）	5.15	48	4.53	51

た尿素を使用した圃場試験では、イネとコムギの収量と亜鉛濃度の双方が向上するという見事な結果が得られた（Shivay et al., 2008）。たとえば、イネ－コムギ輪作体系での香り米では、プリル尿素に3%まで亜鉛（硫酸亜鉛）を添加した肥料を施肥したところ、収量は3.87t/haから4.76t/haに増え、穀粒の亜鉛濃度は27mg/kgから42mg/kgまで増加した。費用対効果の点では、亜鉛を1.0%添加した尿素がもっとも経済的であった（Shivay et al., 2008）。酸化亜鉛が亜鉛肥料の原料として適していることは、文献で考察されてきている。ほとんどの報告では、酸化亜鉛と

硫酸亜鉛は亜鉛欠乏の是正という観点では等しく有効であることが示されている（Mordvedt and Gilkes, 1993)。しかし、インドで行われた亜鉛添加尿素肥料の圃場試験では、大きな差異はみられなかったものの、硫酸亜鉛をコーティングした尿素の方が、酸化亜鉛をコーティングした尿素よりも、イネやコムギの収量と亜鉛濃度の両面で優れた結果を示した（Shivayet et al., 2002)（**表2**)。

穀粒中の亜鉛濃度に及ぼす農学的要因の影響

農学は、土壌への有機資材の施用や作付体系の変更など、穀粒中の亜鉛濃度を改善するさらなる手段を提供する。堆肥もしくは堆きゅう肥などの種々の有機物を土壌に施用すると、亜鉛の溶解性ならびに空間的な亜鉛の利用性と土壌中の植物が利用可能な亜鉛の総量（たとえば、DTPAで抽出可能な亜鉛総量）が大きく改善することを示す研究例が増えている（Srivastava and Sethi, 1981; Arnesen and Singh, 1998; Asada et al., 2010)。

根圏土壌中の土壌有機物と可溶性亜鉛濃度との間には、強い正の相関関係が存在することが、コロラド州で収集した18の異なる土壌の研究で報告された（Catlett et al., 2002)。特に有機物の含有量が非常に低い土壌では、植物の根圏全体の亜鉛利用能を向上させる上で、有機物の施用が重要であることを示している（Marschner, 1993)。作付体系とマメ類を含む輪作体系は、土壌肥沃度と微量元素を含むミネラルの溶解性に大きく影響する（Cakmak, 2002)。双子葉植物の微量栄養素の栄養強化のためには、穀物と間作するのが有益である。単作と比べて、ピーナッツをオオムギやトウモロコシに間作することで、根圏の種々の栄養素、特に微量元素の生物学的、化学的活性が上昇し、茎や種子中の亜鉛と鉄の濃度が高まる（Inal et al., 2007; Zuo and Zhang, 2009)。ストラテジーII植物に属する穀物類は、亜鉛や鉄が欠乏すると、根から鉄と亜鉛を可溶化する化合物（いわゆるファイトシデロフォアのこと［訳註：イネ科の植物根から分泌されるムギネ酸などのことであり、鉄イオンとキレートを形成することで、土壌からの鉄の移動や吸収に関与する物質］）を放出する。穀物の間作となる双子葉植物で、亜鉛と鉄の吸収量や貯蔵量が増加するひとつの理由として、穀物が根から放出するファイトシデロフォアと関連すると考えられている（Zuo and Zhang, 2009)。

最近の研究では、植物の窒素栄養状態が、亜鉛と鉄の蓄積に大きく影響を与えることが示されている。温室栽培の試験では、窒素肥料（たとえば尿素）を土壌施用または葉面散布して植物の窒素栄養状態を改善した時に、亜鉛肥料の土壌施用または葉面散布によるコムギ粒の亜鉛強化効果が最大になることを示している（Kutman et al., 2010)。これらの著者によれば、亜鉛と窒素が培地および植物組織中に十分にあると、窒素と亜鉛が相乗的に作用し、コムギの亜鉛濃度が高まる。興味深いことに、亜鉛の供給が少なく、植物組織中の亜鉛濃度が低い場合は、窒素を増肥しても種子中に亜鉛は蓄積されなかった（Kutman et al., 2010)。穀粒中の鉄や亜鉛の栄養強化をさらに効果的にするためには、育種プログラムとともに食用作物の栽培管理において窒素施肥にもっと注意を払うべきである。

低亜鉛土壌に対する耐性と穀粒の亜鉛蓄積：2つの遺伝システム

言及されるべきもうひとつの視点は、低亜鉛耐性と、穀粒中の亜鉛蓄積の関係である。（i）土壌の亜鉛欠乏に対する耐性と（ii）穀粒の亜鉛蓄積に影響を与える遺伝子系は、異なっているようである。低亜鉛土壌に高い耐性を持つ遺伝子型は、必ずしも穀粒に亜鉛を高濃度に蓄積しておらず、反対の結果も報告されている。たとえば、ライムギは亜鉛含量が極端に低い石灰質土壌で低亜鉛に極めて高い耐性を示すが（Cakmak et al., 1998）、一方でデュラムコムギとパンコムギは、低亜鉛条件の影響を受けて低収量となる。ライムギの低亜鉛への高い耐性は、ファイトシデロフォアを根から放出すること、細根の形成、根部からの亜鉛吸収や根から茎への転流促進などを含む、異なるメカニズムに起因していると考えられる（Cakmak et al., 1999）。しかし低亜鉛土壌で生育したライムギは一切の亜鉛欠乏症状を示さず、収量はほとんど低下しないにもかかわらず、穀粒中の亜鉛濃度は非常に低く8～12mg/kgの範囲である（Cakmak et al., 1998）。同じ圃場で生育し、同様の収量が得られたコムギと比較すると、ライムギ穀粒の亜鉛濃度は低い。したがって、ライムギの低亜鉛濃度は、「希釈効果」によるものではない。同様に、トルコ（Cakmak et al., 1999）やオーストラリア（Graham et al., 1992）のいくつかの低亜鉛耐性コムギ品種は、亜鉛が適切な条件下でさえ、多くの低亜鉛感受性コムギ品種よりも穀粒中の亜鉛濃度が低い。これらの結果から、亜鉛欠乏条件において、亜鉛欠乏遺伝子型は適正な収量と健全な生育を維持するためだけに必要な亜鉛を土壌から抽出していることが示唆される。

明らかにこれらの低亜鉛耐性遺伝子型では、種子の発達と形成のために必要とする量以上の亜鉛を穀粒中に蓄積しないようである。これらの結果から、低亜鉛土壌に耐性を持つ遺伝子型と穀粒に亜鉛を多く蓄積する遺伝子型は、別々の関連のない遺伝子系により制御されているといえるだろう。

亜鉛強化種子の利点

種子や穀粒の栄養強化は、健苗育成および最終的な収量増加という農業の生産性にも利点がある。種子の発芽と苗立ち時には、土壌伝染性病原体を含む環境ストレスからの保護のために、種子の亜鉛濃度は高いことが必要とされる（Welch, 1991; Cakmak, 2008）。植物の成長と高い収量をもたらす高亜鉛種子の利点は、特に亜鉛欠乏土壌において顕著である。亜鉛が1種子当たり0.4μg（すなわち約10mgZn/kg）を含む種子から得られた穀物の収量は、ほぼ3倍以上の亜鉛を含む種子から得られた収量の半分であった（Yilmaz et al., 1998）。硫酸亜鉛による種子のプライミング（浸漬し、人工的に発芽力を強化すること）は、亜鉛で種子を栄養強化するもうひとつの方法である。ハリスら（Harris et al., 2008）はヒヨコマメとコムギ、スラトンら（Slaton et al., 2001）はイネにおいて、亜鉛で前処理をした種子を用い、成長および収量性に優れた改善効果を示した。用いた種子はコムギで0.3％の亜鉛に10時間、ヒヨコマメで0.05％の亜鉛に6時間というプライミング処理を行った（Harris et al., 2008）。

セレン

セレンは21番目のアミノ酸であるセレノシステイン［訳註：システインに似た構造をもつが、システインの硫黄がセレンに置き換わっているアミノ酸の一種］として、ヒトゲノムに明記された［訳註：このアミノ酸に対応するコドンがあるということ］唯一の微量要素であることから（Rayman, 2002）、ヒトの健康（甲状腺、脳、心臓、生殖腺の重要な機能に加えて、抗酸化物質、抗炎症薬、抗がん、抗ウイルス、アンチエイジング活性の観点から）に対するセレンの重要性に注目が集まりつつある。コムズとルー（Combs and Lu, 2006）により、セレンの抗がん作用についても議論されている。

食料システムにおけるセレンの濃度水準は、主に農業で利用される土壌中の植物が利用可能なセレンの濃度水準に依存している。土壌のセレンは遍在しているが、その濃度は均等ではなく、それゆえ地域内の母集団やそのサブグループ内のセレンの状態は、世界的に大きな変動がみられる（**表3**；Lyons et al., 2008）。表に示されたように、土壌pHは穀粒中のセレン蓄積に対して重要な役割を果たす。土壌中に存在するセレンの利用可能性は、pH、酸化還元電位、陽イオン交換容量、土壌中の硫黄、鉄、アルミニウムおよび炭素含量の水準に依存する（Ylaranta, 1983a; Banuelos and Schrale, 1989; Combs, 2001; Broadley et al., 2006; Li et al., 2008; Lin, 2008）。

セレン摂取を増やす戦略としては、セレンを多く蓄積している食べ物（例：ブラジルナッツ）の摂取、セレンを多く含む培地で発芽させた種子の使用、セレン高含有土壌での作物生産、家畜用へのセレン供給、食品の栄養強化、個別のサプリメント摂取、セレンを高濃度に蓄積する植物の育種、セレン入り肥料の利用がある（Lyons et al., 2003; Haug et al., 2007）。次に、育種によるアプローチおよび農学的栄養強化の戦略についてより詳細に記述する。

遺伝的栄養強化

いくつかの食用作物でセレン蓄積の遺伝的変異が報告されている。たとえば、アブラナ属野菜のセレン濃度には15倍の差があり（Combs, 2001）、トマトは4倍（Pezzarossa et al., 1999）、米粒中では数倍（Lyons et al., 2005a）となっている。だがコムギの研究では、現在のコムギの近代品種間に遺伝子型による差異はあるかもしれないが、それは背景となる土壌の変動と比べると有意に小さな傾向であり、セレンの変動は土壌のミクロ空間レベル（metre-to-metre）で存在している。たとえば、南オーストラリアにおける圃場試験結果では、同一圃場で同時に栽培したコムギの1品種について、4回反復試験をしたところ、穀粒中のセレン濃度に6倍の差がみられた（Lyons et al., 2005b）。

遺伝子導入の研究が進む中、硫黄およびセレンの摂取および同化に関する知見に基づき、主に茎葉部でのセレン蓄積の増加が研究対象となってきた（Broadley et al., 2006; Sors et al., 2009）。たとえば、ATP スルフリラーゼ（ATP sulfurylase）を過剰発現するインドマスタード（カラシナ；*Brassica juncea*）は、セレンをより多く集積することが、カリフォルニアのセレン汚染土壌

表 3. 4箇所の土壌中の全セレン濃度水準と、その土壌で生育させた穀粒中のセレン濃度水準（植物が利用可能なセレンの指標として）の比較（Lyons et al., 2004, 2010）

地域	土壌タイプ	土壌pH (H_2O)	全セレン土壌濃度 (μg/kg)	穀粒中のセレン濃度 (μg/kg)
陽朔（Yongshou）中国	Ishumisol	8.3	700	20
ミニパ（Minnipa）南オーストラリア	Calcareous Xerochrepts	8.6	80	720
シャーリック（Charlick）南オーストラリア	Typic Natrixeralf	6.6	85	70
東ジンバブエ	Typic Kandiustalf（例：花崗岩母材）	5.0	30,000	7

のファイトレメディエーション［訳註：植物が気孔や根から養水分を吸収する能力を利用して、土壌や地下水、大気の汚染物質を吸収、分解する技術］において示された（Banuelos et al., 2005）。しかし、セレン酸塩（SeO_4^{2-}、もっとも可溶で移動しやすい形態）の高い吸収効率は、可給態セレンが非常に少ない土壌では土壌中のセレンの大部分が亜セレン酸塩（$HSeO_3^-$）、セレン化物、あるいはセレン元素などとして存在するので、そこで栽培される作物にとっての価値は限定的である（Cary and Allaway, 1969; Lyons et al., 2008）。セレンは還元状態では移行しにくい。セレン元素、金属セレン化物は、低pHおよび還元状態で形成されやすい。セレン酸塩は高い酸化還元電位（酸化的条件）で、亜セレン酸塩は中程度の酸化還元電位で、セレン化物は低い酸化還元電位（嫌気的条件）で、土壌溶液中の主なセレン種である（Broadley et al., 2006）。注目すべきことに、多くの土壌において植物が利用できる可給態セレンは総セレン含量の約2～3%にすぎない（Tan et al., 2002）。

農学的栄養強化

セレン酸塩の適性

セレンは、食用作物の農学的栄養強化に特に適している。セレンの形態は、植物が育つ土壌の多くがpH5.5～9.0のときに、セレン酸として吸収されやすく、また植物体内で容易に転流して、可食部に蓄積後、主にセレノメチオニンのような有機態に変わる。相対的に穀粒へ均一に分配されるので、粉末製品、たとえば小麦粉や白米にも豊富に含まれる。食料に含まれるセレンの形態は一般的に生物学的利用能が高く、ヒトや動物の健康に適している（Lyons et al., 2003）。

1970年代以降の欧米での研究により、セレン酸ナトリウムを利用した農学的栄養強化の有効性が実証され、これらはライオンズら（Lyons et al., 2003）やブロードリィら（Broadley et al.,

2006）によって再検証されている。多くの研究から、土壌施用、葉面散布にかかわらず、セレン酸塩（もっとも高い酸化状態はSe^{+6}として存在）の方が亜セレン酸塩（Se^{+4}）よりも効果的であることが示されている。多くの土壌では、亜セレン酸塩は、粘土コロイドにより急速に吸着され、植物には利用されにくくなる。乾燥気候、低有機物、高温、土壌の高pH、空気混和（エアレーション）により、土壌中のセレン酸塩／亜セレン酸塩の比が増加する傾向があり、そのため植物のセレンの吸収利用性も向上する（Combs, 2001）。中国では、チャを含むさまざまな作物の栄養強化において、亜セレン酸塩よりもセレンが豊富に含まれている堆肥の施肥がより効果的であった（Hu et al., 2002）。

土壌施用と葉面散布の比較

セレンの施肥法で、土壌施用、葉面散布のどちらが有効であるかは、セレンの形態、土壌の特性、元肥の施肥法、葉面散布時期により異なる。ヤラランタ（Ylaranta, 1983b）によると、低い施用量（10g/ha）では同等、50g/haでは葉面散布がよく、500g/haの高施用量では同等であった。粘土土壌において、セレン酸塩10g/haの葉面散布（展着剤使用）により、コムギの穀粒中のセレン濃度は16～168μg/kgまで増加したが、9g/haの葉面散布では77μg/kgまでしか増加しなかった。全般的にいえることは、低降雨量による生育不良の場合を除いて、葉面散布の方がより効果的であった（Ylaranta, 1984）。

乾燥ストレスが穀物の共通の制限要因となっている、南オーストラリアの圃場試験結果から、pH、鉄、硫黄、有機炭素含量の変動に関係なく、播種時期に土壌へセレン酸ナトリウムを施用する方が、開花期前の葉面散布よりも有効であることが実証されている。そして土壌のセレン条件が不適な（元々のセレン水準が低く、低pHで、鉄や硫黄、炭素含量の高い）場合において、セレン酸塩を土壌施用（4～120gSe/ha）することで、穀粒中のセレン濃度は0.062mg/kgから133倍の8.33mg/kgまで、徐々に増加した。一方、同一圃場の多量葉面散布により、穀粒中のセレン濃度は0.062mg/kgから1.24mg/kgへ20倍にまで増加した。中国（黄土土壌）およびコロンビア（さまざまなセレン濃度の土壌）における近年の圃場試験では、セレン酸塩の土壌施用および亜セレン酸塩の葉面散布（中国で冬コムギ）が、食用作物の栄養強化において有効であった（Lyons, G., F. Calle, Y. Genc, and H. Ceballos, unpublished, 2007; Wang, Z., H. Mao, and G. Lyons, unpublished, 2010）。

牧草と飼料作物におけるセレンの栄養強化

家畜のセレンに起因する異常には、白筋症（ウシ、ヒツジ、ブタ、家禽）、滲出性体質（家禽）、すい臓の変性（家禽）、肝臓の壊死（ブタ）、「イル・スリフト（ill-thrift）〔訳註：悪い倹約の意であり、セレン欠乏による家畜の成育不順を示す症状のこと〕」（ウシ、ヒツジ、家禽）のほかに、全家禽・家畜種の生殖および免疫力への障害がある（Reilly, 1996）。牧草および飼料作物についてのセレンの農学的栄養強化は、特にニュージーランドのセレン濃度が著しく低い土壌において長い歴史がある。「*Selcote Ultra*®」は1980年代以降、ニュージーランドやカナダの牧畜業者に人気があり、セレン酸ナトリウムとセレン酸バリウムとしてセレンを1% w/w含むプリル製品（多孔性造粒製品）である。通常は、単独もしくはNPK入り肥料と混合し、早春に元肥として10g/ha施肥する（Broadley et al., 2006; Beaton and Foster, 2009）。

セレン処理の残効は、高施用量でも低いという結果であった（セレン酸バリウムのような徐放性のものは例外。Ylaranta, 1983a, b; Gupta, 1993）。1970年代以降、セレン施肥が行われているニュージーランドでも、セレンの蓄積はみられず、一方で作物の良好な反応は続いている（Oldfield, 1999）。

セレンの施肥効率および目標レベル

英国における最近の圃場試験では、コムギにおける顆粒状または液状のいずれかの形状で施用されたセレンの動態を比較した。すべてのセレン酸塩の施用は効果があるものの、冬季に施用するよりも春季に施用する方が、より効率的であった。かなりのセレンがワラに留まり（そのため動物の飼料として使用するのは有益）、穀粒中のセレン回収率は施用量によって増加し、10gSe/haの施用で14%の回収率であった。著者らは、国際基準の施用量で英国のコムギの穀粒中セレン濃度は30～300μg/kgまで増加すると計算している。これは英国のコムギの高い収量性を考慮すると、めざましい増加である（Broadley et al., 2010）。国際的な土壌、作物、動物およびヒトのセレン状態に関する調査結果と最適な摂取量を考慮すると（少なくともセレン酵素活性の最大化の観点から）、栄養強化による作物体中のセレン目標値は、乾物重換算で250～300μg/kgと推算される（Combs, 2001; Rayman, 2002; Lyons et al., 2003）。

フィンランドにおける全国的セレン施肥プログラム（下記に記載）では、ブロードリィら（Broadly et al., 2010）によって記される穀粒中のセレン濃度増加は、人々のセレンの栄養状態に大きく影響を及ぼしている。しかし、穀粒中のセレンの回収率は14%であることから、穀物の大規模な農学的栄養強化では比較的希少な微量元素が無駄になっていることを示している。特にセレンは再利用が困難で貴重な資源であることから、もしセレンの農学的栄養強化が、地域的もしくは全国的に行われる場合、それは可能な限り効率的に実施することが望ましいと考えられる（Haug et al., 2007）。

フィンランドの全国的なセレンの農学的栄養強化

1960年代～70年代にフィンランドで頻発した心血管疾患の原因が、食事によるセレンの低摂取にあると判断されたため、1984年からフィンランド政府は、すべての複合肥料にセレン（セレン酸塩）を添加することを義務化した（**Box 1**を参照）。

まず、穀物生産および園芸に使用される肥料では、セレンが16mg/kg、牧草および干し草の生産のための肥料にはセレンが6mg/kg添加された。この計画は植物体およびヒトのセレン栄養状態の上昇という点で成功したので、セレンの高量施用は1990年に取り止め、すべて6mg/kgとなった（Broadley et al., 2006）。たとえば、1984年以前のフィンランド国内における穀粒中のセレン濃度は0.01mg/kg未満であったが、1980年代後半の春コムギでは約0.25mg/kg、施肥量の少ない冬コムギでも約0.05mg/kg含まれていた（Eurola et al., 1990）。その後、1998年にはすべての作物の肥料のセレン添加濃度が10mg/kgまで増加された（Broadley et al., 2006）。ヒトの栄養状態を改善するため、食料生産システムそのものへアプローチした本プログラムは、全人口のセレン栄養状態を改善させる上で有効な方法であった。実際に、プログラム開始から3年以内に、食事によるセレン摂取量は3倍に、プラズマ（血漿）中のセレン濃度は約2倍になった（Aro et al., 1995; Hartikainen, 2005）。セレンのプログラムが開始されて以降、環境パラメーターは厳しく監視されており、セレンの肥料への添加による水系生態系への影響は確認されていない（Makela et al., 2005）。

フィンランドの実験から、これらのアプローチは、ヒト集団のセレン濃度水準を上昇させる方法として、安全で、効率的で、容易で、そして費用対効果があることが実証された。しかしながら、たとえば食生活の変化、がんや心血管疾患のような病因に関与する要因を各々切り分けて考えることは困難である。1985年以降、フィンランドではある種のがんや心血管疾患の割合が有意に減少してきている。しかし、比較できるコントロール（対照）が存在しないため、これらの

Box1: フィンランドの全国規模のセレン栄養強化の経緯について

1970年：東カレリアは世界的に心臓病の割合が最も高い地域である。
本地域の土壌中の有効セレン含量は低い。
そのため、畜産用飼料にセレンの添加が開始された。
心臓病（特に男性）の割合が減少し始める。

1984年：国家的にセレンの生物学的栄養強化プログラム（計画）が開始される。

1987年：春コムギの穀粒中セレン濃度が10μg/kg（1984年以前）から250μg/kgまで増加した。
そのため、人間のセレン摂取量が3倍になった。
また、人間の血漿中のセレン濃度レベルが2倍になった（55μg/ℓから107μg/ℓ）。
心臓病が減少し続けた（1984年以前と比べて、同じ割合で）。

2010年：心臓病の割合が相対的に低下。
（喫煙者の低下、食事や運動の向上、およびおそらくセレン栄養条件の向上、が理由である）
セレンの摂取の悪い影響は認められなかった。
セレンは未だに肥料へ10mg/kgの割合で添加されている。

参照：*Aro et al.,1995；Broadley et al.,2006；Eurola et al.,1990；Hartikainen,2005；Makela et al.,2005；Varo et al.,1994.*

データでセレンだけの（摂取）効果があったとは断言できない（Varo et al., 1994; Hartikainen, 2005）。

セレンの栄養強化の農業生産における追加的考察

植物毒性

セレンの植物組織への毒性レベルは、一般的に5mg/kg以上である（Reilly, 1996）。セレンの毒性に対する植物種の感受性には、幅広い変異がある。たとえば、リンゴ、タバコ、ダイズは相対的に培地中のセレンに対して感受性があり（Martin and Trelease, 1938）、一方コムギは土壌中で有効に利用できるセレンに対して比較的高いレベルでも耐性がある。ある研究で、セレンが毒性を示す植物体の閾値濃度（30日後に全地上部を回収）は325mg/kgと高いことがわかり、このことからセレン酸塩を10～200gSe/haの範囲で施用しても植物には毒性を示さず、この水準での施用によるコムギのセレンの栄養強化が奨められている（Lyons et al., 2005c）。

セレンの植物に対するメリット

亜鉛と同様、セレンは一般的に高等植物にとっては必要不可欠ではないと考えられており（いくつかの藻類には必要）、セレンの低含有土壌でも植物の成育は抑制されず、作物の収量も低下しない（Shrift, 1969; Reilly, 1996）。しかし多くの研究では、セレンの有益な効果として、セレンの少量施用でもUVBの放射（紫外線β波）に曝露したライグラス（*Lolium perenne*）およびレタス（*Lactuca sativa*）の成長を向上させるなど、セレンの有益な効果が見出されている（Hartikainen and Xue, 1999）。これらの反応は、グルタチオンペルオキシダーゼ［訳註：主な生物学的役割が酸化的損傷から有機体の保護であるペルオキシダーゼ活性を有する酵素ファミリーの一般名である］活性が上がることで、脂質過酸化が抑制されることと関係している（Xue and Hartikainen, 2000）。成長が早いブラッシカ・ラパ［訳註：アブラナ科アブラナ属の野草で、多様な栽培植物の原種と考えられている］（*Brassica rapa*）を用いた研究では、培養液中に低量の亜セレン酸塩を添加すると種子生産量が増加したとの報告があり、これは呼吸量の増加と関連がある（Lyons et al., 2009）。ほかの研究では、セレン施用によるジャガイモ（*Solanum tuberosum*）の若葉のデンプン濃度および塊茎収量が増加（Turakainen et al., 2004）、およびリョクトウ（*Phaseolus aureus*）の呼吸増加と地上部（茎）のバイオマス生産の増加に関連するデンプン加水分解酵素の発現上昇を発見した（Malik et al., 2010）。セレンを何らかの形態で低量施用することは、特に酸化ストレスにさらされた場合、高等植物にとっては有益である。だがセレンがどの生育時期において必要不可欠であるかはいまだ明らかではない。

中国の最近の研究では、温室内のポット栽培でセレン、亜鉛、ヨウ素を施用し、栄養強化されたトウモロコシ、ダイズ、ジャガイモにおいて、ハダニ（*Tetranychus cinnabarinus*）およびジャガイモ葉枯れ病（*Phytophtbora infestans*）を含む、多くの病害虫を寄せつけない効果が、広く認められた。また栄養強化された植物の収量は、対照区より増加した。これらの抗病害虫効果は、後述する試験では確認されなかった（Z. Wang, H. Mao, G. Lyons et al., unpublished, 2010）。興味深いことに、温室のポット栽培試験での葉中のセレン濃度は、ダイズやトウモロコシではそれほど高くなく（4～15mg/kg）、一方、ほかの研究結果では抗病害虫効果を得るために高いセレン濃度が必要であることが認められている（Hanson et al., 2003; Freeman et al., 2007）。葉中のセレン、ヨウ素、亜鉛の高い濃度水準での組み合わせにより、抗病害虫効果が高まると思われるが、確証を得るためにはさらなる調査が必要である。

硫黄の影響

硫黄（硫酸塩として）は、硫黄の主なトランスポーターが大部分、セレン摂取に用いられて競合するため、植物におけるセレンの取り込みを阻害することが、多くの研究から明らかになっている（Lauchli, 1993; Lyons et al., 2004b; White et al., 2004）。さらにアダムスら（Adams et al., 2002）は、穀粒中のセレンと硫黄、穀粒中のセレンと土壌への硫黄施肥量との間に、負の相関関係があることを見つけた。石こう（硫酸カルシウムをアルカリ土壌へ10t/haまで施肥）および過リン酸石灰、硫酸アンモニウム、硫酸カリウムのような高硫黄含有肥料の施肥は、作物体中のセレン濃度を低下させる傾向がある。

近年の英国での試験では、土壌pHによりコムギの穀粒中のセレン蓄積に対する硫黄の影響が異なることが確認されている。硫黄の施肥は、これまでの研究成果と同様、両地点で穀粒中のセレン濃度を減少させた。しかし硫黄およびセレンの両方を施肥すると、穀粒中のセレンは低pHで硫黄が十分に存在する土壌では増加し、高pHで低硫黄の土壌では減少した（Stroud et al., 2010）。しかし、これらの土壌中のセレンは、亜セレン酸塩の形態で存在するので、植物のセレンの利用性は硫黄のトランスポーターの影響というよりも、むしろリン酸のトランスポーターへの影響によるのだろう（Li et al., 2008）。

セレン栄養強化コムギの商業化

穀物のセレンに対する農学的栄養強化は、効率よく安価に、生物が利用可能な形態のセレンを供給できることが望ましい。農学的栄養強化による有機態セレン含量を高めたコムギ（もしくはほかの作物）製品は「機能性食品」と考えられ、ヒトの健康上の利益を提供する。南オーストラリアでは、セレンを栄養強化した小麦粉が商業化されており、いくつかの製パン業者がこの小麦粉からつくられたセレン含量の高いパンとビスケットを販売している。

セレン栄養強化食品の潜在的な健康上の利益

筋肉中にセレノメチオニンとして充分に保持されることで、セレンが栄養強化された穀物が、ヒトの身体でセレンの栄養状態を高める上で非常に効果的なことが明らかになってきた。さらにセレンが栄養強化されたブロッコリーでは、スルフォラファンを含むほかの抗がん物質と共に、セレンの多くが“セレン－メチルセレノシステイン”の形で含まれており、抗がん作用を示す有望な機能性食品のひとつである（Finley, 2003; Liu et al., 2009）。

注意すべきことは、ヒトのセレン摂取において、欠乏と有毒（毒性）の範囲が非常に狭いことである。そして、何人かの研究者は、ヒトのセレン摂取の上限安全限界量は、以前から考えられていたよりも低いと考えている（Vinceti et al., 2009）。がんや心血管疾患のリスクを含むヒトの健康に対するセレンの役割は、曖昧で矛盾する所見が普通である。セレンの動態や人体に及ぼす影響は複雑である（Fairweather-Tait et al., 2010; Lyons, 2010）。フィンランド（作物にセレンの栄養強化がなされている）において、過去30年以上で、がんの割合や傾向は、セレンの栄養状態が低い北欧の国々と同等である。他方、フランスおよびイタリア（セレンの栄養状態が相対的に低い国）の研究では、65歳以上の人々の血中セレン濃度が低いことは、6～9年後の死亡率を強く予測できる因子であることがわかっている（Akbaraly et al., 2005; Lauretani et al., 2008）。またセレンが少ない状態は、アフリカのHIV/AIDSの危険要因であると想定されている（Foster, 2003）。

まとめ

一般的に鉄は、農学的栄養強化には適していない。葉のヨウ素濃度は農学的栄養強化によって上昇するが、穀粒や塊茎／貯蔵根のヨウ素濃度を増やすのは難しい。コバルトは農学的栄養強化はできるが、ビタミンB_{12}としてヒトが吸収するには、反芻動物を経由する必要がある。亜鉛とセレンは、幅広い作物に高い効用がある。そしてこれら微量要素の増加は、人間の健康に素晴らしい効用がある。亜鉛濃度が低い土壌では、人間の健康上の利益に加えて、種子の亜鉛濃度の増加により、次作の収量も増加する傾向がある。

亜鉛は、土壌施用と葉面散布の両方を組み合わせて施用する（あるいは穂ばらみ後期と乳熟初期の2回葉面散布をする）ことで、農学的手法によるもっとも効果的な栄養強化を実現できる。この目的に使う亜鉛には、一般的に硫酸亜鉛が安価で効果的である。亜鉛でコーティングされた尿素などのように、亜鉛が豊富に含まれる肥料は、亜鉛の栄養強化において実用的である。注目すべきこととして、低濃度亜鉛土壌における耐性と穀粒中の亜鉛の高濃度蓄積は、別々の遺伝子メカニズムによって制御されている。植物体の窒素栄養状態を十分量維持することは、食用作物の亜鉛および鉄含有率を最大にする栄養強化を実現させる上で、非常に重要と思われる。

セレンは土壌タイプによって、土壌施用もしくは葉面散布が高い施肥効率を示し、亜鉛と同様、葉面散布のタイミングが重要であるが、それは穂ばらみ中期に1回の葉面散布で十分である。土壌への施肥において、セレン酸塩は亜セレン酸塩よりも一般的に効果がかなり高く、そして葉面散布の方がより効果的である。作物中のセレン、特に穀物類のセレンは高い生物学的利用能を示す。

亜鉛とセレンは、価値ある微量要素であるが、再生不可能な資源であり、大切に扱わなければならない。したがって、作物や食物への施肥効率を最大にする方法の研究が重要である。その研究には、亜鉛およびセレンを尿素とともに葉面散布すること、種々の有機資材、および間作の研究も含まれる。加えて、多種の作物における亜鉛の生物学的利用能に関する研究、特にフィチン酸／亜鉛比に影響する種々の農法に関する研究も必須である。これらの微量栄養素を栄養強化した食品は、健康を促進する能力をもつ「機能性食品」である。重要なこととして、生産者が作物に微量元素を与える際には、一般的に収量増加という動機が必要となるであろう。

参考文献

Adams, M.L., E. Lombi, F-J. Zhao, and S.P. McGrath. 2002. Evidence of low selenium concentrations in UK bread-making wheat grain. J. Sci. Food Agric. 82:1160-1165.

Akbaraly, N.T., J. Arnaud, I. Hininger-Favier, V. Gourlet, A.M. Roussel, and C. Berr. 2005. Selenium and mortality in the elderly: results from the EVA study. Clin. Chem. 51:2117-2123.

Arnesen, A.K.M. and B.R. Singh. 1998. Norwegian alum shale soil as affected by previous addition of dairy and pig manures and peat. Can. J. Soil Sci. 78:531-539.

Aro, A., G. Alfthan, and P. Varo. 1995. Effects of supplementation of fertilizers on human selenium status in Finland. Analyst 120:841-843.

Asada, K, K. Toyota, T. Nishimura, J.I. Ikeda, and K. Hori. 2010. Accumulation and mobility of zinc in soil amended with different levels of pig-manure compost. J. Environ. Sci. Health Part-B-Pesticides Food Contaminants and Agricultural Wastes 45:285-292.

Bagci, S.A., H. Ekiz, A. Yilmaz, and I. Cakmak. 2007. Effects of zinc deficiency and drought on grain yield of field-grown wheat cultivars in Central Anatolia. J. Agron. Crop Sci. 193:198-206.

Banuelos, G. and G. Schrale. 1989. Plants that remove selenium from soils. Calif. Agric. 19, May-June 1989.

Banuelos, G., N. Terry, D.L. LeDuc, E.A.H. Pilon-Smits, and B. Mackey. 2005. Field trial of transgenic Indian mustard plants shows enhanced phytoremediation of selenium-contaminated sediment. Environ. Sci. Tech. 39:1771-1777.

Beaton, J.D. and H.D. Foster. 2009. Some aspects of the importance of selenium (Se) in human and animal health. Paper presented at the Agri-Trend Agrology Farm Forum “Harvest a World of Ideas”. November 17-19, 2009, Saskatoon, Saskatchewan, Canada.

Bouis, H.E. and R.M. Welch. 2010. Biofortification-a sustainable agricultural strategy for reducing micronutrient work in the Global South. Crop Sci. 50:S20-S32.

Broadley, M.R., J. Alcock, J. Alford, P. Cartwright, I. Foot, S. Fairweather-Tait, D.J. Hart, R. Hurst, P. Knott, S.P. McGrath, M.C. Meacham, K. Norman, H. Mowat, P. Scott, J. Stroud, M. Tovey, M. Tucker, P.J. White, S.D. Young , F-J. Zhao. 2010. Selenium biofortification of high-yielding winter wheat (*Triticum aestivum* L.) by liquid or granular Se fertilization. Plant Soil 332:5-18.

Broadley, M.R., P.J. White, R.J. Bryson,, M.C. Meacham, H.C. Bowen, S.E. Johnson, M.J. Hawkesford, S.P. McGrath, F-J Zhao, N. Breward, M. Harriman, and M. Tucker. 2006. Biofortification of UK food crops with selenium. Proc. Nutr. Soc. 65:169-181.

Cakmak, I. 2008. Enrichment of cereal grains with zinc: Agronomic or genetic biofortification? Plant Soil 302:1-17.

Cakmak, I. 2002. Plant nutrition research: Priorities to meet human needs for food in sustainable ways. Plant Soil 247:3-24.

Cakmak, I., H. Ekiz, A. Yilmaz, B. Torun, N. Köleli, I. Gültekin, A. Alkan, and S. Eker. 1997. Differential response of rye, triticale, bread and durum wheats to zinc deficiency in calcareous soils. Plant Soil 188:1-10.

Cakmak, I., M. Kalayci H. Ekiz, H.J. Braun, and A. Yilmaz. 1999. Zinc deficiency as an actual problem in plant and human nutrition in Turkey: A NATO-Science for Stability Project. Field Crops Res. 60:175-188.

Cakmak, I., M. Kalayci, Y. Kaya, A.A. Torun, N. Aydin, Y. Wang, Z. Arisoy, H. Erdem, O. Gokmen, L. Ozturk, and W.J. Horst. 2010b. Biofortification and localization of zinc in wheat grain. J. Agric. Food Chem. 58: 9092-9102.

Cakmak, I., W.H. Pfeiffer, and B. McClafferty. 2010. Biofortification of durum wheat with zinc and iron. Cereal Chem. 87:10-20.

Cakmak, I., B. Torun, B. Erenoglu, L. Oztürk, H. Marschner, M. Kalayci, H. Ekiz, and A. Yilmaz. 1998. Morphological and physiological differences in cereals in response to zinc deficiency. Euphytica 100: 349-357.

Cakmak, I., A. Torun, E. Millet, M. Feldman, T. Fahima, A. Korol, E. Nevo, H.J. Braun, and H. Ozkan. 2004. *Triticum dicoccoides*: an important genetic resource for increasing zinc and iron concentration in modern cultivated wheat. Soil Sci. Plant Nutr. 50:1047–1054.

Cao, X.Y., X.M. Jiang, A. Kareem, Z.H. Dou, M.A. Rakeman, M.L. Zhang, T. Ma, K. O'Donnell, N. Delong, and G.R. Delong. 1994. Iodination of irrigation water as a method of supplying iodine to a severely iodine-deficient population in Xinjiang, China. Lancet 344: 107-110.

Cary, E.E. and W.H Allaway. 1969. The stability of different forms of selenium applied to low-selenium soils. Sol Sci. Soc. Am. Proc. 33: 571-574.

Catlett, K.M., D.M. Heil, W.L. Lindsay, and M.H. Ebinger. 2002. Soil chemical properties controlling zinc (2+) activity in 18 Colorado soils. Soil Sci. Soc. Am. J. 66:1182–1189.

Chavez, A.L., J.M. Bedoya, T. Sanchez, C. Iglesias, H. Ceballos, and W. Roca. 2000. Iron, carotene, and ascorbic acid in cassava roots and leaves. Food Nutr. Bull. 21:410-413.

Chavez, A.L., T. Sanchez, G. Jaramillo, J.M. Bedoya, J. Echeverry, E.A. Bolanos, H. Ceballos, and C.A. Iglesias. 2005. Variation of quality traits in cassava roots evaluated in landraces and improved clones. Euphytica 143:125-133.

Combs, G.F. 2001. Selenium in global food systems. Brit. J. Nutr. 85:517-547.

Combs, G.F., Jr. and L. Lu. 2006. Selenium as a cancer preventative agent, Chapter 22. *In* D.L. Hatfield, M.J. Berry, and V.N. Gladyshev (eds.). Selenium: Its Molecular Biology and Role in Human Health, Springer, New York, pp. 249-264. Dai, J.L., Y.G. Zhu, Y.Z. Huang, M. Zhang, and J.L. Song. 2006. Availability of iodide and iodate to spinach (*Spinacia oleracea* L.) in relation to total iodine in soil solution. Plant Soil 289:301-308.

Diosady, L.L., J.O. Alberti, K. Ramcharan, and M.G. Mannar. 2002. Iodine stability in salt double-fortified with iron and iodine. Food Nutr. Bull. 23:196-207.

Drakakaki, G., S. Marcel, R.P. Glahn, L. Lund, S. Periagh, R. Fischer, P. Christou, and E. Stoger. 2005. Endosperm specific co-expression of recombinant soybean ferritin and Aspergillus phytase in maize results in significant increases in the levels of bioavailable iron. Plant Mol. Biol. 59:869–880.

Ekiz, H., S.A. Bagci, A.S. Kiral, S. Eker, I. Gultekin, A. Alkan, and I. Cakmak. 1998. Effects of zinc fertilization and irrigation on grain yield and zinc concentration of various cereals grown in zinc-deficient calcareous soil. J. Plant Nutr 21:2245–2256.

Erdal, I., A. Yilmaz, S. Taban, S. Eker, and I. Cakmak. 2002. Phytic acid and phosphorus concentrations in seeds of wheat cultivars grown with and without zinc fertilization. J. Plant Nutr 25:113–127

Eurola, M., P. Efholm, M. Ylinen, P. Koivistoinen, and P. Varo. 1990. Effects of selenium fertilization on the selenium content of cereal grains, flour, and bread produced in Finland. Cereal Chem. 67: 334-337.

Fairweather-Tait, S., Y. Bao, M. Broadley, R. Collings, D. Ford, J. Hesketh, and R. Hurst. 2010. Selenium in human health and disease. Antiox. Redox Signal. In press.

Finley, J.W. 2003. Reduction of cancer risk by consumption of selenium-enriched plants: enrichment of broccoli with selenium increases the anticarcinogenic properties of broccoli. J. Med. Food 6:19-26.

Foster, H.D. 2003. Why HIV-1 has diffused so much more rapidly in Sub-Saharan Africa than in North America. Med. Hypot. 60:611-614.

Freeman, J.L., S.D. Lindblom, C.F. Quinn, S. Fakra, M.A. Marcus, and E.A.H. Pilon-Smits. 2007. Selenium accumulation protects plants from herbivory by Orthoptera via toxicity and deterrence. New Phytol. 175:490-500.

Frossard, E., M. Bucher, F. Machler, A. Mozafar, and R. Hurrell. 2000. Potential for increasing the content and bioavailability of Fe, Zn and Ca in plants for human nutrition. J. Sci. Food Agric. 80:861-879.

Genc, Y., J.M. Humphries, G.H. Lyons, and R.D. Graham. 2010. Breeding for quantitative variables. Part 4: Breeding for nutritional quality traits. *In* S. Ceccarelli, E.P. Guimares, and E. Weltzien (eds.). Plant breeding and farmer participation. pp. 419-448. Rome: FAO.

Goto, F., T. Yoshihara, N. Shigemoto, S. Toki, and F. Takaiwa. 1999. Iron fortification of rice seed by the soybean ferritin gene. Nature Biotech. 17:282–286.

Graham, R.D., J.S. Ascher, and S.C. Hynes. 1992. Selection of zinc-efficient cereal genotypes for soils of low zinc status. Plant Soil 146:241-250.

Graham, R.D., R.M. Welch, and H.E. Bouis. 2001. Addressing micronutrient malnutrition through enhancing the nutritional quality of staple foods: principles, perspectives and knowledge gaps. Adv. Agron. 70:77-142.

Hanson, B., G.F. Garifullina, S.D. Lindblom, A. Wangeline, A. Ackleyl, K. Kramer, A.P. Norton, C.B. Lawrence, and E.A.H. Pilon-Smits. 2003. Selenium accumulation protects *Brassica juncea* from invertebrate herbivory and fungal infection. New Phytol. 159:461-469.

Hartikainen, H. 2005. Biogeochemistry of selenium and its impact on food chain quality and human health. J. Trace Elem. Med. Biol. 18:309-318.

Hartikainen, H. and T. Xue. 1999. The promotive effect of selenium on plant growth as triggered by ultraviolet irradiation. J. Env. Qual. 28: 1372-1375.

Harris, D., D. Rashid, G. Miraj, M. Arif, and M. Yunas. 2008. On-farm seed priming with zinc in chickpea and wheat in Pakistan. Plant Soil 306: 3-10.

Haug, A., R. Graham, O. Christophersen, and G. Lyons. 2007. How to use the world's scarce selenium resources efficiently to increase the selenium concentration in food. Mic. Ecol. Health Dis. 19: 209-228.

Hu, Q.H., G.X. Pan, and J.C. Zhu. 2002. Effect of fertilization on selenium content on tea and the nutritional function of selenium-enriched tea in rats. Plant Soil 238: 91-95.

Inal, A., A. Gunes, F. Zhang, and I. Cakmak. 2007. Peanut/maize intercropping induced changes in rhizosphere and nutrient concentrations in shoots. Plant Physiol. Biocem. 45:350-356.

Jiang, X.M., X.Y. Cao, J.Y. Jiang, M. Tai, D.W. James, M.A. Rakeman, Z.H. Dou, M. Mametti, K. Arnette, M.L. Zhang, and G.R. Delong. 1997. Dynamics of environmental supplementation of iodine: four years' experience of iodination of irrigation water in Hotien, Xinjiang, China. Arch. Environ. Health 52:399-408.

Krautler, B. 2005. Vitamin B_{12}: chemistry and biochemistry. Biochem. Soc. Trans. 33:806-810.

Kutman, U.B., B. Yildiz, L. Ozturk, and I. Cakmak. 2010. Biofortification of durum wheat with zinc through soil and foliar applications of nitrogen. Cereal Chem. 87:1-9.

Läuchli, A. 1993. Selenium in plants: uptake, functions and environmental toxicity. Bot. Acta. 106: 455-468.

Lauretani, F., R.D. Semba, S. Bandinelli, A.L. Ray, C. Ruggiero, A. Cherubini, J.M. Guralnik, and L. Ferrucci. 2008. Low plasma selenium concentrations and mortality among older community-dwelling adults: the InCHIANTI Study. Aging Clin. Exp. Res. 20:153-158.

Li, H.F., S.P. McGrath, and F.J. Zhao. 2008. Selenium uptake, translocation and speciation in wheat supplied with selenate or selenite. New Phytol. 178: 92-102.

Lin, Z.Q. 2008. Uptake and accumulation of selenium in plants in relation to chemical soeciation and biotransformation. *In* G. Banuelos and Z-Q Lin (eds.). Development and uses of biofortified agricultural products. pp. 45-56. Boca Raton, USA: CRC Press.

Liu, A.G., S.E. Volker, E.H. Jeffery, and J.W. Erdman. 2009. Feeding tomato and broccoli powders enriched with bioactives improves bioactivity biomarkers in rats. J. Agric. Food Chem. 57: 7304-7310.

Loneragan, J.F., D.L. Grunes, R.M. Welch, E.A. Aduayi, A. Tengah, V.A. Lazar, and E.E. Cary. 1982. Phosphorus accumulation and toxicity in leaves in relation to zinc supply. Soil Sci. Soc. Amer. J. 46:345–352.

Lucca, P., S. Poletti, and C. Sautter. 2006. Genetic engineering approaches to enrich rice with iron and vitamin A. Physiol. Plant. 126:291–303.

Lyons, G.H. 2010. Selenium in cereals: improving the efficiency of agronomic biofortification in the UK. Plant Soil 332: 1-4.

Lyons, G.H., Y. Genc, and R. Graham. 2008. Biofortification in the food chain, and use of selenium and phyto-compounds in risk reduction and control of prostate cancer. *In* G. Banuelos and Z-Q Lin (eds.). Development and uses of biofortified agricultural products. pp. 17-44. Boca Raton, USA: CRC Press.

Lyons, G.H., Y. Genc, K. Soole, J.C.R. Stangoulis, F. Liu, and R.D. Graham. 2009. Selenium increases seed production in Brassica. Plant Soil 318:73-80.

Lyons, G.H., J. Lewis, M.F. Lorimer, R.E. Holloway, D.M. Brace, J.C.R. Stangoulis, and R.D. Graham. 2004. High-selenium wheat: agronomic biofortification strategies to improve human nutrition. Food, Agric. Environ. 2: 171-178.

Lyons, G.H., I. Ortiz-Monasterio, Y. Genc, J. Stangoulis, and R. Graham. 2005a. Can cereals be bred for increased selenium and iodine concentration in the grain? *In* C.J. Li et al. (eds.). Plant nutrition for food security, human health and environmental protection pp. 374-375. Beijing, China: Tsinghua University Press.

Lyons, G.H., I. Ortiz-Monasterio, J. Stangoulis, and R. Graham. 2005b. Selenium concentration in wheat grain: Is there sufficient genotypic variation to use in breeding? Plant Soil 269: 369-380.

Lyons, G.H., J.C.R. Stangoulis, and R.D. Graham. 2005c. Tolerance of wheat (*Triticum aestivum*

L.) to high soil and solution selenium levels. Plant Soil 270: 179-188.

Lyons, G.H., Y. Genc, and R. Graham. 2008. Biofortification in the food chain, and use of selenium and phyto-compcunds in risk reduction and control of prostate cancer. *In* G. Banuelos and Z-Q Lin (eds.). Development and uses of biofortified agricultural products. pp. 17-44. Boca Raton, USA: CRC Press.

Lyons, G.H., Y. Genc, K. Soole, J.C.R. Stangoulis, F. Liu, and R.D. Graham. 2009. Selenium increases seed production in Brassica. Plant Soil 318:73-80.

Lyons G.H., J.C.R. Stangoulis, and R.D. Graham. 2003. High-selenium wheat: biofortification for better health. Nutr. Res. Rev. 16: 45-60.

Mackowiak, C.L. and P.R. Grossl. 1999. Iodate and iodide effects on iodine uptake and partitioning in rice (*Oryza sativa* L.) grown in solution culture. Plant Soil 212:135-143.

Makela, A.L., W.C. Wang, M. Hamalainen, V. Nanto, P. Laihonen, H. Kotilainen, L.X. Meng, and P. Makela. 2005. Environmental effects of nationwide selenium fertilization in Finland. Biol Trace Elem. Res. 47:289-298.

Malik, J.A., S. Kumar, P. Thakur, S. Sharma, N. Kaur, R. Kaur, D. Pathania, K. Bhandhari, N. Kaushal, K. Singh, A. Srivastava, and H. Nayyar. 2010. Promotion of growth in mungbean (*Phaseolus aureus* Roxb.) by selenium is associated with stimulation of carbohydrate metabolism. Biol. Trace Elem. Res.

Marschner, H. 2002. Mineral nutrition of higher plants. Second edition. London: Elsevier Academic Press.

Marschner, H. 1993. Zinc uptake from soils, *In* A.D. Robson (ed.). Zinc in Soils and Plants, Kluwer Academic Publishers, Dordrecht, The Netherlands, pp. 59-77.

Martens, D.C. and D.T. Westermann. 1991. Fertilizer applications for correcting micronutrient deficiencies. *In* J.J. Mordvedt, F.R. Cox, L.M. Shuman, and R.M. Welch (eds.). Micronutrients in Agriculture. SSSA Book Series No. 4. Madison, WI. pp. 549–592.

Martin, A.L. and S.F. Trelease. 1938. Absorption of selenium by tobacco and soy beans in sand cultures. Am. J. Bot. 25: 380-385.

Moran, K. 2004. Micronutrient Product Types and their Development. Proceedings No. 545. International Fertiliser Society, York, UK. 1-24.

Mortvedt, J.J. and R.J. Gilkes. 1993. Zinc fertilizers. *In* A.D. Robson (ed.). Zinc in Soils and Plants, Kluwer Academic Publishers, Dordrecht, The Netherlands, pp. 33-44.

Oldfield, J.E. 1999. The case for selenium fertilization: an update. Bulletin of the Selenium-Tellurium Development Association, August 1999. Grimbergen, Belgium: STDA.

Peleg, Z., Y. Saranga, A. Yazici, T. Fahima, L. Ozturk, and I. Cakmak. 2008. Grain zinc, iron and protein concentrations and zinc-efficiency in wild emmer wheat under contrasting irrigation regimes. Plant Soil 306: 57-67.

Pezzarossa, B., D. Piccotino, C. Shennan, and F. Malorgio. 1999. Uptake and distribution of selenium in tomato plants as affected by genotype and sulphate supply. J. Plant Nutr. 22:1613-1635.

Pfeiffer, W.H. and B. McClafferty. 2007. Biofortification: Breeding micronutrient-dense crops. *In* M.S. Kang and P.M. Priyadarshan (eds.). Breeding major food staples. pp. 61-91. Oxford: Blackwell Publishing.

Potrykus, I. 2003. Nutritionally enhanced rice to combat malnutrition disorders of the poor. Nutr. Rev. 61: S101-S104.

Rayman, M.P. 2002. The argument for increasing selenium intake. Proc. Nutr. Soc. 61: 203-215.

Reilly, C. 1996. Selenium in food and health. London: Blackie.

Rengel, Z., G.D. Batten, and D.E. Crowley. 1999. Agronomic approaches for improving the micronutrient density in edible portions of field crops. Field Crops Res. 60: 27-40.

Shivay, Y.S., D. Kumar, R. Prasad, and I.P.S. Ahlawat. 2002a. Relative yield and zinc uptake by rice from zinc sulphate and zinc oxide coatings on to urea. Nutr. Cycl. Agroeco.80:181–8.

Shivay, Y.S., D. Kumar, and R. Prasad. 2008b. Effect of zinc-enriched urea on productivity, zinc uptake and efficiency of an aromatic rice–wheat cropping system. Nutr. Cycl. Agroeco. 81:229–43.

Shrift, A. 1969. Aspects of selenium metabolism in higher plants. Ann. Rev. Plant Physiol. 20: 475-494.

Slaton, N.A., C.E. Wilson, S. Ntamatungiro, R.J. Norman, and D.L. Boothe. 2001. Evaluation of zinc seed treatments for rice. Agron. J. 93:152–157.

Sors, T.G., C.P. Martin, and D.E. Salt. 2009. Characterization of selenocysteine methyltransferases from Astragalus species with contrasting selenium accumulating capacity. Plant J. Cell Mol. Biol. 59:110-122.

Srivastava, O.P. and B.C. Sethi. 1981. Contribution of farm yard manure on the build up of available zinc in an aridisol. Comm. Soil Sci. Plant Anal. 12:355-361.

Storsdieck gennant Bonsmann, S. and R.F. Hurrell. 2008. The impact of trace elements from plants on human nutrition: a case for biofortification. *In* G. Banuelos and Z-Q Lin (eds.). Development and uses of biofortified agricultural products. Boca Raton, USA: CRC Press.

Stroud, J.L., H.F. Li, J. Lopez-Bellido, M.R. Broadley, I. Foot, S.J. Fairweather-Tait, D.J. Hart, R. Hurst, P. Knott, H. Mowat, K. Norman, P. Scott, M. Tucker, P.J. White, S.P. McGrath, and F.J. Zhao. 2010. Impact of sulphur fertilization on crop response to selenium fertilization. Plant Soil 332:31-40.

Tan, J.A., W. Zhu, W. Wang, R. Li, S. Hou, D. Wang, and L. Yang. 2002. Selenium in soil and endemic diseases in China. Sci. Tot. Environ. 284: 227-235.

Turakainen, M., H. Hartikainen, and M.M. Seppanen. 2004. Effects of selenium treatments on potato (*Solanum tuberosum* L.) growth and concentrations of soluble sugars and starch. J.

Agric. Food. Chem. 52: 5378-5382.

Varo, P., G. Alfthan, J. Huttunen, and A. Aro. 1994. Nationwide selenium supplementation in Finland - effects on diet, blood and tissue levels, and health. *In* R. Burk (ed.). Selenium in Biology and Human Health, pp. 197-218. New York: Springer-Verlag.

Vinceti, M., T. Maraldi, M. Bergomi, and C. Malagoli. 2009. Risk of chronic low-dose selenium overexposure in humans: insights from epidemiology and biochemistry. Rev. Environ. Health 24: 231-248.

Waters, B.M. and M.A. Grusak. 2008. Whole-plant mineral partitioning throughout the life cycle in Arabidopsis thaliana ecotypes Columbia, Landsberg erecta, Cape Verde Islands, and the mutant line ysl1ysl3. New Phytol. 177:389-405.

Welch, R.M. 2001. Micronutrients, agriculture and nutrition; linkages for improved health and well being. *In* K. Singh et al. (eds.). Perspectives on the micronutrient nutrition of crops. pp. 247-289. Jodhpur, India: Sci Publ.

Welch, R.M. 1999. Importance of seed mineral nutrient reserves in crop growth and development. *In* Z. Rengel (ed.). Mineral Nutrition of Crops: Fundamental Mechanisms and Implications. New York: Food Products Press, pp. 205-226.

Welch, R.M. and R.D. Graham. 2004. Breeding for micronutrients in staple food crops from a human nutrition perspective. J. Exp. Bot. 55: 353-364.

White, P.J., H.C. Bowen, P. Parmaguru, M. Fritz, W.P. Spracklen, R.E. Spiby, et al. 2004. Interactions between selenium and sulphur nutrition in *Arabidopsis thaliana*. J. Exp. Bot. 55: 1927-1937.

White, P.J. and M.R. Broadley. 2009. Biofortification of crops with seven mineral elements often lacking in human diets – iron, zinc, copper, calcium, magnesium, selenium and iodine. New Phytol. 182:49-84.

White, P.J. and M.R. Broadley. 2005. Biofortifying crops with essential mineral elements. Trends Plant Sci. 10: 586-593.

WHO (World Health Organization). 2003. Joint WHO/FAO expert consultation on diet, nutrition and the prevention of chronic diseases (2002: Geneva, Switzerland). *World Health Technical Report Series*, 916, 1. Geneva, Switzerland: World Health Organisation.

Xue, T.L. and H. Hartikainen. 2000. Association of antioxidative enzymes with the synergistic effect of selenium and UV irradiation in enhancing plant growth. Agric. Food Sci. Finl. 9: 177-187.

Yilmaz, A., H. Ekiz, B. Torun, I. Gultekin, S. Karanlik, S.A. Bagci, and I. Cakmak. 1997. Effect of different zinc application methods on grain yield and zinc concentration in wheat grown on zinc-deficient calcareous soils in Central Anatolia. J. Plant Nutr. 20:461–471.

Ylaranta, T. 1984. Raising the selenium content of spring wheat and barley using selenite and selenate. Ann. Agric.Fenn. 23:75-84.

Ylaranta, T. 1983a. Effect of added selenite and selenate on the selenium content of Italian rye grass (*Lolium multiflorum*) in different soils. Ann. Agric. Fenn. 22:139-151.

Ylaranta, T. 1983b. Effect of applied selenite and selenate on the selenium content of barley (*Hordeum vulgare*). Ann. Agric.Fenn. 22:164-174.

Yoshida, S. 1998. Rhizobial production of vitamin B_{12} active substances and their localization in some leguminous plants. Jap. J. Soil Sci. Plant Nutr. 69(5):435-444.

Zhang, F., M. Fan, X. Gao, C. Zou, and Y. Zuo. 2008. Soil and crop management for improving iron and zinc nutrition of crops. *In* G. Banuelos and Z-Q Lin (eds.). Development and uses of biofortified agricultural products. pp. 71-93. Boca Raton, USA: CRC Press.

Zou, C., X. Gao, R. Shi, X. Fan, and F. Zhang. 2008. Micronutrient deficiencies in crops in China Chapter 5. *In* B.J. Alloway, (ed.). Micronutrient Deficiencies in Global Crop Production, Springer, Dordrecht, pp.380.

Zuo, Y. and F. Zhang. 2009. Iron and zinc biofortification strategies in dicot plants by intercropping with gramineous species. A review. Agron. Sust. Dev. 29: 63-71.

第5章

食物中のカルシウム、マグネシウム、カリウム

フォレスト・ニールセン[1]

要約

本章では、ヒトにとって重要なカルシウム、マグネシウム、カリウムの生化学的・生理学的機能や摂取不足の影響についてとりまとめる。また、ヒトにおけるこれらの必須ミネラルの推奨摂取量や食料源についても触れる。さらに、ヒトが食事を通して摂取するミネラル量と、人体内での可給性に影響を与える植物の栄養素すなわち肥料などの要因についても議論をする。カルシウム、マグネシウム、カリウムは植物体中に広く分布し、ヒトやほかの動物と同様に生化学的役割を果たすため、植物にとっても必須である。言い換えると、植物自身の成長のためにミネラルを吸収するので、植物由来の食品には常にこれらのミネラルが一定量含まれている。根へのカルシウム施用量の増加は、植物体中のカルシウム含有量の増加をもたらす。土壌からの可給性が低い場合には、マグネシウムは優先的に穀物類の子実中に蓄積するが、マグネシウムの供給が適切な場合は、栄養成長器官にマグネシウムが貯蔵される。その結果、(植物由来の)食物中のマグネシウムは、植物が育てられた環境に影響される。根へのカリウム施用量を増やすと、種子や子実を除く植物のすべての器官で、カリウム含有量の増加につながる。したがって、肥料による土壌中のカリウム量の増加は、果物や野菜のカリウム含有量の増加に寄与するが、子実中の含有量の増加には効果がない。上述の現象は、「ヒトが食事を通して必要とする、カルシウム、マグネシウム、カリウムの植物の吸収量は、施肥の影響を受ける」ことを示している。

本章に特有の略記

AI = Adequate Intake; 適正摂取量/ATPase = Adenosine Triphosphatase; ATPアーゼ/ CRP = C-reactive protein; C反応性タンパク/DRI = Dietary Reference Intake; 食事摂取基準/EAR = Estimated Average Requirement; 推定平均必要量/FAO/WHO = Food and Agriculture Organization/World Health Organization; 国際連合食糧農業機関、世界保健機関/μ*M* = micromolar; マイクロモル濃度/mmol = millimoles; ミリモル/NHANES = National Health and Nutrition Examination Survey; 米国全国健康・栄養調査/RDA = Recommended Dietary Allowance; 推奨栄養所要量/ RNI = Recommended Nutrient Intake; 推奨栄養摂取量/ UL = Tolerable Upper Limit; 許容上限値

本書を通じてよく使われる略語は、xページ参照のこと。

---

1 F.H. Nielsen is a Research Nutritionist, U.S. Department of Agriculture, Agricultural Research Service, Grand Forks Human Nutrition Research Center, Grand Forks, North Dakota, USA;
e-mail: forrest.nielsen@ars.usda.gov

序論

カルシウム、マグネシウム、カリウムは、ヒトを含む動物の必須多量無機元素である。動物におけるこれらの無機要素の本質的な機能は、植物における機能と類似している。ただし、動物は自身の骨格の成長と維持のために、植物よりもはるかに多くのカルシウムを必要とする。この違いにより、カルシウムは、多くの場合は（必須）多量元素に次ぐ二次要素に分類されるが、植物にとっては微量無機元素とみなされることがある。カルシウム、マグネシウム、カリウムは動物および植物の主要な代謝機能に関わっており、そのため常に食品中に含まれる。したがって施肥は、最適な作物生産を保証するだけでなく、ヒトが食事を通して摂取するカルシウム、マグネシウム、カリウムの必要量にも影響を及ぼす。

カルシウム

ヒトにとっての栄養学的重要性

生化学的および生理学的機能

カルシウムは、代謝に関連する3つの主要な機能をもつ。具体的には、細胞内応答を細胞外シグナルへつなぐセカンドメッセンジャー、機能性タンパク質の活性化因子、および骨格機能の維持である。

シグナルまたはメッセンジャーイオンとして、カルシウムイオンは血管収縮と血管拡張、筋収縮、神経伝達、ホルモンの作用を仲介する。化学的、電気的、物理的刺激に応答して、細胞外のカルシウムイオンは、細胞内に流入するとともに、小胞体や筋小胞体などから内部貯蔵カルシウムイオンが放出されることで、細胞内に増加する（Awumey and Bukoski, 2006; Weaver, 2006）。増加した細胞内のカルシウムイオンは、しばしばカルモジュリンと呼ばれるカルシウム結合タンパク質の形で存在し、たとえば、プロテインキナーゼ（タンパク質のリン酸化酵素）を活性化して生理応答をもたらすなど、特定の反応に関与する（Weaver and Heaney, 2006a）。

一方、数種類のプロテアーゼおよびデヒドロゲナーゼを含む多くの酵素は、前記の細胞内カルシウムイオンの変化とは別に、カルシウムが結合することによって活性化または安定化される〔訳註：カルシウム依存性プロテアーゼなどと言われ、細胞内カルシウムの1000倍程度、mmol単位のカルシウムが必要〕（Weaver and Heaney, 2006a）。これらの酵素には、グリセルアルデヒドリン酸脱水素酵素、ピルビン酸脱水素酵素、α-ケトグルタル酸デヒドロゲナーゼなども含まれる（Weaver and Heaney, 2006a）。

全身のカルシウムのうち約99%は骨や歯に含まれる。骨の結晶はヒドロキシアパタイト（$Ca_{10}(PO_4)_6(OH)_2$）と類似した組成をもち、約39%のカルシウムを含有する。圧縮に抵抗力のある結晶は、骨基質タンパク質内に配列されており、引張荷重に耐える能力をもつ。無機（ヒドロキシアパタイト）または有機（タンパク質マトリックス）のいずれかの構成要素の変化は、骨強度の変化につながる可能性がある（Rubin and Rubin, 2006）。骨格は、力学的・生理的な環境変化に内部の微細構造を適応させるために、生涯を通じて継続的な組織修復の必要がある（実際に10～12年ごとに置換されている）。加えて、骨折の危険性を最小限にするため、微小な損傷が修復されるので、骨は継続的に更新されている。

摂取不足による影響

カルシウム（摂取）が不足しても、骨に蓄えられたカルシウムが溶け出すことで細胞外のカルシウムイオンが維持されるため、重要な細胞または生理学的プロセスにおけるカルシウムイオンの欠乏はすぐに発症することはない（Heaney, 2006）。しかしカルシウムの摂取不足は、特定の細胞（たとえば、筋肉や脂肪細胞）中のカルシウムチャンネルを開く1, 25 $(OH)_2$ -ビタミンD［訳註：体液中のカルシウムやリンの代謝を調節する重要なホルモン活性をもつ活性型ビタミンD］の循環量を増加させ、その結果として細胞内カルシウムの増加を引き起こす（Weaver and Heaney, 2006a）。増加した細胞内カルシウムは、肥満に関わる障害の発症もしくは重症化を引き起こすことがある。しかし多くの健常者にとって、カルシウムの摂取で重要なのは、骨の健康を維持するために必要な量である。骨の置換・修復が骨量減少よりも遅い場合には、骨粗しょう症の発症が懸念される。また、微細でも継続的な骨への負荷に骨の修復が追いつかない場合には、疲労骨折が起こることがある。ヨーロッパにおける女性の股関節骨折リスクに関する大規模な症例対照研究では、カルシウム摂取量を1日当たり500mg（12.5mmol）に増やすと、骨折リスクが減少した（Dawson-Hughes, 2004）。しかし、1日当たり500mg（12.5mmol）以上でも、カルシウムのみの摂取では骨折リスクが低下しない傾向が認められた（Dawson-Hughes, 2004; Shea et al., 2002; Jackson et al., 2006; Cumming and Nevitt, 1997）。この発見は、成人の推定平均必要量（Estimated Average Requirement；EAR）が十分に管理されたバランス試験では、1日当たり700～800 mg の間であり（Hunt and Johnson, 2007; Uenishi et al., 2001）、かつ米国食品栄養委員会（2010年）が近年算出した1,000mg より低いという報告と一致している。推定平均必要量（EAR）とは、さまざまな年齢層や性別の個人のうち、50%の必要量を満たすと推定される摂取量である。成人における骨量減少・骨折リスクの低減に対して、食事中に多く含まれるカルシウムがプラスの影響を示したほとんどの研究には、実験条件上の共変数［訳註：統計用語の一種。精確な結果を出すには、この影響を取り除ければよいが、取り除けない場合もある。本文の場合は後者］として、ビタミンDの追加的摂取がある［訳註：骨量・骨折リスクの減少にはビタミンDの効果も大きいという意］。

推奨摂取量

カルシウム摂取量の推奨値は世界各国で大きく異なり、もっとも高い水準は米国が近年設定した、成人19～50歳の推奨栄養所要量（Recommended Dietary Allowance；RDA）が、1日当たり1,200mg（25mmol）という数値である（Food and Nutrition Board, 2010）。RDAは、さまざ

表 1. 米国におけるカルシウム、マグネシウム、カリウムの成人の推定平均必要量(EAR)・推奨栄養所要量(RDA)・適正摂取量(AI)(Food and Nutrition Board, 1997; 2005; 2010)

ライフステージ群	カルシウム(Ca)、mg		マグネシウム(Mg)、mg		カリウム(K)、g
	EAR	RDA	EAR	RDA	AI
男性(年齢)					
9-13	1,100	1,300	200	240	4.5
14-18	1,100	1,300	340	410	4.7
19-30	800	1,000	330	400	4.7
31-50	800	1,000	350	420	4.7
51-70	800	1,000	350	420	4.7
＞70	1,000	1,200	350	420	4.7
女性(年齢)					
9-13	1,100	1,300	200	240	4.7
14-18	1,100	1,300	300	360	4.7
19-30	800	1,000	255	310	4.7
31-50	800	1,000	265	320	4.7
51-70	1,000	1,200	265	320	4.7
>70	1,000	1,200	265	320	4.7

まな年齢層、性別の個人のほぼすべて(97〜98%)の必要量を満たすのに十分な、1日の摂取量である。米国の公式なRDAは、厳密な代謝給餌試験による必要カルシウムのバランスデータ分析で示された基準量(成人男性および女性で1日当たり1,035mg = 25.8mmol)に近似している(Hunt and Johnson, 2007)。カルシウムの食事摂取基準(DRI;健康な集団の食事を計画・評価するための基準)は、英国ではかなり低く、19歳以上の成人で1日当たり700mg(17.5mmol)である(Francis, 2007)。インドでは、カルシウムのRDAが成人で1日当たり400mg(10mmol)である(Harinarayan et al., 2007)。米国およびEU諸国を含むいくつかの国・組織は、カルシウムの許容上限値(Tolerable Upper Limit;UL)として1日当たり2,500mg(62.4mmol)を設定している(Looker, 2006)。ULは一般に、ほぼすべての個人に対して健康への悪影響をもたらさないとされる1日当たりの最大摂取量である。米国食品栄養委員会(the U.S. Food and Nutrition Board, 2010)によって設定された10代の青少年および成人のDRI〔訳註:DRIの指標には、EAR、RDA、AI、ULなどがあり、その中のEAR、RDA、AIが示されている〕を**表1**に示す。

米国医学研究所の食品栄養委員会(the Food and Nutrition Board of the U.S. Institute of Medicine, 2010)は近年、いくつかの例外を除いて、ほとんどの北米人は十分なカルシウムを摂取していると結論づけた。また、摂取データ(Looker, 2006)に基づくと、ほぼ全てのヨーロッ

表 2. 植物由来の一部の食品中のカルシウム、マグネシウム、カリウムの含有量（mg/100 g）

食品	カルシウム (Ca)	マグネシウム (Mg)	カリウム (K)	食品	カルシウム (Ca)	マグネシウム (Mg)	カリウム (K)
果物†				**野菜**†			
リンゴ	6	5	107	レタス	18	7	141
オレンジ	40	10	181	セルリー	40	11	260
バナナ	5	27	358	トマト	10	11	237
モモ	6	9	190	ニンジン	33	12	320
イチゴ	16	13	153	タマネギ	23	10	146
ナシ	9	7	119	ピーマン類	10	10	175
ブドウ	10	7	191	ジャガイモ §	8	20	328
プラム	6	7	157	アオイマメ §	32	74	570
グレープフルーツ	12	8	139	白インゲンマメ §	69	53	389
チェリー	13	11	222	エンドウマメ §	27	39	271
アボカド	12	29	485	ダイズ	145	60	539
穀物‡				**ナッツ**†			
オオムギ	50	150	470	アーモンド	264	268	705
トウモロコシ	30	140	370	ブラジルナッツ	160	376	659
エンバク	70	140	440	カシューナッツ	370	292	660
白米	30	120	150	ペカン	70	121	410
ライムギ	70	140	520	ピスタチオ	105	121	1,025
コムギ	40	160	420	クルミ	98	158	441

† 米国農務省栄養データベース（2010）による数値
‡ McDowell（1992）の報告による全粒穀物（食品としては提供されない）の数値
§ 塩ゆでされた状態

パ人も十分なカルシウムを摂取している。一方で、食事がカルシウム含有量の少ない穀物類（たとえばコメ）に限定され、乳製品の消費が非常に少ないような国では、カルシウムの摂取不足が重要な問題となっている場合がある。これらの国々の例として、バングラデシュ（Combs et al., 2005）、ナイジェリア（Thacher et al., 2009）がある。

ヒトのカルシウム摂取における各種要因

食物中のカルシウム含有量

西洋の食事の中でもっともカルシウムが豊富な食品は乳製品である。一般的には、1食当たり約300mg（7.5mmol）のカルシウム（8オンス＝約240mlの牛乳やヨーグルト、1.5オンス＝約43gのチェダーチーズなど）が含まれている。また、穀物類はカルシウムが特に豊富というわけではないが、それらを大量に消費すれば、十分量の食事性カルシウムを摂取できる。米国の成人は、乳製品から約78%、穀物製品から約11%、野菜や果物から約6%の食事性カルシウムを摂取している。植物由来食品の一部のカルシウム含有量を**表2**に示す。

ほかの栄養素との相互作用

適切なカルシウム必要量を供給するために考慮すべき重要事項には、食品中に含まれる含有量そのものだけでなく、その生物学的利用能［訳註：腸からの吸収率］も挙げられる。牛乳および乳製品中に含まれるカルシウムは、全体のうち約32%が吸収される（Weaver et al., 1999）。その一方、植物由来の食品にはシュウ酸塩やフィチン酸塩が含まれるため、カルシウムの生物学的利用能は牛乳よりも一般的に低くなる。たとえば、シュウ酸含有量の多いホウレンソウでは、含まれるカルシウムのうち約5%しか吸収されない（Heaney et al., 1988）。しかし、アブラナ属の植物は、細胞死を引き起こす過剰のカルシウムを解毒するためにシュウ酸を使用しない特殊な種である。したがって、アブラナ属のブロッコリー（61%）、チンゲンサイ（54%）、およびケール（49%）などの野菜は、カルシウムの吸収率が牛乳よりも高い（Weaver et al., 1999）。したがって、カルシウム含有量がブロッコリーで493μg/g、ケールで718μg/g、チンゲンサイで929μg/gと報告されているとおり、これらの食品もまたカルシウムの良い供給源といえる（Weaver and Heany, 2006b）。

フィチン酸は、種子中のリンの貯蔵形態である。カルシウム吸収をゆるやかに阻害する程度のフィチン酸、フィチン酸塩の種子含有量は、植物が栽培されている土壌のリン含有量に依存する（Weaver and Heaney, 2006b）。フスマ（コムギのぬか）や乾燥マメなど、フィチン酸含有量の高い食品のみを摂取すると、カルシウム吸収量が有意に減少する（Weaver and Heaney, 2006b）。しかし興味深いことに、シュウ酸塩およびフィチン酸塩が豊富なダイズ由来の食品は、カルシウムの生物学的利用能が比較的高い（Heaney et al., 1991）。さらに、ナイジェリアの子供たちを対象にした研究で、トウモロコシのお粥を含む食事中のフィチン酸塩が増えると、カルシウムの吸収が促進されたことが報告されている（Thacher et al., 2009）。

カルシウムとナトリウムは、腎臓に近接した尿細管で同じ輸送系を共有しているため、ナトリウムがカルシウムの代謝に悪影響を与えることがある。実際に、腎臓でナトリウムが1,000 mg（43mmol）排出されるごとに、26.3 mg（0.66mmol）のカルシウムがともに失われる（Weaver,

2006)。多量のナトリウム摂取は骨量の減少を招くため、この損失はカルシウム吸収量を高めても相殺されない (Weaver, 2006)。

また、食物からタンパク質を摂取すると、そこに含まれる含硫アミノ酸の分解で産生される酸によって、尿酸負荷が増大するため、尿からのカルシウム損失が増加する (Cao and Nielsen, 2010)。しかし、食物タンパク質の摂取では、カルシウム吸収量の変動による相殺によって、体内カルシウムの保有量は減少しない (Cao and Nielsen, 2010)。また、肉や炭酸飲料に見られるような、フィチン酸塩以外の食事性リンの摂取でも、尿酸負荷の増大によって、尿からの排泄によるカルシウムの損失量が増加する (Cao and Nielsen, 2010)。しかしながら、前述の含硫アミノ酸の摂取量が増加した場合と同様、リン摂取が増加しても、カルシウムバランスは保たれ、保有量の減少は起こらない (Heaney, 2008; Cao and Nielsen, 2010)。

さらに、アルミニウムを含む制酸剤の多量服用などで、アルミニウムを多量摂取すると、カルシウムの損失増加を引き起こす。このような制酸剤を使用した治療では、1日の尿中カルシウム排出量が50mg (1.25mmol) 以上にまで増えることがある (Heaney, 2008)。

ほかにも、いくつかの難消化性オリゴ糖 (たとえばイヌリン) は、カルシウムの吸収と骨の石灰化を促進する (Coudray et al., 1997; Abrams et al., 2005)。

食物中のカルシウムへの施肥の影響

植物にとっての栄養学的重要性

カルシウムは通常、(必須) 多量要素に次ぐ二次多量要素として分類されるが、植物の要求量が小さいため、カルシウムは植物にとって (必須) 微量要素とみなされる (Wallace et al., 1966; Marschner, 1995)。植物の中でもカルシウムの要求量は異なり、双子葉植物より単子葉植物のほうがはるかに低い。たとえば、最適なバランスの養分溶液中で生育が最大化する濃度は、ライグラスで2.5μ*M*、トマトで100μ*M*と40倍の差がある (Marschner, 1995)。カルシウムは、カルシウムイオンを取り込む細胞膜を完全な形で維持するために必須である。またカルシウムは、細胞壁の構造成分としてのみならず、細胞シグナル伝達におけるセカンドメッセンジャーとして機能する (Marschner, 1995)。土壌中のカルシウム含有量は植物の要求量に比べて多いため、陽イオン交換容量がかなり大きな土壌や、pH5.3以上の土壌で栽培された非マメ科植物では、カルシウム欠乏をほとんど生じない (Barber, 1984)。しかし風化が激しく、pHと陽イオン交換容量が低い土壌では、カルシウム不足による生育不良が起こる可能性がある。そのため、マメ科植物のようなカルシウム要求量の多い作物では、十分なカルシウム供給を得るため、pHの高い土壌を必要とする場合がある (Barber, 1984)。土壌中では、土壌溶液中の水溶性カルシウムと交換性カルシウムが、植物の根に吸収される際の主要な形態である。カルシウムは、多くの土壌において優先的な交換性陽イオンである。土壌溶液中のカルシウムは、硫酸塩や炭酸塩などの水溶性の陰イオンによってバランスが保たれている。また、交換性カルシウムは土壌溶液中の（水溶性）カルシウムと平衡状態にある（Barber, 1984）。ナトリウムを含むアルカリ性土壌、水素イオンやアルミニウムの多い酸性土壌、およびマグネシウムを多く含む蛇紋岩由来の土壌には、カルシウム以外の優先的な交換性陽イオンがある（Barber, 1984）。酸性土壌の場合、石灰散布によってアルミニウムを析出させることで、交換性カルシウムを増加させることができる。しかし、酸性土壌に対して可溶性カルシウムを添加することは、陽イオン交換サイトでアルミニウムを置換した不溶性の形で沈殿させるのではなく、アルミニウムの溶解性や毒性の増加をもたらすため、交換性カルシウムを増加させる手法として適していない。

植物由来の食物中のカルシウム含有量に影響を及ぼす要因

土壌中のカルシウムの可給性によって差はあるが、植物の成長に必要なカルシウム供給は、植物由来の食品が常に一定量のカルシウムを含有することにつながる。根へのカルシウム供給を増加させると、植物体中のカルシウム含有量が増加する一方で、マグネシウム、カリウム、アンモニウムイオンといった陽イオンを増加させると、植物のカルシウム吸収が減少する。とはいえ、植物由来の食物中のカルシウム含有量は、カルシウム吸収能の植物種間差にもっとも影響を受ける。たとえば、同濃度のカルシウムの吸収実験では、トマトのカルシウム吸収量が最大で、ダイズとレタスは中間、そしてコムギが最小であった（Halstead et al., 1968）。一般的に、ダイズ、ナッツ、アブラナ属の食品はカルシウム含有量が高く、その他の特定のマメ類や野菜は中程度のカルシウム源であり、穀物類（特にフスマ成分を含まない場合）や果物は、カルシウム含有量の少ない食品である。植物由来の食品におけるカルシウム含有量の植物種による違いを**表2**に示す。

マグネシウム

栄養学的重要性

生化学的および生理学的機能

マグネシウムは、すべての代謝経路で不可欠な酵素反応に必要である（Rude and Shils, 2006; Volpe, 2006）。それらの反応は、DNA、RNA、タンパク質、アデニル酸シクラーゼ合成、細胞のエネルギー産生・貯蔵、解糖系、および細胞の電解液組成の維持に関わっている。マグネシウムは酵素反応において2つの機能を果たしている。まず、マグネシウムは特定の酵素に直接結合し、それらの構造を変化させる、あるいは触媒として機能する（たとえばエキソヌクレアーゼ、トポイソメラーゼ、RNAポリメラーゼ、DNA ポリメラーゼ）。さらにマグネシウムは、酵素基質に結合して、酵素が反応する複合体を形成する。マグネシウムの主な役割は、ATP利用への関与である。この役割の例として、タンパク質をリン酸化するためのMgATPとキナーゼとの反応がある。マグネシウムは、全ての細胞において主にMgATPとして存在する。そして、細胞膜内のマグネシウム濃度は、細胞内カルシウムやカリウムを調節する。それゆえ、マグネシウムは神経伝達、骨格筋および平滑筋収縮、心臓の興奮性、血管緊張、血圧、および骨代謝回転の制御因子として働いている。

摂取不足の影響

推奨されている各種食事摂取基準に基づくと、無症状の潜在的マグネシウム欠乏（50%～100%未満の必要量）は、世界中のどこでも普通に見ることができる（Nielsen, 2010）。しかし、特に食事性マグネシウムの欠乏のみに起因する病態はまれと考えられている。しかし、疫学的相関研究によると、低マグネシウムの状態が、アテローム性動脈硬化症（Ma et al., 1995; Abbott et al., 2003）、高血圧（Ma et al., 1995; Touyz, 2003）、骨粗しょう症（Rude et al., 2009）、糖尿病（Barbagallo et al., 2003）、そして特定のがん（Dai et al., 2007; Leone et al., 2006）を含む、老化に関わる数多くの病態と関連していることを示している。

低マグネシウム状態での病態は、慢性炎症性のストレス反応を有するという特徴がある（Hotamisligil, 2006; Libbey, 2007）。ヒトを対象にした研究は、低マグネシウム状態がしばしば炎症の増加や酸化ストレスと関連していることを示す。C反応性タンパク質（C-reactive protein；CRP）〔訳註：ヒトの体内で炎症反応や組織細胞の破壊が起きた時、血清中に増加するタンパク質〕は、低マグネシウム状態または慢性炎症の指標としてよく利用されている（Ridker, 2007）。マグネシウム摂取量が、血清または血漿中のCRP増加と反比例の関係にあることを示した研究成果もある（King et al., 2005; King et al., 2007; Bo et al., 2006; Song et al., 2007; Chacko et al., 2010, Nielsen et al., 2010）。そして、血清中のマグネシウム濃度の低下も、CRPの増加と関連している（Rodriguez-Morán and Guerrero- Romero, 2008; Almoznino-Sarafian et al., 2007）。しかし、動物実験では、ヒトのマグネシウム欠乏が慢性炎症などの病理疾患の主原因ではなく、一因であることが示されている（Nielsen, 2010）。重度のマグネシウム欠乏（必要量の10%未満の供給量）は炎症応答をもたらすが、潜在的から中程度までのマグネシウム単独の欠乏状態では、モデル動物の慢性炎症性ストレスには顕著な影響を及ぼさなかった（Vormann et al., 1998; Kramer et al., 2003）。その一方、動物実験において、中程度のマグネシウム欠乏が、ほかの因子により誘導される炎症または酸化的ストレスの症状を悪化させることを示した（Nielsen, 2010）。したがって、後述の推奨摂取量（Dietary Recommendations）を基にすると、肥満やショ糖・果糖の多量摂取のような酸化性・炎症性ストレス状態は、加齢にともなう慢性疾患につながるため、マグネシウム欠乏が重要な栄養問題になる可能性があるといえる（Nielsen, 2010）。

栄養管理した代謝研究の結果、無症状の潜在的マグネシウム欠乏は、特定の慢性疾患リスクを増加させる上、身体能力や心臓機能に影響を与える危険性があることも判明している。日頃運動していない閉経後の女性に、1日当たりマグネシウム150mg（6.17mmol）を投与すると、1日当たりマグネシウム320mg（13.16mmol）を投与した場合と比較して、運動中の心拍数と酸素消費量が有意に増加した（Lukaski and Nielsen, 2002）。閉経後の女性に対して潜在的マグネシウム欠乏食（マグネシウムがほとんど含まれていない食事）を与えた場合にも、心臓不整脈やカリウム代謝の変化が起こった（Nielsen, 2004; Nielsen et al., 2007 Klevay and Milne, 2002）。

推奨摂取量

データ不足により、各地のマグネシウムの妥当な推奨摂取量の設定が難しくなっている。そのような状況下で米国食品栄養委員会（the U.S. Food and Nutrition Board, 1997）によって設定された10代の若者および成人のマグネシウムのRDA（推奨栄養所要量）を**表1**に示す。年齢30～60歳の成人男性と女性の推奨栄養所要量（RDA）は、それぞれ1日当たり420mgと320mg（17.28および13.16mmol）に設定されている（Food and Nutrition Board, 1997）。これらの推奨栄養所要量は、シーリグ（Seelig, 1981）およびドゥーラッハ（Durlach, 1989）によって提案された1日当たり6mg（0.25mmol）/体重1kgという摂取推奨量と一致している。米国のRDAは、1984年に行われたバランス試験の知見にほぼ全面的にもとづいていたが、その試験管理は不完全なものであった（Lakshmanan et al., 1984）。その研究では、被験者は自分の家庭環境で自ら選択した食事を摂取し、そしてその排泄物の収集を自分で行い、またバランスの決定に使用される食事と飲料のサンプル収集も自ら行っていた。このような試験設計のため、マグネシウム摂取量に多くの重複が生じ、マグネシウム収支計算にプラスとマイナス誤差が多く生じている。以上のように、使用されているデータの信頼性が薄いため、北米のマグネシウムのRDAは疑問視されてきた。国際連合食糧農業機関・世界保健機関（FAO／WHO, 2002）は、米国およびカナダのRDAは、それよりも少ないマグネシウム摂取量では、マグネシウム欠乏が発症するとのデータが欠けていると結論づけた。そのため、専門家の審議会は主観的に、マグネシウムの推奨栄養摂取量（RNI）を女性、男性でそれぞれ1日当たり220mg、260mg（9.05mmol、10.69mmol）と設定した。

FAO/WHOで設定された推奨栄養摂取量（Recommended Nutrient Intake；RNI）が、米国とカナダのRDAよりも適切であることを示唆している報告がある。それらの中には、身体能力とエネルギー消費に障害があり、さらには心臓不整脈の閉経後女性が、代謝研究条件下で1日当たりわずか200mg（8.23mmol）以下のマグネシウムしか投与されなかった報告（Lukaski and Nielsen, 2002; Klevay and Milne, 2002）も含まれている。その報告によると、FAO/WHOで設定されたRNIより少ない摂取量では、マグネシウム欠乏をもたらす危険性があると示されている。

27例の厳密に栄養管理された代謝研究のバランスデータにより、（皮膚からの損失は無視しているが）1日当たり113mg～213mg（4.65mmolから8.76mmol）という95％信頼区間［訳註：信頼水準95％で収支バランスが113～213mg内にある］とともに、1日当たり165mg（6.79mmol）の摂取量で収支バランスがとれることがわかった（Hunt and Johnson, 2006）。

これらの発見は、成人が1日当たり220mg（9.05mmol）以上の食事性マグネシウムを摂取するよう努力すべきであることを示している。米国食品栄養委員会（1997）は、食品中の天然物質として摂取されるマグネシウムは、人体に悪影響を及ぼさないと判断した。したがって、成人のマグネシウムULはサプリメントとしてのマグネシウム350mg（14.6mmol）に設定された。

米国での2005～2006年の全国健康・栄養調査（National Health and Nutrition Examination Survey；NHANES）のデータより、全成人の約60%が、米国食品栄養委員会（1997）によって設定されたマグネシウムのRDAを満たしていないことが判明した。中でも19歳以上の成人の約10%が、食品や水からRDAの約50%量のマグネシウムしか摂取しておらず、代謝研究のバランスデータによっても、摂取量が不十分であることが推察された（Hunt and Johnson, 2006）。いずれの場合においても、成人のうちかなりの割合が十分な量のマグネシウムを摂取していないことを摂取データが示している。

マグネシウム摂取における各種要因

食物中のマグネシウム含有量

表2は、青菜類、全穀物、マメ類、ナッツがマグネシウムの豊富な供給源であることを示している（Volpe, 2006）。牛乳や乳製品には中程度のマグネシウム量が含まれている。一方、果実、塊茎、肉、そして高度に精製された穀物は、マグネシウム含有量が乏しくなっている。そして、トウモロコシ粉、キャッサバおよびサゴ粉と白米粉はマグネシウム含有量が非常に低い。

ほかの栄養素との相互作用

カルシウム、リン、亜鉛、タンパク質、ビタミンB_6、および短鎖オリゴ糖を含む食物中の物質は、マグネシウム代謝に影響を及ぼす可能性がある。多量の食事性リンはマグネシウム吸収を減少させることが見出され（Rude and Shils, 2006）、それは、不溶性のマグネシウム－リン酸複合体の形成によって生じたと考えられている。しかし、減少した吸収量は排泄量の減少によって相殺され、その結果マグネシウムバランスは変化しなかった。また、マグネシウムの吸収量は、高繊維食品中のフィチン酸塩のリン酸基との結合によっても、減少する可能性がある（Coudray and Rayssiguier, 2001）。リンあるいはタンパク質を多量に摂取すると、腎臓の酸負荷が増加し、その結果、腎臓からの損失によってマグネシウム保有量が減少する危険性がある（Rylander et al., 2006）。一方、タンパク質の摂取を減らしてもマグネシウム吸収量と保持量は減少する（Schwartz et al., 1973）。これは、タンパク質の低摂取がマグネシウムバランスを乱す（Hunt and Schofield, 1969）という知見と一致している。亜鉛を1日当たり142mg（2.17mmol）（Spencer et al., 1994）摂取した成人男性と、53mg（0.81mmol）（Nielsen and Milne, 2004）摂取した閉経後の女性は、亜鉛が多量であったため、それぞれマグネシウムバランスが悪化した。ビタミンB_6が欠乏した若い女性も、尿からの排出量が増加したためマグネシウムバランスがマイナスを示した（Turnland et al., 1992）。ほかには、イヌリン（Coudray et al., 1997）や（オリゴ糖、多糖類といった）発酵性ポリオール（Coudray et al., 2003）が、腸でのマグネシウム吸収を促進することが明らかになっている。

食物中のマグネシウムへの施肥の影響

植物にとっての栄養学的重要性

マグネシウムは植物にとって必須栄養素であり、マグネシウムの相対存在量は窒素、カリウム、カルシウムより小さく、硫黄およびリンと類似している。植物の成長に最適なマグネシウム必要量は、茎葉部の乾物重の0.15～0.35%の範囲にある（Marschner, 1995）。マグネシウムはクロロフィルの中心にある原子であり、またタンパク質合成のためのリボソームユニットの集合に必要である。動物やヒトと同様、植物にはマグネシウムを必要とする多くの酵素や基質としてのMgATPがある。したがってマグネシウムは、DNA、RNA、タンパク質、脂質、炭水化物の形成および機能、細胞エネルギー産生や貯蔵に関与する。集約的農業の実施は、作物生産におけるマグネシウム欠乏の頻度を高めるおそれがあり、植物のさまざまな部位のマグネシウム濃度は、マグネシウム施肥の影響を受ける（Wilkinson et al., 1990）。

マグネシウムは、土壌溶液中から水溶性の形態（マグネシウムイオン＝Mg^{2+}）で植物に取り込まれる。その量は、土壌中の交換性マグネシウムの量に影響される。土壌中のマグネシウムの可給性は、酸性土壌ではアルミニウムとマンガンによって低減され、アルカリ性土壌ではカルシウム、カリウム、ナトリウムによって減少する（Wilkinson et al., 1990）。酸を発生させる窒素肥料（アンモニウムイオン＝NH_4^+）は、土壌の酸性度を高めて、マグネシウムと競合する交換性アルミニウムを増加させるため、結果として植物のマグネシウム吸収と拮抗する（Wilkinson et al., 1990）。栽培作物におけるマグネシウム欠乏の多くは、過剰なカリウム施肥、あるいは土壌中の高濃度のカリウムが原因である（Wilkinson et al., 1990）。また一般的に、マグネシウム欠乏は、風化土壌、過湿土壌、酸性土壌、砂質土壌など、劣悪な環境で栽培された植物に発症する（Wilkinson et al., 1990）。マグネシウム欠乏の初期症状は、光合成で炭素を還元するための集光機能に重要なクロロフィルの欠損（クロロシス、白化）である。

植物由来の食物中のマグネシウム含有量に影響を及ぼす要因

マグネシウムは多くの細胞機能に関与しているため、植物体全体に分布している。約10%がクロロフィルと結合し、75%がリボソームの構造および機能に関わり、そして残りの15%が酵素およびほかの陽イオン結合部位と結合している（Wilkinson et al., 1990）。植物の可食部のマグネシウム濃度は、土壌中のマグネシウム可給性およびマグネシウム施肥などに影響される。たとえば、マグネシウム施肥（134kg/ha）を実施した場合、スイートコーンでは子実中のマグネシウムが33%増加し、スナップエンドウでは莢中のマグネシウムが31%増加した（Than, 1955）。動物およびヒトにとっては幸いなことに、植物が利用できるマグネシウム量が少ない場合は、マグネシウムは子実内に優先的に蓄積する傾向がある。マグネシウムの供給量が適正な場合、栄養成長器官がマグネシウム貯蔵のシンクになる（Wilkinson et al., 1990）。これらの知見は、植物由来の食品、特に植物の栄養成長器官から作られる食品の価値が、植物の生育環境の影響を強く受けることを示している。

カリウム

栄養学的重要性

生化学的および生理学的機能

カリウムは、特定の酵素反応における活性化因子または補因子である。これらの反応の中には、ATPを生成するための炭水化物代謝に働くピルビン酸キナーゼをはじめ、ナトリウムイオンやカリウムイオンが細胞膜をそれぞれ反対方向に通過する能動輸送、さらに、ポンプ輸送に重要なNa^+/K^+-ATPアーゼも含まれる。このポンプがそれぞれ、カリウムを細胞内の、ナトリウムを細胞外の、主要な陽イオンたらしめている。カリウムは、高濃度の細胞内陰イオン（たとえばタンパク質、リン酸塩類、および塩化物イオン）を中和するイオンである。また、カリウムの主な機能に、細胞内外のカリウム濃度に依存する膜分極が挙げられる（Preuss, 2006）。カリウムが関与することで、酸塩基調節、浸透圧の維持、神経インパルスの伝達、筋収縮、二酸化炭素および酸素の輸送が機能する（National Research Council, 2005; Preuss, 2006）。

摂取不足の影響

前述のとおりカリウムが膜分極に関わるため、低カリウム血症（血漿1ℓ当たり3.5mmol未満の状態）と高カリウム血症（血漿1ℓ当たり5.5mmolより多い状態）はともに、神経筋や心臓伝導システムに極めて重要な、膜機能の変化に影響を与える（Sheng, 2006; Preuss, 2006）。カリウムは通常、不可避損失や組織内濃度の維持に必要な量だけが消費されるため、栄養の摂取が少ないことによるカリウム欠乏はほとんど発症しない。長期の断食、または厳しい食事制限など食事の摂取が不十分である場合にのみ、カリウム欠乏が生じる（Sheng, 2006）。低カリウム血症の症状には、心臓不整脈、筋力低下、耐糖能異常がある。異常な電気伝導による心臓停止は、高カリウム血症のもっとも深刻な臨床症状である。

慢性的なカリウムの摂取不足は、低カリウム血症を発症しない場合であっても、高血圧やそれに関連した脳卒中などの心血管疾患に関わっている。多数の研究により、特に塩分感受性の人は、カリウムを補給することで血圧を下げられることが明らかになっている（Suter, 1998; He and MacGregor, 2001; Food and Nutrition Board, 2010）。食事でのカリウム不足は、高血圧症患者のナトリウム濃度を維持してさらに血圧を上昇させるが（Krishna and Kapoor, 1991）、健康な人々でも血圧を上げる危険性がある（Krishna et al., 1987）。しかしカリウム補給の効果は、健康な人よりも高血圧症患者で高い傾向にある（Siani et al., 1991）。

慢性的なカリウムの摂取不足は、低カリウム血症を発症しない場合であっても、骨の損失に関わってくる。これは不十分なカリウム摂取により、酸塩基代謝障害を生じるためと考えられている。現代の食生活では一般的に、酸を生成する塩化ナトリウムやリン酸、タンパク質（酸を生産する含硫アミノ酸）などの摂取量が多く、その一方で酸バランスを司るカリウムや炭酸水素塩を含む果物や野菜の摂取量が少ないため、代謝性アシドーシス（血液やほかの体液の酸性度が高くなりすぎた状態）が生じる。この酸塩基平衡異常は、骨粗しょう症が懸念される骨の損失と関連する（New et al., 2004; MacDonald et al., 2005）。

食事で食塩を多く摂取している閉経後女性を対象に、尿中カルシウム排泄量の増加および骨吸収（骨のリモデリングにおいて骨を破壊する過程）をクエン酸カリウム塩の投与で防止できたという報告がある。これは骨の損失の原因がカリウム欠乏による酸塩基平衡障害であるという可能性を支持している（Sellmeyer et al., 2002）。

しかし、高齢の男性と女性を対象にしたカリウムの補給試験では、骨の維持に明確なプラス効果をみることができないとの報告もある（Dawson-Hughes et al., 2009; MacDonald et al., 2008）。これらの相反する知見は、代謝性アシドーシスと骨の維持に対するカリウム摂取の有意性を明確化するために、一層の研究が必要であることを意味している。

推奨摂取量

米国食品栄養委員会（2005）は、用量－応答データが不足していることから、カリウムの推定平均必要量（EAR）あるいは推奨栄養所要量（RDA）を設定できなかった。代わりに、すべての成人において、1日当たり4.7g（120mmol）という適正摂取量（AI）が設定された。AIは、RDAを設定するデータが不十分な場合に、健康な集団の摂取量の平均推定値に基づいて設定する。米国食品栄養委員会（2005）は、AIが血圧の維持、腎臓結石のリスク低減、骨損失の減少に効果があることを示す確かなデータがあることを報告している。また米国食品栄養委員会（2005）は、カリウムのヒトに対する有益な効果は、果物や野菜などに一般的に見られる形態である炭酸水素塩前駆体－カリウム複合体と密接に関係していると解説している［訳註：前駆体はクエン酸やリンゴ酸のこと。これらは摂取後、肝臓で速やかに代謝され、重炭酸イオンを生成する］。

米国とカナダでは、成人のカリウム摂取量は、一般的にAIよりも少ない（Food and Nutrition Board, 2005）。米国での1日当たり摂取量の中央値は、男性約2.9～3.2g（74～82mmol）、女性2.1～2.3g（54～59mmol）で、カナダでは、男性3.2～3.4g（82～87mmol）、女性2.4～2.6g（62～66mmol）である（Food and Nutrition Board, 2005）。NHANES IIIデータによると、米国では、わずか10%の男性と1%未満の女性しかAI以上のカリウムを摂取していない（Food and Nutrition Board, 2005）。

カリウム摂取における各種要因

食物中のカリウム含有量

カリウムは動植物にとって重要な細胞内陽イオンのため、多くの食品に一定量含まれている。

したがって、カリウムが極端に欠乏した食品はほとんど存在しない。植物由来の食品の中で、カリウムがもっとも豊富なのは果物と野菜である。また、牛乳や肉製品もカリウムを多く含む。ある集団の研究（Rafferty and Heaney, 2008）では、食事で摂取したカリウムのうち、44%が果物と野菜、56%が乳製品・肉類・穀物類に由来するものであった。一方、精製された糖や脂肪は、カリウム含有量が非常に低い。植物由来の食品の一部について、カリウム含有量を**表2**に示す。

ほかの栄養素との相互作用

通常、カリウムが、炭酸水素塩前駆体、クエン酸塩、リンゴ酸塩などの有機陰イオンと結合している場合、カリウムの補給効果が認められ（Demigné et al., 2004）、大きなアルカリ化能を発揮する。これらは、果物や野菜中におけるカリウムの主要な形態である。一方、穀物類や動物性食品中のカリウムは、リン酸塩や塩化物イオンCl^-と主に結合しており（Demigné et al., 2004）、それらは酸を生成する。これらの食品はまた、酸を生成する含硫アミノ酸も多く含んでいる（Food and Nutrition Board, 2005）。

前述のように、カリウムは、体内の酸塩基平衡と電気的－化学的勾配を維持するナトリウムや塩化物イオンと相互作用する。その中でもカリウムは、血圧に対する塩化ナトリウムの影響を緩和することが知られている。カリウムとナトリウムの関係は、カリウム要求量がナトリウムの多量摂取によって増加する可能性があることを示す。

また、マグネシウムの状態も、カリウム代謝に影響を与えることがある。マグネシウムの摂取不足は低カリウム血症を引き起こす可能性がある（Whang et al., 1994）。重度（Shils, 1980）および中程度（Nielsen et al., 2007）のマグネシウム欠乏は、ともに尿からのカリウム排泄を増加させる。細胞内のカリウムは、マグネシウムが欠乏している限り減少し続けるが、カリウムを保持する腎臓が機能不全になると、その現象はさらに助長される（Rude and Shils, 2006）。マグネシウム欠乏によって引き起こされるカリウム不足は、カリウムだけでなく、マグネシウムが同時に補給されない限り回復しない（Rude and Shils, 2006）。

食物中のカリウムへの施肥の影響

植物にとっての栄養学的重要性

カリウムは、窒素に次いで植物がもっとも多く必要とするミネラルである（Marschner, 1995）。植物中のカリウムは、ピルビン酸キナーゼ、ホスホフルクトキナーゼ、デンプン合成酵素、膜結合型プロトンポンプATPアーゼを含む多数の酵素反応を活性化する。カリウムは、タンパク質合成、光合成、浸透圧調節に関与している（Marschner, 1995）。最適な植物成長のためのカリウム要求量は、栄養成長器官、多肉質果実、塊茎の乾物重の2～5%範囲内にある（Marschner, 1995）。

土壌中のカリウムは土壌溶液中に、交換性カリウム、難交換性カリウム、鉱物の形態として存在する（Barber, 1984）。土壌溶液中のカリウムは、植物の根が吸収する主なカリウムと考えられている。土壌溶液中のカリウムは、風化、過去の作付、肥料により変化する（Barber, 1984）。負電荷の粘土や有機物上に結合している交換性カリウムは通常、40～500mg/乾土1kgの範囲である。そして、最適な植物成長のためには150mg/乾土1kgで十分と考えられている（Barber, 1984）。植物が土壌中の可給態カリウムの大部分を吸収すること、そして難交換性カリウムから交換性カリウムへのカリウムの移行が、土壌の種類によっては容易でないことから、作物へのカリウム施肥は農業生産のために重要である。植物の成長はカリウム欠乏によって妨げられ、欠乏状態が重度になると、植物の葉や茎でクロロシスやネクロシス（壊死）が生じる。土壌水分の供給が限られている場合、膨圧減少と萎凋はカリウム欠乏のひとつの症状である。カリウム欠乏状態の植物は、倒伏、凍害、および菌の攻撃を受けやすい（Marschner, 1995）。

植物性食品中のカリウム含有量に影響を及ぼす種々の要因

根へのカリウム供給を増やすと、穀物類や種子（乾物重ベースで0.3%のカリウムを安定的に含有する）を除き、植物の全ての器官中のカリウム含有量が増える（Marschner, 1995）。ダイズは、乾物重当たりで約1.9%とカリウム含有量が高く、例外と考えられている。穀物類の子実は、重炭酸塩前駆体が過剰な条件下で、非炭酸塩前駆体を常に生成し続ける唯一の植物性食品である（Food and Nutrition Board, 2005）。したがって、土壌中カリウムを増加させることによる土壌酸性度の改善は、種子や穀物類の子実由来の食品において、それらに含まれるカリウムの量や形態に限られた影響しか与えない。しかし根へのカリウム供給を増やすと、果物や野菜中のカリウム含有量が増加する。これは重炭酸塩前駆体を中和するカリウムが増加していることを意味する。

要約と結論

カルシウム、マグネシウム、カリウムは、ヒトの必須要素である。そして、植物由来の食品は、これらの必須元素の必要量を満たす良い供給源である。 マメ類（特にダイズ）やナッツ、そして多くの野菜は、カルシウムを十分量含んでおり、土壌中の可給態カルシウムを増加させることで、作物体中の含有量を増やすことができる。一方、緑の葉物野菜、穀物類、マメ類、ナッツは、マグネシウムの豊富な供給源である。これらのマグネシウム含有量は、その作物が栽培された環境によって変動する。カリウムをもっとも豊富に含む食物は果物や野菜であるが、穀物類の子実でも十分なカリウム量を供給できる可能性がある。根へのカリウム供給を増加させると、穀物類の子実や種子を除く植物のすべての器官中で、カリウム含有量が増加する。植物由来の食品中のカルシウム、マグネシウム、カリウムの含有量は、土壌中のこれらのミネラル量とその可給性に応じて変化するので、食品からのカルシウム、マグネシウム、カリウム供給量を満たすのに、施肥は強い影響を及ぼしている。

参考文献

Abbott, R.D., F. Ando, K.H. Masaki, K.-H. Tung, B.L. Rodriguez, H. Petrovitch, K. Yano, and J.D. Curb. 2003. Dietary magnesium intake and the future risk of coronary heart disease (The Honolulu Heart Program). Am. J. Cardiol. 92:665-669.

Abrams, S.A., I.J. Griffin, K.M. Hawthorne, L. Liang, S.K. Gunn, G. Darlington, and K.J. Ellis. 2005. A combination of prebiotic short- and long-chain inulin-type fructans enhances calcium absorption and bone mineralization in young adolescents. Am. J. Clin. Nutr. 82:471-476.

Almozino-Sarafian, D., S. Berman, A. Mor, M. Shteinshnaider, O. Gorelik, I. Tzur, I. Alon, D. Modai, and N. Cohen. 2007. Magnesium and C-reactive protein in heart failure: an anti-inflammatory effect of magnesium administration. Eur. J. Nutr. 46:230-237.

Awumey, E.M. and R.D. Bukoski. 2006. Cellular functions and fluxes of calcium. p. 13-35. *In* C.M. Weaver and R.P. Heaney (eds.). Calcium in human health. Humana Press, Totowa, NJ.

Barbagallo, M., L.J. Dominguez, A. Galioto, A. Ferlisi, C. Cani, L. Malfa, A. Pineo, A. Busardo, and G. Paolisso. 2003. Role of magnesium in insulin action, diabetes and cardio-metabolic syndrome X. Mol. Aspects Med. 24:39-52.

Barber, S.A. 1984. Soil nutrient bioavailability. A mechanistic approach. John Wiley & Sons, New York.

Bo, S., M. Durazzo, S. Guidi, M. Carello, C. Sacerdote, B. Silli, R. Rosato, M. Cassader, L. Gentile, and G. Pagano. 2006. Dietary magnesium and fiber intakes and inflammatory and metabolic indicators in middle-aged subjects from a population-based cohort. Am. J. Clin. Nutr. 84:1062-1069.

Cao, J. and F.H. Nielsen. 2010. Acid diet (high-meat protein) effects on calcium metabolism and bone health. Cur. Opin. Clin. Nutr. Metab. Care 13:698-702.

Chacko, S.A., Y. Song, L. Nathan, L. Tinker, I.H. De Boer, F. Tylavsky, R. Wallace, and S. Liu. 2010. Relations of dietary magnesium intake to biomarkers of inflammation and endothelial dysfunction in an ethnically diverse cohort of postmenopausal women. Diabetes Care 33:304-310.

Combs, G.F., Jr. N. Hassan, N. Dellagana, D. Staab, P. Fischer, C. Hunt, and J. Watts. 2005. Apparent efficacy of food-based calcium supplementation in preventing rickets in Bangladesh. Biol. Trace Elem. Res. 121:193-204.

Coudray, C., J. Bellanger, C. Castiglia-Delavaud, C. Rémésy, M. Vermorel, and Y. Rayssiguier. 1997. Effect of soluble or partly soluble dietary fibre supplementation on absorption and balance of calcium, magnesium, iron and zinc in healthy young men. Eur. J. Clin. Nutr. 51:375-380.

Coudray, C., J. Bellanger, M. Vermorel, S. Sinaud, D. Wils, C. Feillet-Coudray, M. Brandolini, C. Bouteloup-Demange, and Y. Rayssiguier. 2003. Two polyol, low digestible carbohydrates improve the apparent absorption of magnesium but not of calcium in healthy young men. J. Nutr. 133:90-93.

Coudray, C. and Y. Rayssiguier. 2001. Impact of vegetable products on intake. Intestinal absorption and status of magnesium. p. 115-123, *In* Y. Rayssiguier, A. Mazur and J. Durlach (eds.). Advances in magnesium research: nutrition and health. John Libbey & Company, Eastleigh, U.K..

Cumming, R.G. and M.C. Nevitt. 1997. Calcium for prevention of osteoporotic fractures in postmenopausal women. J. Bone Miner. Res. 12:1321-1329.

Dai, Q., M.J. Shrubsole, R.M. Ness, D. Schlundt, Q. Cai, W.E. Smalley, M. Li, Y. Shyr, and W. Zheng. 2007. The relation of magnesium and calcium intakes and a genetic polymorphism in the magnesium transporter to colorectal neoplasia risk. Am. J. Clin. Nutr. 86:743-751.

Dawson-Hughes, B. 2004. Calcium and vitamin D for bone health in adults. p. 197-210. *In* M.F. Holick and B. Dawson-Hughes (eds.). Nutrition and bone health. Humana Press, Totowa, NJ.

Dawson-Hughes, B, S.S. Harris, N.J. Palermo, C. Castaneda-Sceppa, H.M. Rasmussen, and G.E. Dallal. 2009. Treatment with potassium bicarbonate lowers calcium excretion and bone resorption in older men and women. J. Clin. Endocrin. Metab. 94:96-102.

Demigné, C., H. Sabboh, Rémésy, and P. Meneton. 2004. Protective effects of high dietary potassium: nutritional and metabolic aspects. J. Nutr. 134:2903-2906.

Durlach, J. 1989. Recommended dietary amounts of magnesium: Mg RDA. Magnes. Res. 2:195-203.

FAO/WHO. 2002. Magnesium. *In* Human vitamin and mineral requirements: report of a Joint FAO/WHO Expert Consultation, Bangkok, Thailand. p. 223-233. FAO/WHO, Geneva.

Food and Nutrition Board, Institute of Medicine. 2010. Dietary reference intakes for calcium and vitamin D, National Academies Press, Washington, DC.

Food and Nutrition Board, Institute of Medicine. 2005. Dietary reference intakes for water, potassium, sodium, chloride, and sulfate. National Academies Press, Washington, DC.

Food and Nutrition Board, Institute of Medicine. 1997. Dietary reference intakes for calcium, phosphorus, magnesium, vitamin D, and fluoride, National Academy Press, Washington, DC.

Francis, R.M. 2007. What do we currently know about nutrition and bone health in relation to United Kingdom public health policy with particular reference to calcium and vitamin D? Br. J. Nutr. 7:1-5.

Halstead, E.H., S.A. Barber, D.D. Warneke, and J.B. Bole. 1968. Supply of Ca, Sr, Mn, and Zn to plant roots. Soil Sci. Soc. Amer. Proc. 32:69-72.

Harinarayan, C.V., T. Ramalakshmi, U.V. Prasad, D. Sudhakar, P.V. Srinivasarao, K.V. Sarma, and E.G. Kumar. 2007. High prevalence of low dietary calcium, high phytate consumption,

and vitamin D deficiency in healthy south Indians. Am. J. Clin. Nutr. 85:1062-1067.
He, F.J. and G.A. MacGregor. 2001. Beneficial effects of potassium. Br. Med. J. 323:497-501.
Heaney, R.P. 2008. Nutrition and risk of osteoporosis. p. 799-836. *In* R. Marcus et al. (eds.). Osteoporosis, 3rd ed. Elsevier, Amsterdam.
Heaney, R.P. 2006. Bone as the calcium nutrient reserve. p. 7-12. *In* C.M. Weaver and R.P. Heaney (eds.). Calcium in human health. Humana Press, Totowa, NJ.
Heaney, R.P., C.M. Weaver, and M.L. Fitzsimmons. 1991. Soybean phytate content: effect on calcium absorption. Am. J. Clin. Nutr. 53:745-747.
Heaney R.P., C.M. Weaver, and R.R. Recker. 1988. Calcium absorbability from spinach. Am. J. Clin. Nutr. 47:707-709.
Hotamisligil, G.S. 2006. Inflammation and metabolic disorders. Nature 444:860-867.
Hunt, C.D. and L.K. Johnson. 2007. Calcium requirement: new estimations for men and women by cross-sectional statistical analyses of calcium balance data from metabolic studies. Am. J. Clin. Nutr. 86:1054-1063.
Hunt, C.D. and L.K. Johnson. 2006. Magnesium requirements: new estimations for men and women by cross-sectional statistical analyses of metabolic magnesium balance data. Am. J. Clin. Nutr. 84:843-852.
Hunt, M.S. and F.A. Schofield. 1969. Magnesium balance and protein intake level in adult human female. Am. J. Clin. Nutr. 22:367-373.
Jackson, R.D., A.Z. LaCroix, M. Gass, R.B. Wallace, J. Robbins, C.E. Lewis, et al. 2006. Calcium plus vitamin D supplementation and the risk of fractures. New Engl. J. Med. 354:669-683.
King, D.E., A.G. Mainous III, M.E. Geesey, and T. Ellis. 2007. Magnesium intake and serum C-reactive protein levels in children. Magnes. Res. 20:32-36.
King, D.E., A.G. Mainous III, M.E. Geesey, and R.F. Woolson. 2005. Dietary magnesium and C-reactive protein levels. J. Am. Coll. Nutr. 24:166-171.
Klevay, L.M. and D.B. Milne. 2002. Low dietary magnesium increases supraventricular ectopy. Am. J. Clin. Nutr. 75:550-554.
Kramer, J.H., I.T. Mak, T.M. Phillips, and W.B. Weglicki. 2003. Dietary magnesium intake influences circulating pro-inflammatory neuropeptide levels and loss of myocardial tolerance to postischemic stress. Exp. Biol. Med. 228:665-673.
Krishna, C.G., P. Cushid, and E.D. Hoeldtke. 1987. Mild potassium depletion provides renal sodium retention. J. Lab. Clin. Med. 109:724-730.
Krishna, C.G. and S.C. Kapoor. 1991. Potassium depletion exacerbates essential hypertension. Ann. Intern. Med. 115:77-93.
Lakshmanan, F.L., R.B. Rao, W.W. Kim, and J.L. Kelsay. 1984. Magnesium intakes, balances, and blood levels of adults consuming self-selected diets. Am. J. Clin. Nutr. 40:1380-1389.

Leone, N., D. Courbon, P. Ducimetiere, and M. Zureik. 2006. Zinc, copper and magnesium and risks for all-cause, cancer, and cardiovascular mortality. Epidemiol. 17:308-314.

Libbey, P. 2007. Inflammatory mechanisms: the molecular basis of inflammation and disease. Nutr. Rev. 65 (Suppl.) :S140-S146.

Looker, A.C. 2006. Dietary calcium: recommendations and intakes around the world. p. 105-127. *In* C.M. Weaver and R. P Heaney (eds.). Calcium in human health. Humana Press, Totowa, NJ.

Lukaski, H.C. and F.H. Nielsen. 2002. Dietary magnesium depletion affects metabolic responses during submaximal exercise in postmenopausal women. J. Nutr. 132:930-935.

Ma, J., A.R. Folsom, S.L. Melnick, J.H. Eckfeldt, A.R. Sharrett, A.A. Nabulsi, R.G. Hutchinson, and P.A. Metcalf. 1995. Associations of serum and dietary magnesium with cardiovascular disease, hypertension, diabetes, insulin, and carotid arterial wall thickness: the ARIC study. Atherosclerosis Risk in Communities Study. J. Clin. Epidemiol. 48:927-940.

Marschner, H. 1995. Mineral nutrition of higher plants. Academic Press Elsevier, London.

Mazur, A., J.A.M. Maier, E. Rock, E. Gueux, W. Nowacki, and Y. Rayssiguier. 2007. Magnesium and the inflammatory response: potential physiopathological implications. Arch. Biochem. Biophys. 458:48-56.

MacDonald, H.M., S.A. New, W.D. Fraser, M.K. Campbell, and D.M. Reid. 2005. Low dietary potassium intakes and high dietary estimates of net endogenous acid production are associated with low bone mineral density in premenopausal women and increased markers of bone resorption in post-menopausal women. Am. J. Clin. Nutr. 81:923-933.

McDowell, L.R. 1992. Minerals in animal and human nutrition. Academic Press, San Diego.

National Research Council. 2005. Potassium. p. 306-320. *In* Mineral tolerance of animals, 2nd ed. National Academies Press, Washington, DC.

New, S.A., H.M. MacDonald, M.K. Campbell, J.C. Martin, M.J. Garton, S.P. Robins, and D.M. Reid. 2004. Lower estimates of net endogenous non-carbonic acid production are positively associated with indexes of bone health in premenopausal and perimenopausal women. Am. J. Clin. Nutr. 79:131-138.

Nielsen, F.H. 2010. Magnesium, inflammation, and obesity in chronic disease. Nutr. Rev. 68:333-340.

Nielsen, F.H. 2004. The alteration of magnesium, calcium and phosphorus metabolism by dietary magnesium deprivation in postmenopausal women is not affected by dietary boron deprivation. Magnes. Res. 17:197-210.

Nielsen, F.H. and D.B. Milne. 2004. A moderately high intake compared to a low intake of zinc depresses magnesium balance and alter indices of bone turnover in postmenopausal women. Eur. J. Clin. Nutr. 58:703-710.

Nielsen, F.H., L.K. Johnson, and H. Zeng. 2010. Magnesium supplementation improves indicators of low magnesium status and inflammatory stress in adults older than 51 years with poor sleep quality. Magnes. Res. 23:158-168.

Nielsen, F. H., D.B. Milne, L.M. Klevay, S. Gallagher, and L. Johnson. 2007. Dietary magnesium deficiency induces heart rhythm changes, impairs glucose tolerance, and decreases serum cholesterol in post menopausal women. J. Am. Coll. Nutr. 26:121-132.

Preuss, H.G. 2006. Electrolytes: sodium, chloride, and potassium. p. 409-421. *In* B.A. Bowman and R.M. Russell (eds.). Present knowledge in nutrition, 9th ed., vol.1. ILSI Press, Washington, DC.

Rafferty, K. and R.P. Heaney. 2008. Nutrient effects on the calcium economy: emphasizing the potassium controversy. J. Nutr. 138:166S-171S.

Ridker, P.M. 2007. Inflammatory biomarkers and risks of myocardial infarction, stroke, diabetes, and total mortality: implications for longevity. Nutr. Rev. 65 (Suppl) :S253-S259.

Rodriguez-Morán, M. and F. Guerrero-Romero. 2008. Serum magnesium and C-reactive protein levels. Arch. Dis. Childhood. 93:676-680.

Rubin, C. and J. Rubin. 2006. Biomechanics and mechanobiology of bone. p. 36-42. *In* M.J. Favus (ed.). Primer on the metabolic bone diseases and disorders of mineral metabolism, 6th ed. American Society for Bone and Mineral Research, Washington, DC.

Rude, R.K. and M.E. Shils. 2006. Magnesium. p. 223-247. *In* M.E. Shils, M. Shike, A.C. Ross, B. Caballero and R.J. Cousins (eds.). Modern nutrition in health and disease. Lippincott Williams & Wilkins, Philadelphia.

Rude, R.K., F.R. Singer, and H.E. Gruber. 2009. Skeletal and hormonal effects of magnesium deficiency. J. Am. Coll. Nutr. 28:131-141.

Rylander, R., T. Remer, S. Berkemeyer, and J. Vormann. 2006. Acid-base status affects renal magnesium losses in healthy elderly persons. J. Nutr. 136:2374-2337.

Schwartz, R., G. Walker, M.D. Linz, and I. MacKellar. 1973. Metabolic responses of adolescent boys to two levels of dietary magnesium and protein: I. Magnesium and nitrogen retention. Am. J. Clin. Nutr. 26:510-518.

Seelig, M.S. 1981. Magnesium requirements in human nutrition. Magnes. Bull. 3:26-47.

Sellmeyer D.E., M. Schloetter, and A. Sebastian. 2002. Potassium citrate prevents increased urine calcium excretion and bone resorption induced by a high sodium chloride diet. J. Clin. Endocrin. Metab. 87:2008-2012.

Shea, B., G. Wells, A. Cranney, N. Zytaruk, V. Robinson, Z. Ortiz, et al. 2002. Meta-analysis of therapies for postmenopausal osteoporosis: VII. Meta-analysis of calcium supplementation for the prevention of postmenopausal osteoporosis. Endocrin. Rev. 23:552-559.

Sheng, H.-P. 2006. Sodium, Chloride, and Potassium. p. 942-972. *In* M.H. Stipanuk (ed.). Biochemical, Physiological, Molecular Aspects of Human Nutrition. Saunders Elsevier, St. Louis.

Shils, M.E. 1980. Magnesium, calcium, and parathyroid hormone interactions. Ann. NY Acad. Sci. 355:165-180.

Siani, A., P. Strazzullo, A. Giacco, D. Pacioni, E. Celentano, and M. Mancini. 1991. Increasing the dietary potassium intake reduces the need for antihypertensive medication. Ann. Intern. Med. 115:753-759.

Song, Y., T.Y. Li, R.M. van Dam, J.E. Manson, and F.B. Hu. 2007. Magnesium intake and plasma concentrations of markers of systemic inflammation and endothelial dysfunction in women. Am. J. Clin. Nutr. 85:1068-1074.

Spencer, H., C. Norris, and D. Williams. 1994. Inhibitory effects of zinc on magnesium absorption in man. J. Am. Coll. Nutr. 13:479-484.

Suter, P.M. 1998. Potassium and hypertension. Nutr. Rev. 56:151-153.

Thacher, T.D., O. Aliu, I.J. Griffin, S.D. Pam, K.O. O'Brien, G.E. Imade, and S.A. Abrams. 2009. Meals and dephytinization affect calcium and zinc absorption in Nigerian children with rickets. J. Nutr. 139:926-932.

Than, S.T. 1955. Magnesium requirements for vegetable crops grown on certain Georgia soils. M.S. Thesis, University of Georgia.

Touyz, R.M. 2003. Role of magnesium in the pathogenesis of hypertension. Mol. Aspects Med. 24:107-136.

Turnland, J.R., A.A. Betschart, M. Liebman, M.J. Kretsch, and H.E. Sauberlich. 1992. Vitamin B_6 depletion followed by repletion with animal- or plant-source diets and calcium and magnesium metabolism in young women. Am. J. Clin. Nutr. 56:905-910.

Uenishi K., H. Ishida, A. Kamei, M. Shiraki, I. Ezawa, S. Goto, H. Fukuoka, T. Hosoi, and H. Orimo. 2001. Calcium requirement estimated by balance study in elderly Japanese people. Osteoporos. Int. 12:858-863.

USDA, Agricultural Research Service. 2010. USDA Nutrient Database for Standard Reference, Release 23. http://www.ars.usda.gov/ba/bhnrc/ndl; accessed July 23, 2012.

Volpe, S.L. 2006. Magnesium. p. 400-408. *In* B.A. Bowman and R.M. Russell (eds.). Present knowledge in nutrition. 9th ed., vol. 1. ILSI Press, Washington, DC.

Vormann, J., T. Günther, V. Höllriegl, and K. Schümann. 1998. Pathobiochemical effects of graded magnesium deficiency in rats. Z. Ernährungswiss. 37 (suppl. 1) :92-97.

Wallace A., E. Frolich, and O.R. Lunt. 1966. Calcium requirements of higher plants. Nature 209:634.

Weaver, C.M. 2006. Calcium, p. 373-382. *In* B.A. Bowman and R.M. Russell (eds.). Present knowledge in nutrition, 9th ed., vol. 1. ILSI Press, Washington, DC.

Weaver, C.M. and R.P. Heaney. 2006a. Calcium, p. 194-210. *In* M.E. Shils et al. (eds.). Modern nutrition in health and disease, 10th ed. Lippincott Williams & Wilkins, Baltimore.

Weaver, C.M. and R.P. Heaney. 2006b. Food sources, supplements, and bioavailability. p. 129-

142. *In* C.M. Weaver and R.P Heaney (eds.). Calcium in human health. Humana Press, Totowa, NJ.

Weaver, C.M., W.R. Proulx, and R. Heaney. 1999. Choices for achieving adequate dietary calcium with a vegetarian diet. Am. J. Clin. Nutr. 70:543S-548S.

Whang, R., Hampton, E.M., and Whang, D.D. 1994. Magnesium homeostasis and clinical disorders of magnesium deficiency. Ann. Pharmacother. 28:2290-226.

Wilkinson, S.R., R.M. Welch, M.F. Mayland, and D.L. Grunes. 1990. Magnesium in plants: uptake, distribution, function, and utilization by man and animals. p. 33-56. *In* H. Sigel and A. Sigel (eds.). Metal ions in biological systems, vol. 26. Compendium on magnesium and its role in biology, nutrition, and physiology. Marcel Dekker, New York.

第6章

施肥による作物のタンパク質、炭水化物、脂質への影響

シンシア・グラント、トム・W・ブルーセマ[1]

要約

農産物生産における施肥は、作物の収量と生産者の収益の最適化を目指して行われる。しかし施肥は作物の化学組成にも影響し、それを原料とする食品の品質にも影響を与える可能性がある。作物の品質の主要な要素はタンパク質、炭水化物、脂質であり、これらの相対的な量と組成、生物学的利用能は重要なポイントである。穀物の有用タンパク質含量を高めるためには、窒素は収量最大化に必要な量よりも多く施用する必要がある。栽培後期の窒素の葉面散布や肥料の溶出制御技術によって、タンパク質生産に必要な窒素利用を高めながら、同時に追加施用した窒素のロスを最小限にできる。窒素とのバランスを取りながらほかの栄養素を施用すること、特に硫黄の施用は、製パン性を高めるタンパク質のために重要である。窒素の施用は米粒の硬度を高め、精米時の米粒の破砕を防ぎ、栄養学的にはアミノ酸バランスも改善する。しかし、窒素の多量施用よりも適量施用の方が、調理性や食感が最適化されたデンプン組成にするのには良い。窒素の多量施用はトウモロコシとジャガイモのタンパク質を増やすが、一方で必須アミノ酸リジンとトリプトファンの含有割合を減少させ、ヒトへの栄養学的な価値は低下する。しかし高品質タンパク質を含むように育成されたトウモロコシの品種opaque-2は、窒素施用量を高めても、栄養学的な価値は維持される。 カリウムの適切な施肥はフライドポテトのアクリルアミド含量を減らす一助となるだろう。ダイズの登熟期に硫黄を施用すると、必須アミノ酸のメチオニンや非必須アミノ酸のシステインの比率が上昇し、タンパク質組成を改善することができる。硫黄がナタネ(カノーラ)収量の制限要因となっている地域では、低収量だが(ナタネ)油の含有濃度が高まる。一般的には、世界の主要作物において、最適収穫を得るための施肥と、最適品質を得るための施

本章に特有の略記
ALA = α-linolenic acid; α-リノレン酸/CVD = coronary vascular disease; 心血管疾患/GI = glycemic index; グリセミック・インデックス=GI値/HMWG = high-molecular-weight glutenins; 高分子量グルテニン/LMWG = lowmolecular-weight glutenins; 低分子量グルテニン/QPM = Quality Protein Maize; トウモロコシのタンパク価
本書を通じてよく使われる略語は、xページ参照のこと。

1 C. Grant is a Soil Management/Fertility Research Scientist with Agriculture and Agri-Food Canada, Brandon Research Centre, Brandon, Manitoba, Canada; e-mail: cynthia.grant@agr.gc.ca
T.W. Bruulsema is Director, Northeast North America Program, International Plant Nutrition Institute; Guelph, Ontario, Canada; e-mail: tom.bruulsema@ipni.net

肥とは大きく違わない。長期的には土壌肥沃度を維持することが極めて重要で、これにより土壌がひどくやせてしまう時に見られる収量と栄養価の大幅な低下を回避できる。

序論

作物収量と収益を最適化し、同時に施肥の環境への悪影響を低減するために、植物の施肥管理は極めて重要である。また、施肥管理は作物品質にとっても重要である。作物品質の主要な要素は、タンパク質の含有量とその組成、脂質の含有量と脂肪酸特性、および炭水化物の組成などである。これらの品質要素の相対的な重要度は、作物の最終用途によって異なる。本章では、主要な作物であるコムギ、コメ、トウモロコシ、ジャガイモ、油糧作物のダイズとナタネについて、施肥管理がこれらの作物の組成に与える影響と、その組成変化が作物の栄養価ならびに機能性にどのような影響を与えるかについて述べる。

食料作物の品質に関する考察

世界の三大主要穀物はコメ、トウモロコシ、コムギである（FAOSTAT, 2010）。穀物はエネルギー、炭水化物、タンパク質と繊維の供給源として人間にとって重要な食物である（McKevith, 2004）。しかし穀物はパンやパスタのように加工されて消費されることが多く、したがってその品質も栄養価ではなく加工適性により評価されるのが普通である（Shewry, 2009）。

ジャガイモも人間の栄養に大きく貢献しており、世界の生産量はコメ、コムギ、トウモロコシに次ぐ第4位である（FAOSTAT, 2010）。ジャガイモはデンプンの主要な供給源とされているが、一方で1ha当たり800kgのタンパク質を産出しており、それはコムギ、コメ、トウモロコシ、ダイズの植物性タンパク質と同様に、高い栄養的価値をもつことが知られている（Wang et al., 2008）。

世界で生産される１年生の主要な油糧作物は、ダイズ（*Glycine max* L.）とナタネ（*Brassica spp.*）の2つである。多年生のアブラヤシ（*Elaeis guineensis*）から抽出されるパーム油は、世界の植物油生産において、ダイズとナタネの間に位置づけられている。綿実種子、ヒマワリ、ピーナッツやトウモロコシも、食用油の重要な供給源である（USDA-FAS, 2010）。採油が主目的のナタネ、ダイズ、ヒマワリ、亜麻仁などの作物は、抽出可能な油の濃度を最適化することが望まれている。油の脂肪酸組成は、品質の安定性ならびに人間の健康の観点からも重要である。油を抽出した後の残渣も、タンパク質の供給源として重要で、そのタンパク質含有量も油糧作物の品質として評価される。ダイズは食料と植物油の両市場を席巻しているが、菜食主義者の主要なタンパク源でもあり、日本などアジアの一部の国で重宝されている。

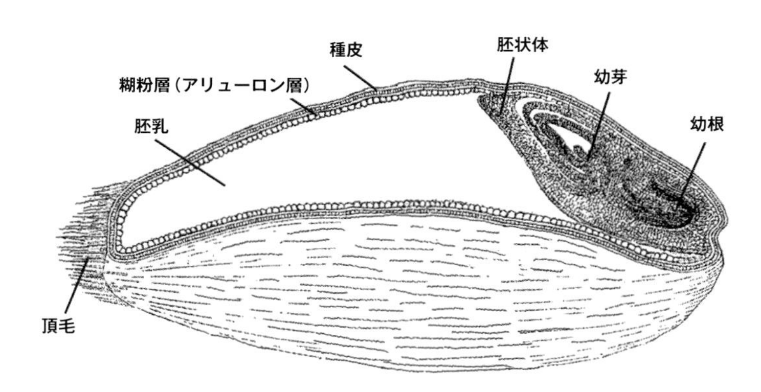

図1　子実の骨格（小麦：THE BIG PICTURE, http://www.wheatbp.net/cgi-bin/display.pl?image=Graindiag; accessed 20 January 2011）

タンパク質

タンパク質含量およびその組成は、植物の栄養価と機能性の両方に影響を与える。英国の食事では、タンパク質の約23～27%を穀物から摂取するが、その比率は動物性タンパク質の消費量が低い国ほど高いと思われる（McKevith, 2004）。コムギのタンパク質はグリアジンとグルテニン、コメはグルテリン、トウモロコシではプロラミンである（Dewettinck et al., 2008）。タンパク質の栄養的品質は、必須アミノ酸含量ならびに加工された穀類のタンパク質の濃度に大きく依存する（Gatel, 1994）。タンパク質の生物学的利用能や消化率も関係する。穀物タンパク質は、一般にリジンやスレオニンなどの必須アミノ酸含有量は低い傾向だが、システインおよびメチオニンは比較的含量が高い。コメのグルテリンは、トウモロコシおよびコムギのプロラミンよりもリジン含量が高い傾向があり、その栄養的価値を高めている（Juliano, 1999; Souza et al., 1999）。

穀物の用途によっては、胚乳を取り出して製粉することにより、微量元素を多く含む種皮と糊粉層が取り除かれてしまう（**図1**）。しかし、タンパク質は胚乳のデンプン粒周辺や穀粒の外層にあり（Piot et al., 2000）、製粉による減少量は微量元素やビタミンほどではない（Batifoulier et al., 2006; Dewettinck et al., 2008; Greffeulle et al., 2005）。

油糧作物は人間の食料のタンパク質組成に直接的に、および家畜飼料として間接的に貢献している。ダイズまたはナタネから採油した残渣（油粕）はタンパク質含量が高く、タンパク質のサプリメントとして使用される。ダイズは人間の食事においても、乳児用ミルク、肉の代替物、豆乳、豆腐や焼き菓子など、主にタンパク質源として利用されており、特に菜食主義者の食事にとって重要である。ダイズはメチオニンとシステインを除くほとんどの必須アミノ酸を適量含有し、比較的バランスのとれたアミノ酸組成の植物性タンパク質を提供する植物である。ダイズは特にリジン含有量が高く、たとえばダイズタンパク質とコメ、コムギまたはトウモロコシなどの穀類を組み合わせると、食事のタンパク質組成が改善される（Erdman and Fordyce, 1989; **表1**）。

表1 ダイズ、コムギ、トウモロコシ、コメに含まれる乾物、タンパク質、アミノ酸の濃度（g/100g）

	ダイズ粕[†]	豆腐[‡]	コムギ[‡]	トウモロコシ[‡]	コメ[‡]
乾物	92	30	88	89	88
粗タンパク質	44	16	14	9	7
アミノ酸					
メチオニン	0.59	0.20	0.22	0.20	0.17
システイン	0.67	0.22	0.33	0.17	0.15
リジン	2.70	1.04	0.35	0.27	0.26
スレオニン	1.72	0.64	0.39	0.35	0.26
トリプトファン	0.60	0.25	0.17	0.07	0.08
アルギニン	3.29	1.05	0.60	0.47	0.59
イソロイシン	2.02	0.78	0.52	0.34	0.31
ロイシン	3.39	1.20	0.95	1.16	0.59
バリン	2.11	0.80	0.62	0.48	0.44

† from Fontaine ら(2000).
‡ USDA-ARS (2010). National nutrient database values for tofu (raw, firm), wheat (mean of durum and hard red), maize (yellow), and rice (raw, white, long-grain).

炭水化物

人間の食事のエネルギーは40～80％が炭水化物由来であり、その比率は発展途上国で最大となっている。炭水化物の摂取量が多い国では、デンプンがエネルギーの約20～50％を占める（FAO, 1998）。ヒトは炭水化物を50％以上穀物から摂取し、次いで糖料作物、根菜類、果物、野菜、およびマメ類（pulse）と続く。炭水化物は重合の度合によって単糖、オリゴ糖および多糖の３つのグループに分類される（**表2**）。

炭水化物の品質は多くの要因の影響を受けるが、とりわけグリセミック・インデックス（GI）が重要である。GIは、デンプンが消化されエネルギーになる速さの指標であり、GI値が低いほどエネルギーの放出がより長く、血糖値は長期にわたり安定する。血糖値は単糖成分、デンプン質、食事の調理・加工およびほかの食材成分の影響を受ける。

炭水化物はエネルギー源であるとともに、イヌリン、セルロース、ヘミセルロース、難消化性デンプンといった、食物繊維の重要な供給源である（Gebruers et al., 2008）。食物繊維は、がん、冠状動脈性心臓病、および糖尿病などの慢性疾患のリスク低下とも関連する。

表2 主要な炭水化物（FAO,1998から引用）

分類（重合度）	中分類	成分
単糖（1-2）	単糖類	グルコース、ガラクトース、フルクトース
	二糖類	スクロース、ラクトース、トレハロース
	ポリオール類	ソルビトール、マンニトール
オリゴ糖（3-9）	マルト-オリゴ糖	マルトデキストリン
	ほかのオリゴ糖	ラフィノース、スタキオース、フラクトオリゴ糖
多糖（>9）	デンプン	アミロース、アミロペクチン、変性デンプン
	非デンプン多糖類	セルロース、ヘミセルロース、ペクチン、ハイドロコロイド

脂質

採油が主目的であるナタネ、ダイズ、ヒマワリ、亜麻仁などの作物は、抽出可能な油の濃度を最適化することが望まれる。次に考慮することは油の品質である。たとえばナタネ油、トウモロコシ油、ヒマワリ油、あるいはダイズ油などの食用油は、ヒトの健康のために一価不飽和脂肪酸を最大にすることが望まれる。

脂質はヒトの健康にとって、特に発展途上国において重要である。脂質の不足によりビタミンAのような重要な栄養素を吸収し、必要量を保つのが困難になることがある。植物からカロテノイドを必要量摂取するのに必要な食物油の量は正確には知られていないが、ブラウンら（Brown et al., 2004）は、ナタネ油を含むサラダドレッシングが、ホウレンソウ、ロメインレタス（コスレタス）、トマトおよびニンジンの入ったサラダからのカロテノイド吸収を著しく改善することを見出した。

飽和脂肪酸の高い食事を摂りすぎると、心血管疾患（CVD）のリスクが高まる。対照的に、ω-3多価不飽和脂肪酸の摂取は、冠動脈性心疾患リスクを低下させる。魚油は長鎖ω-3多価不飽和脂肪酸の最高の供給源であるが、α-リノレン酸（ALA）、必須短鎖ω-3脂肪酸は、亜麻仁油、ダイズ油、ナタネ油にも存在し、CVDの予防効果が期待されている（Jung et al., 2008）。

コムギ

世界の大部分で、コムギはヒトの食事の主要な栄養分を構成する。世界で栽培されるコムギの約95%は6倍体のパンコムギ（*Triticum aestivum* L.）で、パン、クッキー、ケーキ、ビスケットなどの焼き製品に幅広く使用されている。残りの5%のほとんどは、4倍体のデュラムコムギ

(*Triticum durum*, Desf.) でパスタや麺類、クスクスとブルガー (bulgar) に使用される。これらの製品製造において、タンパク質の含量とその組成が、その品質に重要な影響を与える (Shewry, 2009)。

タンパク質

コムギ子実のタンパク質含量は乾物重当たり約10～18%である (Belderok, 2000)。コムギはヒトに必要な、多くの必須アミノ酸の供給源であるが、コムギの主要な貯蔵タンパク質であるプロラミンは、必須アミノ酸のリジン、スレオニンおよびトリプトファン含量が不十分である (**表1**, Shewry, 2009)。

窒素は、コムギのタンパク質含量に影響を与える主要な肥料成分である。窒素はタンパク質の主要成分であり、タンパク質の約17%が窒素によって構成されている (Olson and Kurtz, 1982)。長年にわたる多くの研究が、土壌の窒素濃度の増加と、コムギ収量およびタンパク質含量の正の相関を示している (Fowler, 2003; Kindred et al., 2008; Miao et al., 2006; Miao et al., 2007; Olson et al., 1976; Termanl et al., 1969)。コムギ子実への窒素集積は、子実の乾物収量に比べて、より強く窒素供給により制限される (Gooding et al., 2007)。生育期間を通じて、土壌からの窒素供給可能量が作物生産可能量に比べて低い場合は、窒素肥料の施肥によって、作物の収量とタンパク質濃度が両方とも増加する (Campbell et al., 1997; Fowler, 2003; Gauer et al., 1992; Halvorson and Reule, 2007)。窒素の供給を固定しても品種の改良や栽培管理の改善、または天候に恵まれることで、作物の収量は増加する場合があるが、そのような場合にはタンパク質濃度は生物学的希釈によって減少する (Fowler, 2003)。

窒素施肥に対する収量およびタンパク質濃度は、作物の生産能力に対する利用可能な窒素供給

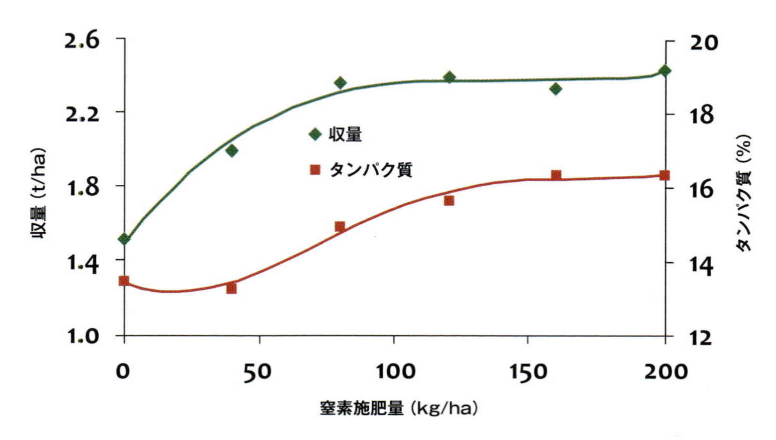

図2 コムギの収量とタンパク質の、窒素施肥への反応

量を反映している。窒素供給が収量を制限している場合には、少量の窒素肥料は、タンパク質濃度より収量の増加に優先的に利用される（Fowler, 2003）。したがって窒素を少量施肥すると、収量の増加によりタンパク質が希釈され、タンパク質濃度が低下する（**図2**）。窒素施用量を増やしてゆくと、当初タンパク質含量は増えないが、その後最高値に達し（その時の窒素量は収量最大化に必要な量より多いのが普通）、その後頭打ちとなる。

しばしば水分が収量制限因子になる半乾燥気候では、水分供給は窒素ともどもタンパク質濃度に影響を与える。水分供給が理想的な状態にあれば、収量は窒素の施肥量に応じて顕著に上昇するが、タンパク質含量の増加は、収量が頭打ちになるレベルまで窒素が与えられるまでは、緩やかである。適度な水分と窒素供給条件下では、窒素施肥に応じて収量とタンパク質がともに増加する。水分ストレス条件下では収量は制限されており、窒素施肥はタンパク質を増加させる（**図3**）。水分供給が制限されている時に水分供給を変えると、窒素施肥に対するタンパク質濃度の応答が変化し、水分供給量が増加すると、より多くの利用可能な窒素がタンパク質濃度を高めるために要求される（Gauer et al., 1992）。可溶性窒素が増えると作物の収量は増加するが、窒素増加分当たりのタンパク質集積量は低下し、作物の窒素利用効率も低下する。したがって、タンパク質含有量を増加させるために、最適な収穫量に必要とされる窒素施肥量を超えて施肥すると、NUE［訳註：N use efficiency。N利用効率のこと］の低下と窒素損失の増大につながる。

窒素肥料の供給時期も、穀粒のタンパク質濃度に影響を与える。生育初期の窒素施肥は一般的に、栄養成長を促進し収量を高める。一方で生育後期の施肥は、収量を増やす効果は小さいが、タンパク質含量の増加には高い効果をもつ（Fowler, 2003; Fowler et al., 1990）。収穫可能量は開花前の状態によって大きく影響を受ける。というのは、穀粒のシンク量すなわち収量を決定する1株当たりの穂数ともみ数がこの時期に決定するだけでなく、十分な再転流窒素のソースとなる茎や葉のバイオマス量の大きさが、開花前に決まるためである（Peltonen, 1993）。開花後の窒素

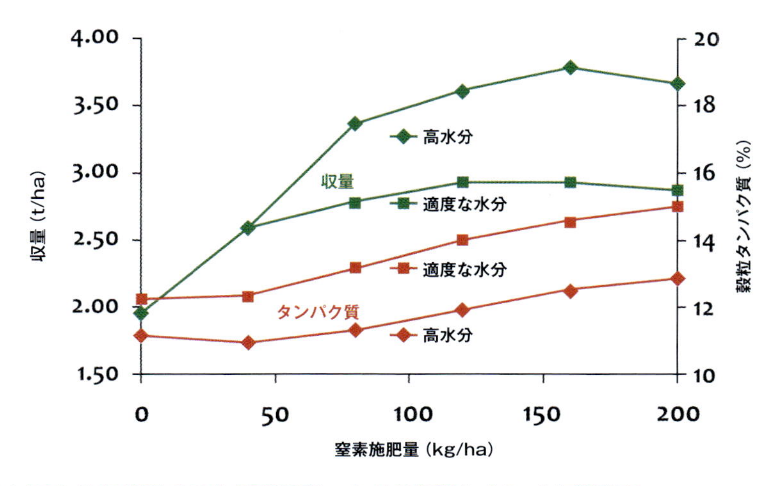

図3 適度な水分と高水分条件下での赤色硬質春コムギの収量とタンパク質濃度

施肥は、通常はデンプン蓄積よりもタンパク質蓄積に大きな影響を与える（Souza et al., 1999; Wuest and Cassman, 1992）。穀粒の窒素は、開花期以降吸収された窒素と、栄養成長期に吸収された茎葉窒素の再転流で構成されている。コムギでは、出穂期までに吸収された窒素が穀粒窒素の70～100％と報告されている（Boatwright and Haas, 1961; Malhi et al., 2006）。コムギ穀粒の窒素は、土壌という遠いところからの吸収よりも葉、茎、殻からの転流窒素に由来している。

冬コムギの場合、窒素を春に施用するか、または秋と春に分けて施用する場合でも、春施用を多くした方が、タンパク質含量が高まる傾向がある（Grant et al., 1985; Kelley, 1995; Vaughan et al., 1990）。カナダ・サスカチュワンで不耕起栽培された冬コムギでは、早春に硝安か尿素系肥料を施用することで、収量が高まった。施肥が3週間遅くなるとコムギの収量とタンパク質の量はともに低下したが、タンパク質濃度は高まった。春遅い窒素施用や、窒素施用後の乾燥条件により、収穫可能量が低下する（Fowler et al., 1990）。その後に吸収される窒素は収量に対して余剰な供給となり、コムギ穀粒の窒素濃度は高まる。樹脂被覆肥料（コーティング肥料）など効率が高い肥料の利用は、土壌溶液中への窒素溶出を遅らせ、生育後期に窒素を吸収させることで作物の窒素濃度を高めるのに役立つ（Grant and Wu, 2008）。

タンパク質含量を高めるために窒素施用時期を遅くすることは、土壌からの窒素の損失が多い環境条件では、特に有用である。開花期以降に与えられた窒素は、開花期以前の窒素供給が少なく、かつ作物が与えられた窒素を吸収できるなら、穀粒のタンパク質合成を促進する。カリフォルニアの灌漑圃場の赤色硬質春コムギでは、窒素の元肥施用よりも開花期施用の方が、施肥窒素当たりの穀粒タンパク質の増加に有用であった（Wuest and Cassman, 1992）。この研究では、元肥施用された窒素量と開花後の窒素吸収にはほとんど相関が認められなかったが、開花期の施用は作物の窒素吸収を明らかに高めた。窒素の元肥施用量を変えても生育後期の土壌中の窒素量はほとんど変化せず、大部分の元肥施用した窒素は流亡、脱窒、あるいは不溶化により失われたことを示している。生育後期の窒素施用後に灌漑・灌水をすることで、生育後期の効率的な窒素吸収効果があると考えるのは自然である。

降雨に依存した耕作では、生育後期に窒素を施用しても、乾燥が続くと吸収されない。穀物の穀粒タンパク質濃度を高める手段として、窒素の葉面散布が長年研究されてきた（Bly and Woodard, 2003; Gooding and Davies, 1992; Gooding et al., 2007; Souza et al., 1999）。生育後期に窒素を葉面散布すると、土壌条件の影響をほとんど受けずにタンパク質濃度を高められることが期待された。冬コムギに尿素を葉面散布すると、土壌施用された硝安に比べて速やかに穀粒に転流した。

葉面散布された窒素は、窒素供給が作物の収穫可能量に対して不足している場合に、穀物のタンパク質濃度を高めるようである（Bly and Woodard, 2003; Finney et al.,1957; Gooding and Davies, 1992; Gooding et al., 2007）。グッディングとデービス（Gooding and Davies, 1992）は、止め葉出葉期以降の尿素の葉面散布は増収効果が無いと報告している。窒素施用が穀粒のタンパク質濃度を高める効果は、土壌への施用では開花期前の方が高く、一方、葉面散布では開花期以降が高いようである。開花期以降は根の活力が低下するため、土壌に施用された窒素の吸収が制限されるようだ。タンパク質濃度を高めるための尿素を葉面散布する最適な時期は、通常、開花期と、その後2週間である。この時期には収量は増加せず、炭水化物の増加によって窒素が薄められることが少ないのが、理由のひとつである。開花後2週間を過ぎると、穀粒のタンパク質濃度が増加する効果は低下する傾向にあるが、これはこの時期に葉が黄化し始めるため、葉面散布された窒素を受け止め、取り込み、転流させる組織が限られていることが原因と考えられている(Gooding and Davies, 1992)。

圃場に施用したリンは通常、穀物のタンパク質濃度に直接影響しないが、リンの施用により穀物が顕著に増収する場合には、希釈によってタンパク質含量は低下する(Halvorson and Havlin, 1992; Holford et al., 1992; May et al., 2008; Porter and Paulsen, 1983)。リンは窒素吸収とその代謝への効果によってタンパク質蓄積に影響することがある。養液栽培では、リン供給の増加に伴ってタンパク質濃度が高まった(Porter and Paulsen, 1983)。リン施用がコムギの出芽から分げつ期までの窒素吸収を促進したことは、植物の発育初期にリンが窒素吸収に好ましい影響を与えることを示している。圃場では、適量のリンが窒素とともに与えられると、根の発達促進によって、窒素吸収の増大が可能となる(Boatwright and Haas, 1961)。しかし、リンのタンパク質含量への影響は間接的なため、リン施用がタンパク質含量に与える影響は、通常、有意ではない(Brennan and Bolland, 2009b; McKercher, 1964)。

カリウムは植物体内で窒素と密接な関係をもっている。コムギの養液栽培で、カリウムはアミノ酸の穀粒への転流と、そのタンパク質への変換を促進した(Blevins et al., 1978)。カリウムが多いほど、植物の栄養組織から穀粒へのアミノ酸の輸送が増大するようである(Mengel et al., 1981)。カリウム供給の改善は、穀粒中のタンパク質合成も促進するが、これは穀粒にアミノ酸の蓄積が増大することの間接的な効果であろう。カリウムが極度に不足している場合は、カリウム施用により、タンパク質の総量と濃度の両者が増える(Bakhsh et al., 1986)。しかし、通常の圃場条件では、多少カリウムが不足していても、カリウム施用はコムギのタンパク質濃度にほとんど影響しない(Brennan and Bolland, 2009a; Campbell et al., 1996; May et al., 2008)。

小麦粉の製パン性は一般にタンパク質含量が増えるほど高まり、パンの焼き上がり体積が増える(**図4**)。

穀粒のタンパク質の25%はアルブミンとグロブリンという、生理活性をもつ小さなタンパク質である。これらは主に種皮、糊粉層、胚芽に高濃度に蓄積するが、胚乳にも低濃度で蓄積される。残りの75%は胚乳に蓄積される貯蔵タンパク質、グリアジンとグルテリンである。これらは酵素活性をもたないが、小麦粉の機能的品質、すなわち製パン性にとって重要である(Belderok,

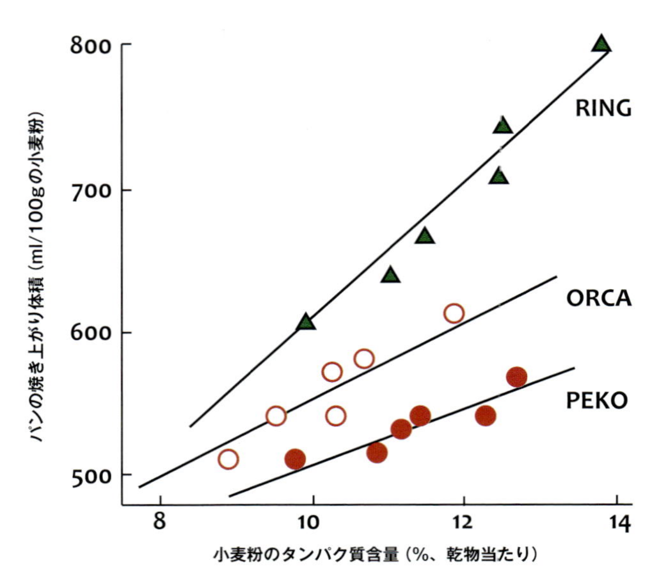

図4 製パン性が高い（▲）、中位（○）、および低い（●）コムギ３品種における、小麦粉のタンパク質含量とパンの焼き上がり体積との関係（Belderok, 2000）

2000）。これらは生地を捏ねることにより吸水してグルテンを形成する。

グルテンは小麦粉を捏ねると弾性構造を作り、製パン時の酵母による発酵で生じたCO_2を閉じ込める。グルテンの構造が弾力的であり、伸張性が高いほど生地が膨らむ。生地を焼くと、タンパク質の構造が固定されてパンの網目構造が形成され、パンが焼き上がる。グルテンの質と量は製パン性を決める主要な要因であり、それは主に作物の遺伝的特性と窒素施肥によって決まる。硬質の、タンパク質含量が高い「強力」コムギは一般にグルテンの弾性が強く、パン作りに適している。軟質コムギは硬質コムギに比べてタンパク質含量が低く、より柔らかいグルテンを作る。軟質コムギはパン作りには向かないがビスケット、クッキーに適する。パスタではタンパク質の含量と組成の両者が調理性に重要であり、グルテニンの含量が高いほど調理性が高まる（Porceddu, 1995）。

窒素の施用はパンコムギのタンパク質画分すべてを増加させるが、グルテンの増加割合が大きく、特に低分子量のグルテニン（LMWG）とグリアジンが増加し、それはアルブミン、グロブリン、および高分子量のグルテニン（HMWG）増加より顕著である（Kindred et al., 2008; Tea et al., 2004）。同様にデュラムコムギへの窒素施用はHMWGの減少を伴ってLMWGを増加させた（Lerner et al., 2006）。窒素施用によるタンパク質含量の増加は、リジン含量が低いグルテンタンパク質の増加が主体であるため、ヒトへの栄養的価値はそれ程増加しない（Shewry, 2009）。

N：Sバランス（窒素：硫黄バランス）はタンパク質の価値を確保するために重要である。硫黄はコムギのタンパク質の重要な成分であり、SH基を含むアミノ酸の成分としてコムギタンパク質の製パン性に寄与している（Zhao et al., 1999a; Zhao et al., 1999b; Zhao et al., 1999c)。

グルテンを形成するグリアジンとグルテニンのサブユニットはSを豊富に含む。グリアジンとグルテニンのサブユニットに含まれる硫黄がS－S結合によってグルテン分子の高分子結合体を安定化し、これが生地の弾力性に重要である（Shewry et al., 2002)。したがって、適量・適質のコムギタンパク質には適量の硫黄の存在が必要である（Flæte et al., 2005; Thomason et al., 2007; Zhao et al., 1999b; Zhao et al., 1999c)。土壌中の硫黄レベルが低い場合は、硫黄の施用によって穀粒の収量と品質の両者を高めることが可能である。最適収量実現に必要なレベルの硫黄が存在する場合でも、硫黄の施用はタンパク質の品質に影響する可能性がある（Flæte et al., 2005; Thomason et al., 2007)。

硫黄の欠乏はコムギのタンパク質組成を変化させる。硫黄の欠乏によって、S含量が低いω-グリアジンの含量が増加し、一方でS含量が高いγ-グリアジンや低分子量グルテニンは減少する（Tea et al., 2007; Tea et al., 2004; Wieser et al., 2004)。S含量の高いタンパク質の減少によって、タンパク質総量は同じであっても生地が固く、膨らみが乏しく、パンの出来上がり体積は減少する（Reinbold et al., 2008; Thomason et al., 2007; Zörb et al., 2009; **図5**)。同様にデュラムコムギでは、硫黄が欠乏していない条件で硫黄を施用すると、HMWGの減少を伴ってLMWGが増加した（Lerner et al., 2006)。

硫黄は、窒素のようには栄養組織から穀粒に再移動しないので、穀粒の品質を最適化するためには登熟期に適量の硫黄を供給する必要がある。硫黄が非常に欠乏した温室条件の試験では、硫黄を後期に施用した方が、早期施用よりもパンの体積を増やした（**図5**; Flæte et al., 2005; Zörb et al., 2009)。硫黄欠乏土壌で窒素を多量に施用すると、N:S比を大きくし、硫黄欠乏を助長する。グッディングら（Gooding et al., 1991）は、尿素を施用しても時には製パン性が改善されないことがあるが、それは穀粒中のS含量が不足し、高いN：S比とそれに伴うタンパク質画分の構成の変化が関係しているのだろうと報告している（Gooding et al., 1991）。彼らは、硫黄成分が改善されれば、尿素の製パン性向上効果はより安定するだろうと指摘している。英国の研究では、窒素を単独で施用したコムギは、窒素と硫黄両者の施用に比べて窒素濃度が低かったので、タンパク質合成には窒素と硫黄のバランス良い供給が必要なことを示している（Godfrey et al., 2010)。硫黄を施用せず窒素だけ多量に施用した穀粒から作ったパン生地は、硫黄も施用した場合に比べて強度が低い生地となる（Godfrey et al., 2010; Wooding et al., 2000)。硫黄は窒素の葉面散布にも影響すると思われる。すなわち、あらかじめ硫黄が施用されている場合には、窒素の葉面散布によって、より多くのタンパク質合成が行われると考えられる（Thomason et al., 2007)。

炭水化物

デンプンはコムギに含まれる主要な炭水化物であり、ヒトのエネルギー源として利用されている。デンプンはアミロースとアミロペクチンから構成され、どちらもグルコースの高分子である

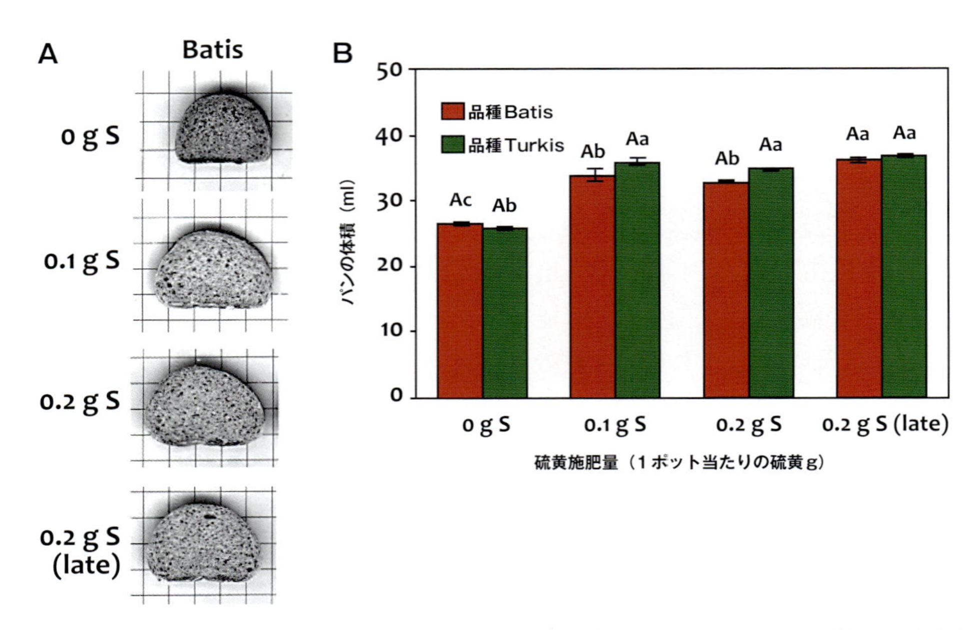

図5 コムギ2品種の製パン性に対する硫黄施用の効果－10gの全粒粉を用いたマイクロ製パン試験結果
(A) 品種Batisのマイクロブレッドの写真（倍率固定）
(B) パンの体積
5ポットの試験結果の平均（棒グラフ）と標準偏差（バー）を示す。グラフに示された大文字は同じ施肥量における品種間の、小文字は同じ品種の異なる硫黄施肥量の間での、有意差（$p<0.05$）の有無を示す。処理区の間に有意差があることを異なる文字（aとbなど）で示す。（Zörb et al., 2009）

が、アミロースはほぼ直鎖状であり、一方アミロペクチンは高度に分枝している（Cornell, 2003）。アミロースとアミロペクチンではゲル形成が著しく異なっている。アミロペクチンはゲルを形成しないが、アミロースは水と混合するとゲルを形成する。デンプンは水中で熱するとペーストを形成する。加熱とともに糊化が進み、糊化が完了するまで粘性は増大し、その後、構造の崩壊により粘性が低下する。この特性はデンプンを増粘材として使用する際に重要になる。α-アミラーゼが穀粒中に多すぎるとデンプンの崩壊が進み、デンプンペーストの粘性を低下させる。この場合、ねばついたパン生地となり、成型が難しく、焼き上がりの大きさも色付きも貧弱になる（Kindred et al., 2005）。小麦粉のフォーリングナンバー（正式名称：Hagberg Falling Number）が低い（LHN）と、パン生地中のα-アミラーゼ含量は高くなり、弱いパン生地になる。

小麦粉に吸収され、捏ねるのに丁度良い水の量もデンプンの特性に依存する。粒径が小さいデンプンはより多くの水を吸収する一方、粒径が大きいデンプンでは捏ねる時間が長くなる傾向にある（Eliasson, 2003）。アミロースはパン状構造の状態を決めるようだ。パンが新鮮さを失うのは、主にアミロペクチンの再結晶が原因だが、アミロースはこれを促進するようである。

デンプン含量は、デュラムコムギから作られるパスタの品質にも影響する。通常、茹でたパスタの固さはデンプン含量と負の相関を示すが、これは穀粒中のデンプン含量とタンパク質含量が負の相関を示すからと考えられている（Porceddu, 1995）。

食物繊維は多くの病気、たとえば冠動脈性心疾患、血栓や脳卒中、高血圧、糖尿病、肥満、ある種の胃腸疾患などの発症リスクを低減する（Anderson et al., 2009）。コムギに含まれるセルロースは食物繊維の重要な供給源であり、特に全粒粉などの全粒製品では重要である。精白した小麦粉のセルロース含量は0.6%だが、全粒粉はふすまも用いるため2.4%のセルロースを含む（Anderson and Bridges, 1988）。ふすまは9%のセルロースと30%の非デンプン多糖、たとえばペントサンなどを含む。ペントサンは加水分解するとペントースを生成するヘミセルロースの一群である。コムギのペントサンのひとつであるアラビノキシランは、D-キシロースとL-アラビノースから成り、D-キシロースがβ-1, 4結合した骨格にL-アラビノース1分子の側鎖が付加している（D'Applonia, 1980）。アラビノキシランなどのペントサンは食物繊維として重要であるばかりでなく、小麦粉の吸水にも関わり、捏ねたパン生地の粘性に影響することで、焼き上げたパンの体積を増やし、パンとパン皮の特性も改善する（Buksa et al., 2010; D'Appolonia, 1980）。

窒素施肥によってタンパク質含量を増やすと、穀粒中のデンプン含量は減少する（Erbs et al., 2010; Kindred et al., 2008）。窒素を少量施肥すると、可溶性のβ-アミラーゼが減少する。窒素施肥によってタンパク含量とフォーリングナンバーの両者が高まった事例があり（Kindred et al., 2005）、これはアミラーゼ活性が窒素無施用で高かったことと関連している。

コメ

コメ（*Oryza sativa* L.）は世界でもっとも大量に生産されており、人類の食料としてもっとも重要である。利用前に籾殻（内頴と外頴）が取り除かれ（脱穀）、胚、胚乳、および糠層からなる玄米（茶色の米）とする。多くの場合、さらに精白されて胚乳、種皮および糊粉層がさまざまな程度に除去され、白米として利用される。精米されたコメは95%のデンプン、5～7%のタンパク質、0.5～1%の脂肪（Fitzgerald et al., 2009）、および微量要素と種々の成分を少量含有する。コメの品質には外観（米粒の形、揃い、透明度）、調理性および食感（糊化温度、粘り、香り、食味）および栄養的価値などがある（Fitzgerald et al., 2009; Yang et al., 2007）。

タンパク質

コメのタンパク質濃度は低いが、発展途上国の人々のタンパク質摂取量の29%に寄与している。コメの栄養的な価値は、タンパク質濃度を高めたり、ヒトの栄養摂取を邪魔するフィチン酸を減らすことによる改善が考えられる（Ning et al., 2009）。

タンパク質はコメの機能的な品質、たとえば硬さや粘り、糊化能力、および食感にも影響する（Ning et al., 2010）。調理（炊飯）したコメの表面の固さはタンパク質に関係する。精米中の破砕は精米の歩留りを下げるので問題になる。コメのタンパク質はデンプン顆粒間に存在しており、デンプン粒を互いに接合していると思われる。したがってタンパク質含量が高まると、破砕も発生しにくくなるであろう（Borrell et al., 1999）。割れの生じていない米粒の割合は、胚乳側腹部のタンパク質含量と相関しているので、割れが生じやすい品種では、窒素施肥によってタンパク質含量を高めることで、割れを低減できると考えられている（Borrell et al., 1999; Leesawatwong et al., 2005）。米粒のタンパク質が増えると硬度が高くなり、精米中の割れへの耐性も高まる。

コメのタンパク質含量は、窒素を出穂期に施用するともっとも高くなる（Ning et al., 2010）。中国の南京で行われた31品種を用いた研究では、窒素施肥量の増加に伴ってタンパク質総量とその質（グルテリン：タンパク質の比）の両者が高まった（Ning et al., 2009）。窒素施肥はフィチン酸の含量を低下させる効果もあり、タンパク質と微量要素の人体への吸収能を阻害する成分が減少した（Ning et al., 2009）。340-55-375kg/haの窒素－リン－カリウムを移植前に施用すると、無施肥の場合に比べてコメのタンパク質含量は有意に増加した（Champagne et al., 2009）。

窒素施肥の時期もコメのタンパク質含量に影響する。米国ルイジアナ州で実施された研究では、窒素90または130kg/haを全量播種（直播）時に作土の下層に施用、もしくは播種時と幼穂が2mmの時期に半々に施用すると、タンパク質含量が高まった（Patrick et al., 1974）。最初の入水時に全量施用、あるいは最初の入水時と第1節形成時に半々施用では、タンパク質含量は高まらなかった。

中国の31品種を用いた研究では、適量（185kg/ha）の窒素を移植前の基肥と幼穂形成期の穂肥として半々に施用すると、80：20の割合でその量を施用するより収量が高く、より多くの窒素（300kg/ha）の施用と同等の効果があった（Ning et al., 2009）。適期に窒素を適量施用すれば、コメの収量と栄養的価値を十分に高めることが可能である。

開花・登熟期の窒素施用はコメのタンパク質濃度を有意に高めるとともに、胴割れを生じやすい品種の整粒割合を高めた（Leesawatwong et al., 2005）。IRRI（国際稲研究所）の研究（Perez et al., 1996）では、乾季、雨季両条件下で開花時に窒素を施用すると、タンパク質濃度と穀粒の透明性が有意に高まった。また、開花10日後と20日後に窒素を葉面施用すると、収量を維持したまま、コメのタンパク質濃度が高まった（Souza et al., 1999）。

窒素施肥法は米粒中のタンパク質の分布にも影響する。窒素施肥により胚乳の外側の細胞層（糊粉層）に分布するタンパク質が増加し、それにより米粒がより吸水することになり、炊飯したコメの肌合い（光沢）・食感に影響を与える（Champagne et al., 2009）。コメのタンパク質のうちプロラミンとグルテリンは品種より窒素施肥の影響が大きく、一方、アルブミンとグロブリンは窒素施用より品種の影響をより強く受ける（Leesawatwong et al., 2005; Ning et al., 2010）。プロラミンは糊粉層に蓄積されるが、一方グルテリンは米粒中でより濃度が高まる傾向があり、したがって精米後の白米中にプロラミンよりも残りやすいと考えられている（Leesawatwong et al., 2005; Ning et al., 2010）。さらに、グルテリンはプロラミンより多くのリジンを含む（Souza et al., 1999）。

精米の程度はコメのタンパク質のアミノ酸バランスに影響する。精米により、糊粉層とそこに含まれるタンパク質が除去されるので、精米後の白米に含まれるタンパク質は胚乳由来である(主にグルテリンとプロラミン)。レサワトウォンら(Leesawatwong et al., 2005)によると、いくつかの品種で精米はアルブミンとグロブリンの濃度を減少させるが、グルテリンの濃度は高まり、それは貯蔵タンパク質が米粒の異なる部分・層に分布することの影響であった。コメは、ほかの穀物同様、必須アミノ酸のリジンはあまり含まないが、一方でシステインとメチオニンを比較的多く含有する(Juliano, 1999; Ning et al., 2010)。

ニンら(Ning et al., 2010)の報告では、窒素施肥は玄米、白米両者のほとんどのアミノ酸を増加させるが、玄米のメチオニンおよび、白米のリジンとメチオニンの変化は有意ではなかった。しかし、窒素施肥により玄米のリジンが増え、白米中でも増加傾向にあり、それはリジンを多く含むグルテリンの増加の反映であるという報告もある(Ning et al., 2010)。したがって、窒素肥料はタンパク質総量とその質の両者を高め、コメの食事タンパク質源としての栄養価値に重要な影響がある(Leesawatwong et al., 2005)。

炭水化物

ヒトの栄養としては、コメは主にデンプンでエネルギーを供給している。デンプンの特性はコメの品質を支配する(Champagne et al., 2009)。コメの食感はアミロースとアミロペクチンの含量と構造によって大部分が決まる。アミロース含量とアミロペクチンの長鎖が増えると、炊飯されたコメは硬くなる(Fitzgerald et al., 2009)。一般的にアミロペクチンに対してアミロースの割合が増えると、炊飯されたコメは硬くなる。アミロースの含量が適量もしくは低いコメはやや乾燥気味でふわふわしており、冷えても硬くならない(Yang et al., 2007)。しかしボッタチャリョ(Bhattacharya, 2009)は、1980年代中頃以降の近年のデータは、最終消費時の品質の大部分がアミロペクチン鎖の構造に依ることを確実に示している、と指摘している。アミロペクチンの「特に長い分子鎖」(extra long chains)の豊富さは、品質と正の相関を示す。鎖が長いほど強く弾力のあるデンプン粒となり、調理の際の給水膨潤で崩壊し難くなる。

窒素施用でアミロースは減少傾向になるが有意ではなかったとヤンら(Yang et al., 2007)が報告する一方、シャンペインら(Champagne et al., 2009)の研究では窒素－リン－カリウムの施用でアミロース含量が減少した。アミロースが増加すると粘りと凝集性が減る一方、固さが増す。施肥はコメの香りとつや・噛みごたえに影響し、米粒表面のデンプンによる被覆に影響するので、滑らかさと米粒間の粘着性は施肥により減少し、粗さ、硬さと吸水性は施肥によって増大する。

ゲルの強度は適量施肥で最大となり、施肥量が多くても少なくても減少するが、調理に必要な時間に関係する糊化温度は窒素施肥の影響を受けなかった(Yang et al., 2007)。総じてコメの収量に比べてその品質に対する窒素施肥の影響は小さいが、施肥量が多いと、適量から少量施肥に比べて米粒は白濁し、調理性や食感が悪化する傾向がある。米粒の品質は幼穂形成期以降の施肥割合を増やすことによって改善され、精米特性、外観およびタンパク質含量が高まる（Yang et al., 2007）。

トウモロコシ

トウモロコシ（*Zea mays* L.）はその高い炭水化物生産力ゆえに栽培されており、畜産飼料や（McKevith, 2004）、近年はバイオエタノールの主要なエネルギー源である。2008年現在、トウモロコシの大半は世界最大のトウモロコシ生産国である米国で生産され、その用途は飼料（45%）、2番目はエタノール生産（30%）であった（Iowa Corn, 2010）。米国で生産されたトウモロコシの約10%はデンプン、コーン油、甘味料、ひき割りトウモロコシ粉などの製粉用として人間の栄養源となるか、あるいは醸造酒の製造に用いられ、残りの15%は海外に輸出されている。トウモロコシ生産の目的は、米国では大半が食料以外であるが、アジア、アフリカ、ラテンアメリカおよび旧ソビエト連邦の一部では重要な食料である。飼料および食料として用いるのに望ましい性質は、高いタンパク質含量と固い胚乳である。米国で作付されている一般的なトウモロコシ品種は7～10%のタンパク質、68～74%のデンプンと、3～5%の油脂を含む（Dado, 1999）。

タンパク質

トウモロコシはコムギに比べてタンパク質含量が低く、そのタンパク質は必須アミノ酸のリジンとトリプトファンをあまり含まない。トウモロコシとともにダイズなどのマメ類を摂取すると、ダイズとトウモロコシのタンパク質はアミノ酸組成が相補的なので、食事の栄養的な価値が改善される。トウモロコシの物理的な品質もタンパク質含量に影響され、タンパク質含量が高いと穀粒の硬さ（ガラス性あるいは透明性）が増し、粒割れしにくくなる（Mason and D'Croz-Mason, 2002）。トウモロコシの粗タンパク質を増やすことは、その栄養的価値をかなり高める（Johnson et al., 1999）。タンパク質の品質は、リジンとトリプトファンの含量が通常のトウモロコシ品種より多いopaque-2 種の作付をすることで、改善できる（Mason and D'Croz-Mason, 2002）。しかしopaque-2 種はゼインの含量が低く、胚乳が柔らかく、粉化しやすいものがある（Misra, 2009）。リジンとトリプトファンの含量が高く、ゼインの濃度が低いQPM（高品質タンパク質トウモロコシ）品種も育成され（Sullivan et al., 1989）、タンパク質の生物的価値の増大が図られている。しかし、最近のQPM品種では、硬い胚乳も育種目標となっている（Sullivan et al., 1989）。

トウモロコシでは、大部分の穀物同様に、一般的にタンパク質含量とデンプン含量は相反する（Mason and D'Croz-Mason, 2002）。したがって、収量向上にかかわる要因は、デンプン濃度を高め、タンパク質濃度を下げる傾向がある。しかし窒素が不足している条件下では、窒素利用の促進は穀粒のタンパク質濃度と収量の両者を高める傾向がある（Genter, 1956; Miao et al., 2006;

Miao et al., 2007; Riedell et al., 2009; Singh et al., 2005)。窒素供給と収穫可能量に関係する要因、すなわち圃場条件の違い、F_1品種、生育時期などがタンパク質の施肥への反応に影響する（Mason and D'Croz-Mason, 2002)。ミャオら（Miao et al., 2007）は、窒素施肥レベルがF_1品種のタンパク質含量と容積重に及ぼす影響を調査した。イリノイ州において、2001年（1圃場）と2003年（2圃場）に調査したところ、穀粒中のタンパク質濃度を最大にする窒素施肥レベルは、収量を最大とするレベルより45～50kg/ha高いという結果であった。タンパク質含量は収量よりも窒素施肥に対して敏感であり、その最大化には利用可能な窒素をより多く要求した（Miao et al., 2007; Singh et al., 2005)。圃場間では土壌中の可給態窒素はばらついているが、それに対応して施肥総量を調整するだけでは、タンパク質含量のばらつきは減少しなかった。

窒素の施用を増やすことでトウモロコシのタンパク質濃度が高まると、胚乳のゼインを構成するタンパク質も増える（Sauberlich et al., 1953; Tsai et al., 1992)。等電点電気泳動による分析では、ゼインの増加は主にα-ゼインとγ-ゼインの増加であった（Tsai et al., 1992)。ゼインは穀粒の硬さには重要だが、リジンとトリプトファンをあまり含まない（Wang et al., 2008)。したがって、通常のトウモロコシ品種のタンパク質濃度を窒素施肥によって高めると、硬くガラスのような穀粒となるが、リジンとトリプトファンの含量は減少する。このように、窒素施肥によるトウモロコシのタンパク質含量の増大は、含まれる必須アミノ酸の量が少ないために、栄養的な価値はそれほど改善しない。一方、opaque-2 種への窒素施用は穀粒のリジンとトリプトファンの濃度を維持、または増加させた（Tsai, 1983)。窒素を多量施用されたトウモロコシの通常品種（opaque-2以外のトウモロコシ品種）のタンパク質は生物的価値が低いことが、ラットへの給餌試験で確認されている（Blumenthal et al., 2008)。

コムギ同様、種子に蓄積される窒素の多くは、開花前に茎、葉、根に蓄えられた窒素の転流によるものである（Bennett et al., 1989; Weiland and Ta, 1992)。新しいF_1品種は開花後に吸収する窒素の方が多い傾向だが、穀粒への窒素の転流は多くはない（Ma and Dwyer, 1998)。止め葉出葉後に取り込まれた窒素は、それ以前に取り込まれたものに比べて、茎や葉などの構造構成物として固定される可能性は低く、穀粒のタンパク質により多く取り込まれるようである（Gooding and Davies, 1992; Gooding et al., 2007; Powlson et al., 1987)。

リンとカリウムの施用は、バージニア州で行われた試験で収量を有意に増加させたが、タンパク質含量は有意に変化しなかった（Genter, 1956)。

炭水化物

トウモロコシの穀粒は主に発酵可能な炭水化物の形態でエネルギー源として利用される。一般的に収量が増えるとデンプン濃度は高くなり、タンパク質濃度は下がる。しかし窒素が欠乏した状態では、窒素施肥によって収量、タンパク質含量および容積重が増え、油、デンプンおよび可溶性デンプンの含量が減る（Miao et al., 2007; Singh et al., 2005; Riedell et al., 2009）。タンパク質と油の含量はデンプンの含量と負の相関を示す傾向があり、これらを増やすと炭水化物からの発酵可能なエネルギーが減少する（Dado, 1999）。タンパク質を除くと、トウモロコシの品質要因は収量に比べて窒素施用への反応が少なく、デンプン含量と容積重の反応は最小、脂質の反応は中間的である（Miao et al. 2007）。

脂質（油脂）

トウモロコシの脂質は飼料の重要なエネルギー源であり、不飽和度が高いので人間の食用にも適している（Mason and D'Croz-Mason, 2002）。穀粒の脂質の90％以上が胚芽に存在し、胚乳に対する胚芽の割合が増えるに従い、脂質濃度が高まる。したがって、一般的に脂質濃度は炭水化物濃度と負の相関を示す（Riedell et al., 2009）。肥培管理の脂質濃度への影響は小さい（Mason and D'Croz-Mason, 2002）。イリノイ州で行われた試験では、脂質含量は窒素施用により高まったが、その程度はタンパク質含量の増加より少なかった（Lang et al., 1956）。同様に、バージニア州で行われた試験では、窒素－リン－カリウムの施用が脂質含量に与える影響は限定的で、一貫しなかった（Genter, 1956）。窒素－リン－カリウムの施用により、脂質含有率が多少増加することが示され、これは、脂質含量が高い胚芽の割合が増えたことが原因と推測される（Riedell et al., 2009; Welch, 1969）。施肥は穀粒の収量を高めることが多く、したがって脂質収量は、全体として高まる。

ジャガイモ

エッペンドルファーとエッガム（Eppendorfer and Eggum, 1994）は、ジャガイモのタンパク質とデンプンの品質に対する無機質肥料の施用効果を網羅的に調査した。屋外のポット試験結果であり、圃場での施用量と比較することは困難だが、収量が最高水準となる肥料の施用では、タンパク質とデンプン含量も同時に高まるのが一般的であることが示された（**表3**）。窒素施用は粗タンパク質含量を大きく高めるが、その生物学的価値は下がった。粗タンパク質が増えるとアスパラギンの割合が増え、必須アミノ酸の割合は減少した。しかし生物学的価値の減少は粗タンパク質の増加より少なく、このため窒素は、最高収量達成の必要量を超えた施用でも、生物が利用できる必須アミノ酸を増加させた。リンとカリウムの施用は粗タンパク質を減少させたが、その生物学的価値は高まった。同様に硫黄欠乏は、システインとメチオニンの減少によってタンパク質の生物的学価値を大きく減少させた。

ジャガイモのデンプン含量は栄養素（肥料）の欠乏もしくは過剰で減少する。リン、カリウム、および硫黄の欠乏でデンプン含量は減少し、一方で収量が最大となる窒素、リン、および硫黄の施用ではデンプン含量も最高レベルであった（**表3**）。カリウム施用量が極めて多い場合、多少の収量向上はデンプン含量の減少により相殺される。ウェスターマンら（Westermann et al.,

表3 無機栄養素の施用がジャガイモの収量、デンプンおよびタンパク質の特性に与える影響（Eppendorfer and Eggum, 1994）

栄養素施肥量				ジャガイモ収量 g/ポット	デンプン含量 %	粗タンパク質（%）	
N	P	K	S			含量	生物学的価値
2	3	3	3	124	70	8.3	89
4	3	3	3	317	72	12.9	80
6	3	3	3	266	69	15.9	75
4	1	3	3	134	68	14.9	74
4	4	3	3	454	74	10.3	81
4	3	1	3	50	59	22.9	65
4	3	4	3	332	68	11.5	82
4	3	3	0	173	65	14.7	45

1994）は、アメリカ・ユタ州の灌漑圃場の試験で、窒素とカリウム施用量の増大により塊茎のデンプン含量が減少したことを報告している。

ヘンダーソン（Henderson, 1965）は硫酸カリを施用すると「塩化カリを用いた場合よりも含水率が低く、乾物が多く、比重が重いジャガイモが得られ、調理すると、よりほくほくと粉をふく」と述べているが、同時にそれは完全に一貫性があるわけでは無く、その程度もスコットランドでの11例（年・箇所）の試験結果の振れ幅より小さかったと述べている。インドではクマーら（Kumar et al., 2007a）が、ほくほくと粉をふくジャガイモの生産には、カリウムの硫酸塩の方が硝酸カリウムもしくは塩化カリよりも適しており、ジャガイモの乾物収量とポテトチップの収率が上がり、同時にチップの油含有率を減少させると報告している。

ワシントン州の灌漑された収量が高い圃場では、ダベンポートとベントレー（Davenport and Bentley., 2001）の調査によれば、硫酸カリと塩化カリを多量に施肥したとき、液肥と粒状肥料で、また、全量基肥と一部追肥施用で、ジャガイモの比重は変わらなかった。

キプロスで行われた試験では、窒素施用は0～300kg/ha間でポテトチップの品質に影響がなく、それは「地中海気候での春植えジャガイモへの植付前の窒素施肥の影響は、塊茎の成熟過程に影響する可能性があるが、その後の低温貯蔵によって加工時の品質が再調整され、品質の違いが緩和される」ためだとされている（Kyriacou et al., 2009）。インドの加工用ジャガイモでは、塊茎の比重と乾物率は窒素の0～360kg/ha施用によって増加し、一方でイモの色と還元糖には影響がなかった（Kumar et al., 2007b）。

アクリルアミドは炭水化物主体の食品を調理した時に生成し、健康には良くない影響がある。窒素の多量施用、カリウムの少量施用で育成したジャガイモで作ったフレンチフライでアクリルアミド含量は最高になったという報告がある（Gerendas et al., 2007）。したがって、カリウムの適量施用はアクリルアミドによる健康リスクを軽減する可能性がある。

ダイズ

ダイズは、マメの脂質とタンパク質両者の濃度で価値が評価される。ダイズのタンパク質濃度は高いが（**表4**）、メチオニンとシステインの含量は比較的低く、制限アミノ酸となっている。一般的にマメのタンパク質濃度が上がると脂質の濃度は下がる。

マメ科の作物であるダイズは、共生する根粒菌（*Bradyrhizobium*）により窒素を固定する。しかし、リン、カリウムと硫黄施肥は、マメの収量とタンパク質の含量、およびその組成に影響する。リン欠乏土壌では、リン施用は茎葉・根の生長よりも根粒形成と窒素固定能力に強く影響する（Cassman et al., 1980; Israel, 1987; Brown et al., 1988）。したがってリン施用によるダイズのタンパク質含有量増加が期待され、実際それはインドのリン欠乏土壌で実証されている（Majumdar et al., 2001; Tanwar and Shaktawat, 2003）。

リンとカリウムの施用がダイズの脂質とタンパク質含量に与える影響は多様である。温室内のリン欠乏土壌を用いた試験では、リン施用は種々の灌水条件下でタンパク質含量を高めた（Jin et al., 2006）。土壌分析で中庸からやせたとされる土壌の試験（Gaydou and Arrivets, 1983）では、カリウム施用により脂質濃度は上昇し、タンパク質濃度は低下したが、リンもしくはドロマイト（マグネシウム含有）の施用では収量が高まり、このため脂質とタンパク質の両者が増えた。

カナダのオンタリオでは、カリウムを全面散布ではなく条施用することで、タンパク質濃度が43%から42%に低下する一方、脂質濃度は21.5%から21.8%に上昇した（Yin and Vyn, 2003）。また、カリウムが中庸から欠乏した土壌では、葉中のカリウム濃度が2.2%から2.5%に高まった時に脂質濃度が最大になった（Yin and Vyn, 2004）。

バージニア州の古い時代の試験結果でも、カリウム施用で収量が上がる場合にはタンパク質が減っている（**表4**）。ただしタンパク質の減少より収量増の程度が大きく、カリウム施肥はタンパク質生産にかなりの効果がある（Jones, 1976）。

表4 リンとカリウムの施用で、タンパク質含有率が下がるが、収量とタンパク質生産は向上する（バージニア州、2年平均；5年間無施肥後の土壌、分析値はおおよそリン酸：17ppm、カリ：39ppm；Jones, 1976）

リン (P_2O_5・kg/ha)	カリウム (K_2O・kg/ha)	収量 (kg/ha)	タンパク質濃度 (%)	タンパク質生産 (kg/ha)
0	0	1,710	41.8	716
135	0	1,770	41.8	741
0	135	3,130	39.2	1,227
135	135	3,680	39.2	1,443

表5 カリウムの施用はわずかにダイズの脂質と糖分を増加させ、タンパク質を減少させる。1999～2002年の4年にわたる、5品種の平均（Zhang, 2003）

施用されたカリウム (K_2O・kg/ha)	タンパク質(%)	脂質(%)	糖分(%)
95	41.9	21.6	11.0
0	42.3	21.4	10.9

1994年から2001年に行われたアイオワ州の112圃場の試験結果から、「ダイズの収量を高める施肥は、少なくない頻度で油脂とタンパク質の含有率に多少の一貫性の無い影響を与えるが、多くの場合、油脂とタンパク質生産の総量を高める」と総括されている（Haq and Mallarino, 2005）。カナダで行われた試験では、カリウムの施用はタンパク質をわずかに減少させ、脂質と糖分をわずかに増加させた（Zhang, 2003; **表5**）。同様に、カナダのケベックで行われた試験では、中庸から肥沃な土壌において、カリウムとリンの施用がタンパク質含量に与える影響はわずかであった（Seguin and Zheng, 2006）。リンとカリウムが極めて肥沃な土壌では、これらの施用がダイズの品質、すなわちダイズの比重、外観、100粒重、マメのタンパク質と脂質含量に与える影響はゼロではないとしても、ほとんど無かった（Tremblay and Beausoleil, 2000）。

硫黄もダイズの栄養価に影響するようである。ダイズの貯蔵タンパク質の70％がグリシニン（11S）とβ-コングリシニン（7S）である（Sexton et al., 1998）。グリシニンは3.0～4.5％の含硫アミノ酸を含み、β-コングリシニンは1％以下なので、11Sの7Sに対する割合が高いとシステインとメチオニンの含量が多くなり、タンパク質の品質が高い。含硫アミノ酸が少ないβ-コングリニシニンの合成は窒素が多いと促進され、メチオニンが多いと阻害されるので、ダイズタンパクの栄養価はダイズ植物体の窒素と硫黄の状態に影響される（Imsande and Schmidt, 1998; Paek et al., 1997; Paek et al., 2000）。窒素は硫黄よりも栄養組織から莢とマメへの転流が効率良く行われるため、ダイズ植物体内の窒素濃度を高めると、マメの窒素／硫黄比率が高まる（Imsande and Schmidt, 1998）。水耕栽培では、子実肥大期に硫黄を施用することで、タンパク質含量はそれ程影響されなかったが、11S/7S比率、すなわちタンパク質の品質はかなり高まった（Sexton et al., 1998）。栄養成長期の硫黄施用は子実肥大期の施用に比べて11S/7S比への影響はずっと低かった。したがって子実肥大期に適切に硫黄を施用することが、タンパク質濃度と品質の確保に重要である。

ナタネ

ナタネ油は飽和脂肪酸がほかの植物油より少ないので、健康に良いとされている。ナタネ油は一価不飽和脂肪酸の最大の供給源のひとつであり、また、アミノレブリン酸（ALA）の原料に好適である（Harland, 2009）。一価不飽和脂肪酸の利用により飽和脂肪酸摂取を低減することで、トータルコレステロールおよび低分子リポタンパクコレステロールを減らし、ヒトの健康を改善する可能性がある。

ほかの作物同様、ナタネでもタンパク質と脂質の濃度には一般的に負の相関がある。したがって一般的に、窒素施肥によりタンパク質濃度が高まると油脂濃度は低下する（Asare and Scarisbrick, 1995; Brennan and Bolland, 2009b; Gao et al., 2010; Malhi and Gill, 2007; Rathke et al., 2005; Rathke et al., 2006）。窒素施用量を増やすと油脂の組成が変わることも報告されているが、その結果はばらついている。すなわちオレイン酸の割合が増え、リノレン酸、リノール酸およびエルシン酸が減るという研究結果（Behrens, 2002 as cited by Rathke et al., 2006）があり、一方でオレイン酸が減り、リノール酸が増えたという報告もある（Gao et al., 2010）。

リンとカリウムはナタネの油脂組成にほとんど、あるいはまったく影響しないようである（Brennan and Bolland, 2007; Brennan and Bolland, 2009a）。硫黄施用により、硫黄欠乏土壌でナタネの油脂含量が増えたとの報告（Brennan and Bolland, 2008; Grant et al., 2003; Malhi and Gill, 2002; Malhi and Leach, 2002; Malhi and Gill, 2006; Malhi and Gill, 2007;Malhi et al., 2007; Nuttall et al., 1987）があるが、一方でまったく変化はなかったという報告もある（Asare and Scarisbrick, 1995; Malhi and Gill, 2007）。トルコで行われた研究では、硫黄の施用は脂肪酸組成と油脂含量に一貫した影響を与えなかった（Egesel et al., 2009）。

まとめ

収穫と収益を改善するためにだけでなく、作物由来の食品の品質を最適化するためにも、作物生産における適切な施肥管理が重要である。タンパク質、炭水化物と脂質の含量構成と生物学的な利用可能性は施肥管理の影響を受ける。窒素、リン、カリウム、硫黄の適切かつバランスの取れた供給と効率的な施肥技術は、主要な食用作物であるコムギ、コメ、トウモロコシ、ジャガイモならびに主要な脂質種子であるダイズ、ナタネの機能性と栄養価を最適化するために重要である。一般的には、世界の主要作物において、最適の収穫を得るための施肥と、最適の品質を得るための施肥とは大きく違わない。長期的には土壌肥沃度を維持することが極めて重要で、これにより土壌がひどくやせてしまう時に見られる収量と栄養価の大幅な低下を回避できる。

参考文献

Anderson, J.W., P. Baird, R.H. Davis Jr., S. Ferreri, M. Knudtson, A. Koraym, V. Waters, and C.L. Williams 2009. Health benefits of dietary fiber. Nutrition Reviews 67(4): 188-205.

Anderson, J.W., and S.R. Bridges. 1988. Dietary fiber content of selected foods. The American Journal of Clinical Nutrition. 47: 440-447.

Asare, E., and D.H. Scarisbrick. 1995. Rate of nitrogen and sulphur fertilizers on yield, yield components and seed quality of oilseed rape (Brassica napus L.). Field Crops Research 44: 41-46.

Bakhsh, A., J.K. Khattak, and A.U. Bhatti. 1986. Comparative effect of potassium chloride and potassium sulphate on the yield and protein content of wheat in three different rotations. Plant and Soil 96: 273-277.

Batifoulier, F., M.A. Verny, E. Chanliaud, C. Rémésy, and C. Démigné. 2006. Variability of B vitamin concentrations in wheat grain, milling fractions and bread products. European Journal of Agronomy 25: 163-169.

Belderok, B. 2000. Developments in bread-making processes. Plant Foods for Human Nutrition. 55: 1-86.

Bennett, J.M., L.S.M Mutti, P.S.C Rao, and J.W. Jones. 1989. Interactive effects of nitrogen and water stresses on biomass accumulation, nitrogen uptake, and seed yield of maize. Field Crops Research 19: 297-311.

Bhattacharya, K.R. 2009. Physicochemical basis of eating quality of rice. Cereal Foods World 54: 18-28.

Blevins, D.G., N.M. Barnett, and W.B. Frost. 1978. Role of potassium and malate in nitrate uptake and translocation by wheat seedlings Plant Physiology 62: 784-788.

Blumenthal, J.M., D.D. Baltensperger, K.G. Cassman, S.C. Mason, and A.D. Pavlista. 2008. Importance and effect of nitrogen on crop quality and health. Chapter 3 *In* J.L. Hatfield and R.F. Follett (eds.), Nitrogen in the Environment: Sources, Problems, and Management. Elsevier, Inc.

Bly, A.G., and H.J. Woodard. 2003. Foliar nitrogen application timing influence on grain yield and protein concentration of hard red winter and spring wheat. Agronomy Journal 95: 335-338.

Boatwright, G.O., and H.J Haas. 1961. Development and composition of spring wheat as influenced by nitrogen and phosphorus fertilization. Agronomy Journal 53: 33-36.

Borrell, A.K., A.L. Garside, S. Fukai, and D.J. Reid. 1999. Grain quality of flooded rice is affected by season, nitrogen rate, and plant type. Australian Journal of Agricultural Research 50: 1399-1408.

Brennan, R.F., and M.D.A. Bolland. 2009a. Comparing the nitrogen and potassium requirements of canola and wheat for yield and grain quality. Journal of Plant Nutrition 32: 2008-2026.

Brennan, R.F., and M.D.A. Bolland. 2009b. Comparing the nitrogen and phosphorus requirements of canola and wheat for grain yield and quality. Crop and Pasture Science 60: 566-577.

Brennan, R.F., and M.D.A. Bolland. 2008. Significant nitrogen by sulphur interactions occurred for canola grain production and oil concentration in grain on sandy soils in the Mediterranean-type climate of southwestern Australia. Journal of Plant Nutrition 31: 1174-1187.

Brennan, R.F., and M.D.A. Bolland. 2007. Influence of potassium and nitrogen fertilizer on yield, oil and protein concentration of canola (Brassica napus L.) grain harvested in south-western Australia. Australian Journal of Experimental Agriculture 47: 976-983.

Brown, M.S., S. Thamsulrakul, and G.J. Bethlenfalvy. 1988. The Glycine-Glomus-Bradyrhizobium symbiosis. IX. Phosphorus use efficiency of CO_2 and N_2 fixation in mycorrhizal soybean. Physiol. Plant. 74: 159-163.

Brown, M.J., M.G. Ferruzzi, M.L. Nguyen, D.A. Cooper, A.L. Eldridge, S.J. Schwartz, and W.S. White. 2004. Carotenoid bioavailability is higher from salads ingested with full-fat than with fat-reduced salad dressings as measured with electrochemical detection. The American Journal of Clinical Nutrition 80(2): 396-403.

Buksa, K., A. Nowotna, W. Praznik, H. Gambus, R. Ziobro, and J. Krawontka. 2010. The role of pentosans and starch in baking of wholemeal rye bread. Food Research International 43(8): 2045-2051.

Campbell, C.A., J.G. McLeod, F. Selles, R.P. Zentner, and C. Vera. 1996. Phosphorus and nitrogen rate and placement for winter wheat grown on chemical fallow in a Brown soil. Canadian Journal of Plant Science. 76: 237-243.

Campbell, C.A., F. Selles, R.P. Zentner, B.G. McConkey, R.C. McKenzie, and S.A. Brandt. 1997. Factors influencing grain N concentration of hard red spring wheat in the semiarid prairie. Canadian Journal of Plant Science. 77: 53-62.

Cassman, K.G., A.S. Whitney, and K.R. Stockinger. 1980. Root growth and dry matter distribution of soybean as affected by phosphorus stress, nodulation, and nitrogen source. Crop Sci. 20: 239-244.

Champagne, E.T., K.L. Bett-Garber, J.L. Thomson, and M.A. Fitzgerald. 2009. Unravelling the impact of nitrogen nutrition on cooked rice flavor and texture. Cereal Chemistry 86: 274-280.

Cornell, H. 2003. The Chemistry and Biochemistry of Wheat, *In* S.P. Cauvain (ed.), Bread Making Improving Quality, CRC Press LLC, Boca Ratan, FL.

Dado, R.G. 1999. Nutritional benefits of specialty corn grain hybrids in dairy diets. Journal of Animal Science 77 Suppl 2: 197-207.

D'Appolonia, B.L. 1980. Sturcture and importance of nonstarcy polysaccharides of wheat flour. Journal of Texture Studies 10(3): 201-216.

Davenport, J.R., and E.M. Bentley. 2001. Does potassium fertilizer form, source, and time of application influence potato yield and quality in the Columbia basin? Amer. J. Potato Res. 78: 311-318.

Dewettinck, K., F. Van Bockstaele, B. Kühne, D. Van de Walle, T.M. Courtens, and X. Gellynck. 2008. Nutritional value of bread: Influence of processing, food interaction and consumer perception. Journal of Cereal Science 48: 243-257.

Egesel, C.Ö., M.K. Gül, and F. KahrIman. 2009. Changes in yield and seed quality traits in rapeseed genotypes by sulphur fertilization. European Food Research and Technology 229: 505-513.

Eliasson, A.-C. 2003. Starch structure and bread quality, *In* S.P. Cauvain (ed.), Bread Making Improving Quality, CRC Press, LLC, Boca Ratan, FL. pp. 145-161.

Eppendorfer, W.H., and B.O. Eggum. 1994. Effects of sulphur, nitrogen, phosphorus, potassium, and water stress on dietary fibre fractions, starch, amino acids and on the biological value of potato protein. Dordrecht 45: 299-313.

Erbs, M., R. Manderscheid, G. Jansen, S. Seddig, A. Pacholski, and H.J. Weigel. 2010. Effects of free-air CO_2 enrichment and nitrogen supply on grain quality parameters and elemental composition of wheat and barley grown in a crop rotation. Agriculture, Ecosystems and Environment 136: 59-68.

Erdman, J.W., Jr., and E.J. Fordyce. 1989. Soy products and the human diet. Am J Clin Nutr 49: 725-737.

FAO. 1998. Carbohydrates in human nutrition. FAO Food and Nutrition Paper 66. http://www.fao.org/docrep/w8079e/w8079e00.htm#Contents (accessed 19 Jan 2011).

FAOSTAT. 2010. http://faostat.fao.org/site/339/default.aspx (accessed April 22, 2010).

Finney, K.F., J.W. Meyer, F.W. Smith, and H.C. Fryer. 1957. Effect of Foliar Spraying of Pawnee Wheat With Urea Solutions on Yield, Protein Content, and Protein Quality. Agron J 49: 341-347.

Fitzgerald, M.A., S.R. McCouch, and R.D. Hall. 2009. Not just a grain of rice: the quest for quality. Trends in Plant Science 14: 133-139.

Flæte, N.E.S., K. Hollung, L. Ruud, T. Sogn, E.M. Færgestad, H.J. Skarpeid, E.M. Magnus, and A.K. Uhlen. 2005. Combined nitrogen and sulphur fertilization and its effect on wheat quality and protein composition measured by SE-FPLC and proteomics. Journal of Cereal Science 41: 357-369.

Fontaine, J., J. Horr, and B. Schirmer. 2000. Near-Infrared Reflectance Spectroscopy Enables the Fast and Accurate Prediction of the Essential Amino Acid Contents in Soy, Rapeseed Meal, Sunflower Meal, Peas, Fishmeal, Meat Meal Products, and Poultry Meal. Journal of Agricultural and Food Chemistry 49: 57-66.

Fowler, D.B. 2003. Crop nitrogen demand and grain protein concentration of spring and winter wheat. Agronomy Journal 95: 260-265.

Fowler, D.B., J. Brydon, B.A. Darroch, M.H. Entz, and A.M. Johnston. 1990. Environment and Genotype Influence on Grain Protein Concentration of Wheat and Rye. Agron J 82: 655-664.

Gao, J., K.D. Thelen, D.H. Min, S. Smith, X. Hao, and R. Gehl. 2010. Effects of manure and fertilizer applications on canola oil content and fatty acid composition. Agronomy Journal 102: 790-797.

Gatel, F. 1994. Protein quality of legume seeds for non-ruminant animals: a literature review. Animal Feed Science and Technology 45: 317-348.

Gauer, L.E., C.A Grant, D.T. Gehl, and L.D. Bailey. 1992. Effects of nitrogen fertilizer on grain protein content, nitrogen uptake, and nitrogen use efficiency of six spring wheat (*Triticum aestivum* L.) cultivars, in relation to estimated moisture supply. Canadian Journal of Plant Science 72: 235-241.

Gaydou, E.M., and J. Arrivets. 1983. Effects of phosphorus, potassium, dolomite, and nitrogen fertilization on the quality of soybean. Yields, proteins, and lipids. Journal of Agricultural and Food Chemistry 31: 765-769.

Gebruers, K., E. Dornez, D. Boros, A. FraÅ›, W. Dynkowska, Z. Bedo, M. Rakszegi, J.A. Delcour, and C.M. Courtin. 2008. Variation in the content of dietary fiber and components thereof in wheats in the healthgrain diversity screen. Journal of Agricultural and Food Chemistry 56: 9740-9749.

Genter, C.G. 1956. Effect of location, hybrid, fertilizer and rate of planting on the oil and protein content of corn grain. Agronomy Journal 48: 63-67.

Gerendas, J., F. Heuser, and B. Sattelmacher. 2007. Influence of nitrogen and potassium supply on contents of acrylamide precursors in potato trubers and on acrylamide accumulation in french fries. J Plant. Nutr. 30: 1499-1516.

Godfrey, D., M.J. Hawkesford, S.J. Powers, S. Millar, and P.R. Shewry. 2010. Effects of crop nutrition on wheat grain composition and end use quality. Journal of Agricultural and Food Chemistry 58: 3012-3021.

Gooding, M.J., P.S. Kettlewell, and T.J. Hocking. 1991. Effects of urea alone or with fungicide on the yield and bread making quality of wheat when sprayed at flag leaf and ear emergence. Journal of Agricultural Science (Cambridge). 117: 149-155.

Gooding, M.J., and W.P. Davies. 1992. Foliar urea fertilization of cereals: A review. Fertilizer Research 32: 209-222.

Gooding, M.J., P.J. Gregory, K.E. Ford, and R.E. Ruske. 2007. Recovery of nitrogen from different sources following applications to winter wheat at and after anthesis. Field Crops Research 100: 143-154.

Grant, C.A., and R. Wu. 2008. Enhanced-efficiency fertilizers for use on the Canadian prairies, Crop Management, Plant Management Network. doi:10.1094/CM-2008-0730-01-RV.

Grant, C.A., E.H. Stobbe, and G.J. Racz. 1985. The effect of fall-applied N and P fertilizer and timing of N application on yield and protein content of winter wheat grown on zero-tilled land in Manitoba. Canadian Journal of Soil Science 65: 621-628.

Grant, C.A., G.W. Clayton, and A.M. Johnston. 2003. Sulphur fertilizer and tillage effects on canola seed quality in the Black soil zone of western Canada. Canadian Journal of Plant Science 83: 745-758.

Greffeuille, V., J. Abecassis, C. Bar L'Helgouac'h, and V. Lullien-Pellerin. 2005. Differences in the aleurone layer fate between hard and soft common wheats at grain milling. Cereal Chemistry 82: 138-143.

Halvorson, A.D., and J.L Havlin. 1992. No-Till Winter Wheat Response to Phosphorus Placement and Rate. Soil Sci Soc Am J 56: 1635-1639.

Halvorson, A.D., and C.A. Reule. 2007. Irrigated, no-till corn and barley response to nitrogen in Northern Colorado. Agronomy Journal 99: 1521-1529.

Haq, M.U., and A.P. Mallarino. 2005. Response of soybean grain oil and protein concentrations to foliar and soil fertilization. Agronomy Journal 97: 910-918.

Harland, J.I. 2009. An assessment of the economic and heart health benefits of replacing saturated fat in the diet with monounsaturates in the form of rapeseed (canola) oil. Nutrition Bulletin 34: 174-184.

Henderson, R. 1965. Effects of type of potash and rates of nitrogen, phosphate, and potassium in fertilizers on growth, yield and quality of potato crops. J. Sci. Food Agric. 16: 480-488.

Holford, I.C.R., A.D. Doyle, and C.C. Leckie. 1992. Nitrogen response characteristics of wheat protein in relation to yield responses and their interactions with phosphorus. Australian Journal of Agricultural Research 43: 969-986.

Imsande, J., and J.M. Schmidt. 1998. Effect of N source during soybean pod filling on nitrogen and sulphur assimilation and remobilization. Plant and Soil 202: 41-47.

Iowa Corn. 2010. http://www.iowacorn.org/cms/en/CornEducation/Corneducation.aspx (accessed April 22, 2010).

Israel, D.W. 1987. Investigation of the role of phosphorus in symbiotic dinitrogen fixation. Plant Physiol. 84: 835-840.

Jin, J., G. Wang, X. Liu, X. Pan, S.J. Herbert, and C. Tang. 2006. Interaction between phosphorus nutrition and drought on grain yield, and assimilation of phosphorus and nitrogen in two soybean cultivars differing in protein concentration in grains. Journal of Plant Nutrition 29: 1433-1449.

Johnson, L.A., C.L. Hardy, C.P. Baumel, T.-H. Yu, and J.L. Sell. 1999. Identifying valuable corn quality traits for livestock feed., Iowa State University, Ames, Iowa. pp. 20.

Johnston, A.M., and D.B. Fowler. 1991. No-till Winter Wheat Production: Response to Spring Applied Nitrogen Fertilizer Form and Placement. Agron J 83: 722-728.

Jones, G.D., J.A. Lutz, and T.J. Smith Jr. 1976. P-K fertilizer boosts soybean nodules. Better Crops with Plant Food 60: 3-4.

Juliano, B.O. 1999. Comparative nutritive value of various staple foods. Food Reviews International 15: 399-434.

Jung, U.J., C. Torrejon, A.P. Tighe, and R.J. Deckelbaum. 2008. n-3 Fatty acids and cardiovascular disease: mechanisms underlying beneficial effects. Am J Clin Nutr 87: 2003S-2009.

Kelley, K.W. 1995. Rate and time of nitrogen application for wheat following different crops. Journal of Production Agriculture 8.

Kindred, D.R., M.J. Gooding, and R.H. Ellis. 2005. Nitrogen fertilizer and seed rate effects on Hagberg falling number of hybrid wheats and their parents are associated with α-amylase activity, grain cavity size and dormancy. Journal of the Science of Food and Agriculture 85: 727-742.

Kindred, D.R., T.M.O. Verhoeven, R.M. Weightman, J.S. Swanston, R.C. Agu, J.M. Brosnan, and R. Sylvester-Bradley. 2008. Effects of variety and fertilizer nitrogen on alcohol yield, grain yield, starch and protein content, and protein composition of winter wheat. Journal of Cereal Science 48: 46-57.

Kumar, P., S.K. Pandey, B.P. Singh, S.V. Singh, and D. Kumar. 2007a. Influence of source and time of potassium application on potato growth, yield, economics and crisp quality. Potato Research 50: 1-13.

Kumar, P., S.K. Pandey, B.P. Singh, S.V. Singh and D. Kumar. 2007b. Effect of nitrogen rate on growth, yield, economics and crisps quality of Indian potato processing cultivars. Potato Research 50: 143-155.

Kyriacou, M.C., A.S. Siomos, I.M. Ioannides, and D. Gerasopoulos, 2009. Cold storage, reconditioning potential and chip processing quality of spring potato (*Solanum tuberosum* L. cv. Hermes) tubers in response to differential nitrogen fertilization. J. Sci. Food Agric. 89: 1955-1962.

Lang, A.L., J.W. Pendleton, and G.H. Dungan. 1956. Influence of Population and Nitrogen Levels on Yield and Protein and Oil Contents of Nine Corn Hybrids. Agron J 48: 284-289.

Leesawatwong, M., S. Jamjod, J. Kuo, B. Dell, and B. Rerkasem. 2005. Nitrogen Fertilizer Increases Seed Protein and Milling Quality of Rice. Cereal Chemistry 82: 588-593.

Lerner, S.E., M.L. Seghezzo, E.R. Molfese, N.R. Ponzio, M. Cogliatti, and W.J. Rogers. 2006. N- and S-fertilizer effects on grain composition, industrial quality and end-use in durum wheat. Journal of Cereal Science 44: 2-11.

Ma, B.L., and L.M. Dwyer. 1998. Nitrogen uptake and use of two contrasting maize hybrids differing in leaf senescence. Plant and Soil 199(2): 283-291.

Majumdar, B., M.S. Venkatesh, B. Lal, and K. Kumar. 2001. Response of soybean (*Glycine max*) to phosphorus and sulphur in acid Alfisol of Meghalaya. 46(3): 500-505.

Malhi, S.S., and K.S. Gill. 2007. Interactive effects of N- and S-fertilizers on canola yield and seed quality on S-deficient Gray Luvisol soils in northeastern Saskatchewan. Canadian Journal of Plant Science 87: 211-222.

Malhi, S.S., and K.S. Gill. 2006. Cultivar and fertilizer S rate interaction effects on canola yield, seed quality and S uptake. Canadian Journal of Plant Science 86: 91-98.

Malhi, S.S., and K.S. Gill. 2002. Effectiveness of sulphate-S fertilization at different growth stages for yield, seed quality and S uptake of canola. Canadian Journal of Plant Science 82: 665-674.

Malhi, S.S., and D. Leach. 2002. Optimizing yield and quality of canola seed with balanced fertilization in the Parkland zone of western Canada. Proc. Soils and Crop Workshop (Disc Copy).

Malhi, S.S., and Y. Gan, and J.P. Raney. 2007. Yield, seed quality, and sulphur uptake of Brassica oilseed crops in response to sulphur fertilization. Agronomy Journal 99: 570-577.

Malhi, S.S., A.M. Johnston, J.J. Schoenau, Z.H. Wang, and C.L. Vera. 2006. Seasonal biomass accumulation and nutrient uptake of wheat, barley and oat on a Black Chernozem soil in Saskatchewan. Canadian Journal of Plant Science 86: 1005-1014.

Mason, S.C., N.E. D'Croz-Mason. 2002. Agronomic Practices Influence Maize Grain Quality. Journal of Crop Production 5: 75-91.

May, W.E., M.R. Fernandez, C.B. Holzapfel, and G.P. Lafond. 2008. Influence of phosphorus, nitrogen, and potassium chloride placement and rate on durum wheat yield and quality. Agronomy Journal 100: 1173-1179.

McKercher, R.B. 1964. Summerfallow wheat protein variations in Saskatchewan. Canadian Journal of Soil Science 44: 196-202.

McKevith, B. 2004. Nutritional aspects of cereals. Nutrition Bulletin 29: 111-142.

Mengel, K., M. Secer, and K. Koch. 1981. Potassium Effect on Protein Formation and Amino Acid Turnover in Developing Wheat Grain. Agron J 73: 74-78.

Miao, Y., D.J. Mulla, J.A. Hernandez, M. Wiebers, and P.C. Robert. 2007. Potential impact of precision nitrogen management on corn yield, protein content, and test weight. Soil Science Society of America Journal 71: 1490-1499.

Miao, Y., D.J. Mulla, P.C. Robert, and J.A. Hernandez. 2006. Within-field variation in corn yield and grain quality responses to nitrogen fertilization and hybrid selection. Agronomy Journal 98: 129-140.

Misra, R. 2009. Corn- or Maize-Based Diets. http://www.faqs.org/nutrition/Ca-De/Corn-or-Maize-Based-Diets.html (accessed 23 November 2010).

Ning, H., Z. Liu, Q. Wang, Z. Lin, S. Chen, G. Li, S. Wang, and Y. Ding. 2009. Effect of nitrogen fertilizer application on grain phytic acid and protein concentrations in japonica rice and its variations with genotypes. Journal of Cereal Science 50: 49-55.

Ning, H., J. Qiao, Z. Liu, Z. Lin, G. Li, Q. Wang, S. Wang, and Y. Ding. 2010. Distribution of proteins and amino acids in milled and brown rice as affected by nitrogen fertilization and genotype. Journal of Cereal Science. DOI: 10.1016/j.jcs.2010.03.009.

Nuttall, W.F., H. Ukrainetz, J.W.B. Stewart, D.T. Spurr. 1987. The effect of nitrogen, sulphur and boron on yield and quality of rapeseed (*Brassica napus* L. and *B. campestris* L.). Canadian Journal of Soil Science 67: 545-559.

Olson, R.A., and L.T. Kurtz. 1982. Crop nitrogen requirements, utilization and fertilization, *In* F.J. Stevenson (ed.), Nitrogen in Agricultural Soils, American Society of Agronomy, Madison, Wisconsin. pp. 567-604.

Olson, R.A., K.D. Frank, E.J. Deibert, A.F. Dereier, D.H. Sander, and V.A. Johnson. 1976. Impact of residual mineral N in soil on grain protein yields of winter wheat and corn. Agronomy Journal 68: 769-772.

Paek, N.C., J. Imsande, R.C. Shoemaker, and R. Shibles. 1997. Nutritional control of soybean seed storage protein. Crop Science 37: 498-503.

Paek, N.C., P.J. Sexton, S.L. Naeve, and R. Shibles. 2000. Differential accumulation of soybean seed storage protein subunits in response to sulphur and nitrogen nutritional sources. Plant Production Science 3: 268-274.

Patrick, R.M., F.H. Hoskins, E. Wilson, and F.J. Peterson. 1974. Protein and Amino Acid Content of Rice as Affected by Application of Nitrogen Fertilizer. Cereal Chemistry 51: 84-95.

Peltonen, J. 1993. Grain yield of high- and low-protein wheat cultivars as influenced by timing of nitrogen application during generative development. Field Crops Research 33: 385-397.

Perez, C.M., B.O. Juliano, S.P. Liboon, J.M. Alcantara, and K.G. Cassman. 1996. Effects of late nitrogen fertilizer application on head rice yield, protein content, and grain quality of rice. Cereal Chemistry 73: 556-560.

Piot, O., J.C. Autran, and M. Manfait. 2000. Spatial distribution of protein and phenolic constituents in wheat grain as probed by confocal raman microspectroscopy. Journal of Cereal Science 32: 57-71.

Porceddu, E. 1995. Durum wheat quality in the Mediterranean countries, *In* N. Di Fonzo, et al. (eds.), Durum Wheat Quality in the Mediterranean Region;, Centre International de Hautes Etudes Agronomiques Méditerranéennes, Zaragoza, Spain. pp. 11-21.

Porter, M.A., and G.M. Paulsen. 1983. Grain Protein Response to Phosphorus Nutrition of Wheat. Agron J 75: 303-305.

Powlson, D.S., P.R. Poulton, A. Penny, and M.V. Hewitt. 1987. Recovery of ^{15}N-labelled urea applied to the foliage of winter wheat. Journal of the Science of Food and Agriculture 41: 195-203.

Rathke, G.W., T. Behrens, and W. Diepenbrock. 2006. Integrated nitrogen management strategies to improve seed yield, oil content and nitrogen efficiency of winter oilseed rape (*Brassica napus* L.): A review. Agriculture, Ecosystems and Environment 117: 80-108.

Rathke, G.W., O. Christen, and W. Diepenbrock. 2005. Effects of nitrogen source and rate on productivity and quality of winter oilseed rape (*Brassica napus* L.) grown in different crop rotations. Field Crops Research 94: 103-113.

Reinbold, J., M. Rychlik, S. Asam, H. Wieser, and P. Koehler. 2008. Concentrations of total glutathione and cysteine in wheat flour as affected by sulphur deficiency and correlation to quality parameters. Journal of Agricultural and Food Chemistry 56: 6844-6850.

Riedell, W.E., J.L. Pikul Jr., A.A. Jaradat, and T.E. Schumacher. 2009. Crop rotation and nitrogen input effects on soil fertility, maize mineral nutrition, yield, and seed composition. Agronomy Journal 101: 870-879.

Sauberlich, H.E., W.Y. Chang, and W.D. Salmon. 1953. The amino acid and protein content of corn as related to variety and nitrogen fertilization. The Journal of nutrition 51: 241-250.

Seguin, P., and W. Zheng. 2006. Potassium, phosphorus, sulphur, and boron fertilization effects on soybean isoflavone content and other seed characteristics. Journal of Plant Nutrition 29: 681-698.

Sexton, P.J., N.C. Paek, and R. Shibles. 1998. Effects of nitrogen source and timing of sulphur deficiency on seed yield and expression of 11S and 7S seed storage proteins of soybean. Field Crops Research 59: 1-8.

Shewry, P.R. 2009. Wheat. Journal of Experimental Botany 60: 1537-1553.

Shewry, P.R., N.G. Halford, P.S. Belton, and A.S. Tatham. 2002. The structure and properties of gluten: An elastic protein from wheat grain. Philosophical Transactions of the Royal Society B: Biological Sciences 357: 133-142.

Singh, M., M.R. Paulsen, L. Tian, and H. Yao. 2005. Site-specific study of corn protein, oil, and extractable starch variability using nit spectroscopy. Applied Engineering in Agriculture 21: 239-251.

Souza, S.R., E.M.L.M Stark, and M.S. Fernandes. 1999. Foliar spraying of rice with nitrogen: Effect on protein levels, protein fractions, and grain weight. Journal of Plant Nutrition 22: 579-588.

Sullivan, J.S., D.A. Knabe, A.J. Bockholt, and E.J. Gregg. 1989. Using Ultrasound Technology to Predict Nutritional Value of Quality Protein Maize and Food Corn for Starter and Growth Pigs. J. Anim Sci. 67: 1285-1292.

Tanwar, S.P.S. and M.S. Shaktawat. 2003. Influence of phosphorus sources, levels and solubilizers on yield, quality and nutrient uptake of soybean (*Glycine max*)-wheat (*Triticum aestivum*) cropping system in southern Rajasthan. Indian Journal of Agricultural Sciences 73(1): 3-7.

Tea, I., T. Genter, N. Naulet, V. Boyer, M. Lummerzheim, and D. Kleiber. 2004. Effect of foliar sulphur and nitrogen fertilization on wheat storage protein composition and dough mixing properties. Cereal Chemistry 81: 759-766.

Tea, I., T. Genter, N. Naulet, M. Lummerzheim, and D. Kleiber. 2007. Interaction between nitrogen and sulphur by foliar application and its effects on flour bread-making quality. Journal of the Science of Food and Agriculture 87: 2853-2859.

Terman, G.L., R.E. Ramig, A.F. Dreier, and R.A. Olson. 1969. Yield-Protein Relationships in Wheat Grain, as Affected by Nitrogen and Water. Agron J 61: 755-759.

Thomason, W.E., S.B. Phillips, T.H. Pridgen, J.C. Kenner, C.A. Griffey, B.R. Beahm, and B.W. Seabourn. 2007. Managing Nitrogen and Sulphur Fertilization for Improved Bread Wheat Quality in Humid Environments. Cereal Chemistry 84: 450-462.

Tremblay, G., and J.M. Beausoleil. 2000. Soybean response to mineral NPK fertilization of Lowland soils of Saint Lawrence Valley testing high in phosphorus and potassium. Canadian Journal of Plant Science 80: 261-270

Tsai, C.Y. 1983. Interactions between the kernel N sink, grain yield and protein nutritional quality of maize. Journal of the Science of Food and Agriculture 34: 255-263.

Tsai, C.Y., I. Dweikat, D.M. Huber, and H.L. Warren. 1992. Interrelationship of nitrogen nutrition with maize (*Zea Mays*) grain yield, nitrogen use efficiency and grain quality. Journal of the Science of Food and Agriculture 58: 1-8.

USDA-ARS. 2010. United States Department of Agriculture National Nutrient Database for Standard Reference, Release 23. http://www.ars.usda.gov/nutrientdata (accessed 20 January 2010).

USDA-FAS. 2010. United States Department of Agriculture, Foreign Agricultural Service. Table 01: Major Oilseeds: World Supply and Distribution. http://www.fas.usda.gov/psdonline/psdreport.aspx?hidReportRetrievalName=BVS&hidReport RetrievalID=700&hidReportRetrievalTemplateID=5 (accessed April 22, 2010).

Vaughan, B., D.G. Westfall, and K.A. Barbarick. 1990. Nitrogen rate and timing effects on winter wheat grain yield, grain protein, and economics. Journal of Production Agriculture 3: 324-324.

Wang, Z.H., S.X. Li, and S. Malhi. 2008. Effects of fertilization and other agronomic measures on nutritional quality of crops. Journal of the Science of Food and Agriculture 88: 7-23.

Weiland, R.T., and T.C. Ta. 1992. Allocation and Retranslocation of ^{15}N by Maize (*Zea mays* L.) Hybrids under Field Conditions of Low and High N Fertility. Australian Journal of Plant

Physiology 19: 77-88.

Welch, L.F. 1969. Effect of N., P. and K on the percent and yield of oil in corn. Agronomy Journal 61: 890-891.

Westermann, D.T., D.W. James, T.A. Tindall and R.L. Hurst. 1994. Nitrogen and potassium fertilization of potatoes: sugars and starch. American Potato Journal 71: 433-453.

Wieser H., R. Gutser, S. Von Tucher. 2004. Influence of sulphur fertilization on quantities and proportions of gluten protein types in wheat flour. Journal of Cereal Science 40: 239-244.

Wooding, A.R., S. Kavale, F. MacRitchie, F.L. Stoddard, and A. Wallace. 2000. Effects of nitrogen and sulphur fertilizer on protein composition, mixing requirements, and dough strength of four wheat cultivars. Cereal Chemistry 77: 798-807.

Wuest, S.B., and K.G. Cassman. 1992. Fertilizer-Nitrogen Use Efficiency of Irrigated Wheat: I. Uptake Efficiency of Preplant versus Late-Season Application. Agron J 84: 682-688.

Yang, L., Y. Wang, G. Dong, H. Gu, J. Huang, J. Zhu, H. Yang, G. Liu, and Y. Han. 2007. The impact of free-air CO_2 enrichment (FACE) and nitrogen supply on grain quality of rice. Field Crops Research 102: 128-140.

Yin, X., and T.J. Vyn. 2004. Critical leaf potassium concentrations for yield and seed quality of conservation-till soybean. Soil Science Society of America Journal 68: 1626-1634.

Yin, X., and T.J. Vyn. 2003. Potassium placement effects on yield and seed composition of no-till soybean seeded in alternate row widths. Agronomy Journal 95: 126-132.

Zhang, T.Q., T.W. Welacky, I. Rajcan, and T.W. Bruulsema. 2003. Soybean cultivar responses to potassium. Better Crops with Plant Food 87: 18-19.

Zhao, F.J., M.J. Hawkesford., and S.P. McGrath. 1999a. Sulphur assimilation and effects on yield and quality of wheat. Journal of Cereal Science 30: 1-17.

Zhao, F.J., S.E. Salmon, P.J.A Withers, J.M. Monaghan, E.J. Evans, P.R. Shewry, and S.P. McGrath. 1999b. Variation in the breadmaking quality and rheological properties of wheat in relation to sulphur nutrition under field conditions. Journal of Cereal Science 30: 19-31.

Zhao, F.J., S.E. Salmon, P.J.A Withers, E.J. Evans, J.M. Monaghan, P.R. Shewry, and S.P. McGrath. 1999c. Responses of breadmaking quality to sulphur in three wheat varieties. Journal of the Science of Food and Agriculture 79: 1865-1874.

Zörb, C., D. Steinfurth, S. Seling, G. Langenkämper, P. Koehler, H. Wieser, M.G. Lindhauer, and K.H. Mühling. 2009. Quantitative protein composition and baking quality of winter wheat as affected by late sulphur fertilization. Journal of Agricultural and Food Chemistry 57: 3877-3885.

第7章

健康・機能性食品に含まれる健康補助成分と施肥

ムスタファ・オーク、ゴピナダン・パリヤス[1]

要約

果物と野菜は、栄養素（ビタミン、ミネラル）ならびに植物化学物質（ファイトケミカル）を豊富に含む。ファイトケミカル―ポリフェノール類（フラボノイド類、アントシアニン類）、イソプレノイド類、含硫化合物、可溶性・不溶性繊維質など―は特定の病気、たとえば人間のがんや循環器疾患との闘いを助ける薬のようなものである。果物と野菜は疾患予防と健康増進に重要な役割を果たすという研究成果が体系化されつつある。健康食品に対する消費者の関心は増しており、農産物のファイトケミカルならびに健康補助成分（nutraceutical components）の含量を改善する必要がある。肥料は一般に作物の収量増加と品質改善を目的として施用されてきた。ここ10年ほどは、健康補助成分を増すための施肥が注目されている。本総説では、植物の無機栄養素が農作物の機能性食品成分と健康補助成分に与える効果をまとめている。総じて肥料は、健康を増進するファイトケミカルの生合成に多様な影響を及ぼすが、その効果は明瞭な場合と、否定的あるいは不明瞭な場合がある。報告された成功事例を最大限に活用するには、さらに多くの研究が必要であるものの、肥料は作物に含まれる健康補助成分と機能性食品成分の増大に重要な役割を果たしている。

序論

この章で用いる「肥料」という用語は、農業で植物への養分供給のため使用される工業製品としての化学肥料を指す。化学肥料は、窒素、リン、カリウム、硫黄、およびそれらの複合物を含

本章に特有の略記
APX = ascorbate peroxidase; アスコルビン酸ペルオキシダーゼ／CAT = catalase; カタラーゼ／DNA = deoxyribonucleic acid; デオキシリボ核酸／FOSHU = Foods for Specified Health Use; 特定保健用食品／GSH = glutathione; グルタチオン／LDL = low-density lipoprotein; 低比重リポタンパク／POX = guaiacol peroxidase; グアヤコールペルオキシダーゼ／SOD = superoxide dismutase; スーパーオキシドジスムターゼ
本書を通じてよく使われる略語は、xページ参照のこと。

1 M. Oke is Research Analyst, Ontario Ministry of Agriculture Foods and Rural Affairs, Guelph, Canada; e-mail: moustapha.oke@ontario.ca
G. Paliyath is Professor, Plant Agriculture, University of Guelph, Ontario, Canada; e-mail: gpaliyat@uoguelph.ca

む。無機肥料の導入前の19世紀、有機物の再利用や窒素を固定するマメ類の栽培を取り入れた輪作によって、土壌肥沃度は維持されていた。結果として、増加する世界人口にとって十分な食料生産ではなかった。20世紀の初めには、十分な量の窒素肥料が確保できるかが特に懸念された。この問題は、大気中の窒素を工業的に固定する技術により解消した。化学肥料と生産性の高い品種の利用により、農業生産性が向上し、食料の増産を成し遂げることができた。そして今日まで、いくつかの国では食料需要が満たされている。世界の肥料消費量は1960年からほぼ5倍に増加した。スミル（Smil, 2002）の見積もりによれば、肥料の窒素は過去50年間に1人当たりの食料生産の増加分に対して40％の貢献度だった。そしてエリスマンら（Erisman et al., 2008）の報告では、この貢献度は増加を続け、2008年に48％に達した。

消費者は食品の健康効能にますます関心を寄せており、食品の基本的な栄養価［訳註：五大栄養素］以上に、多くの食品に含まれる疾患予防と健康を促進する化合物に注目し始めた。食事と生活様式が病気の進行や医療費にどう影響を及ぼすか、それが広く認識されてきて、機能性食品と自然健康製品の市場が生まれた。機能性食品と健康補助食品は、健康増進、医療費削減、そして経済発展支援の機会になる。また、農業と水産業の資源をさまざまに活用する方法を生産者に提供する。世界の機能性食品と健康補助食品の市場は、従来の加工食品市場を上回る速度で成長している。

肥料は主に作物の収量増加と品質改善を第一の目的として施用されるが、薬効の期待できる食品中の健康補助成分の含量を増やすことが強調されつつある。健康補助成分、たとえばリコペン、イソフラボン、フラボノイド類、有機硫黄化合物などに肥料がおよぼす効果を調査する研究が、盛んに行われている。この章では健康補助成分と機能性食品に対する肥料の効果について総括する。

作物の品質

作物の品質に影響を与える要因

品質を決める要因は作物によってさまざまである。たとえば、コムギの種子貯蔵タンパク質は小麦粉の製パン適性の決め手になるし、ダイズなどのマメ類をはじめとする多くの作物においては、栄養吸収阻害物質や植物毒素が数多く発見されている。とはいえ作物の品質は、内的および外的に多様な特性によって形成されている（Jongen, 2000）。これらの特性は、消費者の期待と評判によって変化する。作物の内的特性にはまず、色、形、大きさ、目に見える欠陥がないといった外観上の特性に加えて、食感、甘味、酸味、香り、風味、貯蔵性、そして栄養価も含まれる。これらは、消費者が物を買う時の判断材料として重要な要素である。外的特性とはすなわち生産物流システムのことである。生産時に使用される化学物質、包装の種類とそれらの再利用のしやすさ、生産の持続性、そして物流のエネルギー利用の側面が挙げられる。こうした外的特性は、消費者の購入意思決定にますます影響を与えている。

健康補助食品と機能性食品

健康補助食品（健康補助成分）

健康補助食品という用語は、1989年にニュージャージー州クロフォードの医療イノベーション財団の創設者兼会長であるステファン・L・デフェリス博士（Dr. Stephen L. DeFelice）によって定義された。「健康補助食品（nutraceutical）」とは「栄養（nutrition）」と「医薬（pharmaceutical）」からの造語で、適切な臨床的証拠によって医学的な効果が実証された栄養製品である。それ自体単独の場合もあれば、特別食と組み合わせたものを示す場合もある。しかし、規制当局（例：アメリカ食品医薬品局、カナダ保健省）によって承認されない限り、製造業者や医師はその利点を公表できない（Kalra, 2003; Cohen, 2008）。デフェリス博士によって命名された後、言葉の意味はカナダ保健省によって変更された。そこでは健康補助食品について、「食品から単離ないし精製された製品とし、一般的に食品とはあまり関連しない医薬品扱いで販売され、生理学的な効用あるいは慢性疾患の進展に対する予防効果を示すもの」と定義している。

機能性食品

一方、機能性食品とは、従来の食品と見た目が似ていながら、通常の食事の一部として消費されると生理学的な効果があり、基本的な栄養機能に加えて、時として慢性疾患のリスクを軽減するものである。機能性食品の一般的な分類には、加工食品や“ビタミン強化”食品のように、健康を促進する物質を添加して栄養を高めた食品も含まれる。生きた培養菌を含む発酵食品は、プロバイオティクス［訳註：人体に良い影響を与える微生物］の効用をもつ機能性食品と考えられている。機能性食品の研究は、食品科学分野の中でも新しい研究領域である。それは機能性食品の健康への効果が認められたことや、健康志向の消費者による人気の高まりが背景となっている。機能性食品という用語は1980年代に日本で初めて用いられ、そこには各世代からの要請に伴い、特定保健用食品（トクホ）と呼ばれる政府承認に至った経緯があった。

食品の健康上の有益性

何世紀も前に我々の祖先は、食品には医学的効果があると信じていた。治療目的での植物や食品の利用は、ヴェーダ文書にあるとおりインドの伝統的医学アーユルヴェーダで実践され、また3,500年以上前の中国の伝統的医薬にも見られる。欧州では、ギリシャの医師であり哲学者であったヒポクラテスが、食品の治療特性を理解するにつれて「食べ物を汝の薬とし、薬を汝の食べ物とせよ」と述べている。彼は近代医学の父祖とされている（Kochhar, 2003）。紀元前4000年頃のシュメール人はカンゾウ、アヘン、タイム、そしてマスタードの薬効を理解し実践していた。その後さらに、バビロニア人は、サフラン、シナモン、コリアンダー、ニンニクを含む植物の処方を開発した。機能性食品という概念があるのは、より健康的な社会を目指して治療薬の限界や費用対効果について検討した日本政府のおかげである。日本国内で使用される“機能性食品”という用語では、栄養があることに加えて、特定の身体機能を補助する成分を含む加工食品もその範疇である。今日のところ日本は機能性食品について法的な定義のある、唯一の国である(Kochhar, 2003)。

日本の“特定保健用食品”の概念は、特定の食品および食品成分と健康効果が期待される性質との関係に基づいている。“機能性食品”という用語で広く受け入れられている定義は、1999年の機能性食品科学に関する欧州協同作業部会の合意書に見ることができる。この定義によると、ある食品が十分な栄養効果以外に体内でひとつ以上有益な効果がある場合、機能性食品となり、そう表示することができる（例：幼児向けの特定の機能性食品や高齢者向けの機能性食品など)。機能性食品は健康状態の改善と健康の維持と疾患リスクの減少につながらねばならない。機能性食品は、あくまでも食品であり、食事で通常摂取される量で効果を発揮しなければならない。機能性食品は、薬剤やサプリメントではない（Kochhar, 2003)。

機能性食品の生化学

フェラーリ（Ferrari, 2004）によると、老化はミトコンドリアの機能障害と関係している。その機能障害は、ミトコンドリア内部からの流出を引き起こし、反応性の高い酸素や窒素［訳注：活性酸素や活性窒素］が放出され、続いて過酸化反応を誘導する。過酸化反応は、生体高分子に損傷を与える。反応性の高い活性酸素は、神経細胞死を誘導し、記憶の喪失に関連してくる。これらの病理学的な事象は、循環器疾患［訳注：心臓と血管の病気］、神経変性、がん発生の過程に関与する。種々の機能性食品、ハーブ類、健康補助食品に含まれる生理活性物質（朝鮮人参、イチョウ、ナッツ類、穀物類、トマト、ダイズのファイトエストロゲン、クルクミン、メラトニン、ポリフェノール類、抗酸化ビタミン類、カルニチン、カルノシン、ユビキノンなど）で、病気から回復させたり、さらには予防したりすることができる。健康補助食品による慢性疾患の予防には、抗酸化活性、ミトコンドリアの安定化機能、金属キレート活性、生体細胞のアポトーシス抑制、がん細胞のアポトーシス誘導などの作用が関係する。機能性食品および健康補助食品は、健康を改善し、老化に伴う慢性疾患を予防すると大いに期待されている（Ferrari, 2004; Bates et al., 2002)。

経路の保護

ケルセチン、ケンフェロール、ルテオリン、そしてブドウやワイン由来のポリフェノールのようなフラボノイド類、ビタミンE、クロロフィリン（水溶性クロロフィル類縁化合物)、そしてそのほかのフェノール類、これらの物質は膜脂質の多価不飽和脂肪酸の酸化を防ぎ、ミトコンドリア膜やほかの生体膜の損傷を防いでいる（Brown et al., 1998; Frankel 1999; Terao and Piskula 1999; Boloor et al., 2000; Ferrari, 2004)。食事からのω-3脂肪酸は、ミトコンドリアの膜脂質を改善し、カルシウムの放出（アポトーシスの誘因）やピルビン酸脱水素酵素の活性を抑制する(Pepe et al., 1999)。近年、抗酸化剤であるN-アセチルシステインが、細胞の生存性や寿命をのばすBcl-2遺伝子［訳註：アポトーシス抑制活性をもつがん遺伝子。細胞死の負の制御因子としての機能を有し、制がん剤の効果などを減少させる］の発現抑制を妨げ、細胞寿命および個体寿命を延長させることが観察されている。(Kumazaki et al., 2002)。有機セレン化合物のエブセレン（$C_{13}H_9NOSe$）は、虚血性障害にさらされた心筋細胞のアポトーシスを顕著に抑制することができる。(Maulik et al., 1998)。名村ら（Namura et al., 2001）は、エブセレンが、ミトコンドリアからのシトクロムc放出を減少させ、脳卒中で生き残る脳細胞を増加させることを観察した。

トコフェロール、グルタチオン（GSH）とイデベノンは、複合体Ⅲ［訳註：呼吸鎖複合体は巨大タンパク質であり、複合体 Ⅰ、Ⅱ、Ⅲ、Ⅳ からなる。それぞれ電子伝達の反応を担う。ATP合成酵素を呼吸鎖複合体 Ⅴ とすることもある］の酸化的崩壊を抑制するが、複合体ⅡとⅤの損傷も阻止するのはGSHだけである（Ferrari, 2004)。年老いたラットは、脳や血漿中のドーパミン、セロトニン、それらの代謝物の濃度が低下している（Lee et al., 2001)。メラトニン［訳註：ホルモンの一種、睡眠と関連する］はおそらくその抗酸化作用により、アルコール性肝障害によるミトコンドリアDNA鎖の損傷や大量のDNA分解を修復することができる（Mansouri et al., 1999)。アドリアマイシン［訳註：抗生物質の一種、抗悪性腫瘍剤］処方患者に対するメラトニン投与は、認知機能を改善し、夜間活動を減少させ、睡眠時間を長くする（Asayama et al., 2003)。ユビキノン［訳註：電子伝達体の一種、別名コエンザイムQ10］もまたミトコンドリア呼吸を改善し、虚血性心筋梗塞後の筋収縮機能を強化し、心筋障害を減少させる(Rosenfeldt et al., 2002)。L-カルニチン［訳註：アミノ酸誘導体、脂質代謝に関与する］は、ミトコンドリア膜にある脂肪酸の輸送体であり、老化細胞や神経細胞を安定化し（Hagen et al., 1998; Binienda 2003; Virmani et al., 2003)、心臓疾患や脳筋症［訳註：エネルギー代謝異常疾患のひとつ］を改善する（Mahoney et al., 2002)。リポ酸［訳註：多数の酵素の補助因子］の補給は、多くのフリーラジカルを除去する活性をもつため（Pioro 2000)、心臓のミトコンドリアDNAの酸化を減少させる（Suh et al., 2001)。カルノシン［訳註：β-アラニンとヒスチジンからなるジペプチド］はストレスを受けた細胞でミトコンドリアの構造を安定化し（Zakharchenko et al., 2003)、膜透過性の変化、シトクロムcの漏出、それに続いて起こる細胞死（アポトーシス）を妨げる（Kang et al., 2002, Ferrari, 2004)。

アンチエイジングのメカニズム

機能性食品は、哺乳動物の個体と細胞で多くの生物学的機構を調節することにより、健康維持全般および特定の老化防止に効果がある。通常の老化ならびに老化にともなう慢性疾患に関する広範な文献調査によると（Ames et al., 1993; Mahoney et al., 2002; Reiter et al., 2002; Driver, 2003; Ferrari, 2004)、機能性食品の老化防止のメカニズムは次のように提唱されている。

（1）ミトコンドリア膜の安定化およびミトコンドリアの機能強化；アポトーシスによる細胞死（計画された細胞死）または壊死（偶発的な細胞死）を防ぐ、(2) 金属キレート活性を有する、(3) 細胞損傷を減少させる抗酸化剤として働く（たとえば、抗酸化細胞制御システムを刺激したり、DNAを酸化から守り、さらには重要な生体器官における標的細胞のアポトーシスを阻害する)、(4) 前腫瘍細胞および腫瘍細胞のアポトーシス誘導剤として働く、以上のようなメカニズムである。

抗酸化活性

多くの研究において、果物や野菜はがんや循環器疾患の発症リスクを低減することが示されており、果物や野菜の消費は人間の健康に有益である（Hertog et al., 1993, 1995; Steinmetz and Potter, 1996; Shi et al., 2002; Bao and Fenwick, 2004; Dorais, 2007）。抗酸化力を有するファイトケミカルは、果物や野菜がもつ健康維持効果全般に寄与し、酸化ストレスに対して防御作用があると考えられる。酸化ストレスはミトコンドリアの呼吸、喫煙などの生活様式、環境汚染物質への曝露や太陽光の照射から生じ、これらはすべて病気の進行や老化の原因になる。ビタミンC、カロテノイド類、フェノール類といった果物や野菜にもっとも多いファイトケミカルのもつ抗酸化作用は、酸化されやすい二重結合やヒドロキシル基といった電子に富んだ化学構造に由来する［訳註：電子を与えることのできる物質は酸化を防ぐことができ、すなわち抗酸化力がある］。抗酸化物質であるビタミン類は、活性酸素を除去することにより、脂質の酸化を防止することができる（Shi et al., 2002）。活性酸素は循環器疾患、ある種のがん、神経変性疾患、糖尿病、関節リウマチ、白内障などの疾病の主な原因とされている。果物や野菜の抗酸化活性は、作物種によって異なる。

多くの研究者によって、老化はミトコンドリアの機能を損ない、その結果、酸化不均衡が生じ、各種の過酸化バイオマーカー（脂質、タンパク質、DNA）が増加し、熱ショックタンパク質が誘導され、抗酸化酵素（カタラーゼ（CAT）、SOD、GSH、グルタチオン-S-トランスフェラーゼ）が激減したと報告されている（Lucas and Szweda, 1998; Yang et al., 1998; Brack et al., 2000; Hall et al., 2001; Sandhu and Kaur, 2002; Rattan, 2003, Ferrari, 2004）。キイロショウジョウバエや線虫では、SODとCATを過剰発現させることにより寿命が延長し、この有害な形質を転換できている（Larsen 1993; Sohal et al., 1995）。健康な100歳以上の高齢者では、ビタミンA、Eの水準が高いことがわかり（Mecocci et al., 2000）、抗酸化力と寿命との関係についての説を裏付けている。抗酸化物質の利点は、直接寿命を伸ばすことよりも、健康的に齢を重ねるのに悪影響を与える活性酸素を抑制することにある（Le Bourg, 2003）。抗酸化物質は抗酸化酵素を補佐し、以下のような防御機構をもつ。

- 抗酸化遺伝子の発現
  パナキサジオール（朝鮮人参の成分）中に見つかったジンセノサイドRb2［訳註：人参サポニンの一種］はSOD-1遺伝子の発現を誘導した。しかし、全サポニン類とパナキサジオールでは、SOD-1の発現に影響を及ぼさなかった（Kim et al., 1996）。プロポリス［訳註：ミツバチの巣から採取される粘着性の物質］も同様に、ラットでSODの産生を誘導した（Sforcin et al., 1995）。
- LDLコレステロールの酸化防止（Frankel, 1999）。
- 肝臓、脳、心臓の抗アポトーシス作用。組織の維持（Green and Kroemer 1998; Ferrari 2000）。

健康補助食品と機能性食品に対する肥料の効能

リンゴのフラボノイド類

植物フラボノイド類は天然に存在するフェノール類の中で最大のグループのひとつを構成し、抗酸化物質、活性酸素捕捉剤および金属キレート剤として作用する化学構造を有する（Rice-Evans et al., 1997）。リンゴ果実はケルセチン配糖体、カテキン、エピカテキン、プロシアニジン類、フロレチンとフロリジンなどのジヒドロカルコンが豊富である。赤色品種におけるアントシアニン類と同様に、それら物質はすべて一般的に果皮に多く含まれる（Awad et al., 2001）。

アワドとイェーガー（Awad and Jager, 2002）はリンゴのエルスター種で、果実の養分（窒素、リン、カリウム、マグネシウム、カルシウム）と、果皮のフラボノイド類とクロロゲン酸の濃度との関係を調査した予測モデルの中で、アントシアニン濃度と総フラボノイド濃度に対してもっとも重要なのは果実の窒素濃度であったと結論づけた。この結果は、果実果皮のフラボノイド類の濃度は施肥、なかでも特に窒素施肥の最適化によって増加させうることを示唆している。パリヤスら（Paliyath et al., 2002）は、収穫後のリンゴのマッキントッシュ種とレッドデリシャス種の品質に関して、土壌や葉面へのリン追肥の効果を研究し、リン施肥により収穫時に両品種で赤い果皮の割合が増加することを見出だした。彼らはまた、開花から本収穫の1週間前までに、リンとマグネシウムあるいはリンとカルシウムを樹の横から葉面散布した側の果実は、無散布側に比べ果実の赤色が濃くなることも見出だしている。

トマトのリコペン

トマト果実の色素は、主にカロテノイドのリコペンとβ-カロテンに由来している。炭水化物の蓄積増加により活性化しうるアントシアニン色素とは異なり、カロテノイド含量の増加は一般的に、植物の健康状態に依存しているとされる。そしてリコペン形成に必要なカロテノイド基質であるフィトエンの増加にも依存するようである。こうした効果は、非生物的および生物的要因によって特に研究環境を温室から圃場へ移した時に、分からなくなることがよくある。たとえば気温が高いと、リコペンが酸化されてβ-カロテン生成が進むことにより、カロテノイド生合成は変化しうる。

カリウム施肥は、トマトのリコペン生成を促進することが報告されている（Trudel and Ozbun, 1970, 1971; **表1**）。ラミレツら（Ramírez et al., 2009）は、温室栽培のトマト果実で、カリウムを増やすとリコペン含量は増えるが、β-カロテンはそれにともなって減少することを見出だした（**表2**）。トマト果実が成熟するにつれて、カロテン類は急激に変化するので、成熟率に及ぼす養分の影響はカロテン含量への影響とも相互作用があると言える。ハーツ（Hartz, 1991）は、土壌のカリウム濃度を高めるとカロテノイド生合成酵素の活性が直接的に増え、それに続いて、リコペン含量が増えたことを示した。テイバーら（Taber et al., 2008）によると、リコペン濃度の高いトマト品種はリコペン濃度が低い品種に比べて、より高濃度に圃場へ施用された塩化カリウムに反応した。圃場条件では、カリウム施用にともない、リコペン含量は約22%増加し、β-カロテンは約53%減少した。

ほかの研究者は、リコペンとビタミンCの水準に対する肥料の効果について矛盾する結果を報

表 1. 養液中のカリウム濃度水準とトマト果実のカロテノイド含有量（Trudel and Ozbun, 1970, 1971より引用）

カリウム濃度（mmol/L）	総カロテン類（mg/kg新鮮重）	ファイトエン	ファイトフルエン	β-カロテン	リコペン
0	72	11.8	4.1	3.5	36.8
1	75	12.7	4.1	3.6	41.9
2	91	16.2	5.4	3.1	53.6
4	92	15.2	4.9	2.8	52.7
6	110	14.7	5.0	2.8	59.3
8	111	15.1	4.8	2.6	61.5
10	104	16.3	5.3	2.4	52.4

表 2. トマト果実のカロテノイド類濃度（mg / kg新鮮重）に対する栽培品種と養液カリウム濃度の影響（温室栽培、果実は催色期の７日目に収穫、供試数111）（Taber et al., 2008より引用）

品種	総カロテン類	ファイトエン	ファイトフルエン	β-カロテン	リコペン
Mountain Spring	2,056	9.8	5.8	5.6	50.5
Florida91	2,067	11.2	6.7	6.0	51.7
Fla. 8153	2,088	14.4	8.8	2.7	70.5
標準誤差	NS	0.7	0.38	0.34	2.78
カリウム濃度（mmol/L）	**総カロテン類**	**ファイトエン**	**ファイトフルエン**	**β-カロテン**	**リコペン**
0	–	9.5	5.9	5.0	51.3
2.5	–	11.5	7.0	4.8	55.9
5.0	–	13.5	8.0	4.7	60.0
10.0	–	12.8	7.6	4.6	63.0
有意差	–	Q**	Q**	NS	L**

標準誤差　－品種間比較の標準誤差
回帰分析において　NS－有意差なし；L－線形（1次）；Q－2次
,　－それぞれ有意水準5%、有意水準1%*

告している。トマト果実のリコペン生成は細胞質や液胞のカリウムイオン濃度に依存するのみならず（Taber et al., 2008）、ほかにも温度や灌水様式のような制限要因が存在する（Oded and Uzi, 2003; Dumas et al., 2002, 2003）。

リンの添加により、トマトのビタミンCが増加し、リコペン含量にも多少影響があることが報告されている（Zdravković et al., 2007）。アーンら（Ahn et al., 2005）は、スーパーオキシドジスムターゼ（SOD）、グアヤコールペルオキシダーゼ（POX）、およびアスコルビン酸ペルオキシダーゼ（APX）といった、トマト果実の抗酸化酵素の活性に対するリン肥料の追肥効果を調べた。その結果は、抗酸化酵素の活性はリンの供給量の影響を受けると考えられるが、成長段階や季節といった変動要因に大きく依存するというものであった。オークら（Oke et al., 2005）は、トマトの加工品質と機能性食品成分に対するリンの追肥効果を研究したが、リコペン、ビタミンC、および揮発性香気成分の有意な増加は見られなかった。またデュマら（Dumas et al., 2002, 2003）は、健康に有益な成分に対する無機栄養素の明確な効果を見つけることができなかった。ほかの研究では、土壌のカリウム水準と、リン、硫黄、マグネシウム、ビタミン類、全無機成分、リコペン、β-カロチンの水準とは無関係だったが、トマトの果実収量（果実の大きさと個数の両方）は増加した（Fontes et al., 2000; Zdravković et al., 2007）。トゥールら（Toor et al., 2006）は、硝酸イオンが多い肥料を施用すると、アンモニウムイオンの多い肥料や有機肥料よりも酸度の低いトマトができたと報告している。また彼らは、鶏ふん施用かつクローバー草生マルチ栽培のトマトにおいて、無機窒素肥料の施用に比べトマトのフェノール酸とアスコルビン酸の含量が高いこと、けれども塩化物イオンの高い肥料またはクローバー草生マルチ栽培のいずれかによるトマトのリコペン含量は40%低いことを見出だしている。

ダイズのイソフラボン類

ダイズ種子には、人間の健康に何らかの好ましい影響をもつイソフラボン類が含まれている。ダイズを使用した食品は、エストロゲン［訳註：女性ホルモンの一種］関連機能の調節により（Kitts et al., 1980, Naim et al., 1976）、更年期症状と同様に、がん、心臓病、骨粗しょう症といった慢性疾患の予防にも関与している（Caragay, 1992; Hasler, 1998 and Messina, 1995）。イソフラボン類も抗酸化物質であり（Akiyama et al., 1987）チロシンプロテインキナーゼの阻害剤（Vyn et al., 2002）でもある。品種および環境条件の異なる広範囲な試験の結果により、ダイズ種子の総イソフラボン濃度の範囲は276～3,309μg/gと報告されている（Carrao-Panizzi et al., 1999; Hoeck et al., 2000; Wang et al., 2000; Lee et al., 2003; Seguin et al., 2004）。ダイズ種子の総イソフラボン濃度と個別のイソフラボン濃度は、遺伝的および環境的要因の両方で決まる。同じ環境で栽培しても品種間でイソフラボン濃度は大きく異なり、最大220%の違いがあった（Seguin et al., 2004）。

ダイズのイソフラボン濃度は、気温、土壌水分、土壌肥沃度といった非生物的要因および生物的要因の影響を受けることが知られている（Tsukamoto et al., 1995; Wilson, 2001; Nelson et al.,

2002; Vyn et al., 2002)。ヴィンら(Vyn et al., 2002)は、カリウムが低〜中程度に含まれている土壌へのカリウムの施肥により、無施肥の対照区に比べ、ダイズ種子のイソフラボン濃度が20%増えたようだと報告している。ウィルソン(Wilson, 2001)は、窒素施肥はダイズのイソフラボン濃度に対してマイナスに働き、10kg/haに比べて90kg/haの施肥では、総イソフラボン濃度は約10分の1にまで減少したと報告している。セグゥインと鄭(Seguin and Zheng, 2006)は、2年間にわたりダイズのイソフラボン含量と種子の性質に対するリン、カリウム、硫黄、ホウ素の施肥効果を調べたが、その結果、年や栽培品種に関係なく、ほとんどの調査項目に対して施肥効果は認められなかったと報告している。施肥に対して全体的に応答がまったくなかったのは、使用した砂壌土と砂質埴壌土の肥沃度が始めから比較的高かったことによる。

アブラナ科の有機硫黄化合物類

アブラナ科の野菜は、世界中で食用にされている主要な野菜である。アブラナ属にはキャベツ、ブロッコリー、カリフラワー、ケール、コールラビ、および芽キャベツなどの主要な栽培種が含まれる。アブラナ科の植物はまた、硫黄を含有する二次代謝物であるグルコシノレート類を産生することでも知られている。グルコシノレート類を含有する植物の適度な摂取は、がんの発症リスク低下と関係がある(Gross et al., 2000; Hecht, 2000; Zhang and Talalay, 1994)。消化の際、グルコシノレート類はイソチオシアネート類に加水分解され、続いて抗がん性フェーズⅡのヒト酵素活性を刺激する[訳註:この酵素は発がん物質を抱合反応で解毒し、DNAの変異を抑える]。アブラナ科植物におけるグルコシノレート類の産生は、植物の無機栄養素を含む多数の要因から影響を受ける。特に興味を引く植物の無機栄養素はセレンである。セレンは元素の大きさと化学性の両面で硫黄と似ているため、生理反応や代謝過程で硫黄と置き換わることがよくある。シャロンら(Charron et al., 2001)は、生活環の短いキャベツ原種(ヤセイカンラン、*Brassica oleracea*)をセレン酸ナトリウムの存在下で育てた場合に、グルコシノレートの総生産量が減少することを見出だした。

トーラーら(Toler et al., 2007)は、アブラナ科のキャベツ原種で、硫黄吸収とグルコシノレート産生に対するセレンの影響を研究した結果、セレンは硫黄の吸収を増加させグルコシノレートの代謝を制御することを見出だしている[訳註:原文献によると7種のグルコシノレート類のうち5種は抑制]。彼らはこの原種由来の野菜を抗発がん物質であるグルコシノレート類を含有する作物として生産するだけでなく、適量のセレン含有により健康によい効果をも付与させられる可能性を示している。

まとめ

肥料は人間の栄養にとって重要である。肥料の直接的効能は食料として健全な植物を生産することであり、間接的効能は植物体内の健康補助成分や、老化を防止し病気を予防する化合物を変化させることである。肥料は植物の健康補助成分に影響を及ぼす。具体的にはリンゴのアントシアニン含量、トマトやピンクグレープフルーツのカロテノイド含量、アブラナ属の野菜のグルコシノレート類、ダイズのイソフラボン類が挙げられる。植物の健康補助成分は土壌pH、季節、湿度、温度、栽培品種と肥料の種類の影響を強く受ける。植物は適応性が高く、肥料の効果を結論づける検証が難しくなっている。世界的な人口増加と高齢化にともない、慢性疾患を防ぎ、健康を維持するために肥料は確実に必要である。また植物の栄養素が主要な健康補助食品や機能性食品に与える影響を明らかにするために、より目的に適う研究手法が取られるべきである。

参考文献

Ahn, T., M. Oke, A. Schofield, and G. Paliyath. 2005. Effects of phosphorus fertilizer supplementation on antioxidant enzyme activities in tomato fruits. J. Agric. Food Chem. 2005 Mar 9; 53(5):1539-45.

Akiyama, T., J. Ishida, S. Nakagawa, H. Ogawara, S. Watanabe, N. Itoh, M. Shiuya, Y. Fukami. 1987. Genistein, a specific inhibitor of tyrosine protein kinases. J. Biol. Chem., 262, 5592-5595.

Ames, B.N., M.K. Shigenaga, and T.M. Hagen. 1993. Oxidants, antioxidants, and the degenerative diseases of aging. Proc. Natl. Acad. Sci. USA 90: 7915–7922.

Asayama, K., H. Yamadera, T. Ito, H. Suzuki, Y. Kudo. and S. Endo. 2003. Double blind study of melatonin effects on the sleepwake rhythm, cognitive, and non-cognitive functions in Alzheimer type of dementia. J. Nipp. Med. Sch. 70: 334–341.

Awad, M.A. and A. de Jager. 2002. Relationships between fruit nutrients and concentrations of flavonoids and chlorogenic acid in 'Elstar' apple skin. Scientia Hort 92: 265-276.

Awad, M.A., A. de Jager, L. van der Plas, and A. van der Krol. 2001. Flavonoid and chlorogenic acid changes in skin of Elstar and Jonagold apples during development and ripening. Scientia Hort 90:69-83.

Bao, Y. and R. Fenwick. (eds.). 2004. Phytochemicals in health and disease. Marcel Dekker. 346 pages.

Bates, C.J., D. Benton, H.K. Biesalski, H.B. Staehelin, W. Van Staveren, P. Stehle, P.M. Suter, and G. Wolfram. 2002. Nutrition and aging: a consensus statement. J. Nutr., Health Aging 6: 103–116.

Binienda, Z.K. 2003. Neuroprotective effects of L-carnitine in induced mitochondrial dysfunction. Ann. NY Acad. Sci. 993:289–295.

Boloor, K.K., J.P Kamat, and T.P.A. Devasagayam. 2000. Chlorophyllin as a protector of mitochondrial membranes against c-radiation and photosensitization. Toxicology 155: 63–71.

Brack, C., G. Lithgow, H. Osiewacz, and O. Toussaint. 2000. Molecular and cellular gerontology. Serpiano, Switzerland, September 18–22, 1999. EMBO J 19: 1929–1934.

Brown, K.M., P.C. Morrice, and G.G. Duthie. 1998. Erythrocyte membrane fatty acid composition of smokers and nonsmokers: effects of vitamin E supplementation. Eur. J. Clin. Nutr. 52: 145–150.

Caragay, A.B. 1992. Cancer-preventive foods and ingredients. Food Technol., 4, 65-68.

Carrao-Panizzi, M.C., A.D. Beleia, K. Kitamura, and M.C.N. Oliveira. 1999. Effects of genetics and environment on isoflavone content of soybean from different regions of Brazil. Pesquisa Agropecu´aria Brasileira 34: 1787–1795.

Charron, C.S., D.A. Kopsell, W.M. Randle, and C.E. Sams. 2001. Sodium selenate fertilisation increases Se accumulation and decreases glucosinolate concentration in rapid-cycling *Brassica oleracea*. J. Sci. Food Agr. 81:962–966.

Cohen, M.A. 2008. Interview with Stephen L. DeFelice, MD on consumerists, the media, and his theory of nutraceutical rejection-need in the reversal of aging. *Townsend's* New York Observer. http://www.townsendletter.com/Jan2008/newyork0108.htm.

Dorais, M. 2007. Effect of cultural management on tomato fruit health qualities. Acta Hort. (ISHS) 744:279-294 http://www.actahort.org/books/744/744_29.htm.

Driver, C. 2003. Mitochondrial interventions in aging and longevity. *In*: Modulating aging and longevity. Biology of Aging and its Modulation Vol. 5, pp 205–217. Kluwer, Dordrecht.

Dumas, Y., M. Dadomo, G. Di Lucca, and P. Grolier. 2003. Effects of environmental factors and agricultural techniques on antioxidant content of tomatoes. J. Sci. Food Agric. 83:369– 382.

Dumas, Y., M. Dadamo, G. Di Lucca, and P. Grolier. 2002. Review of the influence of major environmental and agronomic factors on the lycopene of tomato fruit. Acta Hort. 579:595-601.

Erisman, J.W., M.A. Sutton, J. Galloway, Z. Klimont, and W. Winiwarter. 2008. How a century of ammonia synthesis changed the world. Nature Geosci 1(10): 636-639.

Ferrari, C.K.B. 2004. Functional foods, herbs and nutraceuticals: towards biochemical mechanisms of healthy aging. Biogerontology 5: 275–289.

Ferrari, C.K.B. 2000. Free radicals, lipid peroxidation and antioxidants in apoptosis: implications in cancer, cardiovascular and neurological diseases. Biologia 55: 581–590.

Fontes, P.C.R., R.A. Sampaio, and F.L. Finger. 2000. Fruit size, mineral composition and quality of trickle irrigated tomatoes as affected by potassium rates. Pesq. Agropec. Bras. 35(1):26-34.

Frankel, E.N. 1999. Food antioxidants and phytochemicals: present and future perspectives. Fett. 101: 450–455.

Green, D. and G. Kroemer. 1998. The central executioners of apoptosis: caspases or mitochondria? Trend Cel. Biol. 8: 267–271.

Gross, H.B., T. Dalebout, C.D. Grubb, and S. Abel. 2000. Functional detection of chemopreventive glucosinolates in Arabidopsis thaliana. Plant Sci. 159:265–272.

Hagen, T.M., R.T. Ingersoll, C.M. Wehr, J. Lykkesfeldt, V. Vinarsky, J.C. Bartholomew, M.H. Song, and B.N. Ames. 1998. Acetyl-L-carnitine fed to old rats partially restored mitochondrial function and ambulatory activity. Proc. Natl. Acad. Sci. USA 95: 9562–9566.

Hall, D.M., G.L. Sattler, C.A. Sattler, H.J. Zhang, L.W. Oberley, H.C. Pitot, and K.C. Kregel. 2001.

Aging lowers steady-slate antioxidant enzyme and stress protein expression in primary hepatocytes. J. Gerontol. (Biol. Sci. Med. Sci.) 56A: B259–B267.

Hartz, T.K. 1991. Potassium fertilization effects on processing tomato yield and fruit quality. *In* B. Bieche (ed.). Proceedings of the tomato & health seminar. Pamplona: 3rd Worldwide Congress of the Tomato Processing Industry, pp. 45-49.

Hasler, C.M. 1998. Scientific status summary on functional foods: Their role in disease prevention and health promotion. Food Technol., 52, 63-70.

Hecht, S.S. 2000. Inhibition of carcinogenesis by isothiocyanates. Drug Metab. Rev. 32:395–411.

Hertog, M.G.L., P.C.H. Hollman, and M.B. Katan. 1993. Content of potentially anticarcinogenic flavonoids of 28 vegetables and 9 fruits commonly consumed in the Netherlands. J. Agric. Food Chem. 40:2379–2383.

Hertog, M.G.L., D. Kromhout, C. Aravanis, H. Blackburn, R. Buzina, F. Fidanza, S. Giampaoli, A. Jansen, A. Menotti, S. Nedeljkovic, J. Pekkarinen, B.S. Simic, H. Toshima, E.J.M. Feskens, P.C.H. Hollman, and M.B. Katan. 1995. Flavonoid intake and long-term risk of coronary heart disease and cancer in the seven countries study. Arch. Int. Med. 155:381–386.

Hoeck, J.A., W.R. Fehr, P.A. Murphy, and G.A. Welke. 2000. Influence of genotype and Environment on Isoflavone Contents of Soybeans. Crop Science 40: 48–51.

Jongen, W.M.F. 2000. Food supply chains: from productivity toward quality. *In* R.L. Shewfelt and B. Brückner (eds.). Fruit and Vegetable Quality: An Integrated View, Lancaster, USA: Technomic Publishing Co. Inc., pp.3–20.

Kalra, E.K. 2003. Nutraceutical - Definition and Introduction. AAPS PharmSci 2003; 5 (3) Article 25 (http://www.pharmsci.org).

Kang, K.S., J.W. Yun, and Y.S. Lee. 2002. Protective effect of L-carnosine against 12-O- tetradecanoylphorbol-13-acetate- or hydrogen peroxide-induced apoptosis on v-myc transformed rat liver epithelial cells. Canc. Lett. 178: 53–62.

Kim, Y.H., K.H. Park, and H.M. Rho. 1996. Transcriptional activation of the Cu, Zn- superoxide dismutase gene through the AP2 site by Ginsenoside Rb2 extracted from a medicinal plant, Panax ginseng. J. Biol. Chem. 271: 24539–24543.

Kitts, D.D., C.R. Kirshnamurti, and W.D. Kitts. 1980. Uterine weight changes and 3H-uridine uptake in rats treated with phytoestrogens. Can. J. Anim. Sci., 60, 531-534.

Kochhar, S.P. 2003. Lipids for functional foods and nutraceuticals Chemistry and Industry, Nov 17. Frank Gunstone (ed.). Bridgwater: The Oily Press, 2003 Pages 322. http://findarticles.com/p/articles/mi_hb5255/is_22/ai_n29045240/ (accessed on September 2010).

Kumazaki, T., M. Sasaki, M. Nishiyama, Y. Teranishi, H. Sumida, and Y. Mitsui. 2002. Effect of Bcl-2 down-regulation on cellular life span. Biogerontology 3: 291–300.

Larsen, P.L. 1993. Aging and resistance to oxidative damage in Caenorhabditis elegans. Proc. Natl. Acad. Sci. USA 90: 8905–8909.

Le Bourg, E. 2003. Antioxidants as modulators. *In* S.I.S. Rattan (ed.). Modulating Aging and Longevity. Biology of Aging and Its Modulation, Vol. 5, 183–203. Kluwer, Dordrecht.

Lee, J.J., C.K. Chang, I.M. Liu, T.C. Chi, H.J. Yu, and J.T. Cheng. 2001. Changes in endogenous monoamines in aged rats. Clinical and Experimental Pharmacology and Physiology. Vol. 28, Issue 4, p. 285-289.

Lee, S.J., W. Yan, J.K. Ahn, and I.M. Chung. 2003. Effects of year, site, genotype and their interactions on various soybean isoflavones. Field Crops Research 81: 81–192.

Lucas, D.T. and L.I. Szweda. 1998. Cardiac reperfusion injury: aging, lipid peroxidation, and mitochondrial dysfunction. Proc. Natl. Acad. Sci. USA 95: 510–514.

Mahoney, D.J., G. Parise, and M.A. Tarnopolsky. 2002. Nutritional and exercise-based therapies in the treatment of mitochondrial disease. Curr. Opin. Clin. Nutr. Metab. Care 5: 619–629.

Mansouri, A., I. Gaou, C. de Kerguenec, S. Ansellem, D. Haouzi, A. Berson, A. Moreau, G. Feldmann, P. Letteron, D. Pessayre, and B. Fromenty. 1999. An alcoholic binge causes massive degradation of hepatic mitochondrial DNA in mice. Gastroenterol 117: 181–190.

Maulik, N., T. Yoshida, and D.K. Das. 1998. Oxidative stress developed during the reperfusion of ischemic myocardium induces apoptosis. Free Rad. Biol. Med. 24: 869–875.

Mecocci, P., M.C. Polidori, L. Troiano, A. Cherubini, R. Cecchetti, G. Pini, M. Straatman, D. Monti, W. Stahl, H. Sies, C. Francheschi, and U. Senin. 2000. Plasma antioxidants and longevity: a study on healthy centenarians. Free Rad. Biol. Med. 28: 1243–1248.

Messina, M. 1995. Modern applications for an ancient bean: soybeans and the prevention and treatment of chronic disease. J. Nutr., 125, S567-S569.

Naim, M., B. Gestetner, A. Bondi, and Y. Birk. 1976. Antioxidative and antihemolytic activity of soybean isoflavones. J. Agric. Food Chem., 22, 806-811.

Namura, S., I. Nagata, S. Takami, H. Masayasu, and H. Kikuchi. 2001. Ebselen reduces cytochrome c release from mitochondria and subsequent DNA fragmentation after transient focal cerebral ischemia in mice. Stroke 32: 1906–1911.

Nelson, R., A. Lygin, V. Lozovaya, A. Ulaov, and J. Widholm. 2002. Genetic and environmental control of soybean seed isoflavone levels and composition. *In* Proceedings of the 9th Biennial Conference of the Cellular and Molecular Biology of the Soybean, 511. Urbana, IL: University of Illinois at Urbana-Champaign.

Oded, A. and K. Uzi. 2003. Enhanced performance of processing tomatoes by potassium nitrate based nutrition. Acta Hort. 613:81-87.

Oke, M., T. Ahn, A. Schofield, and G. Paliyath. 2005. Effects of Phosphorus Fertilizer Supplementation on Processing Quality and Functional Food Ingredients in Tomato. J. Agric. Food Chem. 2005, 53, 1531-1538.

Paliyath, G., A. Schofield, M. Oke, and T. Ahn. 2002. Phosphorus fertilization and biosynthesis of functional food ingredients. Proceedings, Symposium on Fertilizing Crops for Functional

Food, Indianapolis, IN, USA. http://www.ipni.net/functionalfood.
Pepe, S., N. Tsuchiya, E.G. Lakatta, and R.G. Hansford. 1999. PUFA and aging modulate cardiac mitochondnal membrane lipid composition and Ca2+ activation of PDH. Am. J. Physiol. 45:H149–H158.
Pioro, E.P. 2000. Antioxidant therapy in ALS. ALS Motor Neuron Dis l. (Suppl. 4): 5–15.
Ramírez, S.L.F., E.J. Muro, G.P. Sánchez. 2009. Potassium affects the lycopene and β-carotene concentration in greenhouse tomato. *In* G. Fischer et al. (eds.). Proc. IS on Tomato in the Tropics. Acta Hort. 821, ISHS 2009.
Rattan, S.I.S. 2003. Biology of aging and possibilities of gerontomodulation. Proc. Indian Nat. Sci. Acad. B69:157–164.
Reiter, R.J., D.X. Tan, L.C. Manchester, and M.R. E1-Sawi. 2002. Melatonin reduces oxidant damage and promotes mitochondrial respiration. Ann. NY Acad. Sci. 959: 238–250.
Rice-Evans, A.C., N.J. Miller, and G. Paganga. 1997. Antioxidant properties of phenolic compounds. New Trend Plant Sci. Rev. 2152-159.
Rosenfeldt, F.L., S. Pepe, A. Linnane, P. Nagley, M. Rowland, R. Ou, S. Marasco, W. Lyon, and D. Esmore. 2002. Coenzyme Q10 protects the aging heart against oxdative stress. Studies in rats, human tissues, and patients. Ann NY Acad. Sci. 959: 355–359.
Sandhu, S.K. and G. Kaur. 2002. Alterations in oxidative stress scavenger sytem in aging rat brain and lymphocytes. Biogerontology 3: 161–173.
Seguin, P. and W. Zheng. 2006. Potassium, phosphorus, sulfur, and boron fertilization effects on soybean isoflavone content and other seed characteristics. J. Plant Nutrition, 29: 681–698.
Seguin, P., W. Zheng, D.L. Smith, and W. Deng. 2004. Isoflavone content of soybean cultivars grown in Eastern Canada. J. Sci. Food Agric. 84: 327–332.
Sforcin, J.M., S.R.C. Funari, and E.L.B Novelli. 1995. Serum biochemical determinations of propolis-treated rats. J. Venom. Anim. Tox. 1: 31–37.
Shi, J., M. Le Maguer, and M. Bryan (eds.). 2002. Functional Foods; biochemical and processing aspects. CRC Press.
Smil, V. 2002. Nitrogen and Food Production: Proteins for Human Diets. J. Human Environment 31(2):126-131.
Sohal, R.S., A. Agarwal, S. Agarwal, and W.C. Orr. 1995. Simultaneous overexpression of copper- and zinc-containing superoxide dismutase and catalase retards age-related oxidative damage and increases metabolic potential in Drosophila Melanogaster. J. Biol. Chem. 270: 15671–1567, 419: 611–616.
Steinmetz, K.A. and J.D. Potter. 1996. Vegetables, fruits, and cancer prevention: a review. J. Am. Diet. Assoc. 96:1027–1039.

Suh, J.H., E.T. Shigeno, J.D. Morrow, B. Cox, A.E. Rocha, B. Frei, and T.M. Hagen. 2001. Oxidative stress in the aging rat heart is reversed by dietary supplementation with (R)-a-lipoic acid. Faseb, J. 15: 700–706.

Taber, H., S. Perkins-Veazie, S. Li, W. White, S. Rodermel, and Y. Xu. 2008. Enhancement of tomato fruit lycopene by potassium is cultivar dependent. HortScience 43(1):159-165.

Terao, J. and M.K. Piskula. 1999. Flavonoids and membrane lipid peroxidation inhibition. Nutrition 15: 790–791.

Toler, H.D., C.S. Charron, and C.E. Sams, 2007. Selenium increases sulfur uptake and regulates glucosinolate metabolism in rapid-cycling brassica oleracea. J. Amer. Soc. Hort. Sci. 132(1):14–19.

Toor, R.K. G.P. Savage, and A. Heeb. 2006. Influence of different types of fertilizers on the major antioxidant components of tomatoes. Journal of Food Composition and Analysis 19:20–27.

Trudel, M.J. and J.L. Ozbun. 1971. Influence of potassium on carotenoid content of tomato fruit. J. Amer. Soc. Hort. Sci. 96(6):763-765.

Trudel, M.J. and J.L. Ozbun. 1970. Relationship between chlorophyll and carotenoids of ripening tomato fruits as influenced by K nutrition. J. Exp. Bot. 21(69):881–886.

Tsukamoto, C., S. Shimida, K. Igita, S. Kudou, M. Kokubun, K. Okubo, and K. Kitamura. 1995. Factors affecting isoflavone content in soybean seeds: Changes in isoflavones, saponins, and composition of fatty acids at different temperatures during seed development. J. Agric. Food Chem. 43: 1184–1192.

Virmani, A., F. Gaetani, S. Imam, Z. Binienda, and S. Ali. 2003. Possible mechanism for the neuroprotective effects of L-carnitine on methamphetamine-evoked neurotoxicity. Ann. NY Acad. Sci. 993: 197–207.

Vyn, T.J., X. Yin, T.W. Bruulsema, C-J.C. Jackson, I. Rajcan, and S.M. Brouder. 2002. Potassium fertilization effects on isoflavone concentrations in soybean [*Glycine max* (L.) Merr.]. J. Agric. Food Chem. 50: 3501–3506.

Wang, C., M. Sherrard, S. Pagadala, R.Wixon, and R.A. Scott. 2000. Isoflavone content among maturity group 0 to II soybeans. J. Amer. Oil Chem. Soc. 77: 483–487.

Wilson, R.F. 2001. Developing agronomic high protein soybeans. *In* Proceedings of the 24th World Congress and Exhibition of the International Society for Fat Research. Champaign, IL: AOCS Press.

Yang, G-Y., J. Liao, K. Kim, E.J. Yurkow, and C.S. Yang. 1998. Inhibition of growth and induction of apoptosis in human cancer cell lines by tea polyphenols. Carcinogenesis 19: 611–616.

Zakharchenko, M.V., A.V. Temnov, and M.N. Kondrashova. 2003. Effect of carnosine on self-organization of mitochondrial assemblies in rat liver homogenate. Biochemistry Moscow 68: 1002–1005.

Zdravković, J., Z. Marković, M. Zdravković, M. Damjanović, and N. Pavlović. 2007. Relation of mineral nutrition and content of lycopene and β- carotene in tomato (*Lycopersicon esculentum* Mill.) fruits. Acta Hort. (ISHS) 729:177-181. http://www.actahort.org/books/729/729_27.htm.

Zhang, Y. and P. Talalay. 1994. Anticarcinogenic activities of organic isothiocyanates: Chemistry and mechanisms. Cancer Res. 54:1976s–1981s.

第8章

果物と野菜の機能性と施肥

ジョン・ジフォン、ジーン・レスター、マイク・スチュアート、
ケビン・クロスビー、ダニエル・レスコヴァ、ビマナゴーダ・S・パティル[1]

要約

肥料投入と作物の生産性は密接に関係しているため、肥料は世界の食料安全保障にとってきわめて重要な役割を果たしている。食料安全保障に関する議論は数多く行われているが、主に作物の生産性と市場向け品質の改善を目的としていたため、食品の栄養や健康上の利点が注目を浴びることはなかった。しかし近年、疾病を予防し健康的な生活をもたらすものとして、ヒトの必須栄養素や"植物の二次代謝物（phytonutrients；以下、ファイトニュートリエント）"のすぐれた供給源となる果物や野菜を豊富に含んだ食事、すなわち"機能性食品（Functional Foods）"を取り入れた健康な食生活の価値を、消費者が強く意識するようになっている。一方、特に発展途上国では、食料が不足し、主食のファイトニュートリエントの含有量が低いのが一般的で、果物や野菜などの機能性食品の消費は推奨指標を下回っている。遺伝学を除き、収穫前の農耕技術と同じく、施肥管理は食品の機能性に強い影響を与える。施肥管理は、食品の機能性を改善する持続的で安価な方法である。適切な施肥管理は、生産性と市場価値を高めるのと同時に、食品に健康をより促進するという特性を与えることが、多くの科学的な証拠から明らかである。（肥料を）低投入する農業、あるいは有機農業は、高価・高収量・栄養強化されたハイブリッド品種とはほとんど縁がないので、これらの知見からもっとも恩恵が受けられるはずである。本章では、肥料が果物と野菜のファイトニュートリエント含有量に影響を与えるという研究から、基本となる重要な成果を示す。そして、食料安全保障と栄養問題に対し、政策的に実行可能な施肥実例をとりまとめる。

本書を通じてよく使われる略語は、xページ参照のこと。

---

1 J. Jifon is Associate Professor, Texas AgriLife Research and Extension Center, Texas A&M University System, Weslaco, Texas, USA; e-mail: jljifon@ag.tamu.edu
G. Lester is Plant Physiologist, USDA-ARS, Beltsville, Maryland, USA; e-mail: Gene.Lester@ARS.USDA.gov
M. Stewart is Director, South and Central Great Plains Program, International Plant Nutrition Institute, San Antonio, Texas, USA; e-mail: mstewart@ipni.net
K. Crosby is Associate Professor, Texas A&M University, Department of Horticultural Sciences, Vegetable and Fruit Improvement Center, College Station, Texas, USA; e-mail: k-crosby@tamu.edu
D. Leskovar is Professor and Center Director, Texas AgriLife Research and Extension Center, Texas A&M University System, Uvalde, Texas, USA; e-mail: d-leskovar@tamu.edu
B.S. Patil is Professor and Center Director, Texas A&M University, Department of Horticultural Sciences, Vegetable and Fruit Improvement Center, College Station, Texas, USA; e-mail: b-patil@tamu.edu

序論

植物由来の食料は、世界のどこでも、主食の主要な構成要素であり、人間が健康的な生活をおくるために重要な役割を担っている。植物には、エネルギー、成長、発育の基礎である人間の必須栄養素（水、炭水化物、タンパク質、脂肪、ミネラル、ビタミン）が含まれている（Lester, 1997; Kushad et al., 2003; Liu et al., 2003）。植物はまた、疾病の予防や健康的な生活にかかわる、多種のミネラル類や二次代謝物として知られるファイトニュートリエントを合成し、蓄積する（Croteau et al., 2000; Kim et al., 2010: Prior and Cao, 1999）。ファイトニュートリエントには、健康に良いとされるミネラル成分、有機・無機化合物が含まれる。具体的には、植物の必須栄養素（カリウム、鉄、カルシウム、マグネシウム、亜鉛）、ビタミン（アスコルビン酸＝ビタミンC、ビタミンE、プロビタミンAのカロテノイド）、その他の微量元素（セレン、ケイ素）、二次代謝物であるフェノール化合物、アルカロイド、テルペン、グリコシドなどである（Bramley et al., 2000; Cassidy et al., 2000; Milner, 2000; Mithen et al., 2000; van den Berg ey al., 2000; Tsao and Skhtar, 2005; Winkels et al., 2007）。これらの植物の二次代謝物の多くは微量合成され、昆虫などの花粉媒介者を誘引したり（Croteau et al., 2000）、病原体、草食動物、環境ストレスから保護したりする機能がある（Heldt, 2005; Bray et al., 2000; Croteau et al., 2000）。環境変化に対して植物が合成するファイトニュートリエントは、ストレス耐性に必須な、高水準の遺伝的適応性のあらわれである。この高水準の遺伝的適応性を活用することで、対象とする作物のファイトニュートリエントの合成・蓄積量を多くすることができる。

疾病予防と健康的な生活に関するヒトの必須栄養素の役割が、大きな注目を浴びている。その理由の一部として、伝統的な疾病管理を変える必要性や、栄養管理に基づく疾病予防プログラムが医療費を削減する可能性があるためである（Milner, 2000; Bidlack, 1996; Tucker and Miguel 1996）。果物、野菜、そしてそれらを最小限加工した一次加工品は、ファイトニュートリエントの最大の供給源であるとともに、食事を通して摂取できるためサプリメントよりも優れていることは、最近の報告からも知ることができる（Wahlqvist and Wattanapenpaiboon, 2002; USDA, 2005; WHO-FAO, 2003; Winkels et al., 2007）。健康な人のサプリメント摂取が増えた理由のひとつに、植物に含まれるファイトニュートリエントの健康効果が広く浸透したことがある（Eliason et al., 1997; Greger, 2001; Milner, 2000）。しかし、サプリメントに含まれる精製されたファイトニュートリエントには、生食あるいは一次加工された食品にみられる複数の成分の相乗効果がしばしば失われている（Salucci et al., 1999; Pignatelli et al., 2000; Freedman et al., 2001; Liu, 2003; Winkels et al., 2007）。サプリメントよりも、果物や野菜を主体とした多様な食事を通して、ファイトニュートリエントを摂取する方が望ましいことは、明らかである。

多くの地域で、果物や野菜の1人当たりの消費量が少なくなっている（Johnston et al., 2000）。これは約7,000種の食用種のうち、たった20種程度で、植物由来の（人の）食物の90%が成り立っていることにもよる（FAO, 2009）。

限られた遺伝資源への依存は、疾病や突然の気候変動に対する世界の食料供給を脆弱化させるばかりか、食料の持続可能性を危うくする。世界の多くの地域での食料安全保障の問題は、耕地面積が有限であること、依然として自給自足農業が多くの世帯を養うのにもっとも簡単で主流な方法であるという事実に起因している（Sanchez, 2010)。世界のこれらの地域では土壌の風化（劣化）が深刻であり、植物の成長と生産、ひいてはヒトの基本的な栄養のために必要な、植物の必須多量要素・微量要素が欠乏している（Wild, 1993)。そして、集約的農業と、収穫で収奪された養分を不完全にしか補給し続けなかった結果、食料の生産性と栄養価が低下した（Sanchez, 2010; Lal, 2006)。この傾向は、多くの発展途上国の慢性的な栄養失調の一因となっている（Sanchez and Swaminathan, 2005; Stein, 2010)。養分の収奪と、それによる生産性と品質の低下は、継続的な人口増加や気候変動によりさらに悪化することが懸念される（Sanchez, 2010; St. Clair and Lynch, 2010; Lal, 2004: Bohle et al., 1994)。肥料の施用や（または）養分の利用効率・微量元素の含有率を高める品種改良など、世界的な栄養失調を和らげるさまざまな介入がなされているが、作物の収量の増加に重点がおかれ（Sanchez, 2010; Stein, 2010; Sanchez and Swaminathan, 2005)、消費者の嗜好や機能性にはほとんど関心が払われていない。品種改良、施肥、灌漑や機械化などの「緑の革命（Green Revolution)」による収量の増加は、ヒトの必須栄養素やファイトニュートリエントが犠牲になって実現したともいわれる（Davis, 2009)。依然として数十億人の人口が、ミネラルとビタミンの欠乏症に陥っていることを考えると、この相反は残念なことである（Welch, 1997)。遺伝子（品種や変種)、農法（圃場、植え付け日、栽植密度、灌漑、施肥、登熟時期など)、環境要因は、作物のファイトニュートリエントの組成と多様性に大きな影響を与える（Mozafar, 1993; Dixon and Paiva, 1995; Lester and Eischen, 1996; Lester and Crosby, 2002; Crosby et al., 2003, 2008)。これらは、味（甘味)、質感、サイズ、色、香り、入手の容易さ、料理の簡便性、不良品でないことなど、消費者の嗜好性にも影響を与える。施肥管理を含む農業技術の進歩や、現在有効利用されていない食用の果物や野菜が多様化することで、今後の食料安全保障の達成や健康的な生活の向上が期待される（Grosby et al., 2006, 2008, 2009; Welch and Graham, 2004)。

本章の後半は、施肥管理が作物のファイトニュートリエントに与える主要な役割に焦点を当て、果物と野菜のファイトニュートリエント含有量の改善を現実的に可能にした施肥の研究成果を紹介する。また施肥管理が、栄養の安全保障問題（タンパク質、ミネラル、ビタミン、ファイトニュートリエントを含むヒトの必須栄養素の摂取）の政策に、どのように関与できるかについても必要に応じ議論する。

養分管理

作物の生産性と、ヒトの基本的な栄養価の要因（タンパク質、ミネラル、ビタミン、必須脂肪酸）に対する施肥管理の効果は、すでに実証済みである（FAO, 1981; Marschner, 1995; Havlin et al., 2005; Stewart et al., 2005)。しかし、ファイトニュートリエントに対する無機栄養素の効果についての情報は限られている。多くの無機栄養素は、ファイトニュートリエントの構造的な組成、あるいは合成・蓄積を含むプロセスに関与しているため、これらを含む施肥管理で作物の生理活性を改善することは非常に魅力的である。

肥料がファイトニュートリエント構成に与える影響が、植物の成長と発育に影響するその他の環境条件によって変動することは、種々のデータが示している。たとえば、レスターとクロスビー（Lester and Crosby, 2002）は、緑肉ハニーデューマスクメロンのアスコルビン酸と葉酸含有量は、砂壌土よりも埴壌土で栽培した方が高くなることを発見した。この観察結果は、異なった土壌タイプの養分供給能力の相違が、おそらく原因となっている。これらの環境による変動の影響についても次節で論じるが、これらも考慮に入れ、ファイトニュートリエント含有量の改善を図る施肥戦略を策定すべきである。

窒素施肥

窒素は、植物の成長と発育に不可欠な核酸（DNAやRNA）、アミノ酸、タンパク質および酵素の必須成分である。窒素施肥、葉の窒素濃度、葉の可溶性タンパク質、光合成および生産性が密接に関係していることは、多くの作物で明らかになっている（FAO, 1981; Millard, 1988; Marschner, 1995; Havlin et al., 2005; Stewart et al., 2005）。適切な窒素供給は、葉面積の拡大と光合成による炭酸同化作用を促すので、結果的にファイトニュートリエントの炭素骨格をつくるもとになっている。

作物の品種や収穫部位によって異なるが、ファイトニュートリエントの組成と食品の栄養価は、窒素施肥の影響を受ける。モザファー（Mozafar, 1993）は、窒素施肥が植物のビタミン含有量に与える影響についての文献を詳細に調べ、窒素施肥でカロテンやビタミンB_1の濃度は増加したが、ビタミンC濃度は減少する傾向にあったと述べている。最近の研究でも、この傾向は確認されている。たとえばバリックマンら（Barickman et al., 2009）は、クレソン（*Nasturtium official* R. Br.）で、窒素供給量と抗酸化カロテノイド（β-カロテン、ルテイン、ゼアキサンチン、ネオキサンチン）の濃度の間には正の相関があることを報告している。同様に、コプセルら（Kopsell et al., 2007a）は、窒素施肥に反応したケールの葉組織において、カロテノイド濃度（ルテイン、β-カロテン、クロロフィル色素の乾物当たりの重量）が直線的に増加していることを発見した。ルテインとβ-カロテンは強力な抗酸化色素で、目の健康に重要な役割を果たしている。これらはビタミンA、CおよびEとともに、失明の主な原因のひとつである加齢黄斑変性症（age-related macular degeneration; AMD）の発症リスクを抑え、また進行を遅くする効果がある（AREDS, 2007）。

肥料の窒素源や形態はまた、ファイトニュートリエント組成にも影響を与える（Chance et al., 1999; Errebhi et al., 1990; Xu et al., 2001）。たとえばコプセルら（Kopsell et al., 2007a）は、肥料溶液中の硝酸イオン（NO_3^-）とアンモニウムイオン（NH_4^+）の比率を高めると、ケールの葉

のルテインとβ-カロテン質量濃度は、乾重量と生重量のいずれでも大幅に増加することを発見した。同様にトーアら（Toor et al., 2006）は、トマトの果実において、牧草クローバーでマルチして育てた場合のフェノールとアスコルビン酸の濃度（29%）は、鶏ふんを施肥した場合（17%）や、NH_4^+とNO_3^-を含む無機液肥を施用した場合と比べて、圧倒的に高かったことを発見した。この結果は、有機農業と慣行農業で栽培された作物の品質の違いを示す根拠としてよく利用される（Rosen and Allan, 2007; Lester and Saftner, 2011）。したがって、ファイトニュートリエントを高める施肥管理のデザインを策定する際には、窒素の形態に対する作物種や品種の感受性を考慮すべきである。

窒素施肥によってカロテノイドが増加する効果とは対照的に、もっとも広く消費されているカンキツ類、ジャガイモ、カリフラワー、トマト、レタスなどの果物や野菜において、ビタミンC（アスコルビン酸）の濃度が窒素施肥量と負の関係にあることが、多数の研究で報告されている（Nagy, 1980; Lee and Kader, 2000; Lisiewska and Kmiecik, 1996; Sørensen, et al., 1995; Mozafar, 1993; Abd El-Migeed et al., 2007）。窒素の過剰施肥はまた、グレープフルーツのナリンギン濃度やルチノシド濃度（Patil and Alva, 1999; 2002）の低下、リンゴのアントシアニン濃度（Awad and jager, 2002）の低下、またバジルのポリフェノール化合物含有量と抗酸化活性（Nguyen and Niemeyer, 2008）の低下と関係している。

硝酸イオン（NO_3^-）とアンモニウムイオン（NH_4^+）は、作物が土壌から吸収する2つの主要な窒素形態である。硝酸態窒素は非常に水に溶けやすく、特定の状況下では、溶脱して地下水を汚染することがある（Havlin et al., 2005）。

収穫した農産物、特に新鮮な野菜中の高濃度の硝酸イオンは、健康問題と関わっており、硝酸イオンに富む食品の摂取とメトヘモグロビン血症（またはブルーベイビー症候群）などの病気とが、時折関連づけられている（Correia et al., 2010; Greer and Shannon, 2005）。これは食事で摂取する硝酸イオンの約80%が野菜に起因することによる。ヨーロッパの集約農業で栽培された34種の野菜（キャベツ、レタス、ホウレンソウ、パセリ、カブなどの色々な品種）を調査した結果、コレイアら（Correia et al., 2010）は、硝酸イオンは54～2,440 mg NO_3^-/kg、亜硝酸イオンは1.1～57 mg NO_2^-/kg の範囲であったことを報告している。しかし、これらの化合物は、1日の許容摂取量（acceptable daily intake：ADI）を超えないため、野菜の消費は依然として人間の健康に有益であると結論付けている。

リン施肥

リンは、作物の成長、生産性、品質に必要な必須多量要素のひとつである。リン脂質、DNA、RNAなどの構造的化合物の重要な成分として、多くの生化学反応の基質または触媒として関与している（Marschner, 1995）。酸化的リン酸化（アデノシン三リン酸；ATPを合成する反応）は、リンの十分な供給を必要とする。リンはまた、植物および動物のさまざまな代謝プロセスを制御するタンパク質の可逆的リン酸化反応に必須な基質である（Marschner, 1995; Cohen, 2001）。そしてリンは、特に風化が進んだ土壌で、収量を制限する多量要素になることがよく知られている（Cramer, 200; Sanchez, 2010）。そのような土壌では、可溶性リンはほかの土壌成分によって吸着され、土壌溶液から取り除かれてしまう。そのためリンは、市販肥料、植物と動物の堆肥、廃棄物、リンを含む土壌母材などの外部資源から、供給を受けねばならない（Oberson et al., 2006; Havlin et al., 2005; Brady and Weil, 2001）。

食品中のファイトニュートリエント含有量に対する、リン施肥の役割についての研究はほとんどない。入手可能なデータも時には矛盾していて一貫性がないものが多い。パリヤスら（Paliyath et al., 2002）は、リン肥料（過リン酸石灰、ハイドロホス®、セニホス®）の土壌への追肥や葉面散布により、リンゴ（レッドデリシャス）表皮の赤色がより鮮やかになったと報告している。これは、リン施肥が、アントシアニンやほかのフラボノイド類—リンゴ表皮の赤色化をするプロアントシアニジン類やフラボノール類—の濃度を増加させたことを示唆している。ブルーセマら（Bruulsema et al., 2004）は、色が鮮やかになることは、ペントースリン酸経路の活性化が関与していると考察している。なぜなら、果色に関するフラボノイド合成の前駆体（エリトロース-4-リン酸）は、ペントースリン酸経路で作られるからである。

アントシアニンは、果物や野菜に特徴的な紫と赤の色素であるとともに、組織を酸化障害から保護することも示されている（Kushad et al., 2003; Croteau et al., 2000; Close and Beadle, 2003; Chalker-Scott, 1999）。リン含有剤、すなわちエテフォン（2-クロロエチルホスホン酸）の葉面散布とリン、カルシウム、窒素を含有する肥料の施用で、リンゴ“ふじ”の表皮の赤色が強まり、フラボノイド濃度も高まることが示されている（Li et al., 2002）。窒素、リン、カリウムの供給が、セロリの成長と化学的性質に与える影響を調査したガーガルら（Gurgul et al., 1994）は、リン施肥に反応して、主要な抗酸化酵素（ペルオキシダーゼ、カタラーゼ、酸性ホスファターゼ）の活性が高まったことを報告している。対照的にアーンら（Ahn et al., 2005）は、リンの土壌施肥や葉面散布では、トマトのスーパーオキシドジスムターゼ、グアヤコールペルオキシダーゼ、アスコルビン酸ペルオキシダーゼの濃度と活性に、一貫した変化が得られなかったと報告している。リン施肥の機能的品質に対する効果は、栽培する場所、季節、作物の成熟期、気象条件、それ以外の生育中の環境要因で変化すると考えられる（Oke et al., 2005; Ahn et al., 2005）。ブルーセマら（Bruulsema et al., 2004）も、気象条件がリン施肥のフラボノイド反応を制御していることを指摘しており、昼夜に寒暖の差があると、アントシアニンの合成が活性化することはよく知られている（Close and Beadle, 2003）。

一方、植物組織のアントシアニンの含有量が、リン欠乏により増加することも、数多く報告されている（Jiang et al., 2007; Close and Beadle, 2003; Stewart et al., 2001）。葉が赤紫色に変色するのは、植物のリン欠乏の一般的な症状である。スチュワートら（Stewart et al., 2001）は、トマトのリン欠乏により、熟成後期（分解による赤色化）ではなく、熟成初期（緑熟期）にフラボノール含有量の増加が誘発されることを発見した。彼らは、熟成初期にトマト表皮でフラボノールが誘導されるのは、UV-B（紫外線B波）によって果実組織と種子がダメージを受けるのを防ぐために重要だと考えている。リン欠乏時にアントシアニンが蓄積するのは、ジベレリン（gibberelins；GA）活性が低下することや、エチレン、アブシジン酸（abscisic acid；ABA）などのGA拮抗化合物の濃度が増えることと関連している（Jiang et al., 2007; Saure, 1990）。リン欠乏以外でも、昆虫の食害、温度、強光などの生物的・非生物的ストレスで、アントシアニンが蓄積され、葉の紫色への変色が誘発される（Close and Beadle, 2003; Saure, 1990; Chalker-Scott, 1999）。アントシアニンなどのフラボノイドは、その高い抗酸化力で植物の環境ストレス対応を補助していると考えられている（Close and Beadle, 2003; Chalker-Scott, 1999）。フラボノイドを食事で多く摂取することで、人間はより健康的になることができる（Pietta, 2000）。フラボノイドの蓄積は、リン供給で間違いなく変化するため、果物や野菜の機能的品質は、リンの施肥管理の改善により向上する。植物の収量と機能的品質は相反関係にあるが、そのメカニズムの解明と相反の程度を特定するには、一層の研究が必要である。

作物の成長と収量に果たす役割に加えて、リン施肥はフィチン酸（あるいはフィチン酸塩）の合成と蓄積に関与している（Marschner, 1995; Kumar et al., 2010）。

フィチン酸は、植物組織の主要なリン貯蔵化合物で、とりわけ繊維質が豊富な食品であるナッツ、種子、穀物、ダイズ製品、オートミール、トウモロコシ、ピーナッツ、インゲンマメ、全粒コムギ、ライムギなどの食品に含まれている（Kumar et al., 2010; Sotelo et al., 2010）。フィチン酸とフィチン酸塩は、食事で摂取する（植物の）ミネラル成分である鉄、亜鉛、カルシウム、マグネシウムとの親和性が高いことから、栄養学上の主要な研究対象となっている。それらはタンパク質、脂質、必須ビタミン、ミネラルの生物学的可給性を低下させる（Kumar et al., 2010; Sotelo et al., 2010）。未精製の穀物や豆類が主食である発展途上国によくあることだが、食事で亜鉛、鉄、カルシウムの摂取が少ない場合には、フィチン酸とフィチン酸塩はより悪い影響をおよぼす（Bouis and Welch, 2010）。生ジャガイモと調理済みジャガイモのフィチン酸の含有量を比較すると、8品種の生ジャガイモで1.1g～2.6g/kg（乾重量）、フライドポテトで1.74g/kg、ポテトチップで0.95g/kg、乾燥ポテトフレークで2.05g/kgとなっていた（Phillppy et Al., 2004）。アベベら（Abebe et al., 2007）によれば、エチオピア南部のシダマにおいて、代表的な主食のフィチン酸、亜鉛、鉄、カルシウムの含有量を調査したところ、地元の油糧種子（ニジェール種子、ヌグ（*Guizotia abyssinica*）、ゴマ（*Sesamum indicum*））がもっとも高いフィチン酸含有量（約1,600 mg/100g）を示した。また、エンセーテ（*Ensete ventricosum*, 根菜類）、テフ（Eragrostis *tef*（Zucc.）, イネ科穀物）の発酵食品では、フィチン酸の含有量、フィチン酸：亜鉛イオンのモル比、フィチン酸：鉄イオンのモル比は低く、無発酵コーンブレッド、インゲン豆、ゴマ、ニジェール種子のモル比は高かったことを認めている。彼らは、エンセーテやテフといった主食に含まれるフィチン酸は、コーンブレッド、マメ類、油糧種子などの高フィチン酸食品と一緒に摂取しない限り、必須無機元素の可溶性を抑制しないと結論づけている。

一方、栄養吸収阻害物質としての位置付けとは反対に、食事からフィチン酸を摂取することで、がん、心臓疾患、糖尿病、腎結石などの疾患を防ぐ、有益な健康効果があるという証拠が増えている。フィチン酸はまた、フリーラジカル（活性酸素）の発生を防ぐ抗酸化物質として作用するため、酸化ストレスを減らすことで、心臓血管疾患、腎臓やほかの部位のがんなどの疾患を予防できる（Graf and Eaton, 1990; Hanson et al., 2006; Kumar et al., 2010; Prieto et al., 2010）。フィチン酸に関しては、栄養失調と食料不足を軽減する施肥プログラムを施行する前に、主食用作物と非食用作物の違い、リン施肥への反応、生産システム（慣行栽培vs有機栽培）の違い、潜在的なアンチニュートリエント作用などの、さらなる研究が必要となる。

カリウム施肥

窒素、リンとともに、カリウムは植物の生育、収量、品質を制御する多数の生理学的プロセスに関与する必須多量元素のひとつである（Marschner, 1995; Lester et al., 2005）。カリウムは、植物体の主要な構造形成要素ではないものの、多くの生理学的プロセスで重要な調節機能を果たしている。ほかの章でもふれるが、カリウムが関与するプロセスには、酵素活性化、浸透圧調節、気孔開閉、光合成、蒸散、篩部転流、果糖蓄積がある（Usherwood, 1985; Geraldson, 1985; Kafkafi et al., 2001; Pettigrew, 2008; Marschner, 1995; Mengel and Kirkby, 1987）。味、質感、外観などの市場価値や消費者の嗜好は、カリウムの土壌中の可給態の量と高い正の関係にある（Usherwood, 1985; Lester, 2006）。カリウム元素は、酵素活性、光合成、果物などの貯蔵シンク器官への転流・同化を大きく促すことで、品質向上に寄与する（Jifon and Lester, 2009; Pettigrew, 2008; Lester et al., 2006; Marschner, 1995）。カリウムは、植物での役割と同様に、動物の内部環境を維持する生理機能（ホメオスタシス、恒常性）にも重要な役割をもち、酵素活性化、神経インパルス、心拍、筋活動などの重要なプロセスを正常に機能させる。カリウムの摂取は、脳卒中、冠状動脈性心臓病などの心臓血管疾患の発生と負の関係にあると報告されている（He and MacGregor, 2008）。メロン（カンタロープとハニーデューメロン）、スイカ、カボチャ、トマト、ブロッコリー、オレンジジュース、ジャガイモ、バナナ、アボカド、モモ、ナシ、リンゴ、ダイズ、アンズなどのほとんどの果物や野菜は、食事でカリウムを摂取できる優れた供給源である（USDA, 2010; Lester, 1997）。食事から摂取するカリウムが不足している（推奨水準3～5g/日に比して、現在は～2g/日）原因は、果物と野菜の消費が足りないためとされている（He and MacGregor, 2008; US institute of Medicine, 2005）。

果物や野菜の消費不足、それに起因するカリウムの摂取量不足は、劣悪な市場や消費者の嗜好とも関係がある。消費者の嗜好は味、香り、質感などであるが、植物の生育中のカリウム利用率と直接関連している。カリウムは多くの種で、栄養成長期（根の成長や養分吸収に必要となる炭水化物の利用率が極端に低下しない段階）に主に吸収される。生殖成長期に、生殖器官と栄養器官が光合成産物を争奪することで、根の成長とカリウム吸収活性は抑えられる（Ho, 1988）。この争奪で発生する明らかなカリウム不足は、発育中の種子や果実への光合成産物転流を抑制し、その結果、収量と品質を低下させる可能性がある。

マスクメロン（*Cucumis melo* L.）、トマト（*Solanum lycopersicum*）、カンキツ類（Citrus spp.）、バナナ（*Musa sapientum*）は、（人間の）栄養学上の効用と、最近では機能的効果から、広く消費される商業的にも重要な園芸果実である。これらは、カリウム施肥が収量と機能的品質に良い影響を与えた素晴らしい例で、次項でその最重要点を簡単に述べる。

マスクメロン

マスクメロン（*Cucumis melo* L.；レティクラトゥス群、イノドルス群、ハニーデューメロン群を含む）は、カリウム、アスコルビン酸、β-カロテン、葉酸などのファイトニュートリエントが豊富な供給源である。マスクメロンは、甘くて一年中入手できることから、アメリカ合衆国においてこの30年間で消費が大幅に増えた（2倍以上）、数少ない果実類のひとつである（Lester, 2006）。

消費量が多いほかの9種類の新鮮な果実類との比較では、マスクメロンは食事摂取基準（Dietary Reference Intake；DRI）のβ-カロテン（プロビタミンA）、アスコルビン酸、カリウム、葉酸（ビタミンB_9）で、トップ5に入っている（Lester, 2006）。マスクメロンに含まれるファイトニュートリエントの高度な多様性は、健康的な生活をおくる上での優れた食事成分である。一方、環境的な要因だけでなく、品種の違いによって、マスクメロンのファイトニュートリエント水準にはかなりのばらつきが生じる（Jifon and Lester, critical 2009; Lester and Grosby, 2002; Lester and Eischen, 1999）。マスクメロンのファイトニュートリエント含有量を調整する重要な環境要因のひとつは、カリウムの可溶性である（Lester, 2006）。しかし、前項でもふれたように、土壌由来のカリウムは、果実が発達する時期に常に最適の状態にはなく、これが、ファイトニュートリエントを含む果実の品質劣化が起こる原因のひとつになる。

環境がコントロールされた圃場の調査では、カリウムの土壌施肥に加えて葉面散布によってカリウム不足が改善され、甘さ、質感、色、ビタミンC、β-カロテン、葉酸などの品質特性が向上した（Jifon and Lester, 2009; Lester et al., 2005,

2006)。標準的なカリウム源（塩化カリウムと硝酸カリウム）よりも、硫黄入りのカリウム源［たとえば、チオ硫酸カリウム（$K_2S_2O_3$)、硫酸カリウム（K_2SO_4)］や、アミノ酸 - カリウム・キレート剤（たとえばメタロセート®カリウム）の方が、品質は大きく改善した。カリウム施肥の効果は、光合成能力の改善、葉から果実への同化物の転流、葉と果実の水分比の改善、酵素活性の増加、生合成経路の基質有効化などが作用し合っている（Marschner, 1995)。カリウム塩の研究をいくつか調査してみると、生育後期の硝酸カリウムの葉面散布が、果実の品質向上にまったく効果がなかったという報告もある。おそらく、根の発達や果実収量･品質向上に作用せず、（主に茎葉の）栄養成長だけに作用したためと思われる。高い光合成能力をもった群落形成のためには、窒素がもっとも必要とされる栄養成長期に、硝酸カリウムを葉面散布することが、より有効と思われる。しかし葉面散布は決して、土壌施肥に取って代わるものではない。土壌からのカリウム吸収が抑えられている環境では、生育後期の最適なタイミングにカリウムの土壌施肥と葉面散布を行うことで、果実類の機能的品質と市場価値を改善できる。生育後期のカリウム葉面散布は、食品の機能性を改善するのに、生産者が実施しやすい施肥法である。

トマト

トマト（*Solanum lycopersium*）は、世界的に重要な園芸果実作物のひとつで、リコペン、β-カロテン、アスコルビン酸、フェノール類、フラボノイド、ビタミンEなどのファイトニュートリエントの重要な供給源である（Clinton, 1998; Kaur et al., 2004; Dorais et al., 2008)。形、サイズ、色、および成熟期の違いは、トマトのファイトニュートリエントの含有量に影響を与える。たとえば、小粒果実（チェリートマト）の品種は一般的に、より高いリコピン濃度と抗酸化能力をもつ（Cox et al., 2003; Kaur et al., 2004; Wold et al., 2004; Passam et al., 2007)。

トマトは最適な収量と品質のために、大量のカリウムを必要とする。カリウムの欠乏は、生育不全、すじ腐れ果、乱形果、空洞化、奇形、着色不良、収量低下、商品化率の悪化をもたらす（Usherwood, 1995; IFA, 1992; Geraldson, 1985)。果実のリコペンやカロテノイドに対して、カリウム施肥のさまざまな効果が報告されている（Saito and Kano, 1970; Trudel and Ozbun, 1971; Dumas et al., 2003; Passam et al., 2007)。カリウムの灌水同時施肥法によるトマトの収量改善（Hartz et al., 2005）も、カリウムの葉面散布によって、果実の可溶性固形物、滴定酸度、アスコルビン酸含有量が改善する場合と同様の効果があることが報告されている。マスクメロンのカリウム施肥と同様に（Jifon and Lester, 2009)、カリウム施肥のタイミングや肥料の供給源などの要因によって、果実品質に対するカリウム施肥の効果は、強化されることも抑制されることもある（Hartz et al., 2001)。たとえば、硝酸カリウムなどの窒素を含むカリウム源を、生長後期に葉面散布することで、栄養成長の促進、果実発達、成熟の遅れなど、望ましくない結果をもたらす可能性がある（Neuweiler, 1997; Jifon and Lester, 2009）。したがってこれらの要因も、ファイトニュートリエントの改善を目的とする施肥プログラムでは、考慮する必要がある。

カンキツ類

カンキツ類の果実（オレンジ、グレープフルーツ、タンジェリンライム、レモンなど）は多くの国で生産されている。アスコルビン酸、リコペン、β-カロテン、リモノイド、そしてナリンギン、ナリルチン、ヘスペリジンといったフラボノン配糖体などのファイトニュートリエントの種類がもっとも豊富である（Somasundaram et al., 2009; Murthy et al., 2009; Park et al., 2009; Harris et al., 2007）。世界のカンキツ類の消費は、向上する品質、年間を通じての入手しやすさ、値ごろ感に加えて、健康に良いことを消費者が認識し始めたこともあり、増え続けている。

カリウム施肥は、カンキツ系の果実品質向上に重要である（Koo, 1985）。収穫されるカンキツ類は、ほかのどの栄養素よりもカリウムを多く吸収し、その量は1t当たり約2kgと推測される。カンキツ類ジュースのカリウム含有量が高いのは、それを反映している（IFA, 1992; Koo, 1985）。カンキツ類のファイトニュートリエント、特にアスコルビン酸やほかの品質要素（果汁含有量、可溶性固形物と酸の濃度、可溶性固形物／酸の比、果実サイズ、色、形、表皮の厚みなど）は、カリウムの影響を受ける（Koo, 1985）。ピンクグレープフルーツは、追肥でカリウムを葉面散布することで、リコペン、β-カロテン、ビタミンCの濃度が増加する（Patil and Alva, 2002）。しかし葉面散布と異なり、土壌施肥ではカリウムの施肥量を増やすほど、果実の総アスコルビン酸含有量が低下する。それは施肥方法と施肥時期が、カリウムの吸収と代謝に大きく影響するためと考えられる（Patil and Alva, 2002）。カリウム施肥のプラス効果は多分に、酵素活性、炭水化物同化、転流、糖代謝の改善と関連している（Marschner, 1995）。

バナナ

バナナ（*Musa spp.*、バショウ科）は、130カ国以上で栽培されている自然界でもっともよく知られるカリウムの供給源で、もっとも利便性があり、栄養価が高い食品である。またビタミンA、C、B_6、およびミネラル類の良質で安価な供給源でもある（Robinson, 1996）。カリウムが、心臓発作や脳卒中発作などの疾患の発症リスクを低下させることはよく知られているが、バナナの機能性化合物は、便秘、胸やけ、潰瘍を軽くすることに加え、血液中のヘモグロビンの産生を促進し貧血を予防する（Robinson, 1996）。

バナナの生産性と品質は、カリウムによる栄養補給の影響を強く受ける。国際肥料協会（IFA, 1992）によると、バナナは肥料のカリウムをもっとも多く蓄積する植物のひとつで、その吸収量はキャベンディッシュ種の20kg/tから、そのほかの品種の50kg/tにわたる。フォン・ユクスキュル

（Von Uexküll, 1985）は、50t/haの収量をあげるバナナ農園では、カリウム約1,625kg/haを必要とし、そのカリウムのほとんどは、果房の成長期に吸収されると推測している。カリウムは、全可溶性固形物、還元糖、非還元糖、全糖、アルコルビン酸などのバナナ品質基準とは正の関係にあるが、果実酸味とは負の関係にあることが多くの研究で報告されている（Al-Harthi and Al-Yahyai, 2009; Kumar and Kumar, 2008; Hongwei et al., 2004）。クマール（Kumar and Kumar, 2008）は、バナナの品質に影響を与えるカリウム肥料源（塩化カリウムと硫酸カリウム）の比較試験をしたところ、両者ともカリウム供給によるプラスの効果が確認されたが、塩化カリウムより硫酸カリウム施肥の方が、より効果があることを確認している。同様の結果は、ジフォンとレスター（Jifon and Lester, 2009）のマスクメロンに対する試験でも報告されている。

収量を最大化させる施肥方法は多くあるが、品質の向上には、品種選定や収穫時期などが大切である。前項から議論している品質の向上には、緻密な施肥管理戦略がきわめて重要となる。カリウムに関しては多くの実証結果があるが、果実発育期と成熟期に葉面散布と土壌への追肥を行うことで、野菜や果物の消費者の嗜好と機能的品質を改善することができる。しかし、食品の機能的品質の向上を目的とした、カリウムの施肥管理戦略には、作物の養分吸収量、栽培時期、肥料源、土壌特性に関する情報が不可欠である。これらの情報は、土壌の肥沃度を維持する一方で、収量と品質の安定的維持に必要な養分施用量を決めるのにも役立つ。さらに特定地域での品種選択にも、養分の吸収・収奪能力は参考になる。

ネギ属作物とアブラナ属作物への硫黄とセレンの施肥

タマネギ、ニンニク、リーキ、チャイブを含むネギ属の作物は、その独特の風味から、何世紀も前より食用として栽培されてきた。最近では、ヒトの健康上の利点（抗血小板活性、抗発がん性、抗血栓活性、抗喘息および抗生物質効果）が報告されている（Turner et al., 2009; Havey, 1999）。ネギ属の機能性香味成分は、S-アルキルシステインスルホキシド（ACSOs）前駆体から合成された有機硫黄化合物である（Yoo and Pike, 1998）。硫黄はACSOsの合成に直接関わっており、香味成分の主構成要素でもある。土壌中に可溶性硫黄が多いと、一般的に香味も強くなり、ACSOsの組成も変わる（Randle et al., 2002; Randle et al., 1995; Coolong and Randle, 2003; Randle and Brussard, 1993; Bloem et al, 2005; McCallum et al., 2005）。またブロッコリー、芽キャベツ、ケール、大根などのアブラナ属の作物は、健康上の利点を多くもつグルコラファニンな

どの、硫黄含有ファイトニュートリエントの優れた供給源である（Cartea and Velasco, 2008; Johnson, 2002; Osmont et al., 2003)。硫黄施肥とこれらファイトニュートリエント濃度の間には、正の関係が報告されている（Barickman et al., 2009; Kopsell et al., 2007b; Aires et al., 2007; Finley, 2007; Bloem et al., 2007)。

セレンはタンパク質合成に関与する不可欠な微量元素であり、抗酸化、抗炎症、抗がん作用もあることがわかって以来、作物へのセレン施肥、最近では特にアブラナ属への施肥が大きな注目を浴びている（Ip et al., 1992)。微量のセレンは細胞の機能にとって必要だが、セレンの最適量範囲が狭いため、セレン欠乏や過剰による健康への害が報告されている（Jackson-Rosario and Self. 2010)。セレンはまた、硫黄と密接に関係しており、代謝経路で硫黄に代替することもある（Young 1981; Mäkelä et al., 1993; Goldman et al., 1999; Arthur, 2003; Finley, 2007)。食品中のセレン濃度は、作物が育った土壌中の含有量と直接関係する（Arthur, 2003)。セレン施肥による作物のセレン吸収の増加（Kopsell et al., 2009; Kopsell et al., 2007b; Finley, 2007; Toler et al., 2007; Charron et al., 2001; Barak and Goldman, 1997）や、硫黄含有ファイトニュートリエントの相対的な増加（Charron et al., 2001）が、多くの研究で実証されている。したがって、多くの国々で、推奨水準まで摂取を増やす“セレン強化プログラム”が立ち上がっている（Lintschinger et al., 2000; Mäkelä et al., 1993)。

結論と将来の展望

世界の食料安全保障における肥料の重要な役割については、疑う余地はない。作物生産に資する肥料は、食料生産の拡大をもたらすことで社会に十分貢献しているが、食料の健康への利点（機能性食品）と肥料に関する知見はまだ不十分であり、将来への課題を残している。食料の安定供給で飢餓をなくそうとする従前の政策では、作物の生産性の向上に大きな焦点が当てられてきた。しかし食事と健康に結びつく、注目をひく証拠が明らかになってきたことから、多様なファイトニュートリエントを豊富に含む食料生産を促す、世界的な農産物政策へと転換する時期を迎えている。この政策転換で、疾患の発生率と医療費の削減をもたらす食料生産が、世界的に可能になる。

果物と野菜のファイトニュートリエント濃度は施肥の影響を強く受ける。人間の健康に影響を及ぼす食料の特性を改善するのに、施肥管理は、慣行的育種技術やバイオテクノロジーを補う持続可能で廉価な方法である。しかし、肥料と作物中のファイトニュートリエントの相互作用に関する知識には、まだ大きなギャップがある。たとえば、前述したリン施肥、フィチン酸蓄積、微量要素の生物学的有効性を考えると、作物の成長や生物活性に必要な微量要素やファイトニュートリエント含有量を最適にする、新たなリン施肥のガイドラインが必要である。施肥管理戦略を作成する際には、対象とするファイトニュートリエントの生合成と機能性の間には、かなりのトレードオフがあることを考えておくべきである。ヒトの栄養ガイドラインでは、果物や野菜、穀物をバランスよく幅広く食べることで、ヒトの必須栄養素とファイトニュートリエントを最適に摂取でき、（それらの成分の）負の相互作用を最小限に抑えられることを強調している。有機食品に対する需要が世界的に急速に広がっていることを考えると、慣行農法と有機農法とで栽培された作物の機能性に関する、肥料の相対的な効果検証も必要となる。大多数の非主食作物について、カロリーとファイトニュートリエント含有量の特徴を調べる研究もまた、必要とされている。さらに、生産者は収量のみならず、農作物の栄養的・健康的利便性についても注目する必要がある。それらの課題はあるものの、精密な施肥管理の実践による食料の健康価値の向上こそが、食生活を通じた人間の健康、幸福、生産性を改善する効果的な方法である。

参考文献

Abd El-Migeed, M.M.M., M.M.S. Saleh, and E.A.M. Mostafa. 2007. The beneficial effect of minimizing nitrogen fertilization on Washington Navel orange trees by using organic and biofertilizers. World J. Agr. Sci. 3(1):80-85.

Abebe, Y., A. Bogale, K.M. Hambidge, B.J. Stoecker, K. Bailey, and R.S. Gibson. 2007. Phytate, zinc, iron and calcium content of selected raw and prepared foods consumed in rural Sidama, Southern Ethiopia, and implications for bioavailability. J. Food Comp. Anal. 20:161-168.

Ahn, T., M. Oke, A. Schofield, and G. Palitath. 2005. Effects of Phosphorus Fertilizer Supplementation on Antioxidant Enzyme Activities in Tomato Fruits. J. Agric. Food Chem. 53:1539-1545

Aires A., E. Rosa, R. Carvalho, S. Haneklaus, and E. Schnug. 2007. Influence of Nitrogen and Sulfur Fertilization on the Mineral Composition of Broccoli Sprouts. J. Plant Nutr. 30:1035-1046.

Al-Harthi, K. and R. Al-Yahyai. 2009. Effect of NPK fertilizer on growth and yield of banana in Northern Oman. J. Hort. Forestry. 1(8):160-167.

AREDS. 2007. The relationship of dietary carotenoid and vitamin A, E and C intake with age-related macular degeneration in a case-control study. AREDS Report No. 22. Arch. Ophthalmol. 125(9):1225-1232.

Arthur, J.R. 2003. Selenium supplementation: does soil supplementation help and why? "Micronutrient Symposium on Micronutrient supllementation: when and why?" Proc. Nutr. Soc. 62:393-397.

Awad, M. and A. Jager. 2002. Relationships between fruit nutrients and concentrations of flavonoids and chlorogenic acid in 'Elstar' apple skin. Scientia Hort. 92:265-276.

Barak, P. and I.L. Goldman. 1997. Antagonistic relationship between selenate and sulfate uptake in onion (*Allium cepa*): implicationsfor the production of organosulfur and organoselenium compounds in plants. J. Agric. Food Chem. 45:1290-1294.

Barickman, T.C., D.A. Kopsell, and C.E. Sams. 2009. Impact of nitrogen and sulfur fertilization on the phytochemical concentration in watercress, *Nasturtium officinal* R. BR. Acta Hort. (ISHS) 841:479-482.

Bidlack, W.R. 1996. Interrelationships of food, nutrition and health: the National Association of State Universities and Land Grant Colleges White Paper. J. Amer. College Nutr. 15:422-433.

Bloem, E., S. Haneklaus, and E. Schnug. 2007. Comparative effects of sulfur and nitrogen fertilization and post-harvest processing parameters on the glucotropaeolin content of *Tropaeolum majus* L. J. Sci. Food and Agric. 87(8):1576-1585.

Bouis, H.E., and R.M. Welch. 2010. Biofortification-A sustainable agricultural strategy for reducing micronutrient malnutrition in the global south. Crop Sci. 50:S-20–S-32.

Bohle, H.G., T.E Downing, and M.J. Watts. 1994. Climate change and social vulnerability: toward a sociology and geography of food insecurity. Global Environ. Change 4:37-48.

Brady, N.C. and R.R. Weil. 2001. The Nature and Properties of Soils Prentice Hall. 13ed, 960 pp.

Bramley, P.M., I. Elmadfa, A. Kafatos, F.J. Kelly, Y. Manios, H.E. Roxborough, W. Schuch, P.J.A. Sheehy, and K.-H. Wagner. 2000. Vitamin E. J. Sci. Food Agric. 80:913-938.

Bray, E.A., J. Bailey-Serres, and E. Weretilnyk. 2000. Responses to Abiotic Stresses. p. 1158-1203. *In* B. Buchanan, W. Gruissem, R. Jones (eds.). Biochemistry and Molecular Biology of Plants.

Bruulsema, T.W., G. Paliyath, A. Schofield, and M. Oke. 2004. Phosphorus and Phytochemicals. Better Crops 88:6-11.

Cartea, M.E. and P. Velasco. 2008. Glucosinolates in Brassica foods: bioavailability in food and significance for human health. Phytochem. Rev. 7:213-229.

Cassidy, A., B. Hanley, and R.M. Lamuela-Raventos. 2000. Isoflavones, lignans and stilbenes – origins, metabolism and potential importance to human health. J. Sci. Food Agric. 80:1044-1062.

Chalker-Scott, L. 1999. Environmental significance of anthocyanins in plant stress responses. Photochemistry and Photobiology 70:1-9.

Chance, W.O., Z.C. Somda, and H.A. Mills. 1999. Effect of nitrogen form during the flowering period on zucchini squash growth and nutrient element uptake. J. Plant Nutr. 22:597-607.

Charron, C.S., D.A. Kopsell, W.M. Randle, and C.E. Sams. 2001. Sodium selenate fertilization increases selenium accumulation and decreases glucosinolate concentration in rapid-cycling *Brassica oleracea*. J. Sci. Food Agric. 81:962-966.

Clinton, S. 1998. Lycopene: chemistry, biology, and implications for human health and disease. Nutr. Rev. 56:35-51.

Close, D.C. and C.L. Beadle. 2003. The ecophysiology of foliar anthocyanin. Botanical Review 69(2):149–161.

Cohen, P. 2001. The role of protein phosphorylation in human health and disease. Eur. J. Biochem. 268(19): 5001-5010.

Coolong, T.W. and W.M. Randle. 2003. Sulfur and nitrogen availability interact to affect the flavor biosynthetic pathway in onion. J. Amer. Soc. Hort. Sci. 128(5):776-783.

Correia, M.M., Â. Barroso, M. Fatima-Barroso, D. Soares, M.B.P.P. Oliveira, and C. Delerue-Matos. 2010. Contribution of different vegetable types to exogenous nitrate and nitrite exposure. Food Chem. 120(4):960-966.

Cox, S.E., C. Stushnoff, and D.A. Sampson. 2003. Relationship of fruit color and light exposure to lycopene content and antioxidant properties of tomato. Canadian J. Plant Sci. 83:913-919.

Cramer, M.D. 2010. Phosphate as a limiting resource: introduction. Plant Soil, 334:1–10.

Crosby, K.M., J.L. Jifon, and D.I. Leskovar. 2008. Agronomic Strategies for Enhancing Health-Promoting Properties and Fruit Quality of Vegetables. p. 392-411. *In* F.A. Tomás-Barberán and M.I.Gil (eds.). Improving the health-promoting properties of fruit and vegetable products. CRC Press, Boca Raton, Fla.

Crosby, K.M., J.L. Jifon, K.S. Yoo, and D.I. Leskovar. 2009. Novel vegetable cultivars from TAMU – Improving human health benefits, flavor and productivity. Acta Hort. 841:499-502.

Crosby, K.M., G.E. Lester, and D.I. Leskovar. 2006. Genetic variation for beneficial phytochemical levels in melons (*Cucumis melo* L.). p. 70-77. *In* G.J. Holmes (ed.). Proceedings of Cucurbitaceae 2006. Universal Press, Raleigh North Carolina.

Crosby, K., K. Yoo, D. Leskovar, and L. Pike. 2003. Impact of environment, irrigation and maturity on ascorbic acid concentrations of diverse pepper (*Capsicum spp.*) germplasm lines grown at two Texas locations. HortSci. 38:664.

Croteau, R., T.M. Kutchan, and N.G. Lewis. 2000. Natural Products (Secondary Metabolites). p. 1250-1318. *In* B. Buchanan, W. Gruissem, R. Jones (eds.). Biochemistry and Molecular Biology of Plants. Americn Society of Plant Physiologists, Rockville, Maryland.

Davis, D.R. 2009. Declining Fruit and Vegetable Nutrient Composition: What Is the Evidence? HortSci. 44(1):15-19.

Dixon, R.A. and N.L. Paiva. 1995. Stress-induced phenylpropanoid metabolism. Plant Cell. 7(7):1085-1097.

Dorais, M., D.L. Ehret, and A.P. Papadopoulos. 2008. Tomato (*Solanum lycopersicum*) health components: from the seed to the consumer. Phytochem. Rev. 7:231-250.

Dumas, Y., M. Dadomo, G. Di Lucca, and P. Grolier. 2003. Effects of environmental factors and agricultural techniques on antioxidant content of tomatoes. J. Sci. Food and Agric. 83:369-382.

Eliason, B.C., J. Kruger, D. Mark, and D.N. Masmann. 1997. Dietary supplement users: demographics, product use, and medical system interaction. J. Amer. Board Fam. Pract. 10:265-71.

Errebhi, M., and G.E. Wilcox. 1990. Tomato growth and nutrient uptake pattern as influenced by nitrogen form ratio. J. Plant Nutr. 13:1031-1043.

FAO. 2009. FAO and Traditional Knowledge: the Linkages with Sustainability, Food Security and Climate Change Impacts. FAO, Rome, 9 p.

FAO. 2008. Agricultural Production Statistics Database (FAOSTAT), Rome, Italy. (http://faostat.fao.org).

FAO. 1981. Crop production levels and fertilizer use. FAO Fertilizer and Plant Nutrition Bulletin 2. Food and Agriculture Organization of the United Nations, Rome. 69 p.

Finley, J.W. 2007. Selenium and glucosinolates in cruciferous vegetables: metabolic interactions and implications for cancer chemoprevention in humans. Acta Hort. 744:171-180

Freedman, J.E., Parker, C., Li, L., Perlman, J.A., Frei, B., Ivanov, V., Deak, L.R., Iafrati, M.D., and J.D. Folts. 2001. Select flavonoids and whole juice from purple grapes inhibit platelet function and enhance nitric oxide release. Circulation 103:2792-2798.

Geraldson, C.M. 1985. Potassium nutrition of vegetable crops. p. 915-927. *In* R.D. Munson (ed.) Potassium in Agriculture. ASA-CSSA-SSSA, Madison, WI.

Gervais, J.P. 2009. Moving Agricultural Trade Liberalization Forward to Improve Global Food Security. Farm Foundation's 30-Year Challenge Policy Competition online: http://www.farmfoundation.org/default.aspx

Goldman, I.L, A.A. Kader, and C. Heintz. 1999. Influence of Production, Handling, and Storage on Phytonutrient Content of Foods. Nutr. Rev. 57:S46-S52.

Graf, E. and J.W. Eaton. 1990. Antioxidant functions of phytic acid. Free Radic. Biol. Med. 8:61–69.

Greer, F.R. and M. Shannon. 2005. Infant Methemoglobinemia: The Role of Dietary Nitrate in Food and Water. Pediatrics 116(3):784-786.

Greger, J.L. 2001. Dietary Supplement Use: Consumer Characteristics and Interests. J. Nutr. 131 (4):1339S-1343S.

Gurgul, E. and B. Herman. 1994. Influence of nitrogen, phosphorus and potassium on chemical composition and activity of some enzymes in celery during its growth. Biologia Plant. 36(2):261-265.

Hanson, L.N., H.M. Engelman, D.L. Alekel, K.L. Schalinske, M.L. Kohut, and M.B. Reddy 2006. Effects of soy isoflavones and phytate on homocysteine, C-reactive protein, and iron status in postmenopausal women. Amer. J. Clin. Nutr. 84:774-80.

Harris, E.D., S.M Poulose, and B. Patil. 2007. Citrus limonoids are unique and effective anti-cancer agents. Acta Hort. 744:165-170.

Hartz, T.K., E.M. Miyao, R.J. Mullen, and M.D. Cahn. 2001. Potassium fertilization effects on processing tomato yield and fruit quality. Acta Hort. 542:127-133.

Hartz, T.K., P.R. Johnstone, D.M. Francis, and E.M. Miyao. 2005. Processing tomato yield and fruit quality improved with potassium fertigation. HortSci. 40:1862-1867.

Havey, M.J. 1999. Advances in new Alliums. Perspectives on new crops and new uses. J. Janick (ed.), ASHS Press, Alexandria, VA.

Havlin, J.L., S.L. Tisdale, J.C. Beaton, and W.L. Nelson. 2005. Soil Fertility and Fertilizers: An Introduction to Nutrient Management. 7ed, Pearson Prentice Hall. Upper Saddle River, New Jersey. 515 p.

He, F.J. and G.A. MacGregor. 2008. Beneficial effects of potassium on human health. Physiol. Plant. 133:725-735.

Heldt, H-W. 2005. Plant Biochemistry. Elsevier, San Diego. 630 p.

Hellwinckel, C. and D.T. Ugarte. 2009. Peak Oil and the Necessity of Transitioning to Regenerative Agriculture. Farm Foundation's 30-Year Challenge Policy Competition online: http://www.farmfoundation.org/default.aspx

Ho, L.C. 1988. Metabolism and compartmentation of imported sugars in sink organs in relation to sink strength. Annu. Rev. Plant Physiol. 39:355-378.

Hongwei, T., Z. Liuqiang, X. Rulin, and H. Meifu. 2004. Attaining High Yield and High Quality Banana Production in Guangxi. Better Crops 88(4):22-24.

Iason, G.R., S.E. Hartley, and A.J. Duncan. 1993. Chemical composition of *Cal-luna vulgaris* (Ericacea): Do responses to fertilizer vary with phenological stage? Biochem. Systematics.

21(3):315-321.
IFA. 1992. IFA World Fertilizer Use Manual. IFA, Paris. 632 p.
Ip, C., D.J. Lisk, and G.S. Stoewsand. 1992. Mammary cancer prevention by regular garlic and selenium enriched garlic. Nutr. Cancer. 17:279-86.
Jackson-Rosario, S.E. and W.T. Self. 2010. Targeting selenium metabolism and selenoproteins: Novel avenues for drug discovery. Metallomics 2:112-116.
Jiang, C., X. Gao, L. Liao, N.P. Harberd, and X. Fu. 2007. Phosphate Starvation Root Architecture and Anthocyanin Accumulation Responses Are Modulated by the Gibberellin-DELLA Signaling Pathway in Arabidopsis. Plant Physiol. 145:1460–1470.
Jifon, J.L. and G.E. Lester. 2009. Foliar potassium fertilization improves fruit quality of field-grown muskmelon on calcareous soils in south Texas. J. Sci. Food Agric. 89:2452-2460.
Johnson, I.T. 2002. Glucosinolates in the human diet. Bioavailability and implications for health. Phytochem. Rev. 1:183-188.
Johnston, C.S., C.A. Taylor, and J.S. Hampl. 2000. More Americans Are Eating "5 A Day" but Intakes of Dark Green and Cruciferous Vegetables Remain Low. J. Nutr. 130:3063-3067.
Kafkafi, U., G. Xu, P. Imas, H. Magen, and J. Tarchitzky. 2001. Potassium and Chloride in Crops and Soils: The role of potassium chloride fertilizer in crop nutrition. Research Topics, No. 22. 220 p. Published by International Potash Institute, Basel, Switzerland.
Kaur, C., B. George, N. Deepa, B. Singh, and H.C. Kapoor. 2004. Antioxidant status of fresh and processed tomato - A review. J. Food Sci. Tech. 41:479-486.
Kim, J., M.K. Kim, J.K. Lee, J.H. Kim, S.K. Son, E.S. Song, K.B. Lee, J.P. Lee, J.M. Lee, and Y.M. Yun. 2010. Intakes of vitamin A, C, and E, and beta-carotene are associated with risk of cervical cancer: a case-control study in Korea. Nutr. Cancer. 62(2):181-9.
Kochian, L.V. 2000. Molecular Physiology of Mineral Nutrient Acquisition, Transport and Utilization. Chapter 23. p. 1204-1249. *In* B. Buchanan, W. Gruissem, R. Jones (eds) Biochemistry and Molecular Biology of Plants. Americn Society of Plant Physiologists, Rockville, Maryland.
Koo, R.C.J. 1985. Potassium nutrition of citrus. p. 1077-1086. *In* R.D. Munson (ed.). Potassium in Agriculture. ASA-CSSA-SSSA, Madison, WI.
Kopsell, D.A., C.E. Sams, T.C. Barickman, D.E. Deyton, and D.E. Kopsell. 2009. Selenization of basil and cilantro through foliar applications of selenate-Se and selenite-Se. HortSci. 44(2):438-442.
Kopsell, D.A., D.E. Kopsell, and J. Curran-Celentano. 2007a. Carotenoid pigments in kale are influenced by nitrogen concentration and form. J. Sci. Food Agr. 87(5):900-907.
Kopsell, D.A., C.E. Sams, C.S. Charron, W.M. Randle, and D.E. Kopsell. 2007b. Kale carotenoids remain stable while glucosinolates and flavor compounds respond to changes in selenium and sulfur fertility. Acta Hort. 744:303-310.

Kumar, A.R. and N. Kumar. 2008. Studies on the efficacy of sulphate of potash (SOP) on the physiological, yield and quality parameters of banana cv. Robusta (Cavendish- AAA). Eur-Asia J. BioSci. 2(12):102-109.

Kumar, V., A.K. Sinha, H.P.S. Makkar, and K. Becker. 2010. Dietary roles of phytate and phytase in human nutrition: A review. Food Chem. 120(4)945-959.

Kushad, M.M., J. Masiunas, W. Kalt, K. Eastman, and M.A.L. Smith. 2003. Health promoting phytochemicals in vegetables. Hort. Rev. 28:125-185.

Lal, R. 2006. Enhancing crop yields in the developing countries through restoration of the soil organic carbon pool in agricultural lands. Land Degrad Develop 17:197–209.

Lal, R. 2004. Soil carbon sequestration impacts on global climate change and food security. Science 304:1623–1627.

Lambers, H., F.S. Chapin, and T.L. Pons. 1998. Plant Physiological Ecology. Springer. New York. 540 p.

Lee, S.K., and A.A. Kader. 2000. Preharvest and postharvest factors influencing vitamin C content of horticultural crops. Postharvest Biol. Tech. 20:207-220.

Lester, G.E. 2006. Consumer Preference Quality Attributes of Melon Fruits. Acta Hort. 712:175-181.

Lester, G.E. 1997. Melon (*Cucumis melo* L.) fruit nutritional quality and health functionality. HortTech. 7:222-227.

Lester, G.E. and K.M. Crosby. 2002. Ascorbic Acid, Folic Acid, and Potassium Content in Post-harvest Green-flesh Honeydew Muskmelon Fruit: Influence of Cultivar, Fruit Size, Soil Type and Year. J. Amer. Soc. Hort. Sci. 127:843-847.

Lester, G.E. and F. Eischen. 1996. Beta-carotene content of postharvest orange-flesh muskmelon fruit: effect of cultivar, growing location and fruit size. Plant Foods Hum. Nutr. 49:191-197.

Lester, G.E., J.L. Jifon, and D.J. Makus. 2006. Supplemental Foliar Potassium Applications with and without surfactant can enhance netted muskmelon quality. HortSci. 41(3):741-744.

Lester, G.E., J.L. Jifon, and G. Rogers. 2005. Supplemental Foliar Potassium Applications during Muskmelon (*Cucumis melo* L.) Fruit Development can Improve Fruit Quality, Ascorbic Acid and Beta-Carotene Contents. J. Amer. Soc. Hort. Sci. 130:649-653.

Lester, G. E., and R.A. Saftner. 2011. Nutritional quality comparisons of organically vs. conventionally grown produce: factoring in production inputs common between the two systems. J. Agric. Food Chem. 59:10401-10406.

Li, Z., H. Gemma, and S. Iwahori. 2002. Stimulation of 'Fuji' apple skin color by ethephon and phosphorus–calcium mixed compounds in relation to flavonoid synthesis. Scientia Horticulturae 94:193-199.

Lintschinger J., N. Fuchs, J. Moser, D. Kuehnelt, and W. Goessler. 2000. Selenium-Enriched

Sprouts. A Raw Material for Fortified Cereal-Based Diets. J. Agric. Food Chem. 48(11):5362-5368.

Lisiewska, Z., and W. Kmiecik. 1996. Effects of level of nitrogen fertilizer, processing conditions and period of storage for frozen broccoli and cauliflower on vitamin C retention. Food Chem. 57(2):267-270.

Liu, R.H. 2003. Health benefits of fruit and vegetables are from additive and synergistic combinations of phytochemicals. Amer. J. Clin. Nutr. 78:517S-520S.

Mäkelä, A., V. Nänto, and W. Mäkelä. 1993. The Effect of Nationwide Selenium-enrichment of fertilizers on Selenium Status on Healthy Finnish Medical Students Living in Southwestern Finland. Biol. Trace Elements Res. 36:121-157.

Marschner, H. 1995. Mineral Nutrition of Higher Plants. 2nd Ed. Academic Press. London. 889 p.

McCallum, J., N. Porter, B. Searle, M. Shaw, B. Bettjeman, and M. McManus. 2005. Sulfur and nitrogen affects flavour of field-grown onions. Plant Soil 269:151-158.

Mengel, K. and E.A. Kirkby. 1987. Principles of Plant Nutrition. 4ed. International Potash Institute, IPI, Bern, Switzerland. 685 p.

Millard, P. 1988. The accumulation and storage of nitrogen by herbaceous plants. Plant Cell Environ. 11:1-8.

Milner, J.A. 2000. Functional foods: the US Perspective. Amer. J. Clin. Nutr. 71:1654S-1659S.

Mithen, R.F., Dekker M., Verkerk R., Rabot, S., and Johnson, I.J. 2000. The nutritional significance, biosynthesis and bioavailability of glucosinolates in human foods. J. Sci. Food Agric. 80:967-984.

Mozafar, A. 1993. Nitrogen fertilizers and the amount of vitamins in plants: A Review. J. Plant Nutr. 16:2479-2506.

Murthy, K.N.C, G.K. Jayaprakasha, and B.S. Patil . 2009. Limonin and its glucoside from citrus can inhibit colon cancer: evidence from in vitro studies. Acta Hort. 841:145-150.

Nagy, S., 1980. Vitamin C contents of citrus fruits and their product: A review. J. Agric. Food Chem. 28:8-18.

Nguyen, P.M., and E.D. Niemeyer. 2008. Effects of Nitrogen Fertilization on the Phenolic Composition and Antioxidant Properties of Basil (*Ocimum basilicum* L.). J. Agric. Food Chem. 56(18):8685-8691.

Neuweiler R. 1997. Nitrogen fertilization in integrated outdoor strawberry production. Acta Hort 439:747–751.

Oberson A., E.K. Bünemann, D.K. Friesen, I.M. Rao, P.C. Smithson, B.L. Turner, and E. Frossard. 2006. Improving phosphorus fertility in tropical soils through biological interventions, p. 531-546. *In* N. Uphoff, et al. (eds.). Biological approaches to sustainable soil systems. CRC Press, Boca Raton, FL.

Oke, M., T. Ahn, A. Schofield, and G. Palitath, G. 2005. Effects of Phosphorus Fertilizer Supplementation on Processing Quality and Functional Food Ingredients in Tomato. J. Agric. Food Chem. 53:1531-1538.

Osmont, K.S., C.R. Arnt, and I.L. Goldman. 2003. Temporal aspects of onion-induced antiplatelet activity. Plant Foods Hum. Nutr. 58(1):27-40.

Paliyath, G., A. Schofield, M. Oke, and A. Taehyun. 2002. Phosphorus Fertilization and Biosynthesis of Functional Food Ingredients. p. 5-1–5-6. *In* T.W. Bruulsema (ed.). Fertilizing Crops for Functional Foods. Symposium Proceedings, 11 November 2002, Indianapolis, Indiana, USA. Potash & Phosphate Institute/Potash & Phosphate Institute of Canada (PPI/PPIC)

Park, Y.S., A. Caspi, I. Libman, H.T. Lerner, S. Trakhtenberg, H. Leontowicz, M. Leontowicz, Z. Tashma, E. Katrich, S. Gorinstein, and J. Namiesnik, 2009. Characteristics of blond and red star ruby jaffa grapefruits (*citrus paradise*): results of the studies in vitro, in vivo and on patients suffering from atherosclerosis. Acta Hort. 841:137-144.

Passam, H.C., I.C. Karapanos, P.J. Bebeli, and D. Savvas. 2007. A Review of Recent Research on Tomato Nutrition, Breeding and Post-Harvest Technology with Reference to Fruit Quality. Eur. J. Plant Sci. Biotech. 1(1):1-21.

Patil B.S. and A.K. Alva. 1999. Enhancing citrus nutraceuticals through variable nutrient rates. HortSci. 34:520.

Patil B.S. and A.K. Alva. 2002. Functional Components in Citrus: Alteration by Mineral elements. p. 7-1 - 7-4. *In* T.W. Bruulsema (ed.). Fertilizing Crops for Functional Foods. Symposium Proceedings, 11 November 2002, Indianapolis, Indiana, USA. Potash & Phosphate Institute/Potash & Phosphate Institute of Canada (PPI/PPIC).

Pettigrew, W.T. 2008. Potassium influences on yield and quality production for maize, wheat, soybean and cotton. Physiol. Plant. 133:670–681.

Peyvast, G., J.A. Olfati, P. Ramezani-Kharazi, and S. Kamari-Shahmaleki. 2009. Uptake of calcium nitrate and potassium phosphate from foliar fertilization by tomato. J. Hort. For. 1(1):7-13.

Phillippy, B.Q., M. Lin, and B. Rasco. 2004. Analysis of phytate in raw and cooked potatoes. J. Food Comp. Anal. 17:217–226.

Phillippy, B.Q., T.J. Evens, and J.M. Bland. 2003. Ion chromatography of phytate in roots and tubers. J. Agr. Food Chem. 51:350-353.

Pietta, P.G. 2000. Flavonoids as antioxidants. J. Nat. Prod. 63: 1035–1042.

Pignatelli, P., F.M. Pulcinelli, A. Celestini, L. Lenti, A. Ghiselli, P.P. Gazzaniga and F. Violi. 2000. The flavonoids quercetin and catechin synergistically inhibit platelet function by antagonizing the intracellular production of hydrogen peroxide. Amer. J. Clin. Nutr. 72:1150-1155.

Prieto, R.M., M. Fiol, J. Perello, R. Estruch, E. Ros, P. Sanchis and F. Grases. 2010. Effects of

Mediterranean diets with low and high proportions of phytate-rich foods on the urinary phytate excretion. Eur J Nutr Online First: DOI: 10.1007/s00394-009-0087-x

Prior, R.L. and G. Cao. 1999. Antioxidant phytochemicals in fruits and vegetables: Diet and health implications. HortSci. 35:588-592.

Randle, W.M. and M.L. Brussard. 1993. Pungency and sugars of short-day onions as affected by sulfur nutrition. J. Amer. Soc. Hort. Sci. 118:776-770.

Randle, W.M., D.E. Kopsell and D.A. Kopsell. 2002. Sequentially reducing sulfate fertility during onion growth and development affects bulb flavor. HortSci. 37:118-121.

Randle, W.M., E. Block, M.H. Littlejohn, D. Putnam, and M.L. Brussard. 1994. Onion (*Allium cepa* L.) Thiosulfinates respond to increasing sulfur fertility. J. Agr. Food Chem. 42:2085-2088.

Randle, W.M., J.E. Lancaster, M.L. Shaw, K.H. Sutton, R.L. Hay, and M.L. Bussard. 1995. Quantifying onion flavor components responding to sulfur fertility-sulfur increases levels of and biosynthetic intermediates. J. Am. Soc. Hort. Sci. 120:1075-1081.

Robinson, J.C. 1996. Banana and Plantain, CAB International, Wallingford, UK. p. 229.

Rosen, C.J. and Allan D.L. 2007. Exploring the Benefits of Organic Nutrient Sources for Crop Production and Soil Quality. HortTech 17(4):422-430.

Salucci, M., R. Lazaro, G. Maiani, F. Simone, D. Pineda, and A. Ferro-Luzzi. 1999. The antioxidant capacity of selected foods and the potential synergisms among their main antioxidant constituents. p. 283-290. *In* J.T. Kumpulainen and J.T. Salonen (eds.). Natural Antioxidants and Anticarcinogens in Nutrition, Health and Disease. Royal Society of Chemistry, Cambridge, UK.

Sanchez, P.A. 2010. Tripling crop yields in tropical Africa. Nature Geoscience 3:299-300.

Sanchez, P.A. and M.S. Swaminathan. 2005. Hunger in Africa: the link between unhealthy people and unhealthy soils. Lancet 365:442–444.

Saure, M.C. 1990. External control of anthocyanin formation in apple. Sci. Hortic. 42, 181-218.

Somasundaram, S., K. Pearce, R. Gunasekera, G.K. Jayaprakasha, and B. Patil. 2009. Differential phosphorylations of nfkb and cell growth of mda-mb 231 human breast cancer cell line by limonins. Acta Hort. 841:151-154.

Sørensen, J.N., A.S. Johansen, and N. Poulsen. 1994. Influence of growth conditions on the value of crisphead lettuce. 1. Marketable and nutritional quality as affected by nitrogen supply, cultivar and plant age. Plant Foods Hum. Nutr. 46:1-11.

Sotelo, A., L. González-Osnaya, A. Sánchez-Chinchillas, and A. Trejo. 2010. Role of oxate, phytate, tannins and cooking on iron bioavailability from foods commonly consumed in Mexico. Int. J. Food Sci. Nutr. 61(1):29-39.

St. Clair, S.B. and J.P. Lynch. 2010. The opening of Pandora's Box: climate change impacts on soil fertility and crop nutrition in developing countries. Plant Soil 335:101-115.

Stein, A.J. 2010. Global impacts of human mineral malnutrition. Plant Soil 335:133-154.

Stewart, A.J., W. Chapman, G.I. Jenkins, I. Graham, T. Martin, and A. Crozier. 2001. The effect of nitrogen and phosphorus deficiency on flavonol accumulation in plant tissues. Plant, Cell Environ. 24:1189–1197.

Stewart, W.M., D.W. Dibb, A.E. Johnston, and T.J. Smyth. 2005. The Contribution of Commercial Fertilizer Nutrients to Food Production. Agron. J. 97:1-6.

Toler, H.D., C.S. Charron, D.A. Kopsell, C.E. Sams, and W.M. Randle. 2007. Selenium Increases Sulfur Uptake and Regulates Glucosinolate Metabolism in Rapid-cycling *Brassica oleracea*. J. Amer. Soc. Hort. Sci. 132(1):14-19.

Toor, R.K., G.P. Savage, and A. Heeb. 2006. Influence of different types of fertilizers on the major antioxidant components of tomatoes. J. Food Compos. Anal. 19:20-27.

Trudel, M.J. and J.L. Ozbun. 1971. Influence of potassium on carotenoid content of tomato fruit. J. Amer. Soc. Hort. Sci. 96:763-765.

Tsao, R. and M.H. Akhtar. 2005. Nutraceuticals and functional foods: I. Current trend in phytochemical antioxidant research. J. Food Agric. Environ. 3(1):10-17.

Tucker, H.N. and S.G. Miguel. 1996. Cost containment through nutrition intervention. Nutr. Rev. 54:111-121.

Turner, N.D., K.J. Paulhill, C.A. Warren, L.A. Davidson, R.S. Chapkin, J.R. Lupton, R.J. Carroll, and N. Wang. 2009. Quercetin suppresses early colon carcinogenesis partly through inhibition of inflammatory mediators. Acta Hort. 841:237-242.

US Institute of Medicine. 2005. Dietary Reference Intakes for Water, Potassium, Sodium, Chloride, and Sulfate. National Academies Press, Washington, DC. 617 p.

USDA. 2010. National Nutrient Database for Standard Reference, Release 23. Available online at: www.ars.usda.gov/Services/docs.htm?docid=8964

USDA. 2005. Dietary Guidelines for Americans. 6th ed. Washington DC: US Government Printing Office.

Usherwood, N.R. 1985. The role of potassium in crop quality. p. 489-513. *In* R.S. Munson (ed.). Potassium in Agriculture. ASA-CSSA-SSSA, Madison, WI.

van den Berg, H., R. Faulks, H.F. Granado, J. Hirschberg, B. Olmedilla, G. Sandmann, S. Southon, and W. Stahl. 2000. The potential for the improvement of carotenoid levels in foods and the likely systemic effects. J. Sci. Food Agric. 80:880-912.

Von Uexküll, H.R. 1985. Potassium nutrition of some tropical plantation crops. p. 929-954. *In* R.D. Munson (ed.). Potassium in Agriculture. ASA-CSSA-SSSA, Madison, WI.

Wahlqvist, M.L. and N. Wattanapenpaiboon. 2002. Can functional foods make a difference to disease prevention and control? In: Globalization, Diets and Non-communicable Diseases; WHO 2002:1-21.

Welch, R.M. 1997. Trace element interactions in food crops. p. 6-9 *In* P.W.F. Fischer, M.R. L'Abbé,

K.A. Cockell, and R.S. Gibson (eds) Trace Elements in Man and Animals - 9: Proceedings of the Ninth International Symposium on Trace Elements in Man and Animals. NRC Research Press, Ottawa, Canada.

Welch, R.M. and R.D. Graham. 2004. Breeding for micronutrients in staple food crops from a human nutrition perspective. J. Exp. Bot. 55, 353–364.

WHO-FAO. 2003. World Health Organization, Food and Agricultural Organization of the United Nations. Diet, nutrition and the prevention of chronic diseases. WHO Technical Report Series No. 916. Geneva, Switzerland.

Wild, A. 1993. Soils and the Environment- An Introduction. Cambridge Univ. Press. 287 pp.

Winkels, R.M., I.A. Brouwer, E. Siebelink, M.B. Katan, and P. Verhoef. 2007. Bioavailability of food folates is 80% of that of folic acid. Amer. J. Clin. Nutr. 85:465-473.

Wold, A.B., H.J. Rosenfeld, H. Baugerød, and R. Blomhoff. 2004. The effect of fertilization on antioxidant activity and chemical composition of tomato cultivars (*Lycopersicon esculentum* Mill.). Eur. J. Hort. Sci. 69:167-174.

Xu, G., S. Wolf, and U. Kafkafi. 2001. Effect of varying nitrogen form and concentration during growing season on sweet pepper flowering and fruit yield. J. Plant Nutr. 24:1099-1116.

Yoo, K.S. and L.M. Pike. 1998. Determination of flavor precursor compound S-alk(en)yl-L-cysteine sulfoxides by an HPLC method and their distribution in *Allium* species. Scientia Hort. 75:1-10.

Young, V.R. 1981. Selenium: A case for its essentiality in man. New Engl. J. Med. 304:1228-1230.

第9章

施肥による植物病害制御について

ドン・M・フーバー[1]

要約

ヒトが必要とする25の必須元素のうち、17は植物の必須元素でもある。残りの8元素のうち、3元素は一部の植物には必須もしくは有用で、残りの5元素は植物の体内で検出することができる。植物の成長にとってミネラルをどの程度利用できるかは、それらの土壌含有量、形態、溶解性、拮抗作用または毒性のある物質の存在などに影響されるだけでなく、土壌微生物の活動、植物の同化能力、pH、湿度、温度などの環境要因によっても異なる。植物の病害虫は作物のミネラル栄養を撹乱・妨害する共通の原因であり、作物生産の効率、食品の安全性や栄養的な品質を低下させる。

施肥・植物栄養は、病害対策のためにまず考えるべき項目である。作付順、耕起作業、有機物による土壌改良、土壌pHの調整、水管理などの農作業は、施肥成分の相互作用を通じて、植物の病気にしばしば影響を及ぼす。施肥・栄養管理は、病気が食料や飼料の量、栄養的な品質、作物の安全性に与える影響を最小限にするのに、重要である。適切な施肥・栄養状態により病気が軽減されるだけでなく、多くの植物病原体に対する化学的・生物的・遺伝的な防除がより効果的に行える。

健康な植物は、限られた利用可能な資源から、必要とする養分を効率的かつバランス良く摂取できる。これが結果として作物が高い栄養価値をもつこととなり、食料・飼料としての価値を高める。

序論

植物は、動物とヒトにとってミネラルやその他の栄養素の主要な供給源である。ヒトが十分な栄養を摂取できるかどうかは、直接的、もしくは動物を通して間接的に摂取する植物由来の栄養分にかかっている。

健全な植物は人々の健康を増進する。すべての必須栄養素（炭水化物、脂肪、アミノ酸、ミネラル、ビタミンなど）を必要とされる適切な割合と濃度で含む単一の植物はないので、さまざまな食事が必要である。自給自足の社会では昔から穀物の栽培と家畜の飼育によって、大量に必要

本書を通じてよく使われる略語は、xページ参照のこと。

1 D.M. Huber is Emeritus Professor, Purdue University, West Lafayette, Indiana, USA;
e-mail: huberd@purdue.edu

なエネルギー（炭水化物）、タンパク質、脂肪を得てきたが、一般的にそれらからは同時に必須のミネラルとビタミンも得ることができた。

植物体内では、それぞれの栄養素が微妙なバランスを保った生理的相互作用の複雑なシステムの一部として、特定の役割を担っている。ひとつの成分の欠乏や過剰は、ほかの成分の作用に大きな影響を与え、時には植物の代謝ネットワーク全体から、第2、第3の反応を起こし、破滅的な影響をもたらすこともある（Evans et al., 2000）。マンガンやマグネシウムの不足により光合成が制限されると、エネルギーが必要な生理的機構の代謝効率が低下する。植物体内の糖の転流に不可欠なカリウムとマグネシウムが欠乏すると、光合成組織に糖が蓄積され、本来必要とする発育中の生殖器官への炭水化物とタンパク質供給がされにくくなる。

個々の養分の必要量は、それらが構造や代謝の構成要素になるか、または代謝経路の調整役になるかで異なる。窒素、リン、カリウム、硫黄、カルシウム、マグネシウムは多量に必要とされるが、ホウ素、コバルト、銅、塩素、鉄、マンガン、モリブデン、ニッケル、亜鉛は、ごく少量しか必要ではない。ナトリウムは塩生植物に、ケイ素は多くのイネ科牧草やトクサに不可欠である。植物の必須元素である炭素、水素、酸素は空気や水から供給されるが、そのほかの元素は、土壌や水に溶けだしたさまざまな塩類やミネラルから供給される。最適な成長と生産性のために必要な養分は、作物によって異なる（Marschner, 1995）。

ミネラルの吸収効率やその後の利用効率は、作物の種類、あるいは品種によっても大きな違いがあり、特定の環境への適応度には作物種もしくは品種の間で優劣がある。たとえば、可給性の銅0.5ppmを含む土壌は、エンドウマメ、トウモロコシ、ライムギ、アブラナ科などの作物に適しているが、銅の吸収力が弱く土壌中の適量がこの3～4倍であるコムギ、オオムギ、アマの生育は著しく困難である（Evans et al., 2000）。ある環境下において、植物が十分な養分を確保できるかどうかは、根の張り方、根からの選択的分泌物、生理的な効率などが影響する。一般的に収穫量が増えると、活発になる植物の生理活動を支えたり、作物が土壌から収奪する養分量を補うために、要求される可給性養分の量も増える。穀物やダイズの子実に含まれるタンパク質を目的として栽培する場合と、ナタネ、ダイズ、ヒマワリの油を目的として栽培する場合では、施肥設計と栄養状態が異なる。どのひとつでも栄養素が不足すると、生理過程においてその成分が関係する複雑な相互作用が機能せず、収穫物の量・質は大きなダメージを被ることになる（Rengel, 1999）。

植物にとって養分欠乏は、生産効率と（食料としての）栄養品質に対する主要な制限因子となり、また病気の原因になる。植物の養分欠乏は、作物の各栄養分を質・量ともに低下させる。植物の特定の養分が不足すると、ほかの養分も影響を受けるだろう。その結果、栽培の目的であるビタミン、タンパク質、炭水化物、脂質やほかの主要な栄養素が十分に生産できなくなる。

主な食料・飼料の一次供給源として、植物は栄養素を十分な量、安全性、栄養品質をともなって提供しなければならない。植物の養分欠乏を引き起こす要因は、食料・飼料の栄養的価値と栄養素の利用効率に影響してしまう。養分欠乏の主な原因は、不適切な施肥、可給態養分の欠如、または植物の健康状態と栄養価値を維持するための養分吸収ができなくなる病気の発生などがある。養分欠乏は、（植物体での）養分利用性向上、植物の養分吸収量の増加、生理学的利用効率の向上および病害管理方法の改善により、解決することが可能である。植物に十分な栄養があることで、作物の生産効率が改善し、栄養価が高く安全性の高い作物が増産できる。健康的な植物は養分吸収の効率が良く、やせている土壌から効率的に必要な養分を摂取することができる。本章では、食用作物の安全性と栄養価に影響を及ぼす病気に対して、植物の施肥管理が果たすべき役割に焦点を当てる。

植物の養分欠乏の原因

植物の養分欠乏は、通常の機能を維持するための必須要素が、必要な時期に不足することで生じる。原因としては、土壌中での養分量の不足、植物に養分が吸収されにくい状況（可溶性、養分の形態）、根の役割を制限する非生物的土壌条件（pH、通気性、耕盤の存在）、また、養分欠乏を誘発する土壌微生物の活動や、生理的機能を悪化させる病気の伝染などがある。栄養素欠乏の直接的な影響は細胞レベルで生じるが、それは植物全体の成長および栄養学的な品質にも影響するため、各養分のバランスを保つことは、特定の養分の存在と同じくらい重要である。生物的要因と非生物的要因の両者が、養分の可給性と病気の重症度に影響を与える可能性がある。

植物の養分と病気に影響を与える非生物的要因

土壌の孔隙率、pH、水分、温度、耕起作業、土壌微生物活性によって土壌養分の可給性がほぼ決定され、それは根の成長に影響し、植物をさまざまな病気にかかりやすくすることがある。pH6～7.5の土壌は、ほとんどの作物に適正と考えられているが、多くの作物はこのpHの範囲を外れていてもよく成長し、作物によっては酸性土壌またはアルカリ性土壌に適応している場合もある。鉄、マンガン、銅、および亜鉛は、土壌pHが5以下では植物組織内で毒性濃度に達し、pH7.5以上の場合は深刻な欠乏状態になる。強酸性土壌には石灰を施用することでアルミニウム、銅、マンガンの過剰による障害を減らし、一方、アルカリ性土壌に湛水処理、または硫黄を施用することで、ホウ素、銅、鉄、マンガン、亜鉛の可給性が高まり、対策前には植物が摂取できなかったこれらの養分が利用可能になる。

干ばつは根の成長を阻害し、植物が吸収する養分を溶けにくくし、土壌中で移動しにくい養分の取り込み効率を低下させる。窒素と炭水化物の代謝、およびほかの生理機能は、乾燥ストレスによって損なわれるが、養分が十分ある場合にはその影響を受けにくくなる。硝酸還元酵素と亜硝酸還元酵素は、特に水分ストレスおよび高温条件で障害を受けやすく、肥沃な環境においてもこのような条件下では植物の組織中のタンパク質含量は低くなり、硝酸態窒素濃度は高い水準となる。反芻動物に硝酸濃度の高い粗飼料を給餌すると、その動物に健康被害をもたらす危険性がある。マメ科植物の共生関係による窒素固定は乾燥ストレスによって減少するが、これはウレイド合成に必要なマンガンとニッケルの可給量が減り、養分の可給性に関係する土壌生物の活性が低下するからである。水分不足とは逆に水分過剰の場合は、根圏の酸素供給が少なくなるため、能動的な栄養吸収が阻害される。

粗粒質（砂質）土壌と有機質を多く含む土壌は、植物に十分な養分の供給を維持する観点からみると、特殊な状況を引き起こす。粗粒質土壌では、養分吸収が活発な根圏より下方へ養分が流亡しやすく、その一方で有機質が多い土壌では、有機物が陽イオンとキレート結合するため、植物が吸収しにくい状態になる。特に銅、マンガン、亜鉛はその影響を強く受ける。穀類は冷涼な土壌条件では硝酸イオンとアンモニウムイオンの両方を吸収できるが、速やかに移動できる硝酸イオンの方が植物に速効的に反応が現われ、主にアミノ酸（グルタミン、グルタミン酸など）として移動するアンモニウムイオンの場合は反応が緩やかになる。

耕起作業は根圏にある養分を混和し、土の硬盤を砕くことで通気性を改善し、ミネラルを可給化し、根の成長を促進することにより植物が足りない養分を吸収しやすくする効果がある。不耕起農法では、しばしば必要不可欠な養分の利用性が制限されている。これは養分の局所化（階層化）、作物残渣による養分の固定化、根の成長が制限されること、および養分の可給性に影響する土壌微生物の活性の変化によるものと考えられる。養分の中には、濃度が高い場合、拮抗する他の養分の取り込みを阻害するものがある。リンを多く含むきゅう肥を大量に繰り返し施用すると、銅、マンガン、亜鉛が固定化され、可給性が低下する。また、細菌性または糸状菌性の病気を防除するのに銅を長期間施用すると、その銅が土壌に毒性水準にまで蓄積することがある。

植物栄養と病気に影響を与える生物学的要因

土壌微生物は、生物的栄養サイクル（循環）の主役として、ミネラルの可給性を増減させ、ミネラルの欠乏を誘発・軽減させるのに重要な役割を果たし、植物の抵抗性や病原体の活動に影響を及ぼしている。作物の残渣や有機物に含まれているミネラルが土壌微生物による無機化にともない放出されるが、窒素が少ない残渣が分解されるときには、微生物の増殖および活動のために窒素などが優先的に利用されるので、それらが一時的に固定化されて植物への可給性が低下することもある。栄養循環のダイナミクス（動態）は、微生物、環境、植物の要因により変化する。各因子の相互作用は変動するので、施肥時期はきわめて重要となる。窒素の生物的酸化（硝化作用）は、その後の脱窒や流亡で、この必須成分を大量に損失させる可能性がある。生態系における極相では、植物が利用可能な窒素を保持するために硝化作用が停止した状態になっている（Rice, 1984）。還元状態の鉄やマンガンが微生物によって酸化されると、植物に摂取されなくなる。一方、硫黄は酸化物だけが吸収される。植物と土壌微生物のさまざまな共生的相互作用は、養分吸収を大幅に増加させ、また病気を軽減する。養分の利用に影響を与える代表的な相互作用の例としては、土壌微生物による大気中の窒素の固定による窒素の可給態化、菌根菌によるリンと亜鉛の吸収量の増加、植物根圏における鉄とマンガンの生物的還元、硫黄の生物的酸化などを挙げることができる。

養分欠乏と植物病害の関係

一般的に、養分が欠乏すると感染性病害への感受性が高まる（Datnoff et al., 2007; Evans et al., 2000; Huber, 1991; Huber and Graham, 1999）。亜鉛、またはホウ素が欠乏すると細胞膜の透過性が増し、養分［訳註：アミノ酸など］が根や葉から外へ滲出するため、さまざまな病原体が誘引され感染しやすくなる（Cakmak and Marschner, 1988）。このような養分に富んだ根圏環境では、ピシューム属菌やフィトフトラ属菌などの土壌伝染性病原菌が誘発される。（Huber, 1978）。

たとえば、うどんこ病（*Erysiphe graminis*）のような葉の病気は銅欠乏の穀類で被害が大きい。これは、作物の成熟が遅延し、感染可能な期間が長くなるためである。銅が欠乏している時、イネ科植物は麦角病にかかりやすくなる。それは銅の欠乏によって花粉が不稔になるため、穎（えい）が開いたままになり、柱頭がムギ類の麦角病菌（*Claviceps purpurea*）にさらされるからである。この病気は、銅の施用によって症状を大きく軽減することができる（Evans et al., 2000）。亜鉛が欠乏すると、植物が立枯病菌（*Rhizoctonia solani*）や外皮を侵す病原体に感染しやすくなる。病気を抑制できるだけの（貯蔵）炭水化物が減少し、病害防御機構が必要とするエネルギーが不足するためである。冬穀物にとって、（生育）初期の亜鉛欠乏はリゾクトニア属菌（株腐病；*Rhizoctonia cerealis*）による冬期の枯死（winter kill）の素因となる。積雪下の長い低光合成期間中の耐性発現に必要な貯蔵炭水化物が確保されないためである。冬期の枯死を回避するために冬コムギの播種を早めることは、菌根菌の根への定着を促進し、亜鉛の摂取を促進し、植物の病原菌に対する耐性を強くする（Bockus et al., 2010）。カリウム欠乏は*Alternaria solani*によって引き起こされるジャガイモ夏疫病やトマト輪紋病の素因となる。マンガン欠乏は穀類植物の立枯病（*Gaeumannomyces graminis*）、ジャガイモのそうか病（*Streptomyces scabies*）、多くの植物の半身萎凋病（*Verticillium dahliae*）、水稲のいもち病（*Magnaporthe griseae*）、その他の多くの植物を衰弱させる病気の素因となる。これはマンガンによって制御される病原菌防御物質が生成されないからである（Huber and Wilelm, 1988; Thompson and Huber, 2007）。

銅の施肥は麦角病が発生しやすい土壌に有効な手段（右は硫酸銅の結晶）

窒素が欠乏すると、アミノ酸やタンパク質含量が低下するばかりでなく、植物の老化が早まり、有毒なフザリウム属菌やほかの病原菌にも感染しやすくなる。茎腐れ（stalk rot）はトウモロコシのもっとも破壊的な病気の症状であり、これはしばしばストレス病または老化病と呼ばれている。養分が十分あり、活発に成長している植物であれば、赤かび病菌（*Gibberella zeae*）やほかの茎腐れを引き起こす病原菌が、容易に感染しないからである。茎腐れは、穀粒の成長に必要な窒素が、土壌や植物組織内に蓄積されている分だけでは足りない場合に特に深刻となる。穀粒を成長させるのに必要な窒素量を満たすために、ほとんどの植物は、組織内にある光合成に関与する酵素（Rubisco、PEPカルボキシラーゼ）と糖タンパク質（構造タンパク質）を分解し、穀粒に必要な窒素を優先的に供給する。この光合成能力の低下は、早期老化を誘発し、茎腐れの病原菌が滲出するタンパク質分解酵素、ペクチン分解酵素、セルロース分解酵素によって細胞が崩壊する（Huber et al., 1986）。本病害を抑制するには、登熟期間中に、窒素やほかの必須元素が十分あることが重要である。

キレート能を有する農業用除草剤やその他の殺生物剤（硝化抑制剤、殺菌剤、植物成長調節剤など）は、剤の対象または対象外の植物で養分吸収、その生理的機能、および生殖器官への蓄積を妨げることから、土壌や植物体内の中量要素および微量要素（カルシウム、銅、鉄、マグネシウム、マンガン、ニッケル、亜鉛）を固定化しうる。すると植物にさまざまな病害が発生しやすくなる（Huber, 2010）。フェノキサプロップP−エチル（Puma® super）、チフェンスルフロンメチル（Harmony®）、クロジナホッププロパルギル、およびピクロラム（Tordon®）は、銅をキレートする除草剤の例だが、適用作物以外の作物の銅欠乏を誘導し、麦角病にかかりやすくする。植物の亜鉛欠乏を誘導するいくつかの除草剤は、株腐病菌（*Rhizoctonia cerealis*）による冬期の枯死を生じやすくする。単一または少数の金属種としかキレート結合しないほとんどの農薬とは対照的に、幅広く使用されているグリホサート除草剤（N-（phosphonomethyl）glycine）は、一次、二次多量要素および微量要素すなわちカルシウム、コバルト、銅、鉄、カリウム、マグネシウム、マンガン、ニッケル、亜鉛などの広範囲の金属のキレート剤として、最初に特許を取得した（Stauffer Chemical Co., 1964）。この幅広いキレート能力は、グリホサートを素晴らしい除草剤と選択的抗菌剤にしたが（Gansonand Jensen, 1988）、多くの必須要素を固定化するため、作物が病気にかかりやすくなったり、食料・飼料のミネラル含有量を45%も減らした（Eker et al., 2006; Huber, 2010; Johal and Huber,2009; Zobiole et al., 2010）。グリホサート耐性作物にグリホサートを施用すると、食用作物の種子に含まれるアミノ酸含有量が低下し、多価不飽和脂肪酸の変成が見られる（Zobiole et al., 2010）。グリホサートの影響による病害発生や無機元素欠乏症は40事例以上報告されているが、栽培者と病理学者が症状とこの強い無機元素キレート剤との因果関係を認識するようになったことで、それはさらに増えつつある（Johal and Huber, 2009）。根の先端部（根端分裂組織）にグリホサートが蓄積すると、根の成長が鈍化し、土壌養分の利用が抑制される（Huber, 2010）。根の成長および土壌養分の利用効率に対するグリホサートの影響は、遺伝子組換え植物（グリホサート耐性植物）とその遺伝子組換え植物ではない親系統の植物とで類似しているが、それは遺伝子組換え技術はグリホサート自体には影響を与えていないためである。この組換技術はグリホサート自体を壊すのではなく、成熟した組織でグリホサートの影響を受けずにEPSPS酵素を作る､別の遺伝子を導入しているだけだからである（Huber, 2010）〔訳註：EPSPS酵素がないと特定のアミノ酸をつくることができず、植物が枯れる。そこでモンサントは、グリホサートの影響を受けない

CP4 EPSPS酵素をつくる遺伝子を別途発見し、その遺伝子を作物に組み込むことで、グリホサートに耐性をもつ遺伝子組換え作物を開発している]。

伝染性病害は植物の養分欠乏を悪化させ、さらに食料や飼料としての栄養価値を劣化させる。複数の病害が多く発生している時は、養分の可給性の低下や、ミネラル欠乏の徴候である。(Datnoff et al., 2009; Englehard, 1989; Evans and Huber, 2000; Huber, 1978, 1980, 1991; Graham and Webb, 1991; Huber and Graham, 1999; Marschner, 1995)。後述のように、適切な栄養状態を保つことは、病気を減らす重要な手段のひとつである。

養分欠乏の原因となる病気

伝染性病害が発生すると、たいていミネラル栄養が阻害される。さまざまな毒性物質や感染症による一次・二次的症状は、ミネラル欠乏による症状と似ており、非感染性（非生物的）症状との明確に区別出来ないこともある（Huber, 1978)。矮化（すくみ)、クロロシス（退緑または黄白化)、しおれ（萎凋)、斑紋（葉脈と関係なく葉に生じる退色症状)、ロゼット（叢生)、てんぐ巣、枝枯れ（枯れ込み)、斑点、異常な成長、およびその他のミネラル欠乏によって引き起こされる症状は、植物病原体によっても引き起こされる。病気と養分の関係は、次のことから考察できる。

a）病気の症状のミネラルによる改善；b）抵抗性植物と感受性植物の組織、または罹病した組織と無病組織でのミネラル濃度の比較；c）ミネラル可給性に影響を与えることが知られている条件と発病程度または発症程度との相関関係；d）上述各項目の組合せ（Huber, 1989; Huber and Haneklaus, 2007)。

病原体は、養分摂取（根腐れ)、転流（導管萎凋)、分配（こぶ、潰瘍、微生物による“シンク現象”)、利用（壊死および毒素生産）などを損なう。感染部位周辺に養分が蓄積された場合や、病原体が養分を直接利用した場合、または根圏や感染部位で、養分の吸収、利用性が化学的に変化すると植物の栄養利用効率は悪化する（**表1**)。これらすべての病気による影響は、植物の可食部の栄養価と品質を低下させる。

養分摂取と転流の減少

植物は土壌の各層全体に伸びた巨大な根系で養分を吸収する。壊死、機能不全、成長不良などによる養分吸収システムの崩壊は、植物全体の機能を損なう。土壌伝染性病原菌、ウイルス、線虫は吸収組織の数を減らすうえに、根系機能に必要なカルシウム、マンガン、リン、その他の比較的固定されやすく、利用には根の機能的な活動を必要とする養分の吸収を、劇的に減らしてし

表 1　植物の養分に与える病気の影響

病気の種類	養分に与える影響
土壌中での微生物の増殖*	固定(窒素、鉄、マンガン、硫黄)、毒性(マンガン)
根腐れ、土壌昆虫、線虫	固定化、吸収、分配、収奪
軟腐症状、腐敗	分配、シンク現象、枯渇、収奪
導管萎凋、斑点、胴枯れ	転流、分配、代謝効率
ウイルス、スピロプラズマ	分配、シンク現象、代謝効率
こぶ、てんぐ巣病、異常増殖	分配、シンク現象、利用、効率
果実腐敗・貯蔵時の腐敗	シンク現象、利用、分配、低貯蔵
毒素産生病原菌	機能、分配、吸収、安全性

*微生物活動による養分欠乏、または毒性の病気として扱う
(after Huber, 1978; Datnoff, et al., 2007; Evans et al., 2000; Huber and Graham, 1999)

させる病原菌は、養分を取り込む根圏を極端に制限するだけでなく、これらの根からの滲出物の合成を阻害する。

糸状菌類、細菌類、ウイルス類の病原体によって作られるガム状物、ゲル状物、細胞粘液、およびその他の導管をふさぐ物質は転流をさえぎり、そこから離れた組織でミネラルと水分が欠乏する。大量に必要な窒素、リン、カリウムが欠乏すると、非常に明瞭な症状がでる。吸収されたミネラルは、閉塞部より下には蓄積されるが、すべての植物細胞に転流されない限りほとんど役に立たない。病理学的に変更されたショ糖、アミノ酸およびミネラルの感染細胞への転流・蓄積により、本来これらの養分を受け取るはずの細胞で養分欠乏が生じ、植物全体での栄養素の量はさほど変わらなくても、植物全体の生理機能に影響を及ぼす。導管閉塞は、栄養バランスの悪化や部分的な水分不足によって、生理的機能に直接、または間接的に影響する。

養分利用の悪化

植物に感染する病原体は、養分の固定、細胞膜透過性の変化、または養分利用の拮抗により、養分の利用を妨げる。病原体が生産する毒素（ペリクラリン、ヴィクトリン、コリネバクテリウム毒素）は細胞膜の透過性を変化させ、感染部位において病原体が養分を利用しやすくする。これらの毒素は強いキレート能をもち、マンガンなどの微量要素を植物は利用できなくするが、そ

化など）による感染では、細胞壁の透過性が上がることが観察されている（Huber, 1978）。自律増殖するがん腫によって解除された7つの生合成系のうち6つは、特定のミネラルイオンにより活性化される。がん腫組織はオーキシンを多く含み、自律増殖にかかわる代謝系を活性化する微量要素も高濃度で含む。亜鉛を添加するとオーキシンは急激に増加し、銅とマンガンが欠乏している植物では、酸化酵素の活性が落ちるため、オーキシンが大量に蓄積する。

細胞の透過性の変更で感染部位の周辺に養分が蓄積し、すなわち「シンク効果」（通常の植物では成長期間に何度か行われる。養分を固定し、養分の再利用を妨げる）を生じて、リンゴ黒星病（*Venturia inaequalis*）、コムギ眼紋病（*Pseudocercosporella herpotrichoides*）、ジャガイモ黒あざ病とワタ腰折病、カンキツ類のかいよう病（*Xanthomonas citri*）などで普通に見られる局部病斑にともなうネクロシス（壊死）、カンキツの葉に斑紋（斑入り）クロロシス症状を起こす病原細菌（*Xylella fastidiosa*）による落葉、あるいは転流の低下は、養分を部分的に蓄積し、新たな成長や他の部位での再利用を妨げる。絶対寄生菌は透過性と代謝活性を上げ、非常に強力なシンク効果を起こし、ミネラルや植物の代謝物を感染部位に動かす（Horsfall and Cowling, 1978）。物質が感染部位に連続的に流れるように、病原体の代謝によって濃度勾配と高い浸透圧が維持され、それにより必須の養分が植物の他の部位から奪われる。窒素、リン、硫黄、およびほかの栄養素と植物代謝物は、ウイルス、さび病、べと病、ジャガイモ疫病（*Phytophthora infestans*）に感染した植物組織に蓄積される（Huber, 1978; Horsfall and Cowling, 1978）。

局所的にミネラル欠乏をおこす能力は、ある種の病原体の病原性因子と考えられる。穀類の立枯病菌（*Gaeumannomyces graminis*）、ジャガイモそうか病菌（*Streptomyces scabies*）、イネいもち病菌（*Magnaporthe grisea*）では、植物が利用できる還元状態のマンガンを、植物が利用できない酸化物に変換できる菌株だけが病原性をもつ。感染部位の植物組織中のマンガンを固定化することで、これらの病原体は、シキミ酸経路を介して制御されている植物の防御機構を機能できなくする（Cheng, 2005; Huber and Thompson, 2007; Thompson and Huber, 2007）。感染部位近傍に蓄積された養分や、細菌、糸状菌、線虫がつくる過形成組織（異常に増殖した細胞）内に蓄積された養分も、植物は利用できない。ネクロシス（壊死）または環状剥皮によって根の成長が抑えられると、根が吸収できる養分は明らかに減り、症状がより深刻になったり、また他の病気に感染しやすくなる。導管システムの機能不全や、細胞膜の透過性の変化は、全身または局所の養分欠乏を引き起こす。このような感染症の影響はすべて、食品や飼料製品のミネラル含有量、栄養価、安全性を低下させる。

食品の安全性に与える病原体の影響

一部の植物病原体は、収量と栄養価に直接損害を与えるだけでなく、食品の安全性をおびやかすさまざまな種類の毒素をつくる。これらの毒素に、胃腸障害、腸管壊死、出血、嘔吐、がん、腎臓の障害、肝臓の障害、肝臓の変化、飼料効率の悪化、免疫抑制、不妊、そして動物およびヒトの死を引き起こす原因になることがある。毒素は植物成長期、収穫時、輸送時、貯蔵時、加工時に産生され、生鮮もしくは加工された食品と飼料の両者に混入する可能性がある（CAST, 1989）。微生物の毒素産生に影響を与える因子には、作物基質、水分、温度、pH、干ばつ、病気、養分ストレス、その他病害虫による損傷などがあり、そして通常使用されている農薬もこのリストに入る。影響を受ける主要作物にはオオムギ、トウモロコシ、ワタ、ピーナッツ、コムギ、ナッツがある。毒素を産生する主要な糸状菌類には、麹カビ（*Aspergillus*）、アクレモニウム（*Acremonium*）、麦角菌（*Claviceps*）、フザリウム（*Fusarium*）、青かび（*Penicillium*）などがある。

病原体が産生する毒素に起因するリスク

マイコトキシンに汚染された飼料を動物が食べると、乳製品、卵、肉が汚染される。マイコトキシンは自然に生成する化合物なので、ピーナッツ、ワタ、トウモロコシ、コムギ、ナッツなどの作物で、ある程度の量のマイコトキシンは避けられない。マイコトキシンへの曝露は、汚染された飼料や食品の摂取によるケースがよくあるが、経皮または吸入による曝露も多い（CAST, 1989）。*Fusarium graminearum*（*Gibberella zeae*：赤かび病）によって産生されるエストロゲン様のゼオラレノン［訳註：肥育ホルモン、女性ホルモン］や、穀物の赤かび病、根腐れ、根頭腐敗、茎腐れ、穂腐れの原因となるフザリウム属菌が産生する別の毒素に豚舎・牛舎の敷料とする麦わらが汚染されると、牛や豚に吸収・摂取されて不妊となることがある（Rottinghaus et al., 2009）。

毒素をつくる可能性がある糸状菌が作物にいたとしても、マイコトキシンがあるとはいえず、収穫物に糸状菌がいないからといって毒素が存在しないとは言い切れない。穀物の根や根頭の組織でフザリウムが産生したデオキシニバレノールとゼアラレノンは、穀粒やその他の部位に転流、蓄積される（Rottinghaus et al., 2009）。麦角病菌などに起因する数種類のマイコトキシンは、もっぱら圃場のみで産生されるが、ほかのマイコトキシンの多くは貯蔵時やその後の加工時でも産生される（CAST, 1989）。

マイコトキシン産生に影響を与える要因

植物の成長期間中の糸状菌感染に好適な条件はすべて、マイコトキシン産生にも好適である。非生物的ストレス（化学物質、水分、温度）、栄養欠乏による活力の低下、雑草との競合、および害虫等による損傷は、毒素産生に特に好都合である。ひどく倒伏した穀物は、また、密植された穀物も同様に、感染しやすい環境のため、病原性糸状細菌に侵されやすい。収穫後の貯蔵期間中または加工処理中の高温と高い湿度は、毒素産生を加速する（CAST, 1989）。多くの害虫は病原菌の媒介者（ベクター）として働くこと、または（植物の）自然防御障壁を破って侵入路を開くことで、植物を感染症に罹りやすくする。

アフラトキシン－穀物、ピーナッツ、およびワタのアスペルギルス属菌感染と、それによる強い発がん性を持つアフラトキシンの産生は虫害や環境ストレスと関連している。干ばつ、高温およびそのほかの環境ストレスは、感染に対する植物の抵抗性を弱め、感染しやすい環境をつくる。種子を荒らす害虫の防除は、結実組織の病原菌感染と毒素産生を予防する。

フザリウム毒素－さまざまなフザリウム属菌によるトリコテセン、ゼアラレノン、およびその他の毒素産生は、養分欠乏、環境ストレス、および虫害により促進される。根と茎を食害する害虫を防除し、適切に養分を供給して植物を無傷な状態に保つことにより、病害虫を減らし、作物の栄養品質・収量の両方を改善することができる。空気の循環を良くする疎植や広い畝、養分の十分な供給なども、病気の感染や発症を抑えてくれる。

麦角病－麦角病（*Claviceps*属菌）は、ヒトが認識した最も古いマイコトキシン中毒症である。麦角病の毒素は、子実成長期に真菌がマイコトキシンを含む菌核を形成することで、産生される。感染は、風に飛ばされた*Claviceps*属の胞子によって他家受粉する穀物種で起こり、自家受粉する穀物では、外部からの花粉を受粉するために穎が開かれた時に感染することで雑種種子の生産を制約している。遅い降霜で葯が死滅した場合、もしくは土壌中の銅濃度が低い場合、または銅とキレート結合する除草剤が引き起こす銅欠乏症が発生した場合に、麦角病の重度の感染と菌核による汚染が生じる。植物の生理的な銅の要求を満たす適切な銅施肥は、麦角病防除の重要な手段である（Evans et al., 2000）。

農薬－農薬は病害虫の被害を減らす明らかな利点があるが、農薬のなかには作物の栄養価を低下させるものや、植物を病原体や毒素産生生物に感染しやすくするものもある（Johal and Huber, 2009）。赤かび病（FHB）の原因となるフザリウム属菌は、穀物の根腐れや根頭腐敗を引き起こし、世界のどこでも見られる病原菌だが、FHBは温暖な地域のコムギとオオムギでのみ深刻な病気とされている。強力な微量元素キレート剤である「グリホサート除草剤（N-(phosphonomethyl) glycine)」の広範な利用により、FHBとその病原菌により合成されたマイコトキシンが非常に増えた。現在、世界の穀物生産地域の大部分でグリホサートの広範な利用によりFHBは大流行している。カナダの研究は、コムギやオオムギの作付け前にグリホサートを3年間に1回以上施用することが、コムギのFHB多発ともっとも強く関連する栽培上の要因であることを示した。すなわち全体では75%、グリホサートを多用する最少耕起栽培では122%、FHBが増加した（Fernandez et al., 2005, 2007, 2009）。もっとも激しくFHBが発生したのは、同じ理由で、ローテーションの中でグリホサート耐性作物が、コムギやオオムギの前作だった場合である。グリホサートから影響をうけた植物生理（炭素、窒素の代謝）は、FHBに対するコムギとオオムギの感受性を増加させ、作物の出穂期から成熟期にかけて毒素の合成を増やす結果となる。

グリホサートの施用によってFHBが流行すると、穀物に含まれるトリコテセン類の“ボミトキシン（デオキシニバレノールとニバレノール）”とエストロゲン類の“マイコトキシン（ゼアラレノン）”が劇的に増える。マイコトキシンが穀物中に高い濃度で存在していたとしても、必ずしも穀粒にフザリウムが感染しているとはいえない。よく見落とされるが、グリホサートによってフザリウムによる根腐れ・根頭腐敗が増え、根や根頭において合成されたマイコトキシンが、茎、モミガラ、穀粒に転流する。豚舎の敷料、または牛の粗飼料としてのワラやモミガラを使う場合では、家畜の不妊や中毒を起こすレベルのマイコトキシンが含まれる可能性が警告されている（Sweets and McKendry, 2009）。

健康と安全に関するその他の事項

農薬（除草剤、殺虫剤、殺菌剤など）は、病害虫の発生が農業に与える経済的影響を低減させるのに必要とされてきた。これらの製品には、養分の競合、作物へのダメージ、毒素の生成などを減らす大きな利点があるが、飼料や食品になる農産物に農薬が蓄積すると、その毒性が健康リスクを引き起こすことがある。微量元素とキレート結合する、比較的濃度が高く、食物連鎖に直結した食料と加工食品に蓄積する可能性があるグリホサート除草剤が制限なく使用されることに、近年、懸念がもたれている（Watts, 2009）［訳註：残留基準や標準施用量があり、グリホサートの過剰な使用は規制されている。ここでいう“制限なく”とは、グリホサートの微量要素キレート能による微量要素不足の影響が、十分考慮されていないという意味］。グリホサート耐性作物が作付けされ、食料・飼料作物にしばしばグリホサート除草剤が直接散布されることで、食品と飼料に含まれるグリホサートの濃度は大幅に増加している（Antoniou, et al., 2010; Watts, 2009）。飼料、食料および水中のマイコトキシンと残留濃度の増加に加えて、グリホサートは農作物に含まれる必須微量要素（コバルト、銅、鉄、マンガン、ニッケル、亜鉛）の量を減少させている。最近の研究では、グリホサート耐性穀物を給餌したニワトリの鶏糞には、除草剤のラベルに表示される標準使用量の1/10のグリホサート剤が残留していたことが報告されている（Dr. M. McNeil, 私信）。

相互作用する養分と病気の因子群

感染性の植物の病気は、「植物」「病原体」「環境」という各因子が相互作用して時間の経過とともに起きる現象である（**図1**）。この3つの主要因子の相互作用が認識され、病気を発症しにくくする方法が理解されると、もっとも効果的に病気を防除できる。「植物」「病原体」「環境」間のすべての相互作用は養分に影響され、すべての必須ミネラルは、病気の発生とその程度に影響することが報告されている（Datnoff et al., 2007; Englehard, 1989; Huber, 1980, 1991; Huber and Graham, 1999; Huber and Haneklaus, 2007）。「環境」の構成因子である養分は、「植物」の抵抗性と「病原体」の毒性に影響を与える一方で、3つの主要因子もそれぞれ、養分の可給性に影響する。前述のように、植物の栄養（状態）は多くの病原菌による養分の吸収、転流、分配、あるいは養分の利用に対する影響により劇的に変化するが、養分欠乏または過剰を引き起こす最初のきっかけが、相互作用する生物的因子と非生物的因子のどちらによるものかを明確に区別することは、容易ではない。

植物の養分欠乏の特定

すべての養分は特定の代謝機能をもつので、植物の栄養状態の悪化が代謝経路の機能不全により現れる症状として示されることがある。養分不足の徴候は、養分欠乏の程度や、病気の発症程度によって、軽微（“隠れた飢餓”）な場合も、顕著な場合もある。しかし多くの場合、目にみえる症状が現れてくるのは、代謝不全が始まってからずっと後になる。ミネラル欠乏症（や中毒症）の詳細な説明とカラー写真が公開され、有効に利用されている（Bennett, 1993; Grundon, 1987; Plank, 1988）。収穫量や品質としての生産性の低下は、天候、栽培管理、感染性病害、土壌環境などの複合的な要因によることが多く、問題の解決には、多面的な対応が必要である。いくつもの養分欠乏がかかわる症状は、すべての養分が十分に供給されない限り、緩和されないだろう。土壌や植物組織の分析は、養分欠乏の予防や改善のための基礎資料となる。栄養状況の改善（施肥）や、養分の可給性に影響を与える土壌改良は、植物に十分な養分を与える重要な技術である。多くの場合、養分欠乏の根本的な原因は根にあるといってよく、根のシステムが完全に機能し、養分を健康的に利用できる力があれば、植物は必要な栄養バランスをとることができる。

土壌中の養分が不足すると、通常、植物体内での養分含有量も減少する。土壌と植物組織の分析は、養分の可給性と植物の栄養状態の一般的な指標となる。植物体内のミネラルの化学分析により、栄養状態を定量的に評価することができ、症状がでない程度の緩やかな欠乏または過剰も明らかになる。土壌や水の養分の可給性、もしくは植物体内の栄養充足の状態を確定する、多くの栄養分析法が開発されている（Page et al., 1982; Mills and Jones, 1996）。（土壌・栄養診断に関しては）標準化された分析法により大部分の民間機関で分析結果は一貫しているが、データの解釈や推奨方法は地域により大きく異なる。これは、環境条件そのものの違い、現地での慣行法、製品販売上の理由によるものと考えられる。多くの作物において必須元素の必要量（限界レベル）が明らかにされているので、これらの技術は植物の最適栄養条件を達成するために役立つ

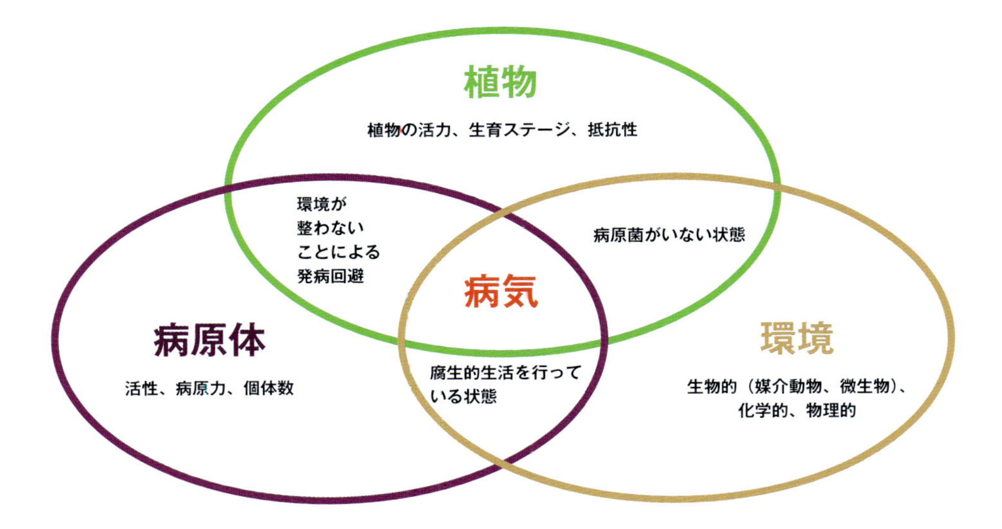

図 1　病気と栄養品質に影響する植物、環境、病原菌の相互作用

(Graham, 1983; Mills and Jones, 1996; Plank, 1988)。このような診断方法はサンプリング時点での植物の栄養状態を表すが、必ずしも収穫までの栄養状態が予測できるとは言えない。たとえばトウモロコシでは、雄花の出穂期に雌穂の窒素を分析すれば、窒素の充足度が判定できる。これは、該当品種が雄花の出穂期までに全窒素吸収量の90〜95%を吸収し、子実形成期には植物体内の窒素を再利用するからである。しかし、雄花の出穂以降に40〜45%の窒素を吸収する高収量の品種、あるいは生体内の窒素を子実にほとんど転流させない品種(“stay green” hybrids)では、雌穂の分析値は過小評価となる(Tsai et al., 1983)。また、組織分析では、微生物の干渉で変動する養分の可給性と吸収については、ほとんどわからない。

植物の病気を防ぐための栄養管理

14個の必須元素それぞれと、いくつかの機能性元素は、発病程度に影響を与えることが知られている。病気を抑制する観点から、養分の可給性を管理する手法としては、

- 抵抗性を高めるための肥料養分の直接施用
- 養分の可給性に影響を与える、非生物的および生物的環境を改善する耕作方法
- 養分吸収や、非生物的あるいは生物的環境との相互作用にかかわる植物遺伝子の改良

などがある。

バランスがとれた栄養管理は、他の栽培方法との統合により、さまざまな耕種的病害防除を可能にし、効果的な病気の抑制が期待できる。

養分間の相互作用を利用して病気を抑制するための戦略

養分管理によって病気を抑制する6つの主な戦略は次の通りである。1) 遺伝的病害抵抗性と栄養吸収効率が最も高い品種の選定[訳註:ケイ素などは品種により吸収力が異なる];2) 植物が必要とする全養分を充足するバランスのとれた施肥;3) 病気を助長しない養分形態での施用;4) 病気が誘引されにくい時期の養分施用;5) 病気を助長するのではなく、病気を抑制する養分供給源の使用;6) 農業生産体系における養分の可給性および機能性に影響をおよぼす、そのほかの栽培方法を含めた総合的な養分管理(Datnoff et al., 2007; Graham and Webb, 1991; Huber and Graham,1999; Huber and Haneklaus, 2007)。一般的には、欠乏状態だった養分が充たされた時に、病気の抑制反応は最大になるが、過度の施用はいくつかの病気への感受性を高める傾向がある。

環境に適応した栄養効率の高い品種の選定 何らかの病気のため利益が出なかった地域でも、病気への遺伝的抵抗性を利用することで、さまざまな作物の生産が可能になった。しかし遺伝的抵抗性の完全な発現には、養分の充足が第一に必要である。カリウムが欠乏すると、コムギとアマのさび病、トウモロコシの萎凋細菌病に対する抵抗性は失われるであろう(Huber and Arny, 1985)。一般的には、病気に対して感受性が高い品種よりも、抵抗性または耐性のある品種の方が、栄養処理に強く反応する。ライムギは、抵抗性を保つのに必要なマンガンとそのほかの微量要素

を効率よく吸収し、シキミ酸経路を使って立枯病への強い抵抗性を獲得している。ライムギとは対照的にコムギは、微量要素の吸収効率が悪く、立枯病への感受性が高い。ライムギの養分吸収能力をもつコムギとライムギの種間雑種系統、ライコムギ（triticale）は、親種のライムギと同じく立枯病への抵抗性がある。だがその養分吸収に関する遺伝特性をもたない系統は、コムギと同じく立枯病に感受性である（Huber and McCay-Bius, 1993）。灰色斑点症（マンガン欠乏）に抵抗性のあるエンバク（オート麦）は、マンガンを酸化する根圏生物の活動を阻害する根からの滲出液によって土壌中のマンガンの可給性を高める。また灰色斑点症に感受性の品種と比べ、立枯病に抵抗性がある（**表3**）。マンガンの可給性を高めるこの土壌生物学的変化は、後作であるコムギを立枯病から守るが、コムギの前作としてライムギを植えても同じ効果は期待できない（Huber and McCay-Bius, 1993）。

養分の完全な充足　不足した養分が充足される時、養分供給効果はもっとも強く現れる。植物の生育ステージ、土壌における養分の可給性、施肥時期、微生物の活性度、および植物の健康状態によって、必要な養分の種類とその吸収量は異なる。窒素が充たされると、コムギ立枯病、小麦斑葉病（病原菌*Pyrenophora trtici-repentis*）とトウモロコシの茎腐れなどの症状は軽減される（Bockus and Davis, 1993; Bockus et al., 2010; Huber et al., 1986, 1987）。アルタナリアによるジャガイモ黒斑病とトマト葉紋病についても、カリウムが生理的に十分な状態に近づくと、同様の効果が起こる（Prabhu et al., 2007）。植物生理的な必要量以上の養分を与えたときに病気が減る場合は、栽培環境の変化やほかの養分との相互作用によることが多い。養分の不均衡は欠乏と同じく、植物の成長や病害抵抗性にとって有害となる。窒素が過剰の場合、ほかの養分は充足されていないことになるので、茎腐れ病が増える（Huber et al., 1986）。窒素とリンが十分にあれば、カリウムにはコムギ立枯病を減らす効果があり、不足する場合は逆に、カリウムの施用でコムギ立枯病を増やすことになる（Huber and Thompson, 2007）。ワタのフザリウム立枯病、アブラナ科の根こぶ病、ジャガイモの疫病については、カリウム、マグネシウム、窒素に対する比率の方が、いずれかの養分の量自体より強い相関関係にある（Engelhard, 1989）。いくつかの過剰な養分は植物に有毒で、病気にかかりやすくするが、同じ養分が植物の必要とする最適値まで減らせば、病気を抑制できる。マンガンの毒性や可溶性を減らすために石灰を施用すると、こぶ病の抑制に効果がある。

病気を誘引しない肥料形態の使用　いくつかの養分は、その形態によって病気に異なる影響を与える。養分の形態によって、吸収量、かかわる防御機能の生理学的経路、病原体の活性度などが異なるためである。窒素、鉄、マンガン、硫黄などの元素は、土壌微生物によって土壌中で容易に酸化または還元され、植物への可給性が変化する。窒素成分の陽イオン（NH_4^+）と陰イオン（NO_3^-）は、両方とも植物によって同化されるが、異なった代謝経路を通るため、病気に対して正反対の影響を及ぼす（**表2**）。施用する窒素の形態を選び、環境を操作することで、実際に病気が制御できる。硝酸性窒素と石灰の施用は、フザリウムによるメロンつる割病、トマト萎凋病などを実質的に制御できることが証明されており、一方アンモニウムイオンは穀物の立枯病、バーティシリウム属菌によるジャガイモ半身萎凋病、ジャガイモそうか病、イネいもち病の症状を軽減させる。アンモニウムイオン施用によって軽減される病気は、硝化作用を遅延・停止させたり、マンガンの可給性を高めた環境でも軽減される（**表3**）。対照的に果物・野菜のフザリウム萎凋病、アブラナ科植物の根こぶ病 、リゾクトニアの潰瘍病は、硝酸イオンの施用で軽減される。カルシウムの添加、硝化作用が促進される環境条件でも、同じ病気が軽減される。

病気が感染しにくい時期での施肥　経済的・環境的に有効な手法で効率的な作物生産を行うため、ミネラル類が施用されている。病原体を活性化させることなく、養分欠乏で取り返しがつかなくなる期間を最小限におさえる施肥時期が重要である。（非流亡条件下での）冬コムギの栽培では、秋に窒素を施用すると、栽培期間を通して眼紋病（*Pseudocercosporella herpotrichoides*）に影響を与えることなく、十分に窒素を供給できる。だが春に窒素を施用すると、その病原体の増殖と毒性が増し、病気がより激しくなってしまう。コムギの眼紋病と株腐病（*Rhizoctonia cerealis*）が好む冷涼・湿潤な状態で窒素を施肥すると病気が増えるが、病気が感染しづらい環境下でコムギが活発に成長する時期まで窒素施用を遅らせれば、そうはならない（Bockus et al., 2010）。粒状肥料に比べ、液体窒素肥料の施用は病原菌に早く養分が届くため、毒性が増し、病気が増加する。

病気を抑制する養分の使用　無機質肥料、または有機質肥料に含まれる副成分は、主成分とは別の効果を病気に与えることがある。きゅう肥に含まれる亜鉛は、もっと豊富に含まれる窒素、リン、カリウムなどの主成分以上に、株腐病（*Rhizoctonia cerealis*）に対して抑制効果をもたらす成分である。トウモロコシの茎腐病、穀物の立枯病（*Gaeumannomyces tritici*）、トウモロコシすす紋病（*Setosphaeria turcica*）、コムギさび病（*Puccinia* spp.）は、塩化カリウムの多施肥で減少するが、硫酸カリウムでは減少しない。これはおそらく塩素イオンにより硝化作用が抑制され、マンガンの吸収率が増加した結果と考えられる（Christensen et al., 1986; Elmer, 2007）。

栽培管理システムと養分管理の統合　植物の病気を制御するのに使われるさまざまな営農手法は、植物の栄養状態に影響を与えることで機能している（**表3**）。輪作、緑肥・被覆作物、休耕は、吸収しやすい養分の供給量を増やし、養分と水分で競合する雑草を抑制し、世界の多くの地域で穀物生産を効率化している。長期にわたる単作は、土壌中の生物相を安定させ、窒素の保持量とマンガンの可給性の向上が関係すると思われる“立枯れ漸減現象”により、コムギ立枯病などを減少させる（Hornby et al., 1998）。トウモロコシは、ほかの穀物と比べると2倍以上のマンガンを可給化し（Smith, 2006）、ジャガイモ半身萎凋病を抑制するため、ジャガイモの前作に良いとされている（Thompson and Huber, 2007）。耕起、播種密度、播種時期、pHの調整などの栽培方法に、養分の改善を組み合わせると、植物の成長や微生物を活性させる環境に矯正され、養分改善の効果をさらに高めることができる。耕起は、容易に吸収できるように養分を根圏に行き渡らせ、養分が土壌表層に蓄積するのを妨げ、根の成長を促し、養分の形態や可給性に影響を与える微生物の活動を変化させる。

表 2 窒素の形状と土壌pHの影響を受ける病気（Huber and Graham, 1999 より）

作物	病名	病原菌
硝酸性窒素とアルカリ性pHによって減少する病気		
アスパラガス	立枯病	*Fusarium oxysporum*
インゲンマメ	灰色かび病	*Botrytis*
	根腐病	*Fusarium solani*
	リゾクトニア根腐病	*Rhizoctonia solani*
テンサイ	苗立枯病	*Pythium species*
キャベツ	根こぶ病	*Plasmodiophora brassica*
	萎黄病	*Fusarium oxysporum*
セルリー	萎黄病	*Fusarium oxysporum*
キュウリ	つる割病	*Fusarium oxysporum*
花卉	根頭がんしゅ病	*Agrobacterium tumefaciens*
エンドウ	苗立枯病	*Rhizoctonia solani*
コショウ	胴枯病	*Fusarium oxysporum*
ジャガイモ	黒あざ病	*Rhizoctonia solani*
タバコ	細葉病	*Bacillus cereus*
トマト（とその他）	菌核病	*Sclerotinia sclerotiorum*
	白絹病	*Sclerotium rolfsii*
	萎凋病	*Fusarium oxysporum*
コムギ	眼紋病	*Pseudocercosporella herpotrichoides*
アンモニア性窒素と酸性pHによって減少する病気		
インゲンマメ	黒根病	*Thielaviopsis basicola*
	根こぶ線虫病	*Meloidogyne*
ニンジン	白絹病	*Sclerotium rolfsii*
ナス	半枯病	*Fusarium oxysporum*
トウモロコシ	赤かび病	*Gibberella zeae*
タマネギ	白絹病	*Sclerotium rolfsii*
エンドウ	苗立枯病	*Pythium species*
ジャガイモ	そうか病	*Streptomyces scabies*
	半身萎凋病	*Verticillium dahlia*
	モザイク病	Potato virus X
イネ	いもち病	*Magnaporthe oryzae*
トマト	青枯病	*Pseudomonas solanacearum*
	炭そ病	*Colletotrichum*
	半身萎凋病	*Virticillium dahliae*
	モザイク病	Potato virus X
コムギ	立枯病	*Gaeumannomyces graminis*

（訳者註：病名の表記は「日本植物病名目録」による）
https://www.gene.affrc.go.jp/databases-micro_pl_diseases_detail.php?id=1332
日本植物病名データベース

表 3 窒素の形状、マンガンの可給性、病気の重症度に影響をあたえる条件
(Huber and Haneklaus, 2007 より)

条件、または営農手法	影響		
	硝化作用	マンガンの可給性	病気の重症度*
低い土壌pH	抑制	増加	軽減
緑肥作物(ある種の)	抑制	増加	軽減
エンバク(オート麦)の緑肥	—	増加	軽減
アンモニア性窒素の施用	促進	増加	軽減
灌水(場合により)	抑制	増加	軽減
硬めの播き床	抑制	増加	軽減
硝化抑制剤	抑制	増加	軽減
土壌燻蒸	抑制	増加	軽減
金属硫化物	抑制	増加	軽減
グリホサート剤	促進	減少	悪化
高い土壌pH	促進	減少	悪化
石灰施用	促進	減少	悪化
硝酸性窒素の施用	—	減少	悪化
堆きゅう肥の施用	促進	減少	悪化
土壌の乾燥	促進	減少	悪化
柔らかい播き床	促進	減少	悪化

*ジャガイモそうか病、コムギ赤さび病、イネいもち病、トウモロコシ赤かび病

耕起と播き床作りの時期が重要なのは、有機残渣物の無機化と養分の可給性に関与する土壌微生物の働きにかかわるからである。播き床を適切に準備し、播種の深さを均一にすることは、早い出芽を促進し、幼苗時の病気の感染期間を短くする。また生育が旺盛で根系もよく発達するので、栄養成長期から生殖成長期まで必要な養分を確保し続けることができる。硬めの播き床はマンガン還元菌に好適で、植物がマンガンを吸収しやすくなる（Huber and McCay-Buis, 1993)。この方法は、穀類の立枯病（*Fusarium pseudograminearum* による根頭腐敗病。分げつ部分が腐敗する病気）を減らすのに長年推奨されている（Hornby et al., 1998)。これは分げつ期に、植物組織のマンガン濃度が9～15ppm上昇し、糸状菌類の貫入菌糸の周りにカロースを形成することで、立枯病抵抗性を高めるためである。

植え付け後の30日間は、植物の活着、初期生育の促進、および後に続く栄養成長・生殖成長に必要な生理機能の確立に、特に大切な期間である。初期の養分欠乏は、植物に負荷をかけ、収量および栄養品質に不可逆的な悪影響を与える。収穫物の栄養価を最適化するとともに、病気と

ストレスに対する抵抗性を維持するのに、すべての成長段階において適量の必須養分を利用可能にすることが重要である。種子消毒は、種子伝染性病害、および土壌伝染する病原菌から柔かい根の組織を保護し、早期の根の損傷を最小にする。根の張り方（構造）も通常、その品種の栄養効率に強い影響を与える。深い主根は、深い下層土の水分に到達でき、乾燥に対する耐性はあるが、土壌表面の近くにある微量要素を取り込むのには効率的ではない。トウモロコシなどの作物は、土壌温度により根の張り方が影響を受ける。冷たい土壌に比較的早めに植え付けると、浅く根が張りひげ根が多くなるので、浅い耕土や不耕起栽培で（土壌表面に）できる養分の層で、効率良く養分吸収ができる。

窒素固定菌、菌根菌、植物成長促進根圏微生物（PGPR；plant growth promoting rhizosphere）を種子や土壌に接種すると、植物の養分利用率と充足率を高め、同時に病気を軽減する。土壌消毒は、寄生性線虫やその他の土壌病原菌を減らすために必要なことがある。多くの土壌消毒剤は硝化作用を阻害するので、別の病気を抑えるには、窒素の形態を考慮に入れて窒素肥料を選ぶのがよい。施肥設計による病気の抑制を成功させるためには、作物の生産性と品質を追求する全体の栽培管理手段との統合が必要である。その他の作物生産手段と統合された作物の栄養要求を充足する適切な施肥設計により、幅広い病気の防除が可能となる。

施肥管理による病害防除の仕組み

“抵抗性”とは、病原体と不和合（相容れない）という植物の性質を表すものである。それに対し、“耐性”とは、罹病しても生産活動ができる植物の能力（植物と病原体は和合関係）を表す。病原性は、病気を起こす病原菌の特性だが、罹病回避とは、病原菌と植物が存在しても病気が発生しない環境条件を指す（**図1**）。養分の因子はこれらの相互作用のすべてに影響を与える。養分は、植物が本来持っている遺伝的抵抗性を最大にし、罹病回避により感染期間を短くし、病原体が存在する条件下で成長促進による耐性を高め、病原体の生存や活動を低下させる非生物的または生物的環境を変化させて病気を抑える（**表4**）。

植物の抵抗性に対する養分の効果

ミネラルは、細胞、細胞質基質、酵素、電子伝達の構成成分として、また代謝の活性化物質、阻害物質、調整物質として、植物のすべての病害防御メカニズムに直接関与している。病気に対する抵抗性は一般的に、基質フィードバック、酵素抑制、酵素誘導で代謝調節を行う動的なプロセスによるもので、ミネラルはそのすべてに関与している（Datnoff et al., 2007; Graham, 1983; Huber,1980, Huber and Graham, 1999）。養分が十分に供給されている植物は、あらかじめ合成された抗菌性化合物を含み、病原体への能動的な応答メカニズムによって、病気を抑える性質があるファイトアレキシン、フェノール類、フラボノイド、タンパク質、およびその他の防御化合物を感染部位周辺に蓄積させる。マンガン、銅、およびほかの養分を適切に供給することは、シキミ酸経路が介在するほとんどの防御メカニズムで重要である。病気への抵抗性に関与する糖タンパク質（レクチン）の合成についても、マンガンが必要である。カルシウムとマグネシウムは、病原体からの細胞外酵素に抵抗するため、中層、細胞壁および細胞膜の構造を強化することで、細菌類や糸状菌類による組織軟化を抑制する。ケイ素は、ほかの養分との組合せで細胞壁を強くし、糸状菌類の侵入を物理的に防ぐ（Datnoff et al., 2007)。損傷部位や感染部位の周辺に病原体を急いで囲い込むことも、さまざまな病原体の害を減らす。

病気への抵抗性は、植物の栄養状態と密接に関連する。すなわち病原体の栄養環境を変化させたり、発病を抑える化合物を生成し、蓄積する能力に関連する。絶対寄生菌にとって栄養環境は特に重要で、ウイルス密度の多さは、植物の発育状態と反比例する。アミノ酸やタンパク質合成の制御に依存する抵抗性は、植物体内の銅、窒素、マグネシウム、マンガン、ニッケルおよび亜鉛の状況に大きく影響される。ジャガイモ疫病菌に対する抵抗性は、カリウムによって誘引される葉内の静菌性アルギニンの蓄積と関連しており、一方では葉内のグルタミンとグルタミン酸の減少が黒斑病菌（*Alternaria*)、すすかび病菌または褐斑病菌（*Cercospora*)、菌核病菌（*Sclerotinia*）に対する抵抗性と関連している（Huber and Graham, 1999)。絶対寄生菌の病原性発現、生存あるいは繁殖に必要な代謝中間体化合物を断つ生理的反応により、これらを抑えることができる。穀物の登熟期間を通じて適切な窒素を施用することで、トウモロコシ茎腐病の抵抗性に必要な生理的タンパク質と構造タンパク質との間での窒素の競合を最小限に抑えられる（Huber et al., 1986)。

養分が十分あれば、組織内に高濃度の抑制化合物と病原体の侵入に迅速に対応するエネルギーを維持でき、本来の抵抗性をもつことができる。種子に対する施肥によりしっかりとした旺盛な苗と効率の高い根系が得られ、養分吸収と抵抗性発現が最大化する。

病気への耐性に対する養分の効果

病原体からの悪影響を相殺できるように、十分な量の養分を供給することで症状を軽減し、その後の収穫量の減少を緩和できる。リン、窒素、亜鉛は、立枯病などの根腐れによって損傷した穀物の根の成長を促す。養分の可給性が増えれば、土壌由来の病原菌により低下した養分の吸収効率を補うことができる。窒素を十分量施用すると、穀物のうどんこ病（*Blumeria graminis*）は10～20％増えるものの、収量が50％増加し、窒素を与えられ旺盛になった植物は、病気の負荷に耐えられることを示している（Huberand Thompson, 2007; Last, 1962)。リン、窒素、亜鉛は根の成長を促し、より効率的な養分吸収および転流を促進し、病気に対する抵抗性を高める。

病気の回避に関する養分の効果

施肥の結果として成長が促進されると、一般的に病気を回避する環境が作られる。ある種の植

表 4 病気の重症度と作物の栄養品質に影響する植物への施肥効果

施肥のメカニズム	病気への効果
病気による損傷を補う	栄養素、ミネラルの量と質を回復する
発病回避を促進する	根と葉の成長を増加させ、感染しやすい期間を短くする
病気への耐性を増幅する	低下した効率や病気の損傷を補う
生理的抵抗性を増幅する	感受性の低い生体組織、被害を制限する物理的もしくは化学的防御を作る
環境を改善する	感染しにくい環境、養分の補償、根圏の生物的相互作用の増幅
病害菌の活動を抑制する	病原菌の生存、成長、病原性 、発病を減少させる

物－病原体の相互作用における感受性が高い期間の短縮は、その顕著な例である。ホウ素や亜鉛を適切に施用された植物は、糸状菌類胞子の休眠打破や、病原体の増殖を促す滲出液を葉・根からあまり出さなくなる（静菌作用。Marschner, 1995）。

病原体の生存と病原性に対する養分の効果

無機養分は、直接関与するか、植物滲出液を介して、病原体の発芽、成長、病原性あるいは、生存を妨げ、病気を引き起こす病原体の能力を低下させることができる。感染の前段階に菌は通常、腐生的に増殖するために細胞外の栄養を必要とする。灰色かび病菌（*Botrytis cinerea*）、小粒菌核病菌（*Typhula species*）、フザリウム属菌（*Fusarium species*）、菌核病菌（*Sclerotinia*）、ならたけ病菌（*Armillaria mellea*）の健康な植物への感染は、土や分解中の有機物などからの外部の養分がないかぎり、ゆっくりしか進まない。休眠しているフザリウム厚膜胞子の発芽には、外来性の炭素と窒素が必要である。亜鉛は、エンバクの葉につく冠さび菌（*Puccinia coronata*）の付着器形成や、灰色かび病菌（*Botrytis*）のソラマメへの感染に必要である。カリウムと窒素が十分ある植物の葉のアルギニン滲出液は疫病菌（*Phytophthora infestans*）の遊走子のうの発芽を抑制し、カリウム充足が高まるとアルギニン濃度も高まる。病原体は発病のために、細胞外で［訳註：植物の組織を］軟化する酵素を出すが、カルシウムはその酵素を抑制する。鉄、マグネシウム、マンガン、亜鉛も、軟化する酵素を抑制する（Huber, 1980）。組織の軟化が抑えられることで、病原体が利用できる養分は少なくなる。

植物の病気と各栄養素の相互作用に関する詳細な議論は、以下の文献で考察されている；Datnoff et al.（2007）, Englehard（1989）, Graham and Webb（1991）, Huber（1978, 1980, 1991）, Huber and Graham（1999）, Huber and Haneklaus（2007）, Johal and Huber（2009）, Marschner（1995）, and Rengel（1999）

栄養品質と食の安全における病害虫管理の重要性

長期間にわたる経済的な要請により、効率的な農業システムが生み出された。効率的な作物生産が社会にもたらした貢献の中には、低価格、安定供給、雇用機会、環境改善、栄養品質が高い食料・飼料などが含まれる。栄養品質は病気や害虫によって著しく損なわれ、それは収穫量の減少に至る前にも認められることがある。タンパク質、ビタミン、ミネラルは大きな損失を被るが、炭水化物の損失は比較的少ない。病害虫による損失や汚染を回復するために加工程度を上げると、当然、栄養価の減少につながるだろう。栽培している間に始まるマイコトキシンの合成は、貯蔵中にも進行し、高い毒性と発がん性のある物質に多くの人々をさらす。

動物と人間の健康は、肥沃な土壌で育つ健康な植物に頼っている。病気への抵抗性は遺伝的に制御されているが、植物、病原体、環境の栄養状態と相互関係にある、生理学的・生化学的プロセスが介在している。植物の栄養状態によって、植物の組織学的・形態学的な構造と特性、病気の感染・発症を促進したり抑制したりする機能、飼料や食料としての栄養的価値が決まる。ほとんどの場合、病気の症状は適切な養分管理によって大幅に緩和する（Datnoff et al., 2007）。すべての植物の病気に対する特定の養分の効果を一般化はできない。なぜならそれは植物、病原体および環境の因子の長期間の相互作用の総計が特定の病気に対する栄養管理の影響を決定するからである。発病または毒素の合成を制限する受動的および能動的な防御機構は、栄養状態をうまく管理することで発動する。そのため発病反応は、植物の旺盛さなどの一般的な成長反応とは独立しているであろう［訳註：成長のメカニズムと、植物防御機構のメカニズムは異なるという意味］。

一般的に、植物が栄養的または環境的なストレスを受けると、病害虫による被害は大きくなる。栄養バランスがとれていれば植物は旺盛になり、病害虫との競争力がつき、感染を抑える能力が高まる。耕種的な病害防除（輪作、有機物による土壌改良、灌漑、石灰施用による土壌pHの調整、耕起）は、養分の可給性に影響を与えることで病気を抑えるが、これはしばしば微生物活性の変化が関与している（**表3**）。病害虫の防除は、作物の生産・貯蔵でのマイコトキシン汚染を全体的に減らす。作物残渣は、土壌には生息しないマイコトキシン産生菌の主要な感染源なので、これを除去したり、分解を促進する管理手法は、マイコトキシンの危険性を大幅に減らす。感染した作物残渣をすき込む耕起は、感染源の除去を早めるだけでなく、作物残渣が含む養分を、次作の作物が速やかに利用できるようになる。したがって感染した残渣を分解し、病原体の感染源を減らす輪作や耕起は、ほかの管理手法を補完するといえる。微生物が活動するための養分の利用可能性は、表土近くの植物残渣を分解するのに特に重要である。土壌の流失を減らすために残渣をすき込むことができない場合は、遺伝的抵抗性や化学的防除の強化が必要になる。トウモロコシとピーナッツのアフラトキシン汚染は、生育後期に干ばつが長期化すると、より深刻になる。カルシウムは、ピーナッツのアフラトキシンの汚染を最小限に抑制できるが、植物の吸収には水分が必要である。ワタのアフラトキシン汚染において、この発がん物質の含有量を下げるのに、素因となるワタアカミムシとカメムシの防除が重要である。*A. flavus*（アスペルギルス・フラブス）は、30℃以上の温度でトウモロコシのめしべに感染するが、昆虫の食害を受けた穀粒でコロニーを作る傾向がある。麹かび（*Aspergillus*）は暖かい条件で感染するが、対照的に毒素を合成するフザリウム（*Fusarium*）属菌は登熟期の冷涼で湿潤な条件で感染しやすい（CAST, 1989）。

容易に手に入る無機肥料の出現により、植物の抵抗性の強化、病気の回避、病原性の変化、あるいはこれらに影響する微生物との相互作用により、多くの病気を抑制できるようになった。効率的な施肥設計は、病原体への植物の抵抗性を強めるとともに、環境ストレスの影響を軽減し、生産された食料・飼料の栄養価を高める。効果的な病害虫管理は作物の量・質を改善して食料生産の余剰をもたらし、消費者に低価格で高品質な農産物を大量に供給している。食品の安全性、安定供給、および栄養品質の確保には、植物病原体や非生物的ストレスへの抵抗性を維持するために必要な養分の充足が必要である。社会のニーズに応えるには、安全で栄養価の高い食料・飼料を、手頃な価格で潤沢に供給することが不可欠である。

参考文献

Bellaloui, N., K.N. Reddy, R.M. Zablotowicz, H.K. Abbas, and C.A. Abel. 2009. Effects of glyphosate application on seed iron and root ferric (III) reductase in soybean cultivars. J. Agric. Food Chem. 57:9569-9574.

Bennett, W.F. 1993. Nutrient Deficiencies and Toxicities in Crop Plants. APS Press, St. Paul, MN. 2002 pages.

Bockus, W.W., R.L. Bowden, R.M. Hunger, W.L. Morrill, T.D. Murray, and R.W. Smiley. 2010. Compendium of Wheat Diseases and Pests, 3rd Ed., APS Press, St. Paul, MN.177 pages.

Bockus, W.W. and M.A. Davis. 1993. Effect of nitrogen fertilizers on severity of tan spot of winter wheat. Plant Dis. 77:508-510.

Bott, S., T. Tesfamariam, H. Candan, I. Cakmak, V. Roemheld, and G. Neumann. 2008. Glyphosate-induced impairment of plant growth and micronutrient status in glyphosate-resistant soybean (*Glycine max* L.). Plant Soil 312:185-194.

Cakmak, I and H. Marschner. 1988. Increase in membrane permeability and exudation of roots of zinc deficient plants. J. Plant Physiol. 132:356-361.

CAST, 1989. Mycotoxins, Economic and Health Risks. Council for Agricultural Science and Technology Task Force Report No. 116, Ames, IA, 91 pages.

Cheng, M.W. 2005. Manganese transition states during infection and early pathogenesis in rice blast. M.S. thesis. Purdue University, West Lafayette, IN.

Christensen, N.W., R.J. Rosenberg, M. Brett, and T.L. Jackson. 1986. Chloride inhibition of nitrification as related to take-all disease of wheat. p. 22-39 *In* Spec. Bull. Chloride Crop Prod. No. 2. T.L. Jackson (ed.). Potash and phosphate Institute, Atlanta.

Datnoff, L.E., W.H. Elmer, and D.M. Huber. 2007. Mineral Nutrition and Plant Disease. APS Press, St. Paul, MN, 278 p.

Eker, S., O. Levent, A. Yazici, B. Erenoglu, V. Roemheld, and I. Cakmak. 2006. Foliar-applied glyphosate substantially reduced uptake and transport of iron and manganese in sunflower (*Helianthus annuus* L.) plants. J. Agric. Food Chem. 54:10019-10025.

Englehard, A.W. 1989. Soilborne Plant Pathogens: Management of Diseases with Macro- and Microelements. APS Press, St. Paul, MN. 218 p.

Evans, I.R., E. Solberg, and D.M. Huber. 2000. Deficiency diseases. p. 295-302. *In* O.T. Maloy and T. Murray (eds.). Encyclopedia of Plant Pathology, John Wiley and Sons, New York.

Fernandez, M.R. 2007. Impacts of crop production factors on common root rot of barley in eastern Saskatchewan. Crop Sci. 47:1585-1595.

Fernandez, M.R., F. Selles, D. Gehl, R.M. DePauw, and R.P. Zentner. 2005. Crop production factors associated with *Fusarium* head blight in spring wheat in eastern Saskatchewan. Crop Sci. 45:1908-1916.

Fernandez, M.R., R.P. Zentner, P. Zasnyat, D. Gehl, F. Selles, and D.M. Huber. 2009. Glyphosate associations with cereal diseases caused by *Fusarium* spp. in the Canadian Prairies. European J. Agron. 31:133-143.

Gansen, R.J. and R.A. Jensen. 1988. The essential role of cobalt in the inhibition of the cytosolic isozyme of 3-deoxy-D-arabino-heptulosonate-7-phosphate synthase from *Nicotiana silvestris* by glyphosate. Arch Biochem. Biophys. 260:85-93.

Graham, R.D. 1983. Effect of nutrient stress on susceptibility of plants to disease with particular reference to the trace elements. Adv. Bot. Res. 10:221-276.

Graham, R.D. and A.D. Rovira. 1984. A role for manganese in the resistance of wheat plants to take all. Plant Soil 78:441-444.

Graham, R.D. and M.J. Webb. 1991. Micronutrients and disease resistance and tolerance in plants. p. 329-370. *In* J.J. Mortvedt, F.R. Cox, L.M. Schuman, and R.M. Welch (eds.). Micronutrients in Agriculture. 2nd Ed. Soil Science Society of America, Madison, Wisconsin, USA.

Grundon, N.J. 1987. Hungry Crops: A Guide to Nutrient Deficiencies in Field Crops. Queensland Dept. Prim. Ind., Brisbane, Australia.

Hornby, D. 1998. Take-all Disease of Cereals: A Regional Perspective. CAB International, Wallingford, UK. 384 pages.

Horsfall, J.G. and E.B. Cowling, 1980. Plant Disease, An Advanced Treatise Vol. V. How Plants Defend Themselves. Academic Press, New York. 534 pages.

Horsfall, J.G. and E.B. Cowling, 1978. Plant Disease, An Advanced Treatise Vol. III. How Plants Suffer from Disease. Academic Press, New York. 487 pages.

Huber, D.M. 2010. Ag chemical and crop nutrient interactions–current update. Fluid Fertilizer Forum vol. 27, February 14-16, 2010, Scottsdale, AZ, Fluid Fertilizer Foundation, Manhattan, KS.

Huber, D.M. 1991. The use of fertilizers and organic amendments in the control of plant disease. p. 405-494. *In* D. Pimentel (ed.). Handbook of Pest Management in Agriculture, Volume 1., 2nd Ed. CRC Press, Boca Raton, FL.

Huber, D.M. 1989. Introduction. p. 1-8. *In* A.W. Englehard (ed.). 1989. Soilborne Plant Pathogens: Management of Diseases with Macro- and Microelements. APS Press, St. Paul, MN.

Huber, D.M. 1980. The role of mineral nutrition in defense. p. 381-406. *In* J.G. Horsfall and E.B. Cowling (eds.). Plant Disease, An Advanced Treatise Vol. V. How Plants Defend Themselves. Academic Press, New York. 534 p.

Huber, D.M. 1978. Disturbed mineral nutrition. p. 163-181. *In* J.G. Horsfall and E.B.Cowling (eds.). Plant Disease, An Advanced Treatise Vol. III. How Plants Suffer from Disease. Academic Press, New York. 487 pages.

Huber, D.M. and D.C. Arny. 1985. Interactions of potassium with plant diseases. p. 467-488. *In*. R.D. Munson (ed.). Potassium in Agriculture. American Society of Agronomy, Madison, WI.

Huber, D.M. and R.D. Graham. 1999. The role of nutrition in crop resistance and tolerance to diseases. p. 169-204. *In* Z. Rengel (ed.). Mineral Nutrition of Crops, Fundamental Mechanisms and Implications. The Haworth Press, Inc., New York.

Huber, D.M. and R.D. Graham. 1992. Techniques for studying nutrient-disease interactions. p. 204-214. *In* L.L. Singleton, J.D. Michail, and C.M. Rush (eds.). Methods for Research on Soilborne Phytopathogenic Fungi. APS Press, St. Paul, MN. 265 p.

Huber, D.M. and S. Haneklaus. 2007. Managing nutrition to control plant disease. Landbauforschung Volkenrode 57:313-322.

Huber, D.M., T.S. Lee, M.A. Ross, and T.S. Abney. 1987. Amelioration of tan spot-infected wheat with nitrogen. Plant Dis. 71:49-50.

Huber, D.M. and T.S. McCay-Buis. 1993. A multiple component analysis of the take-all disease of cereals. Plant Dis. 77:437-447.

Huber, D.M. and I.A. Thompson. 2007. Nitrogen and plant disease. p. 31-44. *In* L.E. Datnoff, W.H. Elmer, and D.M. Huber (eds.). Mineral Nutrition and Plant Disease. APS Press, St. Paul, MN.

Huber, D.M., H.L. Warren, and C.Y. Tsai. 1986. The role of nutrition in stalk rot. Solutions January:26-30.

Huber, D.M. and N.S. Wilhelm. 1988. The role of manganese in resistance to plant diseases. p. 155-173. *In* R.D. Graham, R.J. Hannam, and N.C. Uren (eds.). Manganese in Soils and Plants. Kluwer Academic Publishers, Dordrecht, The Netherlands.

Johal, G.R. and D.M. Huber. 2009. Glyphosate effects on diseases of plants. European J. Agron. 31:144-152.

Last, F.T. 1962. Effects of nutrition on the incidence of barley powdery mildew. Plant Pathol. 11:133-135.

Marschner, H. 1995. Mineral Nutrition of Higher Plants, Second Ed. Academic Press, London. 889 p.

Mills, H.A. and J.B. Jones, Jr. 1996. Plant Analysis Handbook II. MicroMacro Publishing, Inc. Athens, GA. 422 p.

Page, A.L., R.H. Miller, and D.R. Keeney (eds.). 1982. Methods of Soil Analysis, Part 2. Chemical and Microbiological Properties, 2nd Ed. American Society of Agronomy Press, Madison, WI. 1159 p.

Plank, C.O. 1988. Plant Analysis Handbook for Georgia. Cooperative Extension Service, Univ. Georgia, Athens. 63 p.

Rengel, Z. (ed.). 1999. Mineral Nutrition of Crops. Fundamental Mechanisms and Implications. Food Products Press, New York. 399 p.

Rice, E.L. 1984. Allelopathy, 2nd Ed., Academic Press, Orlando, FL.

Rottinghaus, G.E., B.K. Tacke, T.J. Evans, M.S. Mosrom, L.E. Sweets, and A.L. McKendry. 2009. *Fusarium* mycotoxin concentrations in the straw, chaff, and grain of soft red winter wheats expressing a range of resistance to *Fusarium* head blight. p. 10. *In* S. Canty, A. Clark, J. Mundell, E. Walton, D. Ellis, and D. Van Sanford (eds.). Proceedings of the National *Fusarium* Head Blight Forum; 2009 December 7-9; Orlando, FL. University of Kentucky, Lexington, KY.

Smith, W.C., 2006. Crop rotation and sequence influence on soil manganese availability. M. S. Thesis, Purdue University, West Lafayette, Indiana 47907, USA. 74 p.

Stauffer Chemical Co. 1964. U.S. Patent No. 3,160,632.

Thompson, I.A. and D.M. Huber. 2007. Manganese and plant disease. p. 139-153. *In* L.E. Datnoff, W.H. Elmer, and D.M. Huber (eds.). 2007. Mineral Nutrition and Plant Disease. APS Press, St. Paul, MN, 278 p.

Tsai, C.Y., H.L. Warren, D.M. Huber, and R.A. Bressan. 1983. Interactions between the kernel N sink, grain yield and protein nutritional quality of maize. J. Sci. Food Agric. 34:255-263.

Watts, M. 2009. Glyphosate. PANAP, Penang, Malaysia. 50 p.

Zobiole, L.H.S., R.S. Oliveira, Jr., J.V. Visentainer, R.J. Kremer, T. Yamada, and N. Bellaloui. 2010. Glyphosate affects seed composition in glyphosate-resistant soybean. J. Agric. Food Chem. 58:4517-4522.

第10章

有機農法と慣行農法の人の健康面からの比較

ホルガー・キルヒマン、ラース・ベルイストローム[1]

要約

近年、栄養価が高く健康な食料を十分量生産できる農業システムが、世界的関心事になっている。本章では、人間の健康にかかわる、有機農法と慣行農法でつくられた作物の品質に焦点を当てる。有機農法だけでは、増え続ける世界の人口に必要な食料を満たせないことが、数々の現地調査や国際的な農業統計から明らかになっている。有機農法による作物の収量は、栄養素不足、とりわけ窒素不足から、極端に低い水準まで落ちている。窒素の供給に関連した作物品質のばらつきも報告されている。

無機窒素肥料を施肥する慣行農法では、タンパク質、硝酸イオン（NO_3^-）、ビタミンA群、B群の含量がしばしば増える一方で、有機農法ではビタミンCがわずかに増えるとの調査報告がでている。この結果は、植物生理学の知見とも一致している。慣行農法で栽培された作物は、高濃度の硝酸イオンを含み、品質がよくないといわれるが、誤解であった。現在では硝酸イオンは人間の免疫システムによい影響を与えることがわかっている。有機農業の創始者は、「NPK肥料は、植物に元々含まれる無機質を希釈する（薄める）」という仮説を強調する。これは正しいようにも聞こえるが、従前の総説と最近の研究で、有機農法と慣行農法の微量元素濃度が違うことは証明されていない。最近、作物の二次代謝物の濃度が上昇することが、植物の品質を示す指標となるという説があるが、疑わしい。二次代謝物は必須でなく、毒になる場合もあるからである。さらに有機農法と慣行農法の間で、植物のマイコトキシン含量に差がなかったというレポートも公表されている。筆者らの文献精査でも、"有機の作物は品質が優れており、無機肥料は食品の品質を低下させる"という証拠はなかった。対照的に無機肥料の施肥によって植物の養分管理をす

本章に特有の略記
EU = European Union：欧州連合／FAO = Food and Agriculture Organization of the United Nations：国際連合食糧農業機関／IFOAM = International Federation of Organic Agriculture Movements：国際有機農業運動連盟／SCB = Statistics Sweden：スウェーデン統計局／UN = United Nations：国際連合
本書を通じてよく使われる略語は、xページ参照のこと。

1 H. Kirchmann is Professor, Swedish University of Agricultural Sciences, Department of Soil and Environment, Uppsala, Sweden; e-mail: holger.kirchmann@mark.slu.se
L. Bergström is Professor, Swedish University of Agricultural Sciences, Department of Soil and Environment, Uppsala, Sweden; e-mail: lars.bergstrom@mv.slu.se

ることで、作物の品質を改善させることができる。有機農業の支持者の間では、作物の品質の違いに高い関心が寄せられているが、筆者らは食料供給量の確保と、食事の構成内容に焦点を当てることが、人間の健康にとってもっとも重要であると結論づけている。

優先課題

作物の栽培体系は作物の収量や品質を左右し、人間の健康にいくつかの方法で影響を与えることができる。必要量に満たない収量しか実現できない農業システムは、栄養失調と飢餓、そして寿命の短縮をもたらす。この見地はあまりに基本的なことなので、十分な食料が買える人々にとって、これを世界的に重大な健康問題として考える必要はないかもしれない。だが世界に広がる多くの発展途上国では、食料不足は現実的な問題である（例：Sanchez and Swaminathan, 2005）。

世界食料安全保障サミットによると（FAO, 2009）、疾病の主な原因であり、子どもの発育不全につながる栄養失調に、約10億人が苦しんでいる（WHO, 2000）。富裕な国では過度のダイエット、過食、肥満が、早死につながる主要な原因となりうるが、食料不足は、食料に関連する健康問題を論じる上で、明らかに一番重要な問題のひとつである。

もうひとつの重要な問題は、食料の品質である。作物に含まれる、動物や人間の健康にとっての必須栄養素はわずかで、体によい抗酸化物質や抗がん化合物などの含有量も少ない一方、残留農薬、有毒な微生物や高濃度天然毒素などの望ましくない要素が、高い水準で含まれている場合がある。有機農作物に関しては、品質が優れているとの盲信があるように思われる（Steiner, 1924; Balfour, 1943; Rusch, 1978）。

本章では、作物の収量と品質の両面で、有機農法と慣行農法を比較する。有機農法と慣行農法の主な相違点は、有機農法では、無機化成窒素・リン肥料と合成農薬をまったく除外していることである。これらの農法が食料の収量や品質に与える影響について再検討する。ここでの“品質”とは、人間の体に必須な栄養素についてのことである。

食料の供給

有機および慣行農業システムにおける作物の収量

健全な食料を十分に供給することは、人類の将来にとって、もっとも重要な課題のひとつである。食料、飼料、燃料および繊維の消費と需要は、世界的な人口増加とともに（Bruinsma, 2003; GeoHive, 2007）、来たるべき数十年で飛躍的に増加するだろうとされているが（Evans, 1998; FAO, 2007）、すでに今日、世界の食料生産は、それに歩みを合わせられないことが危惧されている。この40年間に人口は2倍に増え、2006年には65億人に達したが、食料と飼料の生産も3

倍に増加した（FAO, 2007）。2030年までに世界の人口は80～90億人になると予想され、そのうち68億人は発展途上国に暮らす人々である（Bruinsma, 2003）。食料増産は主に発展途上国で計画されているが（アフリカ300％増、中南米80％増、アジア70％増）、北米でさえも30％増が必要となる。増加した人口が完全に菜食だと仮定しても、食料の十分な供給には最低でも作物の50％増産が必要である。

総タンパク質の推奨摂取量は、1人当たり63g/日だが（National Research Council, 1989）、申し分のない食事に必要な最低限の動物性タンパク質の摂取については、違った意見もある。動物性タンパク質は、植物性タンパク質よりもヒトが生理的に必要とするアミノ酸に近い組成なので、1人当たり40g/日の動物性タンパク質を摂取するのが最適な食事とされる（Gilland, 2002の概説参照）。文化の違いはあっても、世界中で所得向上により肉類と乳製品の摂取が増えつつあり食料と飼料は60～70％の増産が実際には必要となるだろう。1997～1999年に発展途上国の肉類の消費は1人当たり71g/日に達した。さらに2030年までに1人当たり100g/日まで増えると予想されている（Bruinsma, 2003）。また先進国の肉類の消費は、2030年までに1人当たり180g/日になるとも予想される。肉類の消費の大部分は豚肉、鳥肉、養殖水産物と考えられ、その需要に見合った穀物の増産が必要である（Bradford, 1999）。栽培面積の拡大が望めないなら、2030年までに穀物収量を倍増する必要があるが、多くの異なる制約があり簡単ではない。

十分な食料の確保は人の福祉の礎であり、そのための生産はすべてに優先されるべきである。農業を発展させ十分な食料を確保することは、人間が生存するための基本条件であり、同時に豊かな社会生活の前提条件であり、文明が繁栄するための必要条件である。食料不足は、苦痛と生命の危機ばかりでなく、非人道的な行動、政治的不安定、そして戦争につながる悲劇である（Borlaug, 1970）。飢餓と栄養失調の根絶は、地球上でもっとも重要な課題である（UN Millennium Project, 2005）。異なる農法を採用する際は、現在から将来にかけてどの農法が食料の十分な供給と安全性を確保できるかを、先入観をもたずに、事前に調べることがもっとも重要となる。現実と希望的観測を分けて考えることが絶対に必要であり、科学文献の中立的な検証のみが、下記に示す疑問への客観的な回答を導くことができる。

穀物収量は、有機農法では慣行より一貫して収量が劣ることが、多くの総説に示されている（例：Badgley et al., 2007; Kirchmannet al., 2008a; Korsaeth, 2008; Goulding et al., 2009）。ただし有機農法の収量減少程度は栽培方法によって異なる。たとえば、バジェリーら（Badgley et al., 2007）は収量の差は小さかったと報告しているが、研究数が限られており、また偏った実験データを選択しているため代表的な報告とはいえない。コノール（Connor, 2008）とグールディングら（Goulding et al., 2009）は、既存のすべての文献を検証すれば有機農法では世界中の人々を養うことができないのは明白であると指摘し、バジェリーら（Badgley et al., 2007）の結論を批判している。

実験データだけに頼るのを避け、公式統計で有機農法と慣行農法の穀物収量を調査した。有機農法は主に生産性の低い土地で行われており、耕地面積のすべてを代表できるものではないという主張もある。しかしスウェーデンの例は、この主張に合わない。スウェーデンの有機農家の大半は乳牛・肉牛農家であり、輪作でクローバーなどの牧草を飼料用に生産し、堆きゅう肥を利用できる。つまりスウェーデンには、合理的な作物収量の有機農法を維持できる条件が整っているのである。

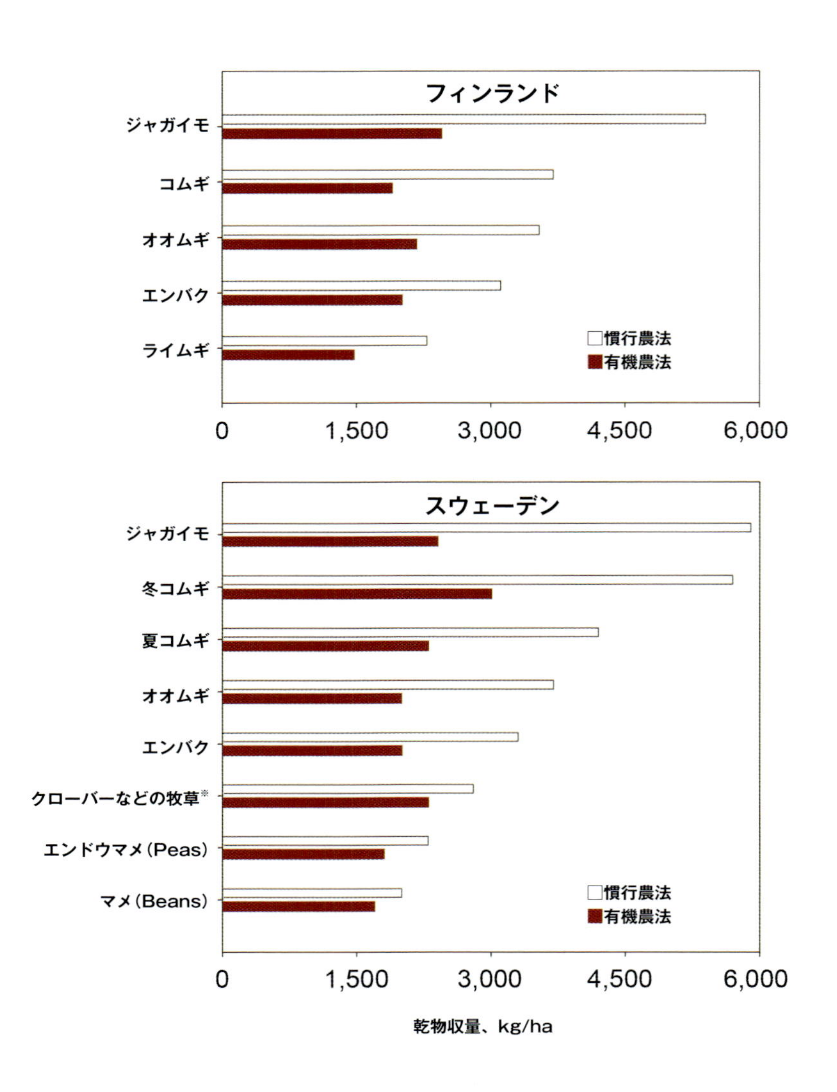

図1. フィンランドとスウェーデンでの有機農法と慣行農法の公式な収量データ（2005）。
※複数ある図の1つ目を記載（Kirchmann et al., 2008a より）

EU諸国、アメリカ合衆国、カナダ、オーストラリアの農業統計データベースでは、有機農法による作物収量の情報が非常に少ない。スウェーデンとフィンランドを除いて、作物収量のデータは見つからなかった。スウェーデンの公式統計（SCB, 2008）は、有機農法の作物収量は慣行農法に比べて、20～60％低いことを示す。有機農法によるマメ科植物（エンドウマメなど）やクローバーなどの牧草の収量は、窒素を充分施用した慣行農法に比べ20％低く（**図1**）、同様に穀物全体では46％、とりわけジャガイモ収量は60％低くなっている。フィンランド（Finnish Food Safety Authority, 2006; Statistics Finland, 2007）でも同様に、有機農法の穀物収量は41％、ジャガイモ収量では55％低くなっている（**図1**）。

有機農法によるマメ科植物（窒素固定作物）の栽培は広大な農地を必要とする。たとえばスウェーデンでは、有機農法によるエンドウマメなどのマメ科植物の農地面積は、慣行農法の2倍である。また飼料用作物（牧草クローバーなど）の栽培面積比率は、有機農法の方が69％と、慣行農法の49％よりはるかに大きい（**表1**）。しかし反芻動物にとっての可消化エネルギー生産量は、冬コムギに比べ牧草クローバーなどの方が、またトウモロコシに比べアルファルファの方が低い。このことは、穀類の代替としてマメ科植物を栽培することは、土地生産性の低下を招くことを意味する。

表 1　スウェーデンの慣行農法、有機農法の農地面積比率（SCB、2008年）

作物	農地面積比率（%）	
	慣行農法	有機農法
飼料用作物	49	69
マメ科牧草類	1.2	2.3
穀物	43	27
ナタネ	3.8	1.0
ジャガイモ	1.2	0.3

要約すると、統計上では慣行農法から有機農法に転換すると、作物の収量は平均して40％減少する。この推定値は「工業的な窒素固定（窒素肥料の生産）は、世界の食料の40％を生産する手段である」と主張したスミル（Smil, 2001）の評価と一致する。これは、有機農法と慣行農法の収量格差は、大部分が窒素によるものであることを意味する。実際に作物に対する窒素供給不足が、有機農法で収量が抑制される主要な要因であることが明らかにされている（Kirchmann et al., 2008b）。カリウム欠乏はまた、特にジャガイモの収量低下の原因として指摘されている（Torstensson et al., 2006）。化学肥料を排除し、承認された安価な肥料が不足している有機農法はこのように収量を制限するので、有機農法を大規模に展開するとただちに食料不足に陥るか、あるいは新しい土地を農地に転換することが必要になる。

有機農法の支持者の一部は、有機農法の収量低下は食事を菜食に移行することで埋め合わせられると主張している（例：Woodward, 1995; Tudge, 2005）。有機農法による食料不足は、もっと菜食（主義者の食事）に転換することで解決されるべきだという提案である。しかし、たとえ菜食への転換が人間の健康にとって有益だとしても、慣行農法で作物を育て、余った土地は別の生産形態に利用するか、森林などの自然に返すことがもっとも効率的な解決方法であろう。

有機農法の低収量は非科学的な施肥が原因

有機農法で収量が低い原因は、土壌に養分を供給するものの、可溶性養分の形で植物に供給されないことと、多収性の作物にとって養分の総量がたいていあまりにも少ないためである。有機農法では、植物の養分は有機の形や、溶解度の低い未処理の鉱物として施用することで、根や土壌微生物の活動や無機物質の風化作用によって、植物はバランス良く養分を摂取すると考えられている。さらに、有機的で自己循環型の農地が、健全な農業生産の核心であるという、シュタイナー（Steiner, 1924）が提示した構想が広く知られている。したがって（外部から農場へ）養分投入が必要なら、それは（有機）農業システムの欠陥を示すと見られている（Steiner, 1924）。農場内の養分リサイクルによって、わずかな損失があるとしてもそれを土壌風化で補いながら、土壌肥沃度は維持されると一般的に理解されている（IFOAM, 2006）。しかしこの循環型農業に関する所見は、栄養補給の原則と矛盾している。すなわち、土壌肥沃度を維持し、土壌養分の枯渇を避けるには、収奪された栄養素は補給されなければならない。

対照的に慣行農法は、作物の需要に応じた養分供給の最適化をはかろうとしている。植物の根はイオン化した可溶性養分を吸収することがフォン・リービッヒ（von Liebig, 1840）によって示されており、可溶性の無機肥料を除外する有機農法は、植物栄養学の基本に反している。有機農法では、植物の養分は有機肥料または天然ミネラルとして施用されているが、作物は未処理の鉱物や有機肥料が溶けたり無機化されたりして、土壌溶液中にイオンの形になったものを吸収する。つまり植物養分の供給源は養分吸収機構には影響しないが、可溶性の低い養分供給源は収量を増加することができない。

作物の適正な生育には、最低限の多量要素と微量要素を必要とする。これらの元素の多くは（作物に吸収されたり流亡するため）土壌中から失われるので、無機肥料で供給される。慣行農法で多量要素と微量要素を施用するのは、作物に完全かつ十分な養分を理論的に供給するためである。また慣行農法でも、無機肥料に加えて有機肥料や、肥料化したリサイクル廃棄物を、必要に応じて施用する。慣行農法と有機農法の違いは、作物や畜産物の販売により農場外へと収奪された養分が、慣行農法では“補給の原則”に基づき戻される点である。収奪された養分が補給されない場合、どのような生産システムで利用されている土壌でも消耗し、土壌肥沃度は低下する。

有機農法の生産者は、堆きゅう肥を主要な養分源と認識し、輪作体系中での適切な活用を強調するが、その際有機農業の創始者のルールはその実行が困難だとしても、守らなければならない。たとえば神格化されたバイオダイナミック農業（Steiner, 1924）では、生産者が家畜のふん尿を堆肥化することは義務である。しかし、堆肥化する過程でアンモニアの形で揮散する窒素量は、嫌気性条件下で貯蔵されるふん尿よりも多くなる（Kirchmann, 1985）。ふん尿の表面施用と緑肥が用いられるラッシュの「生物学的有機農法」（Rusch, 1978）でも同様に、アンモニア態窒素の揮散は多い。これらは、ヨーロッパの2つの有機農業学校で中心的に行われている農法であるが、ふん尿（固体、液体）を嫌気下で貯蔵したり、貯蔵中に雨水から保護したり、あるいはふん尿を散布後に土壌中にすき込んだ場合と比較して、その窒素循環効率は低い。

有機農法と慣行農法の作物比率とヒトの食事への示唆

有機農法と慣行農法のもっとも明確な違いのひとつは、輪作体系で栽培される農作物の種類である。先に指摘したように（**表1**）、スウェーデン統計局（SCB, 2008）によると、牛や羊などの反芻動物用の飼料用作物（イネ科牧草／クローバー）の生産は、有機農業で大幅に増加している。慣行農法と比べて、有機農法では飼料用作物の比率が高いのはなぜだろうか？　窒素固定する飼料用作物は有機農法においてほかの作物より収量の低下が少なく、窒素の供給、雑草の抑制、堆肥の生産などの機能をもつからである。単に、ほかの作物・農法には、妥当な収量を得る方法が欠けているだけである。言い換えれば今後、ヨーロッパの大部分の有機農法は、主に“飼料—反芻動物循環システム”に基づき、行われることになるだろう。

更に、マメ科植物（エンドウマメなど）の輪作割合は、その窒素固定能力が評価され、ほぼ倍増した。収量も慣行農法と同等であった（**表1**）。有機農作物の輪作により、窒素固定植物が増えれば、当然、ほかの有機農作物の割合は比例的に減少する。スウェーデンにおいて、有機農法への転換で起きた最大の変化は、穀物、ジャガイモおよびナタネ生産の減少である。**表1**から、有機農法の面積を慣行農法と比較すると、穀物は63％であり、ジャガイモとナタネは25％に過ぎない。また有機農作物の収量減少が**図1**の通りとすると、これらの作物の供給割合は一層減少する。ジャガイモとナタネは、現在の生産量のわずか13％に留まると予測されている。

統計データ（**表1**）から、スウェーデンが有機農法に全面的転換した場合を想定すると、食事の構成内容の変化を予想することができる。大規模な有機農法への転換で予測されることは、ひとつには、飼料生産の増加（穀物生産の代替として、農地が49％→69％に拡大）により、牛乳と赤肉の大幅な供給減少には必ずしも繋がらないだろう。しかし有機農法での穀物とナタネ栽培面積比率が47％→28％に減少し、家禽と豚用の飼料供給は減少するだろう。当然、卵、鳥肉、豚肉の生産も減少するだろう。

有機農法による、栽培する作物の割合の変化と、その収量の低下は、食料供給とヒトの食事の構成内容に大きな影響を与える。まだ確認すべき点は多々あるが、いくつかの一般的な結論を引き出すことができる。第一に、有機農法にしても食事が菜食とはならないだろう。寒冷気候における有機農作物は、主に飼料－反芻動物循環システムに基づいて生産される。それは、輪作でマメ科植物の比率を高めて雑草を抑制しながら、有機農作物の収量を合理的に維持できた唯一のシステムといえる。第二に、豚肉や鳥肉が少なくなると、それに代わる食料が必要になる。しかし、牛や羊などの反芻動物のエネルギー効率は低く、また、単位カロリーあたりの水分必要量が高いこともあり、反芻動物の製品が卵、鳥肉、豚肉を代替する可能性は高くない。有機農業では植物性タンパク質と炭水化物（より多くのマメ科植物と穀物）の摂取を増やすことで、タンパク質とエネルギーの不足を補うことが要求される。第三に、野菜不足は有機農法で足りるかもしれないが、主食用のマメ科植物と穀物の国内需要をまかなうのは難しい。

食料の品質

食料の品質は、さまざまな環境の影響を受ける。その環境要因には、土壌母材、地理的位置、気候、気象条件、そして産業、交通あるいは天然からの排出物などが含まれる。作物の品種、食料の貯蔵条件、精製および食品添加物の有無も品質に影響を及ぼす可能性がある。ここでは、これらの要因は対象にしない。焦点を当てるのは、有機農法と慣行農法が作物の組成に与える影響のみである。有機農作物が、消費者の健康に有益か否かの根本的な評価をすることを目的とした。

本稿の目的の一つ目は、有機農法と慣行農法による、作物の栄養組成の変化を定量化することである。二つ目は、作物の栄養組成に見られる相違が有機農法と慣行農法に関連しているのか、また、そのメカニズムはどのように説明されるか、ということである。三つ目は、ヒトが必要とする栄養素の観点から、作物の栄養組成の違いを検証することである。

有機農作物の品質に関する見解

有機農業の創始者は、有機農作物の優れた栄養品質を強調している。たとえば、シュタイナー（Steiner, 1924）は、「無機肥料を使った作物は、つまるところただ腹を満たすものとなり、品質が低下しているだろう」といっている。土壌協会（Howard, 1947; Balfour, 1943）の創設者は、「健全な土壌のみが健全な食料をつくる」との見解を述べている。ハワード（Howard, 1947）は、「土壌生物と植物の生命の架け橋を経た植物の養分のみが、正しく植物を育てる」と強く信じていた。

今日でも、有機農業団体（たとえば土壌協会、有機食品情報ネット、有機センター）では、有機農作物の品質は優れていると考えられている。有機農業関係者の共通した理解は、「無機肥料の施用は植物の成長を促し、糖質、タンパク質および脂質を増加させる。だが収量の増加はミネラル、ビタミン、抗酸化物の増加を伴なわない。ただ化学肥料を控えることだけが、微量元素、ビタミンおよび有益な非栄養成分の含量化につながる」としている。ベンブルックら（Benbrook et al., 2008）の報告は、有機農法の作物は慣行農法に比べ、含まれる栄養素が25％多かったと結論している。作物の栄養素濃度が時代を経るに連れて減っていくのは、無機肥料の施用による栄養素“希釈”の証拠とされることがある（Mayer, 1997; Davis et al., 2004）。

既存の比較研究

1924年以降、有機農作物と慣行農作物との栄養価比較に関しては、多くの研究成果が発表されている。この章では、既存の文献を再検証するのではなく、既存文献に見られる一貫した（有機農作物と慣行農作物の）相違を理解し、その相違を説明できる原則を解明する。作物の品質評価は、個人の嗜好である食味や外見など、基準が曖昧なところがあるので、我々は作物の栄養素組成のみに焦点を絞った。

ウースら、ブルネとプレスコット、マコスら、ダングルら（Woese et al., 1997, Bourne and Prescott 2002, Magkos et al., 2003, and Dangour et al., 2009）の総説には、有機農作物と慣行農作物の間で、栄養素の組成は一貫して何らかの相違があることを示す（**表2**）。ウースら（Woese et al., 1997）は、慣行農法の野菜は硝酸イオン濃度と穀物のタンパク質濃度が高く、有機農法の野菜はビタミンC濃度が高いという確実な証拠を見出した。ブルネとプレスコット（Bourne and Prescott, 2002）は、有機農作物と比較すると、慣行農作物では硝酸イオン含量のみが異なり、それが多いことを見出している。マコスら（Magkos et al., 2003）は、有機農法の野菜はビタミンC含量が多く、タンパク質含量が少ないことを見出した。さらにダングールら（Dangour et al., 2009）は慣行農作物では窒素含量が多く、有機農作物では滴定酸（ビタミンCなど）とリン含量が多いことを見出した。ティンカー（Tinker, 2000）も、同様の要旨を発表している。

有機栽培と慣行栽培の作物組成の相違

有機農業は無機肥料を除外するが、植物の組成は無機養分の施用、とりわけ窒素施肥で大きく変わる。窒素は、作物の収量を増やすもっとも重要な植物の養分である（Mengel and Kirkby, 2001）。さらに窒素の施肥で、茎葉部の伸長に伴なって地上部／根部の比（S／R比）が高くなり、植物の組成の変化も、ほかのミネラル養分の施肥に比べて大きい（Marschner, 1995）。作物への窒素供給が増えると、バイオマス合成は刺激を受け、葉緑体（葉緑素を含む葉の細胞小器官）の形成が進み、葉緑体の構成要素である葉緑素、タンパク質、および脂質の濃度が高まる。そしてタンパク質、アミノ酸、アミド、および硝酸イオン（通常、全窒素分析値に完全には含まれない）の合計を表す全窒素量、または粗タンパク質量（全窒素の6.25倍）が増える。また窒素施肥は、作物中のカロテンとビタミンB群の生合成を高める（Marschner, 1995）。

通常、窒素施肥した作物の乾物含量は少し減るが、それは無施肥で育てた作物の小さい細胞と比べ、細胞が大きいので蓄えられる水分がより多くなるからである。多くの研究では、栄養素およびビタミン濃度に乾物換算値を用い、含水率で補正されていない。たとえばデイビスら（Davis et al., 2004）が再計算して示したように、含水量が増加しているなら、食料の栄養素含量の時代に連れての減少は、あまり有意ではなくなる。

窒素施用の有無による作物組成の変化については、次で議論する。

全窒素と硝酸塩

有機農業では、窒素肥料を排除し、生物学的窒素固定を窒素源とした結果、収量が低下するだけでなく、作物の窒素と硝酸イオン含量も減少した（**表2**）。有機農業団体（例：Benbrook et al., 2008）は、有機農作物の窒素と硝酸イオン含量の減少を品質の指標としている。通常、有機農作物には、少量だが高品質の窒素が含まれる、と主張されている。硝酸イオンの含量が高まる

表 2　有機農作物と慣行農作物の作物組成の有意差が認められた論文と想定されるメカニズム

有意差の認められた論文	想定されるメカニズム
Woese et al.（1997）	
慣行農作物（野菜）の硝酸イオン含量の増加	土壌中の可給態窒素の増加
慣行農作物（穀物）のタンパク質含量の増加	土壌中の可給態窒素の増加
Bourne and Prescott（2002）	
慣行農作物の硝酸イオン含量の増加	土壌中の可給態窒素の増加
Magkos et al.（2003）	
有機農作物の乾物重の増加	水分含量の減少による細胞の小型化
慣行農作物のタンパク質含量の増加	土壌中の可給態窒素の増加
有機農作物のビタミンC含量の増加	単位葉面積当たりの光量の増加（相互遮へいの減少）
Dangour et al.（2009）	
慣行農作物の窒素含量の増加	土壌中の可給態窒素の増加
有機農作物の滴定酸含量の増加	単位葉面積当たりの光量の増加（相互遮へいの減少）
有機農作物のリン含量の増加	単位葉面積当たりの光量の増加（相互遮へいの減少）

のは、植物にもヒトにも望ましいことではないとされている。

窒素は、タンパク質の構成ユニットであるアミノ酸の必須成分である。作物中のタンパク質濃度は窒素供給に強く依存しており、作物のタンパク質濃度、たとえば穀粒のタンパク質濃度が高まれば栄養的価値と商業的品質も高まる。10種類の必須アミノ酸（アルギニン、ヒスチジン、バリン、ロイシン、イソロイシン、トレオニン、メチオニン、リジン、フェニルアラニン、トリプトファン）は、ヒトの体内で合成することができないので、食事から摂取する必要がある。したがって穀物にも、その一部であっても、含まれることが肝要となる。作物の成長後期の窒素施肥は、タンパク質濃度を高めるのに効果的である。

しかしオオムギとコムギでは、成長後期に窒素を施肥すると非必須タンパク質の含有量が増える。製パン特性は向上するが、栄養価の向上にはつながらない。一方、エンバク（オート麦）では、成長後期に窒素を施肥すると、タンパク質の栄養価も向上する（Mengel and Kirby, 2001）。

穀物（例：Dloughý, 1981）でも野菜（Eppendorfer and Bille, 1996）でも、タンパク質品質に関する有機農法と慣行農法の比較で、総タンパク質の必須アミノ酸比率に大きな違いはなかった。窒素施肥により必須アミノ酸含量とタンパク質品質が低下する学術的証拠は一切ない一方で、窒素施肥はタンパク質とアミノ酸を付加的に形成するだけなので、有機農作物の低タンパク質含量に利点はない。ワングら（Wang et al., 2008）は、窒素施肥の作物品質に与える効果に関する情報をまとめ、それは一般的にポジティブ（窒素施肥は良い結果をもたらす）であることを見出した。

作物中の硝酸イオン（NO_3^-）に関しては依然として誤解があり、少し説明が必要である。硝酸イオンは私達の食事（食物）中にかなりの量が含まれているが、野菜の含量はエンドウマメ（*Pisum sativum* L.）や芽キャベツ（*Brassica oleracea* L.）は1mg/kgと低く、ルッコラ（*Eruca sativa* L.）では4,800mg/kgと高く、種類により幅がある（Lundberg et al., 2004 and EFSA, 2008の総説を参照）。硝酸イオンは消化管の潜在的発がん性物質と見なされ、従って高濃度の硝酸イオンを含む作物は健康リスクが高いと考えられてきた。従って、有機農作物は、硝酸濃度が低い点で栄養面で利点があると信じられてきた。この視点は、有機食品関係団体や多数の科学者の間で依然として優勢である（例：Benbrook et al., 2008）。しかし1994年以降、硝酸イオンに対する考え方が変わってきた。ヒトの胃には大量の一酸化窒素があり、一酸化窒素が胃中の細菌を殺すことが観察されている（Minkel, 2004の総説参照）。口中の細菌によって硝酸イオンは亜硝酸イオンとなり、飲み込むと、胃の中で一酸化窒素に変化する。硝酸イオン－亜硝酸イオン－一酸化窒素の生理的経路が発見され、哺乳類の感染症に対する耐性メカニズムにおいて、硝酸イオンが重要な役割を果たすことが解明された（Lundberg et al., 2008の総説参照）。また、高濃度硝酸イオンを摂取したヒトの集団で胃腸がんのリスクが増大するという疫学的証拠はみつからず（Duncan et al., 1997）、逆に食物中の硝酸イオン摂取にプラスの効果があったとの報告がされている（Leifert and Golden, 2000）。欧州食品安全機関（The European Food Safety Authority）は、「野菜からの硝酸イオンが健康リスクとなる可能性は総合的に低く、野菜摂取の既知の有益性の方が大きい」との結論に達した（EFSA, 2008）。

すなわち、タンパク質と硝酸イオン含量が低い作物の食事に栄養的利点があるという考え方には、科学的根拠がない。逆に人間の健康の観点からは、作物のもつヒトの必須栄養素の含量を増やすことの方がきわめて重要である。

ビタミンA

植物生理学の知見では、窒素施用を増やすと作物体内でのタンパク質や葉緑体の合成が促進される（例：Marschner, 1995; Mengel and Kirkby, 2001）。葉緑体の増加は、葉緑素やカロテノイド（たとえばビタミンA前駆体のβ-カロテン）などの葉緑体を構成する成分が増えることを意味する。カロテノイドと葉緑素はともに、光捕集集合体を構成する。カロテノイドが捕捉する波長のエネルギーは、葉緑素のそれよりも高い。高等植物でもっとも多く発現するカロテノイドは、β-カロテンである。カロテノイドは、植物、糸状菌、藻類、細菌で合成される脂溶性色素で、野菜や果物の黄色、橙色、赤色の素である。

カロテノイドは600種類以上存在する（Bendich, 1993）が、野菜の種（しゅ）によってカロテノイドの種類や量には、大きな差があることが報告されている（Kopsell and Kopsell, 2006）。カロテノイドは果物や野菜に多く含まれており（Rao and Rao, 2007）、ヒトの食事ではビタミンAを毎日、800レチノール当量（1レチノール当量=12μg β-カロテン）摂取する必要がある。カロテノイドの抗酸化作用は注目を浴びている。

モザファー（Mozafar, 1993）は、窒素施肥が植物体内のビタミンに与える効果について、180にもおよぶ研究成果を総括した。無機窒素の施肥量を増やすことで、作物中のカロテノイドが増えるのは明らかであった。その事実は前述した植物生理学の知見と一致し、それと矛盾する研究結果は見当たらなかったとしている。最近の研究を表にまとめると（**表3**）、無機窒素の施肥により、作物中のβ-カロテン濃度が高まることが示されている。比較研究では、有機農作物のβ-カロテン濃度は無機窒素を施肥した作物よりも低かった。カリス＝ベイラーら（Caris-Veyrat et al., 2004）の結果は一見それに矛盾するが、ここでは慣行農法の160kg/haの窒素施肥に対し、有機農法では340kg/haの窒素が施肥されており、実際には我々の理解に沿ったものである。緑肥による窒素施用を増やすことでも、ニンジンのβ-カロテン濃度が大幅に上昇した（Kaack et al., 2001）。窒素を多量施肥すると、細胞内の水分貯蔵量が多くなり、新鮮重当たりのカロテノイド濃度は若干下がる（Kopsell et al., 2007a）。しかし乾重量当たりでは、窒素施肥が増えれば、カロテノイド濃度も増加する（Kopsell et al., 2007b; Lefsrud et al., 2007）。

上記に引用した研究は、窒素施肥がカロテノイド合成の主要な決定要因であることを裏付けている。トルーデルとオズバン（Trudel and Ozbun, 1971）の従前の研究では、カリウム肥料の施用が、トマトのカロテノイド合成にプラスの効果をもたらすことも示された。このように、作物への養分の施用を増やすことで、作物バイオマス当たりのカロテノイド生産が促され、その結果より多くの収量が得られることになる。通常、有機農法での窒素施月量は少ないので（Kirchmann

表 3 窒素供給による β-カロテンの平均濃度（2001～2010年の研究を参照）

参照論文と作物	β-カロテン濃度#（mg/kg、新鮮重）			窒素供給による相対的な増加(%)
	窒素施肥増量に伴う増加	無機	有機	
		施肥		
Kaack et al., (2001)				
ニンジン（緑肥、10水準、2年）	110-150	—		+10
Caris-Veyrat et al., (2004)※				
トマト（3品種、有機窒素320kg vs. 無機窒素116kg）	—	8.7	12.3	+70
Chenard et al., (2005)				
パセリ（窒素肥料、5水準）	39.7-78.5	—		+98
Kopsell et al., (2007b)				
ケール（窒素肥料、5水準、3品種）	61.6-65.3	—		NS
Lefsrud et al., (2007)				
ホウレンソウ（窒素肥料、4水準、2品種）	57.9-69.6	—		+15
	47.0-51.4	—		NS
del Amor, (2007)				
アマトウガラシ（有機窒素少量 vs. 無機窒素多量）	—	a		+24
Kopsell et al., (2007a)				
クレソン（窒素肥料、3水準）	3.3-9.3	—		+182
Juroszek et al., (2009)				
トマト（有機栽培 vs. 慣行栽培、3組の圃場、2品種）	—	5.2	5.8	NS
Bebera and Rautaray, (2010)				
デュラムコムギ（窒素肥料、2水準）	4.0-4.7	—		+17
差の平均				+42

 # 1レチノール活性当量（RAE）であるビタミンA・1μgは、食物中のβ-カロテン12μgに相当する
※有機堆肥は、無機肥料よりも多量の窒素が施肥されることに注意
NS＝有意差なし
a＝数値なし

et al., 2008 a,bの総説参照)、養分施用量が多い慣行農法の作物のカロテノイド含量は、有機農法の作物と比べて最低で同等か、または高いであろう。

ビタミンB群

ヒトや単胃動物は、ビタミンB群を食事から摂取する必要がある。微生物によるビタミンB群の生合成はよく知られており、発酵食品はその重要な供給源である。特定のビタミンB群に関する有機農作物と慣行農作物の比較研究では、両者に顕著な差はないが(例：Woese et al., 1997; Bourn and Prescott, 2002)、窒素施肥が作物のビタミンB合成にどのように影響するかを考察することは重要である。ビタミンB群を含むモザファー(Mozafar, 1993)の研究では、窒素施肥によって作物のビタミン濃度が高くなったことを示している。メンゲルとカークビー(Mengel and Kirkby, 2001)によると、穀物のビタミンB群濃度とタンパク質濃度の間には、密接な関係がある。穀物の栽培後期に窒素を施肥すると、ビタミンB群の濃度は高まる。マシュナー(Marschner, 1995)によると、緑葉の脂質含有量は窒素施用と密接に関連する。窒素施肥によってタンパク質の合成が進むと、葉の脂質層は増える。ビタミンB_1(チアミン)はチアミンピロリン酸[訳註：チアミンの活性型]として、補酵素Aとともに、脂質代謝で重要な役割を果たしている。

作物中のビタミンB群合成に関する研究成果は限られているが、タンパク質合成が高まると、ビタミンB群合成も高まると考えられる。したがって、慣行農法による作物は窒素の供給が多いことから、そのビタミンB群の含量は、有機農作物と比べ、同等かそれ以上であることは間違いなさそうである。作物のビタミンB含有量は、菜食中心のヒトの栄養に深く関与するだろう。ほかの食事法では、魚と動物製品が大半のビタミンB群を供給している。

ビタミンC(アスコルビン酸)

ヒトはビタミンCを体内で合成できないため、食事を通して定期的に適量を摂取する必要がある。ビタミンCの推奨摂取量は、成人1日当たり75mgである。西洋人は果物、野菜(含ジャガイモ)からビタミンCを摂取しており、欠乏症になるのはまれである。

ビタミンCはグルコースを前駆体とする炭素代謝経路から生成する水溶性の植物の代謝物質である(Wheeler et al., 1998)。グルコースが多いほど、ビタミンCの合成は進む。作物のビタミンC含量は、種々の要因のうち光遮断から最大の影響を受ける。このことは強い光と活発な光合成が、作物のビタミンC合成に有利に働くことを意味する(Mengel and Kirkby, 2001)。ビタミンCは、作物の光合成の3つの反応に必要であり、抗酸化物質として作物を保護している(Smirnoff, 1996)。しかし窒素肥料を多く施用すると、果物や野菜でビタミンC濃度が減少するという報告がある。モザファー(Mozafar, 1993)は、多量の窒素施肥により、植物のビタミンC含有量が低下すると報告している。同様にナジーは、カンキツ類で窒素施肥を増やすと、窒素含有量の増加とは対照的に、ビタミンC含有量は減少するとしている（Nagy, 1980）。同様の結果は**表4**でも見ることができ、慣行農作物では窒素含有量が高まるほどビタミンC含有量が減少し、有機農作物では逆の結果となる。

それでは、どのようなメカニズムで、窒素を多量に施肥するとビタミンC濃度は低くなるのだろうか？　窒素施肥によって作物の「樹冠」密度が高まるので、光の当たる葉面積と光合成の速度が影響を受けるというのが、もっとも分かりやすい説明である。窒素施肥は植物バイオマス総量の増加を、また光強度はビタミンCの合成を促進するのだから、作物の樹冠密度が高まるので相互遮蔽で作物の特定の部分への光の透過が減ると考えるのが最も確からしい。言い換えれば、葉の数が増えると植物当たりの総光合成量は増加するが、作物の樹冠が大きくかつ厚くなると、葉面積当たりの光合成量は、葉がまばらな作物に比べて少なくなる。結果として、ビタミンCの生産力が低下することは、樹冠密度の影響によるものと言える。このメカニズムによって、窒素肥料の施用でビタミンC濃度が下がらなかった以下の事例を説明できる（**表3**参照）。たとえば、相互遮蔽されることなく、豊富な光線を受けて育ったポット栽培の野菜では、窒素供給を増やしてもビタミンC含量は下がらなかった（例：Müller and Hippe, 1987）。同様に、相互遮蔽の影響をほとんど受けないキャベツとスイートコーンでは、慣行農法であれ有機農法であれ、ビタミンC含有量は減らなかった（Warman et al., 1997, 1998）。それは無窒素施肥のエンドウ豆でも同様だった（Fjelkner-Modig et al., 2000）。

答えるべき重要な質問は、窒素施肥によるビタミンC含量の減少率の程度である。オーベリとエクダール（Åberg and Ekdahl, 1948）の古い研究では、複数の植物に窒素施用率の高低を設けた場合のビタミンC含量の差は10％以内であったことを示している。リシエウスカとクミーシク（Lisiewska and Kmiecik, 1996）は、カリフラワーへの窒素施肥を80kgから120kgに増やした場合、ビタミンC含有量が7％減少したことを報告している。これらの研究は有機農法と慣行農業の比較試験として行われたものではないが、このビタミンC含量の減少は、アスコルビン酸を含む滴定酸度が6.8％低下したことを報告しているダングールら（Dangour et al., 2009）の研究成果と同程度であることが、非常に興味深い。過去20年間に行われた比較試験の結果を取りまとめたデータ（**表4**）では、慣行農作物のビタミンC含量は、有機農作物よりも平均して6.1％少ないことを示している。

要約すると、慣行農作物でビタミンC含量は若干減少するだろう。しかし、種々の果物や野菜のビタミンC含量の差と比べてもその差は小さく、食事の栄養への影響は大きくないだろう。果物や野菜への控えめな窒素施用は、ビタミンC含量の高い野菜・果実生産に有用だろう。

微量元素

作物の品質を決めるもうひとつの重要な見地は、微量元素の組成である。土壌中の多量元素と微量元素の植物による利用可能性は、作物の成分組成に大きな影響を与える。たとえば、NPK

表 4　有機農作物と慣行農作物のビタミンC含量の比較

参照論文と作物	ビタミンC濃度（mg/kg、新鮮重）		有機／慣行比（%）
	慣行	有機	
Leclerc et al., (1991)			
ニンジン(6農場、2年)	38	45	+18
セロリアック(6農場、2年)	73	81	+11
Cayuela et al., (1977)			
イチゴ(11サンプル、1年)	700	720	+3
Warman and Havard, (1997)			
ニンジン(3年)	26	25	-4
キャベツ(3年)	538	479	-11
Warman and Havard, (1998)			
ジャガイモ(2年)	275	262	-5
スイートコーン(3年)	67	64	-4
Fjelkner-Modig et al., (2000)			
キャベツ(6年)	376	370	-2
ニンジン(6年)	53	58	+9
タマネギ(6年)	80	90	+12
エンドウ豆(2品種、6年)	165	160	-3
ジャガイモ(3品種、4年)	213	223	+5
Asami et al., (2003)			
トウモロコシ(1年)	28	32	+14
Caris-Veyrat et al., (2004)			
トマト(3品種、1年)	121	154	+27
Chassy et al., (2006)			
トマト(2品種、3年)	168	203	+21
ピーマン(2品種、3年)	518	554	+7
差の平均			+6.1

肥料を土壌に施用すると、植物は土壌中で可溶化したこれらの養分を多量に吸収し、収量を増やす。しかし無機のNPK肥料を施用しても、微量元素を十分に添加しない場合は、微量元素はNPK肥料の吸収比率よりも低い水準でしか吸収されない。結果として、作物の微量元素の濃度が希釈される可能性がある（Jarrell and Beverly, 1981）。無機NPK肥料の施用による微量元素の希釈（相対的減少）は、“無機肥料が作物の品質を悪化させる”ことの、理由のひとつと指摘されている。有機農業の創設者の一人であるラッシュ（Rusch, 1978）は、可溶化しやすい無機肥料を施用しないことが、最高品質の作物をつくる条件と強調している。現実に、50年以上にわたり市販されている野菜や果物をみると、微量元素含有率が減少しているのがわかる（Mayer, 1997; Davis et al., 2004）。

メイヤー（Mayer, 1997）の研究結果では、時代を経るに連れて野菜ではカルシウム、マグネシウム、銅とナトリウム、果物ではマグネシウム、鉄、銅、カリウムが有意に減ったことが示された。アメリカ合衆国のデイビスら（Davis et al., 2004）も同様に、園芸作物では数種のミネラル含有率の上昇が時には観察されたものの、カルシウム、リン、鉄は減少したと報告している。ここで言及されている栄養素は多量元素（カリウム、リン、マグネシウム、カルシウム）と微量元素（鉄、銅）の両者だが、微量元素のみの体系的な低下は明らかではない。さらに、無機肥料として施肥されているカリウム、リン、カルシウム、そして中和剤としての石灰が通常の基準より減るとは予想しがたいだろう。デイビスら（Davis et al., 2004）は、施肥による希釈以外の要因を指摘している。収量性の高い品種の選抜と、それらの品種の想定外の遺伝的変異による可能性が指摘された（Davis et al., 2004）。最近公表された、微量元素の含有量に関する有機農作物と慣行農作物の比較データでは、慣行農作物における希釈効果（相対的減少）は、まったく示されなかった（Gundersen et al., 2000; Lorhem and Slania, 2000; Ryan et al., 2004; Hajšlová et al., 2005; L-Bäckström et al., 2006; Kristensen et al., 2008）。ほとんどの事例で有機農作物と慣行農作物の無機元素の含量の差はなく、残りの事例では、有機農作物でも慣行農作物でも高濃度になったり低濃度になったりしている。たとえばある研究では、慣行農作物の銅濃度が有機農作物より高かったが、逆の結果を示す研究成果もあり、また、両者間に差はなかったという研究もある（**表5**）。

さらに、同一研究における有機農法と慣行農法との濃度差よりも、複数の研究間における作物中の濃度の絶対値の差の方が大きかった。このことは、作物の微量元素の組成が、圃場の場所、土壌条件、土壌管理、作物管理などの影響を大きく受けることを意味する。NPK肥料の施肥によってミネラル成分が枯渇する、という仮説に対して文献中のデータは決定的でなかったり矛盾したりしているので、それ以外の要因が、有機農作物と慣行農作物の微量元素濃度に影響を与えていると考えられ、以下にそれを述べる。

微量元素の主要な供給源は、圃場の土壌である。土壌中の微量元素のその土地固有の濃度は、母材の違いにより異なるだろう。従って作物の微量元素の濃度は、農法の違いよりも土壌からの微量元素の供給の影響を大きく受ける。たとえば土壌中のセレン含量が低い場合は、農法に関係

表5　有機農作物と慣行農作物における、微量元素の濃度の比較

微量元素	1試験 トウモロコシ 18サンプル	19農場 エンドウ豆 190サンプル	2試験 穀物 39サンプル	1試験 穀物 18サンプル	2試験 野菜
クロム(Cr)	n.a.	有機＝慣行	n.a.	n.a.	n.a.
コバルト(Co)	n.a.	有機＝慣行	n.a.	有機＝慣行	有機＝慣行
セレン(Se)	n.a.	有機＝慣行	n.a.	有機＞慣行	n.a.
ニッケル(Ni)	n.a.	有機＝慣行	n.a.	慣行＞有機	有機＝慣行
モリブデン(Mo)	n.a.	有機＝慣行	n.a.	n.a.	有機＞慣行
銅(Cu)	慣行＞有機	有機＝慣行	有機＞慣行	n.a.	有機＝慣行
鉄(Fe)	有機＞慣行	有機＝慣行	有機＝慣行	有機＞慣行	有機＝慣行
亜鉛(Zn)	有機＞慣行	有機＝慣行	有機＞慣行	n.a.	有機＝慣行
マンガン(Mn)	n.a.	有機＝慣行	有機＝慣行	n.a.	有機＝慣行
論文	Warman and Havard, 1998	Gundersen et al., 2000	Ryan et al., 2004	L-Bäckström et al., 2006	Kristensen et al., 2008

n.a.＝調査せず

なく、作物のセレン含量は低くなる。さらに作物の元素組成は土壌と作物への種々のミネラルと微量元素のフロー（供給の経路）の影響を大きく受ける。微量要素すなわち微量元素は、作物の必要性に応じ、無機リン酸肥料、天然ミネラル、市場に流通する堆肥などを介して、土壌に加えられる。無機栄養素が豊富な市販飼料も、土壌に供給される通常の堆肥を通して、土壌中のミネラルを富化するだろう。異なる栽培方法の作物を比較する際、種々の微量元素のフロー（供給の経路）に関する情報を入手し、検討が必要である。残念ながらこれに関する情報はたいてい入手できないので、ほとんど言及されていない。

大気中に浮遊、蓄積している微量元素が、作物の組成に大きな影響を与える可能性があることは、望まれない元素（鉛やカドミウム）の作物中の濃度上昇の例—これは排出量の削減により、この20年間で減少したが—が示している（Kirchmann et al., 2009）。

有機農作物が、慣行農作物と比べ微量元素の濃度が高いという仮説は、科学的データの裏付けがないと結論づけられるだろう。実際に、微量元素の制御が可能な化学肥料の施用によって、作物の微量元素濃度を目標水準まで上げることができる。実際に1984年以降実施されているフィンランドのセレン施肥は、作物、畜産物およびヒトの血液内のセレン濃度を目標水準まで上げている（Eurola et al., 2003）。

非必須二次代謝物

二次代謝物（必須ビタミン以外）には、5,000～1万の化合物がある。フェノール酸、ポリフェノール、テルペノイド、アルカロイド、フラボノイド、エストロゲン、グルコシノレートなどに分類されており、植物内での役割はまだ完全にはわかっていないが、光線からの保護、酸化ストレスの制御、害虫や病原菌感染に対する防御、草食動物の食害抑制などの機能を持つ。ヒトの栄養としての役割と機能もまた、まだよくわかっていない。代謝物のなかには、活性酸素を減らしてがんを予防する、抗酸化機能をもつ化合物が知られている（Hasler, 1998）。しかし、二次代謝物がヒトに必須であれば、その化合物はビタミンとして定義されるべきだろう。ビタミンや必須微量要素として特定されたビタミンA、C、セレンなどは、抗酸化物質としても機能する。実際にポリフェノールは、70年以上前にビタミンPとして提案されたものの、必須性の条件を満たしていなかった（Kroon and Williamson, 2005）。

いくつかの普通の二次代謝物、例えばジャガイモのソラニン（アルカロイド）やキャッサバのシアン化物は、ヒトに有害な濃度で含まれる。がんを引き起こす可能性がある二次代謝物もある（Ames, 1983; Ames et al., 1990）。植物中には多数の二次代謝物があるので、ヒトの健康に有益なものと有害なものの判別は簡単ではない。しかし二次代謝物の主要な供給源である野菜や果物を毎日多く摂取すると、心臓血管疾患（Ness and Powles, 1997）およびがん（Ness and Powles, 1997）のリスクが減少することが疫学的研究から示されている。

有機農業の支持者は、人間にとって必須ではないにもかかわらず、作物の二次代謝物を人間の健康に重要な物質としてとらえている（例：Lundegårdh and Mårtensson, 2003; Caris-Veyrat et al., 2004; Mitchell et al., 2007; Benbrook et al., 2008）。実際に、果物や野菜の有益な健康効果は、二次代謝物に起因すると主唱され（Brandt and Mølgaard, 2001）、必須ビタミンや必須微量要素でない、とされる。しかし、二次代謝物を食事のきわめて重要な健康成分とする根拠には、科学的な証拠の裏付けはない。エームズとワキモト（Ames and Wakimoto, 2002）は、野菜と果物の摂取による人間の健康増進とがんの減少は、ビタミンとミネラルの充分量を摂取することで、これらの最適以下及び欠乏状態が回避されたことによる効果だと指摘した。二次代謝物の濃度上昇を作物の品質指標とする説明は、誤解と考えられる。

従って、二次代謝物（たとえばベリー類のフェノール化合物）（Asami et al., 2003）、クロロゲン酸（Caris-Veyrat et al., 2004）、トマトのケンペロール（Mitchell et al., 2007）をビタミンCと同等の有益な成分と考えるのは大いに疑問である。これらの化合物が人間に必須なことは示されていないが、有害であることを示す研究は存在する（Ames, 1983; Sahu and Gray, 1994）。

タマネギ、ニンジン、ジャガイモで有機農法と慣行農法を比較した最近の研究では、ポリフェノールやフラボノイド（Sølhoft et al., 2010 b）、或いはニンジンのポリアセチレン（Sølhoft et al., 2010 a）の含有量に、有意で体系的な効果は認められなかった。これらは、作物にあまり含まれないが健康促進効果があるとされる化合物のグループ（Christensen and Brandt, 2006）である。タマネギのもっとも一般的なフラボノイド（ケルセチン）に対する有機窒素と無機窒素の施用では、有意差は認められなかった（Mogren et al., 2007; 2008）。6つの環境要因、すなわち窒素施肥、リン施肥、遮光、干ばつ、オゾン、二酸化炭素富化の植物二次代謝物含量に対する影響を調査したコリシーバら（Koricheva et al., 1998）のメタ分析では、フェノール類とテルペノイド濃度が少し変化した程度だった。

まとめると、ヒトの代謝に対する作物の二次代謝物の効果については、まだ十分に解明されていないことと、有益なことも有害なこともあり得るので、二次代謝物の濃度が上昇したことを、品質の改善とみなすのは正しくないだろう。植物の二次的な化合物の議論にあたっては、人間は、限られた数の植物しか食用作物として利用していないという事実を思い起こすことが必要だろう。なぜならそれは多くの植物が、望まれない二次代謝物を高濃度で含み、食用に向かないからである。

有機農作物と慣行農作物のマイコトキシン

糸状菌が食用作物に定着した時に発現する毒素、いわゆるマイコトキシンの存在も作物品質の一面である。糸状菌は非常に多くのマイコトキシンを合成するが、健康リスクをもたらすのはごくわずかである（Murphy et al., 2006）。マイコトキシンは、収穫前に生成されるフザリウム属に由来するデオキシニバレノール、ゼアラレノンおよび誘導体類と、収穫後に発現するアスペルギルス属に由来するアフラトキシンやオクラトキシンに区別することができる。したがって、マイコトキシン合成に関する栽培システムの影響を調べる場合は、収穫前に発現する毒素のみが対象となる。我々の検証として、フザリウム毒素としてコムギからもっとも多く検出されるデオキシニバレノール（DON）に焦点を当てる（Edwards, 2009）。

一般的に、無機窒素施肥により作物の水分条件が高まる結果、糸状菌の発生やマイコトキシンの生成が増える可能性がある（Clevström et al., 1986; 1987）。窒素施肥は作物を繁茂させ、それゆえに空気の流れが悪くなり、作物の群落内湿度が高くなりうる。さらに窒素施肥は、無施用よりも作物体内の水分含量を高める。また施肥により、作物の成熟期間は長くなり、倒伏リスクが高まるだろう。糸状菌の感染は、開花期から成熟後期までの水分濃度が高い期間に発生する。言い換えると、慣行的集約農業は、間接的に糸状菌の感染の問題を拡大させているともいえる。

窒素を施肥しても、マイコトキシン汚染の際立った増加はなかったという研究成果（例：Teich and Hamilton, 1985; Schaafsma et al., 2001; Blandino et al., 2008）がある一方、デオキシニバレノール含量が増加したとの報告もある（例：Lemmens et al., 2004; Heier et al., 2005; Oldenburg et al., 2007）。多量の窒素施肥はマイコトキシン合成を促進すると考えられるが、感染圧力、気象条件、作物種の感受性などの要因も影響しているだろう。更に、作物の必要量を超える窒素の多量施肥だけが、マイコトキシン汚染のリスクを高めると考えられる（Blandino et al., 2008）。マイコトキシン合成を抑制するには、カリウム施肥と土壌のpHを高めることが有効である（Teich and Hamilton, 1985）。

要約すると、無機窒素肥料を施用した慣行農作物におけるマイコトキシン汚染の増加を明確に証明する証拠はなかった。また慣行農業において、合成殺菌剤による防除は作物の糸状菌感染を制御し、マイコトキシンを低い水準で維持するのに非常に効果がある。有機農作物と慣行農作物のどちらでマイコトキシンが生成されやすいかは、研究室と圃場で比較試験が数多く行われているので、次の項で検証する。

有機農法と慣行農法のどちらかの栽培システムで穀粒のデオキシニバレノール濃度が高まる兆候があるか検証するため穀粒中のデオキシニバレノールの濃度のデータを、**表6**に取りまとめた。加工に伴なう処理の影響を避けるために、貯蔵・加工前の穀粒のみを対象にし、販売されている穀物製品は除外した（例：Malmauret et al., 2002; Schollenberger et al., 2003, 2005; Cirillo et al., 2003; Jestoi et al., 2004）。

穀粒中のデオキシニバレノール濃度は、有機農作物で25～760μg/kg、慣行農作物で16～1,540μg/kgと大きな変動を示した。それぞれのデオキシニバレノール濃度平均値は、有機農作物で225μg/kg、慣行農作物で215μg/kgと有意差はなかった。年次変動のほうが栽培システムの差よりも大きかったとの研究結果もある（Birzele et al., 2002; Champeil et al., 2004）。成長期の殺菌剤による防除で、穀粒のデオキシニバレノール濃度は減少し、低・中程度の感染に対する濃度低減効果は感染率が高いときの防除と比べて低かった（Birzele et al., 2002; Champeil et al., 2004）。最小耕起法による穀粒デオキシニバレノール濃度の方が、通常耕起よりも高かった（Champeil et al., 2004）。以上の結果から、我々は、慣行農作物が有機農作物と比べて、糸状菌汚染率が高まることはないとの結論に達した。

まとめ

世界全体で有機農法が拡大すると、深刻な食料（穀物）不足をもたらすとの警告が、いくつかの代表的な総説で示されている（Smil, 2001; Kirchmann et al., 2008a; Goulding et al., 2009）。しかし多くの有機農業の支持者たちは、私たちがより菜食に転換すべきで問題ではないと即答する。言い換えれば、世界は食料（穀物）生産を減らす有機農法を採用すべきだと言う（Badgley and Perfecto, 2007）。有機農法に切り替えることで生じる食料（穀物）不足は、食事の内容を見直すことで埋め合わせるべきだと薦めている。もしその目的が、科学的に裏付けされた栄養学的な推奨に基づいて菜食主義者の食料を増産することならば、もっとも効率的で環境にやさしい方法は、慣行農法で作物を栽培することである。その結果、今日農業に使用されている巨大な農地は、自然の生態系すなわち森林に戻るか、バイオエネルギー生産に使用可能となるだろう。農業の環境への負荷も大きく軽減されるであろう。

有機農作物の生産が大規模化するほど、食料安全保障が危うくなるのではと、懸念されている。スウェーデンの統計を見てみると、有機農法が作物生産から酪農と肥育に移行したため、飼料生

表６ 有機農法と慣行農法で収穫したムギ類から得られた、フザリウム属のマイコトキシン・デオキシニバレノール平均濃度

作物の種類	サンプル数	貯蔵前[†]の穀粒のデオキシニバレノール平均濃度（μg/kg）		文献
		有機	慣行	
コムギ	総数 35	—	54	Teich and Hamilton, 1985
コムギ	51：50	484	420	Marx et al., 1995
ライムギ	50：50	427	160	
コムギ	総数 37	26	20	Olsen and Möller, 1995
ライムギ	総数 10	20	15	
コムギ	n.g.[††]	50	16	Eltun, 1996
エンバク	n.g.	36	19	
コムギ	169	—	16	Langseth and Rundberget, 1999
エンバク	178	—	32	
コムギ	46：150	760	1,540	Döll et al., 2000
コムギ	47	111	—	Birzele et al., 2002
コムギ	58	280	—	
コムギ	n.g.	205	150	Birzele et al., 2002
エンバク	9：14	25	24	Schollenberger et al., 2003
コムギ	24：36	126	394	
コムギ	8：8	123.5	37.5	Finamore et al., 2004
コムギ	75：75	500	450	Champeil et al., 2004
コムギ	31：40	160	200	Hoogenboom et al., 2008
コムギ	247：1,377	230	230	Edwards, 2009
コムギ	13：13	310	132	Solarska et al., 2009
コムギ	4：4	201	46	Mckenzie and Whittingham, 2010
	4：4	201	323	
平均値		225	215	

†穀粒のデオキシニバレノール濃度の最大許容濃度は、大人で500μg/kg、小児と幼児で100μg/kg
††n.g.＝記録なし

産用の農地が拡大していることが読み取れる。その結果、有機ジャガイモとナタネの栽培農地は75％縮小し、生産量も50％減少したため、スウェーデン国内の需要を満たすことができなくなった。

有機農業の創始者が、有機農作物の優位性を主張し始めてから、この種の農業を推進するにあたっては、品質が議論の焦点になっている。品質に関しては数多くの研究が行われているが、広範囲な比較研究と緻密な統計調査などをさらに厳格に検証した結果、有機農作物と慣行農作物では品質の差がほとんどなく、有機農作物の品質が必ずしも優れているのではないことがはっきりした（例：Magkos et al., 2006; Dangour et al., 2009）。今回の調査は、作物のビタミン、タンパク質、硝酸イオン、微量元素の含有量が、施肥法の違いで増減することの理解を目的とした。慣行農法ではビタミンC含量だけが減少したが（窒素施肥による作物樹冠内での相互遮断）、窒素施肥でビタミン（A、B）の合成は増加した。この章で参照した文献では、慣行農法で栽培された作物の微量元素が体系的に希釈された証拠もなく、また栽培方法の違いによるマイコトキシン含量にも差異を見つけることができなかった。我々は、有機的に栽培された作物の品質の方が優れているということはないとの結論に至っている。

食料供給、食事の構成と食料の品質

かなりの人が自分の体にとって一番良い食品を選択したいとして、有機農作物を選ぶ。英国の土壌協会［訳註：現在の英国の主な有機農業団体］の創設者であるイブ・バルファー夫人は、有機農作物中心の食事に変えたことを記述している（Balfour, 1943）。しかし彼女は同時に食事を小麦粉製品から全粒小麦に、肉食をやめ野菜と果物を中心としたものに変えた。彼女が長生きをした経験から、彼女は有機農作物が長寿と健康を支えたとの結論に至ったかもしれないが、健康への効果を正しく評価するには、食事の構成と食べ物の品質とを、分けて検証することが必要である。

世界の多くの人が抱える健康問題は、栄養失調と肥満（栄養不足と飽食）に起因する。また、アンバランスな食事の構成は、必須栄養素の供給不足を招き、健康に問題が生ずることもある。つまり、食べ物の品質の違いが人間の健康に影響を与えるかもしれないということである。言い換えれば、人間は食事をする際に、食べる量、食事の構成、食べ物の栄養品質を分けて考えねばならない。

我々の分析では、大規模な有機農法は2つの変化を引き起こす—食料が十分確保されなくなるかもしれないことと、ある食料が不足することで食事の構成が変わるかもしれないことである。有機農作物を議論する際に、栄養面での利点が取り上げられるが、従前の研究成果も含めた本章での検証では、有機農作物の品質は必ずしも優れていないことがはっきりした。食事の構成（たとえば炭水化物の脂質に対する割合、砂糖と白小麦粉を使った食べ物の摂取量、果物と野菜の消費、魚と肉の量など）は、人間の健康に大きな影響を及ぼす（Willet, 1994; Taubes, 2001;

Trichopoulou and Critselis, 2004)。まず、栄養価が適切であるかに焦点が当てられねばならない。食事に必須栄養素が十分に含まれている＝すなわち健康食と見なされている限りでは、食べ物の品質の違いは、健康にとって大きな問題ではない（Ames and Wakimoto, 2002)。たとえば、1日にケーキと有機の果物を2個食べるより、ケーキはなしで慣行栽培の果物を5個食べる方が、ビタミンを多く摂取できる。有機農作物を健康面から議論するとき、食品の品質よりもむしろ大規模な有機農業によって引き起こされる食料不足とアンバランスな食事の構成が、健康にとってもっとも深刻な問題であるとの結論に我々は達している。

有機農作物の品質優位性に対する信念

有機農法の支持者は、有機農作物の方が、栄養素の濃度が高いと主張する。コロラド州ボルダー有機センターのベンブルックら（Benbrook et al., 2008）の報告書には、有機農作物の栄養素は、慣行農作物より25％以上多くあったと記載されている。ローゼン（Rosen., 2008）は、この報告書を次のように検証する。ｉ）引用された文献は、慣行農作物が優れていた結果を除外している、ⅱ）食事で硝酸イオンを摂取することが人間の免疫システムにとって必須であるという新たな見方を完全に無視している、ⅲ）25％という高い濃度はどの引用文献にも見当たらないと。

昨今の例を見ると、作物の品質を制御する要因や複雑性を理解するのではなく、有機農作物の栄養的有益性が高いとの信念だけが、有機農業を促進する力となっているように思われる。有機農作物が優れているに違いないとの信念は幅広く行き渡っているが、それは自然を理想とする考えが底辺にある。「自然は最良を知っている、そして、自然は最善を尽くす」というスローガンは、この考えを象徴する一例である。しかし自然を理想化するのではなく、自然科学の法則に従い自然全体を認識すべきである。

参考文献

Ames, B.N. 1983. Dietary carcinogens and anticarcinogens. Science, New Series 221:1256-1264.

Ames, B.N., M. Profet, and L.S. Gold. 1990, Dietary pesticides (99.99% all natural). Proceedings of the National Academy of Science of the USA 87: 7777-7781.

Ames, B.N., and P. Wakimoto. 2002. Are vitamin and mineral deficiencies a major cancer risk? Nature Reviews 2: 694-704.

Åberg, B., and I. Ekdahl. 1948. Effect of nitrogen fertilization on the ascorbic acid content of green plants. Physiologia Plantarum 1: 290-329.

Asami, D.K., Y-J. Hong, D.M. Barrett, and A.E. Mitchell. 2003. Comparison of the total phenolic and ascorbic acid content of freeze-dried and air-dried marionberry, strawberry and corn grown using conventional, organic and sustainable agricultural practices. Journal of Agricultural and Food Chemistry 51:1237-1241.

Badgley, C., Moghtader, J., Quintero, E., Zakern, E., Chappell, J., Avilés-Vázquez, K., Samulon, A., and Perfecto, I. 2007. Organic agriculture and the global food supply. Renewable Agriculture and Food Systems 22: 86-108.

Badgley, C., and I. Perfecto, 2007, Can organic agriculture feed the world? Renewable Agriculture and Food Systems 22: 80-82.

Balfour, E.A. 1943. The Living Soil. Faber & Faber Ltd. London, U.K.

Behera, U.K., and S.K. Rautaray. 2010. Effect of biofertilizers and chemical fertilizers on productivity and quality parameters of durum wheat (Triticum turgidum) on a Vertisol of Central India. Archives of Agronomy and Soil Science 56: 65–72.

Benbrook, C., X. Zhao, J. Yánez, N. Davies, and P. Andrews. 2008. New evidence confirms the nutritional superiority of plant-based organic foods. http://www.organic-center.org/tocpdfs/NutrientContentReport.pdf. The Organic Center, Boulder, CO, USA. Assessed 22/7-2010.

Bendich, A. 1993. Biological functions of carotenoids. p. 61-67. *In* L.M. Canfield, N.I. Krinsky, and J.A. Olsen (eds.). Carotenoids in Human Health. New York Academy of Sciences, New York, USA.

Birzele, B., A. Meier, H. Hindorf, J. Kramer, and H.W. Dehne. 2002. Epidemiology of *Fusarium* infection and deoxynivalenol content in winter wheat in the Rhineland, Germany. European Journal of Plant Pathology 108: 667-673.

Blandino, M., A. Reyneri, and F. Varana. 2008. Influence of nitrogen fertilization on mycotoxin contamination of maize kernels. Crop protection 27: 222-230.

Block, G., B. Patterson, and A. Subar. 1992. Fruit, vegetables and cancer prevention: a review of the epidemiological evidence. Nutrition and Cancer 18: 1-29.

Borlaug, N.E. 1970. The Green Revolution, Peace and Humanity - Nobel Lecture, December 11, 1970. www.agbioworld.org/biotech-info/topics/borlaug/nobel-speech.html, Agbioworld, Tuskegee Institute, AL 36087-0085, USA. Assessed 24/11-2007.

Bourne, D., and J. Prescott. 2002. A comparison of the nutritional value, sensory qualities, and food safety of organically and conventionally produced foods. Critical reviews in Food Science and Nutrition 42: 1-34.

Bradford, G.E. 1999. Contributions of animal agriculture to meeting global human food demand. Livestock Production Science 59: 5-112.

Brandt, K. and P. Mølgaard. 2001. Organic agriculture: does it enhance or reduce the nutritional value of plant foods? Journal of the Science of Food and Agriculture 81: 924-931.

Bruinsma, J. 2003. World Agriculture towards 2015/2030-An FAO Perspective. Earthscan, London. 432 pp.

Caris-Veyrat, C., M-J. Amiot, V. Tysassandier, D. Grasselly, M. Buret, M. Mikolajczak, J-C. Guilland, C. Bouteloup-Demange, and P. Borell. 2004. Influence of organic vs conventional agricultural practice on the antioxidant microconstituent content of tomatoes and derived purees; consequences on antioxidant plasma status in humans. Journal of Agricultural and Food Chemistry 52: 6503-6509.

Cayuela, J.A., J.M. Vidueira, M.A. Albi, and F. Gutiérrez. 1997. Influence of the ecological cultivation of strawberries (*Fragaria x Ananassa* Cv. Chandler) on the quality of the fruit and on their capacity for conservation. Journal of Agricultural and Food Chemistry 45: 1736-1740.

Clevström, G., T. Johansson, and L. Torstensson. 1986. Influence of high nitrogen dose, insufficient drying and other agricultural practices on the fungal flora of barley kernels. Acta Agriculturae Scandinavica 36: 119-127.

Clevström, G., B. Vegerfors, B. Wallgren, and H. Ljunggren. 1987. Effect of nitrogen fertilization on fungal flora of different crops before and after storage. Acta Agriculturae Scandinavica 37: 50 – 66.

Champeil, A., J.F. Fourbet, T. Doré, and L. Rossignol. 2004. Influence of cropping system on *Fusarium* head blight and mycotoxin levels in winter wheat. Crop Protection 23: 531-537.

Chassy, A.W., L. Bui, E.N.C. Renaud, M. van Horn, and A.E. Mitchell. 2006. Three year comparison of the content of antioxidant microconstituents and several quality characteristics in organic and conventionally managed tomatoes and bell peppars. Journal of Agricultural and Food Chemistry 54: 8244-8252.

Chenars, C.H., D.A. Kopsell, and D.E. Kopsell. 2005. Nitrogen concentration affects nutrient and carotenoid accumulation in parsley. Journal of Plant Nutrition 28: 285-297.

Christensen, L.P. and K. Brandt. 2006. Bioactive polyacetylenes in food plants of the Apiaceae family: Occurrence, bioactivity and analysis. Journal of Pharmaceutical and Biomedical Analysis 41: 683-693.

Cirillo, T., A. Ritieni, M. Visone, and R.A. Cocchieri. 2003. Evaluation of conventional and organic Italian foodstuffs for deoxynivalenol and fumonisins B1 and B2. Journal of Agricultural and Food Chemistry 51: 8128-8131.

Connor, D.J. Organic agriculture cannot feed the world. Field Crops Research 106: 187-190.

Dangour, A.D., S.K. Dodhia, A. Hayter, E. Allen, K. Lock, and R. Uauy. 2009. Nutritional quality of organic foods: a systematic review. The American Journal of Clinical Nutrition 90: 680-685.

Davis, D.R., M.D. Epp, and H.D. Riordan. 2004. Changes in USDA food composition data for 43 garden crops, 1950 to 1999. Journal of the American College of Nutrition 23: 669-682.

del Amor, F.M. 2007. Yield and fruit quality response of sweet peppar to organic and mineral fertilization. Renewable Agriculture and Food Systems 22: 233-238.

Dloughý, J. 1981. Alternativa odlingsformer – växtprodukters kvalitet vid konventionell och biodynamisk odling. Swedish University of Agricultural Sciences, Department of Plant Husbandy. Dissertation. Report No. 91. Uppsala, Sweden.

Döll, S., H. Valenta, U. Kirchheim, S. Dänicke, and G. Flachowsky. 2000. *Fusarium* mycotoxins in conventionally and organically grown grain from Thuringia/Germany. Mycotoxin Research 16: 38-41.

Duncan, C., H. Li, R. Dykhuizen, R. Frazer, P. Johnston, G. MacKnight, H. MacKenzie, L. Batt, M. Golden, N. Benjamin, and C. Leifert. 1997. Protection against oral and gastrointestinal diseases: Importance of dietary nitrate intake, oral nitrate reduction and enterosalivary nitrate circulation. Comp. Biochem. Physiol. A 118: 939-948.

Edwards, S.G. 2009. *Fusarium* mycotoxin content or UK organic and conventional wheat. Food Additives and Contamination 26: 496-506.

EFSA, 2008. Nitrate in vegetables. Scientific opinion of the panel on contaminants in the food chain. European Food Safety Authority. The EFSA Journal 689: 1-79.

Eltun, R. 1996. The Apelsvoll cropping experiment. III. Yield and grain quality of cereals. Norwegian Journal of Agricultural Sciences 10: 7-22.

Eppendorfer, W.H. and S.W. Bille. 1996. Free and total amino acid composition of edible parts of beans, kale, spinach, cauliflower and potatoes as influenced by nitrogen fertilization and phosphorus and potassium deficiency. Journal of the Science of Food and Agriculture 71: 449-458.

Eurola, M., G. Alfthan, A. Aro, P. Ekholm, V. Hietaniemi, H. Rainio, R. Rankanen, and E.-R. Venäläinen. 2003. Results of the Finnish selenium monitoring program 2000-2001. Agrifood research Reports, 36. MTT Agrifood Research Finland. Jokioinen, Finland. 42 p.

Evans, L.T. 1998. Feeding the Ten Billions – Plants and Population Growth. Cambridge University Press, Cambridge, UK.

FAO. 2009. World summit on food security. Rome 16-18 November 2009. http://www.fao.org/wsfs/world-summit/en/. Assessed 23/8-2010.

FAO. 2007. Food and Agriculture Organization of the United Nations, Statistical Yearbook 2005/06, Rome. www.fao.org/statistics/yearbook/vol_1_1/site_en.asp?page=resources. Assessed 28/4-2007.

Finamore, A., M.S. Britti, M. Roselli, D. Bellovino, S. Gaetani, and E. Mengheri. 2004. Novel approach for food safety evaluation. Results of a pilot experiment to evaluate organic and conventional foods. Journal of Agricultural and Food Chemistry 52: 7425-7431.

Finnish Food Safety Authority (EVIRA). 2006. Organic farming 2005 – Statistics. http://www.evira.fi/portal/se/vaxtproduktion_och_foder/ekoproduktion/aktuellt_inom_ekovervakningen/. Loimaa, Plant Production Inspection Centre, Finland. Assessed 20/12-2007.

Fjelkner-Modig, S., H. Bengtsson, R. Stegmark, and S. Nyström. 2000. The influence of organic and integrated production on nutritional, sensory and agricultural aspects of vegetable raw materials for food production. Acta Agriculturae Scandinavica, Section B, Soil and Plant Science 50: 102-113.

Geohive. 2007. Global Statistics, World Population Prospects. www.geohive.com/earth/pop_prospects2.aspx. Assessed 27/3-2007.

Gilland, B. 2002. World population and food supply. Can food production keep pace with population growth in the next half-century? Food Policy 27: 47-63.

Goulding, K.W.T., A.J. Trewavas, and K. Giller. 2009. Can organic farming feed the world? A contribution to the debate on the ability of organic farming systems to provide sustainable supplies of food. International Fertilizer Society Proceedings 663.York, UK.

Gundersen, V., I. Ellegaard Bechmann, A. Behrens, and S. Stürup. 2000. Comparative investigation of concentrations of major and trace elements in organic and conventional Danish agricultural crops 1. Onions (*Allium cepa* Hysam) and peas (*Pisum sativum* Ping Pong). Journal of Agricultural and Food Chemistry 48: 6094-6102.

Hajšlová, J., V. Schulzová, P. Slania, K. Janné, E. Hellenäs, and C. Andersson. 2005. Quality of organically and conventionally grown potatoes: Four-year study of micronutrients, metals, secondary metabolites, enzymic browning and organoleptic properties. Food Additives and Contaminants 22: 514-534.

Hasler, C.M. 1998. Functional foods: their role in disease prevention and health promotion. Food Technology 52: 63-70.

Heier, T., S. K. Jain, K.-H. Kogel, and J. Pons-Kühnemann. 2005. Influence of N fertilization and fungicide strategies on *Fusarium* head blight severity and mycotoxin content in winter wheat. Journal of Phytopathology 135: 551-557.

Hoogenboom, L.A.P., J.G. Bokhorst, M.D. Northolt, L.P.L. van de Vijver, N.J.G. Broex, D.J. Mevius, J.A.C. Mejs, and J. Van der Roest. 2008. Contaminants and microorganisms in Dutch organic food products: a comparison with conventional products. Food Additives and Contaminants 25: 1195-1207.

Howard, A. 1947. The Soil and Health. A Study of Organic Agriculture. The Devin-Adair Company, New York, USA, 307 pp.

IFOAM. 2006. The Four Principles of Organic Farming. The International Federation of Organic Agriculture Movements, www.IFOAM.org, Bonn, Germany, assessed 5/6-2006.

Jarrell, W.M. and R.B. Beverly. 1981. The dilution effect in plant nutrition studies. Advances in Agronomy 34: 197-224.

Jestoi, M., M.C. Somma, M. Kouva, Veijalainen, A. Rizzo, A. Riteni, and K. Peltonen. 2004. Levels of mycotoxins and sample cytotoxicity of selected organic and conventional grain-based products purchased from Finnish and Italian markets. Molecular Nutrition & Food Research 48: 299-307.

Juroszek, P., H.M. Lumpkin, R-Y. Yang, D.R. Ledesma, and C-H. Ma. 2009. Fruit quality and bioactive compounds with antioxidant activity of tomatoes grown on-farm: comparison of organic and conventional management systems. Journal of Agricultural and Food Chemistry 57: 1188-1194.

Kaack, K., M. Nielsen, L.P. Christensen, and K. Thorup-Kristensen 2001. Nutritionally important chemical constituents and yield of carrot (*Daucus carota* L.) roots grown organically using ten levels of green manure. Acta Agriculturae Scandinavica, Section B, Soil and Plant Science 51: 125-136.

Kirchmann, H. 1985. Losses, plant uptake and utilisation of manure nitrogen during a production cycle. Acta Agriculturae Scandinavica, Supplement 24.

Kirchmann, H., J. Eriksson, and L. Mattsson. 2009. Trace element concentration in wheat grain – Results from the Swedish long-term soil fertility experiments and national monitoring program. Environmental Geochemistry and Health 31: 561-571.

Kirchmann, H., L. Bergström, T. Kätterer, O. Andrén, and R. Andersson. 2008a. Can organic crop production feed the world? p. 39-72. *In* H. Kirchmann and L. Bergström (eds.). Organic Crop Production – Ambitions and Limitations. Springer, Dordrecht, The Netherlands. http://pub-epsilon.slu.se/514/.

Kirchmann, H., T. Kätterer, and L. Bergström. 2008b. Nutrient supply in organic agriculture-plant- availability, sources and recycling. p. 89-116. *In* H. Kirchmann and L. Bergström (eds.). Organic Crop Production – Ambitions and Limitations. Springer, Dordrecht, The Netherlands. http://pub-epsilon.slu.se/510/.

Kopsell, D.A. and D.E. Kopsell. 2006. Accumulation and bioavailability of dietary carotenoids in vegetable crops. Trends in Plant Sciences 11: 499-507.

Kopsell, D.A., T.C. Barickman, C.E. Sams, and J.S. McElroy. 2007a. Influence of nitrogen and sulphur on biomass production and carotenoid and glucosinolate concentrations in watercress (*Nasturtium officinale* R.Br.). Journal of Agricultural and Food Chemistry 55: 10628-10634.

Kopsell, D.A., D.E. Kopsell, and J. Curran-Celentano. 2007b. Carotenoid pigments in kale are influenced by nitrogen concentration and form. Journal of the Science of Food and Agriculture 87: 900-907.

Koricheva, J., S. Larsson, E. Haukioja, and M. Keinänen. 1998. Regulation of woody plant secondary metabolism by resource availability: hypothesis testing by means of meta-analysis. Oikos 83: 212-226.

Korsaeth, A. 2008. Relations between nitrogen leaching and food productivity in organic and conventional cropping systems in a long-term field study. Agriculture, Ecosystems and Environment 127: 177-188.

Kristensen, M., L.F. Østergaard, U. Halekoh, H. Jørgensen, C. Lauridsen, K. Brandt, and S. Bügel. 2008. Effect of plant cultivation methods on content of major and trace elements in foodstuffs and retention in rats. Journal of the Science of Food and Agriculture 88: 2161-2172.

Kroon, P. and G. Williamson. 2005. Polyphenols: dietary components with established benefits for health? Journal of the Science of Food and Agriculture 85: 1239-1240.

Langseth, W. and T. Rundberget. 1999. The occurrence of HT-2 toxin and other trichothecenes in Norwegian cereals. Mycopathologia 147: 157-165.

Leclerc, J., M.L. Miller, E. Joliet, and G. Rocquelin. 1991. Vitamin and mineral contents of carrot and celeriac grown under mineral or organic fertilization. Biological Agriculture and Horticulture 7: 339-348.

Lefsrud, M.G., D.A. Kopsell, and D.E. Kopsell. 2007. Nitrogen levels influence biomass, elemental accumulation, and pigment concentrations in spinach. Journal of Plant Nutrition 30: 171-185.

Leifert, C. and M.H. Golden. 2000. A re-evaluation of the beneficial and other effects of dietary nitrate. International Fertiliser Society. Proceedings 456.York, UK.

Lemmens, M., K. Haim, H. Lew, and P. Ruckenbauer. 2004. The effect of nitrogen fertilization on *Fusarium* head blight development and deoxynivalenol contamination in wheat. Journal of Phytopathology 152: 1-8.

Lisiewska, Z., and W. Kmiecik. 1996. Effect of level of nitrogen fertilizer, processing conditions and period of storage for frozen broccoli and cauliflower on vitamin C retention. Food Chemistry 57: 411-414.

L-Bäckström, G., B. Lundegårdh, and U. Hanell. 2006. The interactions between nitrogen dose, year and stage of ripeness on nitrogen and trace element concentrations and seed-borne pathogens in organic and conventional wheat. Journal of the Science of Food and Agriculture 86: 2560-2578.

Lorhem, L. and P. Slania. 2000. Does organic farming reduce the content of Cd and certain other trace metals in plant foods? A pilot study. Journal of the Science of Food and Agriculture 80: 43-48.

Lundberg, J.O., E. Weitzberg, J.A. Cole, and N. Benjamin. 2004. Opinion - Nitrate, bacteria and human health. Nature Reviews Microbiology 2: 593-602.

Lundberg, J. O., E. Weitzberg, and M.T. Gladwin. 2008. The nitrate-nitrite-nitric oxide pathway in physiology and therapeutics. Nature Reviews Drug Discovery 7: 156-167.

Lundegårdh, B. and A. Mårtensson. 2003. Organically produced plant foods—evidence of health benefits. Acta Agriculturae Scandinavica, Section B, Soil and Plant Science 53: 3–15.

Magkos, F., F. Arvaniti, and A. Zampelas. 2006. Organic food: buying more safety or just peace of mind? A critical review of the literature. Critical Reviews in Food Science and Nutrition

46:23-56.

Magkos, F., F. Arvaniti, and A. Zampelas. 2003. Organic food: nutritious food or food for thought? A review of the evidence. International Journal of Food Sciences and Nutrition 54:357-371.

Malmaurent, L., D. Parent-Massin, J.-L. Hardy, and P. Verger. 2002. Contaminants in organic and conventional foodstuffs in France. Food additives & Contaminants, Part A 19:524-532.

Marschner, H. 1995. Mineral Nutrition of Higher Plants. 2nd edition. Academic Press, London, UK.

Marx, H., B. Gedek, and B. Kollarczik. 1995. Vergleichende Untersuchungen zum mykotoxikologischen Status von ökologisch und konventionell angebautem Getreide. Zeitschrift für Lebensmittel - Untersuchung und Forschung 201: 83-86.

Mayer, A. 1997. Historical changes in the mineral content of fruit and vegetables. British Food Journal 99: 207-211.

McKenzie, A.J. and M.J. Whittingham. 2010. Birds select conventional over organic wheat when given free choice. Journal of the Science of Food and Agriculture (early view 10.1002/jsfa.4025).

Mengel, K. and E.A. Kirkby. 2001. Principles of Plant Nutrition. 5th edition. Kluwer Academic Publishers, Dordrecht, The Netherlands.

Minkel, J.R. 2004. Bad rap for nitrate? Scientific American, September 06.

Mitchell, A.E., Y-J. Hong, E. Koh, D.M. Barrett, D.E. Byrant, F. Denison, and S. Kaffka. 2007. Ten-year comparisons of the influence of organic and conventional crop management practices on the content of flavonoids in tomatoes. Journal of Agricultural and Food Chemistry 55: 6154-6159.

Mogren, L.M., S. Caspersen, M.E. Olsson, and U.E. Gertsson. 2008. Organically fertilized onions (*Allium cepa* L.): Effects of the fertilizer placement method on quercitin content and soil nitrogen dynamics. Journal of Agricultural and Food Chemistry 56: 361-367.

Mogren, L.M., M.E. Olsson, and U.E. Gertsson. 2007. Effects of cultivar, lifting time and nitrogen fertilizer level on quercitin content in onion (*Allium cepa* L.) at lifting. Journal of the Science of Food and Agriculture 87: 470-476.

Mozafar, A. 1993. Nitrogen fertilizers and the amount of vitamins in plants: a review. Journal of Plant Nutrition 16: 2479-2506.

Müller, K. and J. Hippe. 1987. Influence of differences in nutrition on important quality characteristics of some agricultural crops. Plant and Soil 100: 35-45.

Murphy, P.A., S. Hendrich, C. Landgren, and C.M. Bryant. 2006. Food mycotoxins: an update. Journal of Food Science 71:R51-65.

Nagy, S. 1980. Vitamin C contents of citrus fruits and their products: a review. Journal of Agricultural and Food Chemistry 28: 8-18.

National Research Council. 1989. Recommended Dietary Allowances. 10th Ed. Washington DC. National Academy Press.

Ness, A.R. and J.W. Powles. 1997. Fruit and vegetables, and cardiovascular disease: a review. International Journal of Epidemiology 26: 1-13.

Oldenburg, E., A. Bramm, and H. Valenta. 2007. Influence of nitrogen fertilization on deoxynivalenol contamination of winter wheat – Experimental field trials and evaluation of analytical methods. Myxotoxin Research 23: 7-12.

Olsen, M. and T. Möller. 1995. Mögel och mykotoxiner i spannmål. Vår Föda 8: 30-33.

Rao, A.V. and L.G. Rao. 2007. Carotenoids and human health. Pharmacological Research 55: 207-216.

Rosen, J.D. 2008. Claims of organic food's nutritional superiority: a critical review. http://www.acsh.org/docLib/20080723_claimsoforganic.pdf. American Council on Science and Health. New York, NY. Assessed 22/6-2010.

Rusch, H.P. 1978. Bodenfruchtbarkeit. Eine Studie biologischen Denkens, 3rd Printing. Haug Verlag, Heidelberg, Germany.

Ryan, M.H., J.W. Derrick., and P.R. Dann. 2004. Grain mineral concentrations and yield of wheat grown under organic and conventional management. Journal of the Science of Food and Agriculture 84: 207-216.

Sahu, S.C. and G.C. Gray. 1994. Kaempferol-induced nuclear DNA damage and lipid peroxidation. Cancer Letters 85, 159-164.

Sanchez, P.A. and M.S. Swaminathan. 2005. Cutting world hunger in half. Science 307:357-359.

SCB. 2008. Yearbook of Agricultural Statistics. Official statistics of Sweden, SCB. Örebro, Sweden.

Schaafsma, A.W., L. Tamburic-Ilinic, J.D. Miller, and D.C. Hooker. 2001. Agronomic considerations for reducing deoxynivalenol in wheat grain. Canadian Journal of Plant Pathology 23: 279-285.

Schollenberger, M., H.-M. Müller, and W. Drochner. 2003. Deoxynivalenol contents in foodstuffs of organic and conventional production. Mycotoxin Research 19: 39-42.

Schollenberger, M., H.-M. Müller, M. Rüfli, S. Suchy, S. Planck, and W. Drochner. 2005. Survey of *Fusarium* toxins in foodstuffs of plant origin marketed in Germany. International Journal of Food Microbiology 97: 317-326.

Smil, V. 2001. Enriching the Earth: Fritz Haber, Carl Bosch, and the Transformation of World Food Production. MIT Press, Cambridge, MA, USA.

Smirnoff, N. 1996. The function and metabolism of ascorbic acid in plants. Annals of Botany 78: 661-669.

Solarska, E., A. Kuzdraliński, and J. Szymona. 2009. The mycotoxin contamination of triticale cultivars cultivated in organic and conventional systems of production. Phytopathologia 53:

57–62.
Sølhoft, M., M.R. Eriksen, A.W. Brændholt Träger, J. Nielsen, H.K. Laursen, S. Husted, U. Halekoh, and P. Knuthsen. 2010 b. Comparison of polyacetylene content in organically and conventionally grown carrots using a fast ultrasonic liquid extraction method. Journal of Agricultural and Food Chemistry 58: 7673-7679.
Sølhoft, M., J. Nielsen, H.K. Laursen, S. Husted, U. Halekoh, and P. Knuthsen. 2010a. Effect of organic and conventional growth systems on the content of flavonoids in onions and phenolic acids in carrots and potatoes. Journal of Agricultural and Food Chemistry 58: 10323-10329.
Statistics Finland. 2007. Finland in Figures. Agriculture, Forestry and Fishery. Statistics Finland, Helsinki. http://www.stat.fi/tup/suoluk/suoluk_maatalous_en.html. Assessed 18/12-2007.
Steiner, R. 1924. Geisteswissenschaftliche Grundlagen zum Gedeihen der Landwirtschaft. Steiner Verlag, 5. Auflage 1975. Dornach, Schweiz.
Taubes, G. 2001. The soft science of dietary fat. Science 291: 2536-2545.
Teich, A.H. and J.R. Hamilton. 1985. Effect of cultural practices, soil phosphorus, potassium and pH on the incidence of *Fusarium* head blight and deoxynivalenol levels in wheat. Applied and Environmental Microbiology 49: 1429-1431.
Trichopoulou, A. and E. Critselis. 2004. Mediterranean diet and longevity. European Journal of Cancer Prevention 13: 453–456.
Tinker, P.B. 2000. Shades of Green – A Review of UK Farming Systems. Royal Agricultural Society of England (RASE). Natural Agricultural Centre, Stoneleigh Park, Warwickshire, England.
Torstensson, G., H. Aronsson, and L. Bergström. 2006. Nutrient use efficiency and leaching of N, P and K of organic and conventional cropping systems in Sweden. Agronomy Journal 98: 603-615.
Trudel, M.J. and J.L. Ozburn. 1971. Influence of potassium on carotenoid content of tomato. Journal of the American Society of Horticultural Science 96: 763-765.
Tudge, C. 2005. Can organic farming feed the world? http://www.colintudge.com, Oxford, England. Assessed 29 December 2007.
UN Millennium Project. 2005. Halving Hunger: It Can Be Done. P. Sanchez (ed.). Task Force on Hunger. Earthscan, UK.
von Liebig, J. 1840. Die organische Chemie in ihrer Anwendung auf Agrikultur und Physiologie. Fr. Vieweg & Sohn, Braunschweig, Germany.
Wang, Z-H., S-X. Li, and S. Malhi. 2008. Review – Effects of fertilization and other agronomic measures on nutritional quality of crops. Journal of the Science of Food and Agriculture 88: 7-23.

Warman, P.R. and K.A. Havard. 1998. Yield, vitamin and mineral content of organically and conventionally grown potatoes and sweet corn. Agriculture, Ecosystems and Environment 68: 207-216.

Warman, P.R. and K.A. Havard. 1997. Yield, vitamin and mineral content of organically and conventionally grown carrots and cabbage. Agriculture, Ecosystems and Environment 61: 155-162.

Wheeler, G.L., M.A. Jones, and N. Smirnoff. 1998. The biosynthetic pathway of vitamin C in higher plants. Nature 393: 365-369.

Willet, C.W. 1994. What should we eat? Science 264: 532-537.

Woese, K., G. Lange, C. Boess, and K.W. Bögl. 1997. A comparison of organically and conventionally grown foods – results of a review of the relevant literature. Journal of the Science of Food and Agriculture 74: 281-293.

Woodward, L. 1995. Can organic farming feed the world? www.population-growth-migration.info/essays/woodwardorganic.html, Elm Research Centre, England. Assessed 29 December 2007.

World Health Organization. 2000. Turning the Tide of Malnutrition: Responding to the challenge of the 21st Century. World Health Organization: Geneva.

第11章

放射性核種^{137}Cs・^{90}Srによる土壌汚染改善策としての施肥

イオシフ・ボグデヴィッチ、ナターシャ・ミハイロスカヤ、
ヴェラニカ・ミクリッチ[1]

要約

ベラルーシのチェルノブイリ原発事故被災地においては、その影響を緩和するためのさまざまな対策が取られた。草地の抜本的な改良を目的とした石灰、肥料、家畜ふん堆肥の施用は、土壌から作物への放射性物質の移行を制限するのに広く普及したもっとも適切で有効な対策である。これら資材の施用効果は、放射性物質の汚染度合、土性や土壌の化学性、作物の生物学的特性に左右される。石灰、家畜ふん堆肥、窒素・リン・カリウムの施用による土壌肥沃度の改善は、チェルノブイリ原発事故後、長期間にわたって実施された基本的な土壌回復策である。本章では、セシウム（^{137}Cs）、ストロンチウム（^{90}Sr）によって汚染された土地で実施された、肥料や堆肥による対策の効果に関する既存の実験データを紹介する。

序論

放射性セシウム（^{137}Cs）と放射性ストロンチウム（^{90}Sr）は、それぞれ核分裂時の重要な生成物であるが、核実験、核廃棄物処理、およびチェルノブイリや福島のような原子力事故によって、地球環境に放出される。このような大規模な放射性物質の環境への放出は、ヒトの住んでいる土

本章に特有の略記
Bq = Becquerel; ベクレル／BRISSA = Belarusian Research Institute for Soil Science and Agrochemistry; ベラルーシ土壌科学研究所／Cs = caesium; セシウム／FYM = farmyard manure; 家畜ふん堆肥／LSD = least significant difference; 最小有意差／PL = permissible level of radionuclide concentration; 放射性物質の許容値／RF = reduction factor; 減少係数／SD = standard deviation; 標準偏差／Sr = strontium; ストロンチウム／Tag = Aggregated transfer factor [the ratio of the mass activity density（Bq/kg）in a specified object to the unit area activity density in Bq/m^2] = m^2/kg; 移行係数（農作物中の放射性核種濃度（Bq/kg）と単位面積当たり放射性核種濃度（Bq/m^2）の比）= m^2/kg［訳註：日本では単位面積ではなく土壌重量（kg）当たりが一般的］／Y = yttrium; イットリウム
本書を通じてよく使われる略語は、xページ参照のこと。

1 I. Bogdevitch is Head of Soil Fertility Department, Research Institute for Soil Science and Agrochemistry, Minsk, Belarus; e-mail: brissa5@mail.belpak.by
N. Mikhailouskaya is Head of Soil Biology Laboratory, Research Institute for Soil Science and Agrochemistry, Minsk, Belarus; e-mail: bionf1@yandex.ru
V. Mikulich is a Postgraduate Student, Research Institute for Soil Science and Agrochemistry, Minsk, Belarus; e-mail: roni24@tut.by

地や食料生産システムを長年にわたって汚染する。環境中の放射性セシウムは、さまざまな経路によってヒトに暴露し、健康に影響を与える可能性がある。

^{137}Csや^{90}Srによって汚染された農産物を摂取することは、長期間にわたるヒトへの主要な被ばく経路である（Alexakhin, 1993; Shaw and Bell, 1994）。放射性物質の土壌から作物への移行には、さまざまなケースがあり、土壌のpH、カリウム量、粘土と有機物量によって異なる（Absalom et al., 1995, Ararpis and Perepelyatnikova, 1995, Sanzharova et al., 1996）。プリスターらは2003年に、^{137}Csと^{90}Srの土壌から作物への汚染伝播を予測できる包括的なモデルを提案した。それには、汚染程度、期間、土壌の性質（pH、陽イオン交換容量、有機物含有量、交換性カリウムや交換性カルシウム含有量）が関与している。

1986年4月26日に起きたチェルノブイリ原発事故は、ベラルーシ、ロシア、ウクライナ国土に大量の放射性物質による汚染をもたらした。その結果、それら各国の農業で大規模な対策が必要となり、各種の対策が事故後、集中的に実施された。チェルノブイリ原発事故の被害を受けた地域において、改善戦略のより具体的な内容をさまざまな場所で目にすることができる（特に、コストや有効投与量、効果、そして改善プロセスに出資者の協力を得る方法など。Jacob et al., 2009）。汚染地域における肥料や堆肥による対策の主な目的は、ヒトの食物連鎖系への放射性物質の混入を減らすことである。石灰の施用やカリウム・リン肥料のさらなる追加施用は、放射性物質で汚染された地域における基本的な作物生産技術であり、それらは土壌の化学性や、放射性物質の土壌－作物間の挙動に重要な変化を引き起こす。

我々の目的は、ベラルーシのチェルノブイリ原発事故後の筆者らの研究経験に基づいて、土壌肥沃度や肥料が、土壌から作物への放射性物質移行にどのような影響を与えるかという各種要因（パラメータ）を決定することであった。これらの各種要因の解析は、事故後から長期間にわたる^{137}Csや^{90}Srの食物連鎖系への汚染を防ぐため、施肥という一般的な方法を用いた防御策を開発する上での基礎的な知見となる。

チェルノブイリ原発事故は、ベラルーシの国土の約23%と220万人の人々に放射性物質による汚染をもたらした。26万5,000haの地域において、^{137}Csが1,480 kBq/㎡以上、^{90}Srが111 kBq/㎡以上、そしてプルトニウム（Pu）の放射性同位元素による3.7 kBq/㎡以上の汚染が確認され、それらの土地の農業利用が禁止された。現在は、^{137}Csが37～1,480 kBq/㎡という範囲で汚染された100万haで農業生産が行われている。この土地のうち34万haでは、同時に^{90}Sr（6～111 kBq/㎡）にも汚染されている。地域経済の中で、この事故によってもっとも影響を受けた分野は農業である。政府は、汚染地域の回復のために多大な経済援助を実施した。しかしながら、効果的な対策を選択するには、信頼できる試験結果を蓄積するさらなる努力が求められる。この地域は比較的良好な気候環境にあるので、土壌肥沃度の水準が、収穫作物の汚染を抑制するもっとも重要な要因となる。

材料と方法

^{137}Cs と ^{90}Sr について、作物への移行性に対する土壌肥沃度の影響を調査した。具体的にはゴメル地方の耕地に1m²の区画を無作為に配置し、慣行農法の条件下で、ルビソル壌質砂土での肥料効果を調べた。土壌の化学性は腐植 2.2%、pH（KCl）6.0、P_2O_5 170 mg/kg、K_2O 160 mg/kg であった。土壌への放射性物質の汚染程度はやや高く、350 ± 18.0 kBq ^{137}Cs/m²、48 ± 5.2 kBq ^{90}Sr/m² であった。試験のなかにはカリウム肥料の施用量を変えた試験も含まれ、その試験はN 90 kg/ha、P_2O_5 60 kg/haの施肥を基準として、K_2O をそれぞれ60、120、180 kg/ha施用し、無施用区と比較した。その施肥（4反復）は、家畜ふん堆肥をそれぞれ0、8、16 t/ha施用した3ブロックで実施し、試験はトウモロコシ、春コムギ、ソラマメ・エンバク混作、冬コムギ、そしてマメという作物ローテーション下で行った。また、N_2 固定をする共生菌（在来系統の *Azospirillum brasilense*）について、多年生牧草種子への接種効果を圃場試験で検討した。ゴメル州のモズイリ市での試験は、ルビソル壌質砂土（腐植 1.2%、pH 6.0～6.2、P_2O_5 160～180 mg/kg、K_2O 180～190 mg/kg、^{137}Cs と ^{90}Sr の汚染程度はそれぞれ185kBq/m²、12 kBq/m²）というやせた土壌条件で実施した。チモシー（*Phleum pratense*）、フェスク（*Festuca pratensis*）、ブロムグラス（*Bromus Inermus*）、カモガヤ（*Dactylis Glomerata*）は、6.4 m²（4反復）の小試験区で育て、肥料はN、P_2O_5、K_2O をそれぞれ30、60、90 kg/ha施用した。

土壌分析は、従来法を用いて行った。可給態の P_2O_5、K_2O は、土壌：水＝1：5で0.2 M HCl抽出法で測定した［訳註：availableを可給態、exchangeableを交換性と、原著表記通りに訳した。日本での一般的分析法では両者は異なるが、本稿では交換性カリウムの分析法は記述されていなかった］。作物および土壌試料中の ^{137}Cs の放射能濃度は、ガンマ分光法（HP-Ge検出器 キャンベラGC4019）を用いて測定した。^{90}Sr の放射能濃度は、600℃で灰化した作物および土壌試料について、放射性イットリウム（^{90}Y）をシュウ酸塩法を用いて分離した後、チェレンコフ光で測定した。測定結果はBq/kgおよびkBq/m²として、作物および土壌サンプルについて計算した。そして、農産物への土壌からの放射性物質の移行係数として、^{137}Cs および ^{90}Sr のTag値（m²/kg × 10^{-3}）を算出した。実験データの一般的な分散分析と回帰分析は、MSエクセル（Clever and Scarisbrick, 2001）を用いて行った。

改善方法

石灰施用

作物はセシウムとストロンチウムを、それらの競合イオン（それぞれカリウムおよびカルシウム）と同じ取り込みメカニズムによって吸収する。カリウムおよびカルシウムはともに重要な作物の栄養素であるため、作物によって積極的に取り込まれる。それらの競合イオンが豊富で生物学的に利用可能な場合には、作物による ^{137}Cs と ^{90}Sr の吸収は比較的少ないと予想される。

土壌酸度は、核種の可給性および作物への吸収量に影響する。酸性土壌への石灰施用は、農産物への^{90}Srの移行を妨げる効果的な方法である。土壌酸度の減少と土壌溶液中のSr^{2+}/Ca^{2+}バランスに基づくこの対策は、チェルノブイリ原発事故の発生よりかなり前から知られていた（Wiklander, 1964)。事故後、石灰による改善に関して多数の試験が行われた。その中でも、カルシウムおよびカリウムのような競合的化学種の濃度を高めることによって、土壌溶液中の放射性物質のレベルを低減しようとする化学的改善が、優先的に行われた（Alexakhin, 1993; Nisbet et al., 1993)。

交換性カルシウム含有量が比較的低い酸性土壌（土壌1kg当たりの交換性カルシウムが約2cmol）において、カルシウム添加は、農産物への^{137}Csと^{90}Sr両方の移行を有意に減らす可能性があることが判明した（Nisbet et al., 1993)。ベラルーシの粗粒質土壌にもっとも適した石灰施用材は、22%のカルシウムおよび13%のマグネシウムを含む細粒ドロマイトであった。

ポドゾルビソル［訳註：粘土集積層に漂白層が侵入した土壌。別称アルベルビソル］壌質砂土での栽培で最大収量となるpH（KCl）値は、作物により異なり、大麦6.7、ジャガイモ5.9、ルピナス4.9であった。放射性物質の低減策を選択する際には、追加施肥に見合った収量が得られるか否かを考慮する必要がある（Bogdevitch, 2003)。ジャガイモ栽培において、放射性物質の吸収低減と経済性の両面から、最適な石灰施用の一例を**表1**に示す。

表1 ポドゾルビソル壌質砂土における石灰施用のジャガイモ収量と放射性核種吸収抑制に対する効果（土壌の放射能は^{137}Cs-370 kBq/㎡・^{90}Sr-37 kBq/㎡、無処理のジャガイモ塊茎は、^{137}Cs-10.2 Bq/kg、^{90}Sr-11 Bq/kg）

苦灰石（ドロマイト）施用量 t/ha	肥料施用量 (N-P_2O_5-K_2O) kg/ha	土壌pH	土壌中交換性Ca cmol/kg	ジャガイモ収量 t/ha	純収益 €/ha	^{137}Cs 放射性減少係数	^{90}Sr 放射性減少係数
0	0-0-0	4.9	2.5	16.2	-	1.0	1.0
6	0-0-0	5.9	4.2	17.6	67	1.6	-
18	0-0-0	6.7	5.8	15.4	-95	1.7	-
0	70-60-150	4.9	2.5	24.3	403	1.8	1.2
6	70-60-150	5.9	4.2	26.4	509	2.1	1.5
18	70-60-150	6.7	5.8	23.1	298	2.3	1.7
$LSD_{0.05}$				1.4			

［訳註：LSD（最小有意差）の有意水準0.05は、95%の確率でその結果が信頼できる意味。表右の数字1.4は、比較するデータの差がこれ以上あればその差は有意で、それ以下であれば、有意な差が認められないことを意味する］

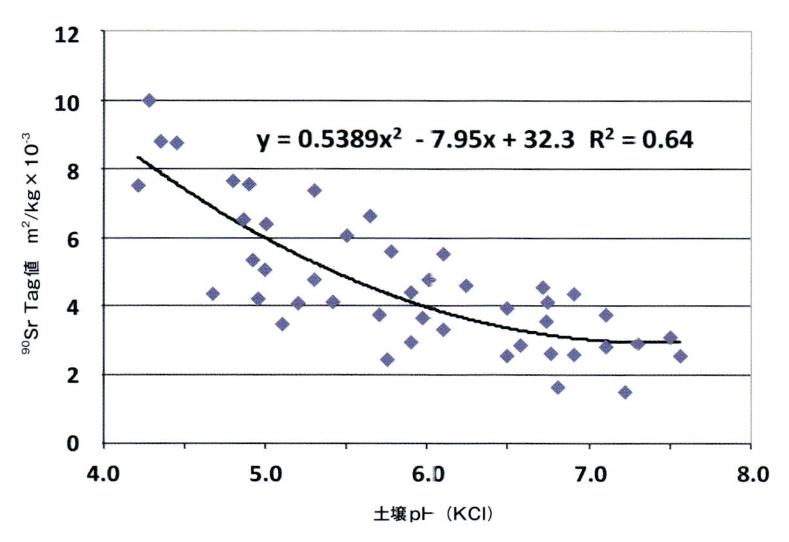

図1 ポドゾルビソル壌質砂土の土壌pH（KCl）とクローバーへの ^{90}Sr 移行係数（Tag値、$m^2/kg \times 10^{-3}$）の関係

試験でのジャガイモの最高収量は、1ha当たりドロマイト6tと肥料N、P_2O_5、K_2O をそれぞれ70、60、150kg施用することで達成された。この処理はヘクタール当たりの最高純収益をもたらした一方で、^{137}Cs と ^{90}Sr の作物への蓄積も大幅に削減された。ドロマイトの割合を18t/haに増やすと、土壌の中性化（pH 6.7）がもたらされ、^{137}Cs と ^{90}Sr の作物への蓄積はやや減少したが、収量と純収益も減少した。酸性土壌に石灰を大量施用することでpHを6.5以上に上げることは、多くの場合、鉄、マンガン、銅、亜鉛などの微量要素の可溶性を下げ収量低下につながることが知られている（Bergmann, 1992）。適量の石灰と肥料を組み合わせて施用すると、放射性物質の作物への蓄積を低減しつつ、収量と利益を増加させることができた。

多年生牧草は ^{137}Cs、^{90}Sr ともに最高濃度の放射性物質を蓄積し、放牧牛、特に乳牛にとってもっとも重大な問題となる。土壌酸度は放射性物質の可溶性とそれらの作物への蓄積に影響を与える。圃場における筆者らの調査では、ルビソル土壌へ石灰を施用することで、pH（KCl）4.2～4.5がpH 6.5～7.0へと変わり、クローバー（*Trifolium pratense*）中の ^{90}Sr 蓄積を減少させた（**図1**）。

本研究の結果は、負のべき関数を用いた回帰曲線によって単純に説明することができる。同じような関係は、ほかの作物においてもみられる。このような負のべき関数は、土壌から作物へ取り込まれる ^{137}Cs と ^{90}Sr の量を予測するため、ベラルーシで広く利用されている。ロシア、ベラルーシ、ウクライナにおいて、pH（KCl）が異なる汚染土壌での石灰施用は、^{137}Cs と ^{90}Sr の蓄積を1/1.3～1/2.6に減少させた（Deville-Cavelin et al., 2001）。酸性度の高いポドゾルビソルや泥炭土壌（pHが<4.0～4.5）における筆者らの試験の場合、石灰施用によって多年生牧草の中への放射性核種の蓄積は最大1/10にまで減少した。

汚染土壌で栽培する作物の最適pH調整に必要な石灰量は、土壌の種類、物理性、初期の土壌酸度で異なる（BRISSA, 2003）。ポドゾルビソル土性群におけるpH（KCl）目標は、粘土・壌土6.0～6.7、砂壌土5.8～6.2、砂土5.6～5.8である。干拓したヒストソル（泥炭で、柔らかい多湿土壌）で石灰施用をする際の目標pHは5.0～5.3である。酸性土壌への石灰施用は、汚染地域で農業を行うための必須前提条件である。

カリウム肥料

カリウム肥料の施用は、作物体内への^{137}Cs移行を制限する有用な農業化学的手法である。カリウムは、セシウムと化学的性質が類似している元素で、土壌から作物への^{137}Csの移行を効果的に阻害する（Andersen, 1963; Evans and Dekker, 1963）。その阻害効果は土壌溶液中のカリウム濃度に強く依存し、農産物のセシウム汚染を低減するカリウム施肥の効果を決める（Menzel, 1954; Shaw and Bell, 1991）。さまざまな作物間における、^{137}Csの取り込み能に関する遺伝子型の違いは非常に重要で、それらもまた、土壌中の交換性カリウム含有量に依存する（Bogdevitch, 1999）。作物へのカリウム肥料の施用は、作物中の^{137}Csと^{90}Sr両方の蓄積に大きく影響する。土

表2　ベラルーシのゴメル州のポドゾルビソル壌質砂土において、3段階の異なる土壌交換性カリウム含有量下での、カリウム肥料施用量が春コムギの収量と^{137}Cs移行係数（Tag値）に及ぼす影響

土壌処理†	子実収量 t/ha	対照区との差 t/ha	^{137}Cs Tag値 $m^2/kg \times 10^{-3}$	減少係数
		3.2mmolK/kg		
Control（対照区）	3.24	-	0.028	1.0
$N_{70}P_{60}K_{80}$	4.58	1.34	0.024	1.1
$N_{70}P_{60}K_{160}$	4.79	1.55	0.017	1.6
$N_{70}P_{60}K_{240}$	4.90	1.66	0.014	2.0
		5.3mmolK/kg		
$N_{70}P_{60}K_{80}$	4.90	1.66	0.014	2.0
$N_{70}P_{60}K_{160}$	4.90	1.66	0.010	2.7
$N_{70}P_{60}K_{240}$	5.00	1.76	0.009	2.8
		7.4mmolK/kg		
$N_{70}P_{60}K_{80}$	5.00	1.76	0.010	2.7
$N_{70}P_{60}K_{160}$	5.13	1.89	0.010	2.8
$N_{70}P_{60}K_{240}$	5.21	1.97	0.009	2.9
LSD_{05}		0.22	0.0037	

† P、Kの右下の数字は、P_2O_5、K_2Oの量を示す。

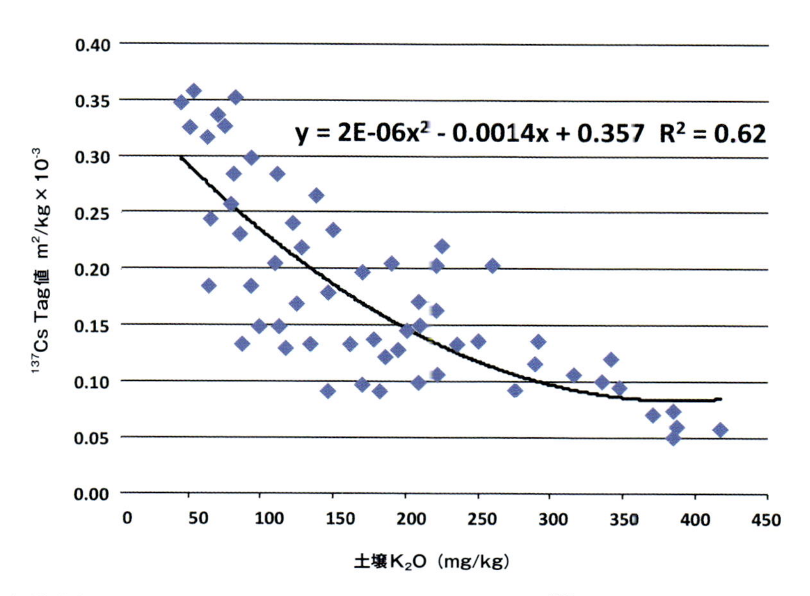

図2 ルビソル壌質砂土における土壌中カリウム量とクローバーへの^{137}Cs移行係数（Tag値、$m^2/kg \times 10^{-3}$）の関係

壌へのカリウム供給が不十分であると、汚染土壌における生態系に^{137}Csが多く吸収される結果をもたらす（Alexakhin, 1993; Prister et al., 1993; Fesenko et al., 2007）。

筆者らの圃場試験では、土壌のカリウム供給量が３段階となる区画を準備し、一定量の窒素、リン肥料と、3段階に変えたカリウム肥料を施用する試験を実施した。春コムギで得られたデータを**表2**に示す。

ポドゾルルビソル壌質砂土中のカリウム供給レベル（交換性カリウム）を、3.2から5.3 mmol/kgへ改善すると、大幅な収量増加となること、そして土壌から穀物子実への^{137}Csの移行を1/1.6～1/1.7に抑えられることが判明した。また、160～240 kg K_2O/haの多量のカリウム肥料の施用が、低カリウム含有量の壌質砂土での作物栽培に有効であることも明らかとなった。中～高カリウム供給土壌（5.3～7.4 mmol/kg）での作物のセシウム吸収低減には、中程度のカリウム肥料の施用で十分であった。

筆者らの試験結果は、放射性核種濃度、土壌の化学性、作物種によって影響を受けるカリウム肥料の効率的施用の裏付けとなった。たとえば、クローバー（*Trifolium pratense*）の作物体への^{137}Cs移行係数と土壌中の可給態カリウム含有量の間には強い負の相関が認められた（**図2**）。

クローバーへの^{137}Csの移行と土壌のカリウム供給レベルの関係は、寄与率が62％と、負のべき関数によく当てはまっている。^{137}Cs移行係数の有意な減少が、土壌中の可給態カリウム含有量50～250 mg/kg（1.1～5.3 mmol/kg）の範囲内で認められた。ジョールン（芝草などの生えた）・

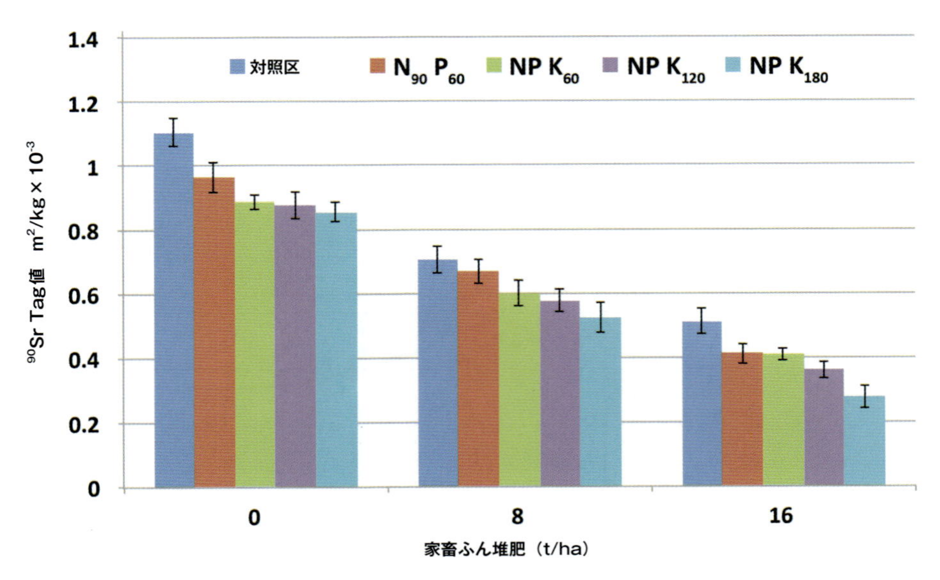

図3 ポドゾルビゾル壌質砂土において、家畜ふん堆肥とカリウム肥料との割合を変化させた場合の、^{90}Srの土壌から春コムギ子実への移行（Tag値、$m^2/kg \times 10^{-3}$）

ポドゾル壌質砂土における最適カリウム含有量の閾値は、ほとんどの畑作物で約5.3 mmol/kgであるとのデータが得られた。土壌の交換性カリウムをさらに増加させても、作物への放射性物質の蓄積を効果的に抑制できず、処理コストを増加させるだけであった。カリウムの肥効は、石灰を施用して土壌酸度が有意に低下［訳註：pH上昇］した場合に、より高くなることが見出された。この結果は有機質土壌、無機質土壌にかかわらず、交換性カリウムが5 mmol/kg未満［訳註：236K_2O mg/kg未満］の低肥沃度の土壌中で、^{137}Cs汚染の影響の改善にカリウム肥料が有益であると結論づけたデータと一致する（Nisbet, 1995）。そのため、筆者らの実験データは、カリウムの土壌分析値に基づいてカリウム肥料の効率的な使用量を予測するための定量的な基準となる。

しかし、土性の違いは、土壌水分中の^{137}Csと^{90}Sr（およびその競合イオン）の濃度に強く影響を与え、実際、作物への取り込みも幅広い範囲内で変動する場合がある（Sheppard and Evenden, 1997）。そこで筆者らは、一定量の窒素・リン肥料を施用しながらカリウム肥料の施用量を増加させ、3段階に分けた家畜ふん堆肥施用量と組み合わせることにより、コムギ子実への^{137}Csと^{90}Srの移行抑制効果を検証する長期圃場試験を1999年に開始した。0、8、16 t/haという3段階の家畜ふん堆肥によって、表土層の土壌有機物含有量は、それぞれ1.56、1.94、2.40％になった。16 t/haの家畜ふん堆肥施用は、輪作時の作物収量に持続的な効果を発揮し、0.96～1.14 t/haの春コムギ（*Triticum aestivum*）の子実収量を得た。家畜ふん堆肥施用によって、子実中の^{90}Sr蓄積が1/2.0～1/2.6まで減少した一方で、^{137}Csの蓄積は1/1.3～1/1.4の減少にとどまった（**図3**）。

土壌中のストロンチウムの挙動を変化させる主な要因は、ストロンチウムと腐植との有機錯体

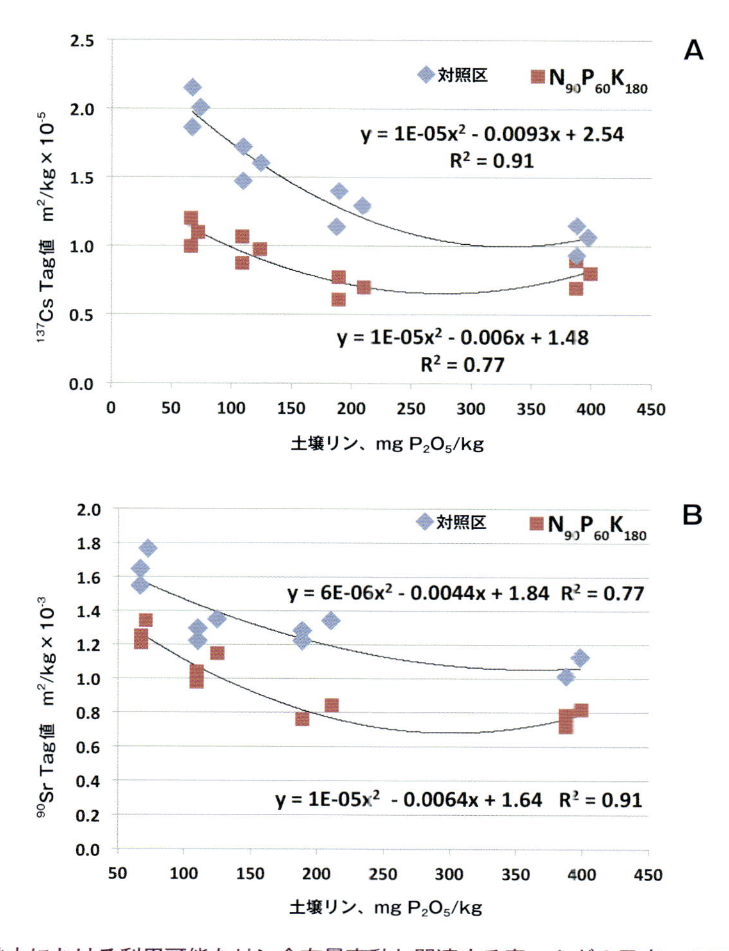

図4 ルビソル壌質砂土における利用可能なリン含有量変動と関連する春コムギの子実へのフラックスを示すTag値（^{137}Csでは$m^2/kg \times 10^{-5}$、^{90}Srでは$m^2/kg \times 10^{-3}$）（2005年、2006年、および2007年の対照区と$N_{110}P_{60}K_{180}$処理区の平均値）

形成である（Arapis et al., 1997）。したがって、粗粒質土壌への有機物施用は、土壌による微量の放射性核種の保持容量を増加させ、^{90}Srの作物の取り込みを減少させることができる。多めの家畜ふん堆肥施用と最適な肥料施用（$N_{90}P_{60}K_{180}$）の複合効果は、コムギ子実への^{90}Srの移行を1/4に抑制し、移行係数（Tag値）は1.11から0.28に低下した。

リン肥料

リン肥料の多量施用は、作物が微量元素を有害になるまで取り込むことを防止または軽減することが知られている（Bergmann, 1992）が、これは^{137}Csや^{90}Srといった放射性核種に対しても同様である（Nisbet et al., 1993; Prister et al., 1993）。土壌から作物への^{90}Sr移行量の抑制は、不溶性ストロンチウムリン酸塩が形成されて起こる。しかし、肥沃な土壌でのアンバランスな窒素・リン肥料の多量施用は、作物中への^{137}Csの吸収増大を引き起こした（Sanzharova et al., 1996）。

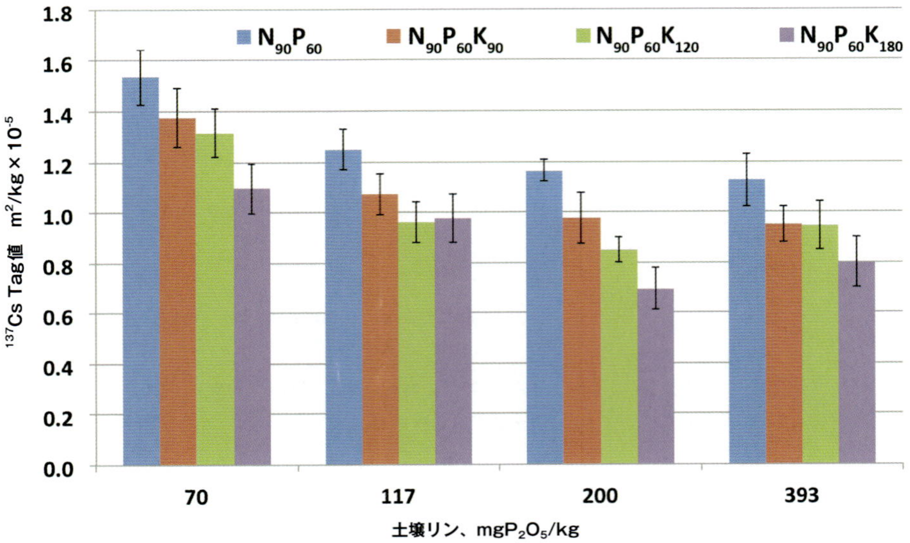

図5 ルビソル壌質砂土での可給態リン含有量の異なる条件下において、カリウム肥料の割合増加と関連する春コムギの子実へのフラックスを示すTag値（^{137}Csでは、$m^2/kg \times 10^{-5}$）（2005年～2007年の平均値 ± 標準偏差）

通常、これらの肥料や堆肥の特性は密接な相互関係をもっている。筆者らの実験では、ほかの要素レベルを一定に保ち、土壌中の可給態リンの濃度を変えた際の効果を検証した（**図4**）。

土壌中の可給態リン（mg P_2O_5/kg）含量が異なる4ブロックを次のように設定した：I（67～72）；II（110～124）；III（189～211）、IV（388～398）。67～400mg P_2O_5/kgの広範囲にわたる可給態リン含量の増加により、施肥区において穀物収量が3.8から6.9 t/haへと増加するだけでなく、^{137}Cs蓄積が1/1.4～1/1.9に減少、および^{90}Sr蓄積が1/1.5～1/1.6に減少した。コムギ子実への^{137}Csと^{90}Srの移行係数Tag値（y）と土壌中で増加する可給態リン含有量（x）との関係は、二次曲線（R^2 = 0.91および0.77、$P<0.01$）で示された。壌質砂土において可給態リン含有量が300～320 mg P_2O_5/kgの場合、コムギ子実内の放射性物質の蓄積が最も少なくなると予測された（Bogdevitch and Mikulich, 2008）。

また筆者らは、異なるレベルの土壌中可給態リン条件下において、窒素・リン肥料を一定にし、コムギ子実への^{137}Csの移行係数に対するカリウム施用量の影響を検討した（**図5**）。

筆者らの試験圃場のカリウム含有量は、壌質砂土での穀物栽培にとって最適に近いものであった（交換性カリウム4.7 mmol/kg）。カリウム肥料の施用量増加により、土壌からコムギ子実への^{137}Csの移行は効果的に減少した。$N_{90}P_{60}$という基本施用（kg/ha）と比較して、K_{90}の追加で^{137}Cs移行が10～16%、K_{120}で14～27%、K_{180}で22～40% 減少した。カリウム肥料の影響で、^{90}Srの子実への移行も3～28%と比較的低くなった。土壌からコムギ子実への放射性物質の移行に関するカリウム肥料の相対的な抑制効果は、土壌中のリン供給レベルの研究と似ている。しかしながら^{137}Csの移行は、土壌中の可給態リン含量が増加するにつれ低下する傾向があった。

^{137}Csの移行係数（Tag）値は小さいため、子実の放射能は1.9～9.1 Bq/kgとリンレベルによって変動するが、食品としての穀物に定められている許容値（PL; Permitted level）90 Bq/kgよりはるかに低い値であった。^{90}Srの土壌からコムギ子実への移行は、ほぼ2桁以上の値を示しており、子実の放射能は19.5～42.7 Bq/kgの間で変動した。現在、ベラルーシで施行されている^{90}Srの許容値は、食品グレードの穀物で11 Bq/kg、パン用で3.7 Bq/kgと特に低くなっている。^{90}Srの放射能が16 kBq/㎡までは食品用コムギの生産を許可されるので、最適レベルまで可給態土壌リン含有量を増加させることは非常に重要である。土壌中リンの少ないやせた土壌では、食品グレードのコムギは^{90}Sr の値が11 kBq/㎡以下のみで栽培が許可される。ベラルーシの耕地の約8万haが、11 kBq/㎡以上の^{90}Srで汚染されている。

汚染地域の生産者にとっては、収入を最大化させるために、適切な許容値以下の食品グレードのコムギ子実（飼料用でなく）を栽培できることが重要である。そしてもっとも経済的に効果のある処理量が、$N\text{-}P_2O_5\text{-}K_2O$ = 110-60-120 kg/haであった。施肥の収益性は土壌へのリン供給を高めるにつれて増加し、実際に1段階目および4段階目の水準のリン投入で生産された食品グレードの子実の純収益は、それぞれ99€/ha と252€/haであった。^{90}Srで汚染されて許容値を上回ったため飼料用として販売されたコムギ子実は、28€/haおよび105€/haという低い純収益であった。中庸な窒素施用量（60、90、および110 kg/ha）であったため、放射性物質である^{137}Csと^{90}Srのコムギ子実中への蓄積に対して窒素肥料の増加による効果は見られなかった。また、よく知られた生物学的な放射性物質濃度の「希釈」効果は、窒素肥料の施用量に応じてコムギ収量が高まったことにより観察された。

生物肥料

アゾスピリラム属に属する窒素固定菌は、農学者と微生物学者の間で大きな関心を集めている。彼らは作物にその菌を接種して通常より高い収量・品質を得ることに成功している（Boddey and Dobereiner, 1995; Okon and Kapulnik, 1986; Kennedy et al., 2004）。

現地の菌株である*Azospirillum brasilense* B-4485を含んだ生物肥料アゾバクテリンは、ベラルーシ土壌科学研究所（BRISSA）が開発した。その菌株は、高い窒素固定活性、有意なホルモン作用、リン可溶化活性を有する。アゾバクテリンは、オオムギ、亜麻、多年生牧草において効果的な接種剤である（Mikhailouskaya, 2006; Mikhailouskaya and Bogdevitch, 2009）。

多年生牧草にアゾバクテリンを接種した一連の試験を、チェルノブイリ原発事故によって放射性物質で汚染されたポドゾルビソル壌質砂土で実施した。筆者らの6年間の圃場試験で、放射性

表3 *Azospirillum brasilense* 接種剤に対する多年生牧草の収量応答や土壌から各種牧草への放射性核種の移行（Tag値、$m^2/kg \times 10^{-3}$）

項目	コスズメノチャヒキ	オーチャードグラス	チモシー	メドーフェスク
乾物収量（対照区）、t/ha	5.2	4.7	4.1	3.5
接種剤に対する収量応答、t/ha	0.9*	0.7*	0.7**	0.4*
LSD_{05}	0.39	0.43	0.4	0.35
^{137}Cs Tag値（対照区）	0.35	0.27	0.30	0.21
^{137}Cs Tag値（接種剤処理区）	0.22	0.19	0.22	0.17
減少係数	1.6**	1.4**	1.3**	1.2*
^{90}Sr Tag値（対照区）	2.33	3.08	1.67	1.33
^{90}Sr Tag値（接種剤処理区）	1.25	1.67	0.75	0.75
減少係数	1.9**	1.8**	2.2**	1.8**

注）応答は、 $P<0.05$ および ** $P<0.01$ で有意である*

表4 ベラルーシにおける放射性核種 ^{137}Cs と ^{90}Sr で汚染されたポドゾルビソル土壌でのカリウム肥料の推奨年間施用量

場所	可給態 K_2O mg/kg	初期投入量 K_2O kg/ha	^{137}Cs と ^{90}Sr の堆積量（kBq/m^2）ごとの K_2O 追加投入量（kg/ha）		
			^{137}Cs 37-184 ^{90}Sr 6-10	^{137}Cs 185-554 ^{90}Sr 11-73	^{137}Cs 555-1,480 ^{90}Sr 74-111
耕地	< 80	100	50	100	150
	81-140	90	30	60	90
	141-200	80	20	40	60
	201-300	55	15	30	45
	> 300	25	-	-	-
牧草地／牧場	< 80	80	40	80	120
	81-140	70	30	60	90
	141-200	60	20	40	60
	201-300	45	15	30	45
	> 300	20	-	-	-

表5 ベラルーシにおける放射性核種^{137}Csと^{90}Srで汚染されたポドゾルビソル土壌でのリン肥料の推奨年間施用量

場所	可給態P_2O_5 mg/kg	初期投入量P_2O_5 kg/ha	^{137}Csと^{90}Srの堆積量（kBq/m^2）ごとのP_2O_5追加投入量（kg/ha）		
			^{137}Cs 37-184 ^{90}Sr 6-10	^{137}Cs 185-554 ^{90}Sr 11-73	^{137}Cs 555-1,480 ^{90}Sr 74-111
耕地	< 60	45	15	30	45
	61-100	40	10	20	30
	101-150	35	5	10	15
	151-250	20	-	5	10
	251-400	10	-	-	-
牧草地／牧場	< 60	35	15	30	45
	61-100	30	10	20	30
	101-150	25	5	10	15
	151-250	10	-	5	10
	251-400	-	-	-	10

物質の多年生牧草への移行率の低下とともに、11～17%の大幅な増収効果が明らかになった（**表3**）。

安くて環境に優しい生物肥料は、効果的な改善策として受け入れられる可能性がある。^{137}Csと^{90}Srの蓄積に対する細菌の効果により、それぞれの移行係数は、1/1.2～1/1.6および1/1.8～1/2.2に低下した。このことは収量増加による希釈効果とバイオソープション［訳註：生物学的吸着。微生物が金属イオンなどの各種物質を吸着、あるいは保持する能力をもつことを意味する］の効果の組み合わせによって説明できる。これは、アゾスピリラム属細菌は、バイオマスと培地の^{137}Csと^{90}Srの分配係数がそれぞれ560と6,400であり、^{137}Csと^{90}Srの固定化に適しているという、ロシアの科学者の報告からも支持される（Belimov et al., 1996）。

推奨される改善法

窒素・リン肥料、家畜ふん堆肥、石灰を組み合わせてのカリウム施肥システムは、1992年のチェルノブイリ原発事故後の汚染された土壌で詳細に検討された後、2003年にさらに改善された（BRISSA, 2003）。土壌肥沃度の水準を確保しながら、作物や牧草中への放射性核種の取り込みを最小化するために、経済的に許容可能なカリウム施肥量が見出された。推奨される肥料の投与量は、土壌の種類、土壌中のカリウムレベル、および^{137}Csと^{90}Srの汚染程度によって決められる。ポドゾルビソル土壌での典型的な輪作体系における年間カリウム施用量を**表4**に示す。リン肥料の施用量は、可給態リンの土壌分析値および放射性核種の汚染程度にしたがって同様の方法で決めることができる（**表5**）。

生産者のリン・カリウム肥料の費用は、すべてチェルノブイリ原発事故の影響を克服するための国家プログラムによる助成金でまかなわれているので、窒素・リン・カリウム肥料の推奨投入量の施用は、すべての汚染された土壌で実施されている。生産者の窒素肥料の費用も、農業・食品省および地方予算から30～60%の助成を受けている。

ベラルーシにおける土壌肥沃度は、一般的に4年ごとに評価されている（pH、P_2O_5、K_2O、カルシウム、マグネシウム、有機物含有量、および必要に応じて、ホウ素、銅、亜鉛の含有量が測定される）。

肥料の効率的な使用のための土壌肥沃度と推奨値のモニタリングは、ベラルーシ土壌科学研究所（BRISSA）の傘下にあるアグロケミカルサービス（Agrochemical Service）の責任となっている。

ベラルーシで適用された対策の素晴らしい効果は明らかである。食物連鎖への^{137}Csの移行は事故後1/12以下、^{90}Srは1/3に減少している。大規模な協同農場で生産されているすべての農産物は、放射性物質含有量の国際的な許容値であるPL-99の要件を満たしている。農地の大部分は、最適水準の土壌pHとカリウム含有量が達成され、維持されている。

試験による知見は、協同農場ならびに個人の生産者の圃場でECプロジェクト「ETHOS（1996～2001年）」に基づいて利用された。このパイロット・プロジェクトは、放射能の状況管理に人々が直接的に関与することを目的に、フランスの科学者チームによって1996年に開始された（Jullien, 2005; Lochard, 2007）。2000～2007年の間に、ストーリンとスラブゴロド地区6村の住民は、新しいジャガイモ品種の選定や施肥・作物保護手段の適用を含む、新たに開発されたジャガイモ栽培技術を試験した。その結果、ジャガイモの平均収量は初期の収量15～20 t/haから1.6倍増加し、放射性核種の濃度が対照区に比べて20～30%まで減少した。このジャガイモのプロジェクトでは、投資金額1€あたり、1.5～2.0€を収益として享受した。このETHOSのアプローチは、州および地方のレベルで地元の生産者や官庁から非常に高く評価されている。

結論

石灰、家畜ふん堆肥、および窒素・リン・カリウムの施用による土壌肥沃度の改善は、チェルノブイリ原発事故後の長期にわたる基本的な土壌回復策である。低含有量および中程度のカリウム含有量の土壌における、収益性のある作物栽培のためには、バランスがとれた窒素・リン肥料の施用と180 kg K_2O/haを上限としたカリウム肥料の施用が効果的である。ポドゾルビソル壌質砂土において、2～3 mmol/kgから5～6 mmol/kgとカリウム供給量を増加させると、収量が改善し、土壌から作物への放射性核種^{137}Csの移行係数を1/1.8～1/2に削減することができた。高カリウム含有土壌においても、作物が吸収したカリウム量を土壌に補うには、中程度のカリウム肥料の施用が必要である。

67～400 mg P_2O_5/kgという広範囲にわたる土壌の可給態リン含有量の上昇は、春コムギの穀物収量を3.8から6.9 t/haへと増加させるだけでなく、放射性物質^{137}Csや^{90}Srの移行係数をおのおの、1/1.4～1/1.9、1/1.5～1/1.6に低下させた。^{137}Csと^{90}Srの土壌から春コムギ子実への移行係数は、土壌中の可給態リン含有量と密接な関係にあり、下向き凹状の二次曲線によって説明された。コムギ子実中への放射性物質の最小移行係数は、ポドゾルビソル壌質砂土の可給態リン含有量が300～320 mg/kgの範囲であることが算出された。

窒素固定細菌である*Azospirillum brasilense* B-4485を含む生物肥料アゾバクテリンは、さらなる改善手段として使用することができる。多年生牧草への接種は、11～17%収量を増加させ、飼料中の^{137}Csと^{90}Srの移行係数をそれぞれ1/1.2～1/1.6および1/1.8～1/2.2に減少させた。

ETHOSプロジェクトで実証されたように、ジャガイモ栽培の新しい技術を個人の所有地で導入することは、大きな社会的意義がある。自力復興・自己啓発のプロセスに農村住民が参加することは、そのプロセスが放射性物質の汚染地域に住む人々の共通の財産となって、人々の生活の質を向上させるひとつの方法である。

参考文献

Absalom, J.P., S.D. Young, and N.M.J. Crout. 995. Radiocaesium fixation dynamics: measurement in six Cumbrian soils. European Journal of Soil Science, 46: pp. 461-469.

Alexakhin, R.M. 1993. Countermeasures in agricultural production as an effective means of mitigating the radiological consequences of the Chernobyl accident. Science of Total Environment. Vol.137, 9-20.

Andersen, A.J., 1963. Influence of liming and mineral fertilization on plant uptake of radiostrontium from Danish soils. Soil Science 95, 52–59.

Arapis, G. and L. Perepelyatnikova. 1995. Influence of Agrochemical countermeasures on the yield of crops grown on areas contaminated by Cs-137. *In* V. Kotsaki-Kovatsi (Ed.). Aspects on Environmental Toxicology. Thessaloniki-Greece, pp. 228-232.

Arapis, G., E. Petrayev, E. Shagalova, et al. 1997. Effective migration velocity of ^{137}Cs and ^{90}Sr as a function of the type of soils in Belarus. Journal of Environmental Radioactivity. 34, 171-185.

Belimov, A., A. Kynakova, et al. 1996. Tolerance to and immobilization of heavy metals and radionuclides by nitrogen fixing bacteria. Proceeding of the 7th International Symposium on Biological Nitrogen Fixation with Non-Legumes. Pakistan.

Bergmann, W. 1992. Nutritional disorders of plants. G. Fisher. New York. 1992. 741p.

Boddey, R.M. and J. Dobereiner. 1995. Nitrogen fixation associated with grasses and cereals: Recent progress and perspectives for the future. Fertilizer Research. 42, 241–250.

Bogdevitch I. and V. Mikulich. 2008. Yield and quality of spring wheat grain in relation to the P status of Luvisol loamy sand soil and fertilization. Agricultural Sciences. 2008, Vol.15, No. 3, p. 47-54.

Bogdevitch I. 2003. Remediation strategy and practice on agricultural land contaminated with ^{137}Cs and ^{90}Sr in Belarus. Eurosafe. Paris. 25&26 November 2003. Environment and Radiation Protection. Seminar 4, p. 83-92.

Bogdevitch, I. 1999. Soil conditions of Belarus and efficiency of potassium fertilizers. Proceedings of Workshop organized by International Potash Institute at the 16 World Congress of Soil Science, Montpellier, France, 20-26 August 1998. IPI, Basel, Switzerland, 21-26.

BRISSA. 2003. Guidelines on agricultural and industrial production under radioactive contamination in the Republic of Belarus. Minsk. I.M. Bogdevitch (Ed.). Belarusian Research Institute for Soil Science and Agrochemistry. 72 pp. (in Russian).

Clever, A.G. and D.H. Scarisbrick. 2001. Practical statistics and experimental design for plant and crop science. Wiley & Sons, Ltd. England. 332 p.

Deville-Cavelin, G., R.M. Alexakhin, I.M. Bogdevitch, B.S. Prister, et al. 2001. Countermeasures in Agriculture: Assessment of Efficiency. Proceeding of the International Conference "Fifteen Years after the Chernobyl Accident. Lessons Learned", Kiev, Ukraine, April 18-20, 2001. Kiev, 118-128.

Evans, E.J. and A.J. Dekker. 1963. The effect of K fertilisation on the ^{90}Sr content of crops. Canadian Journal of Soil Science, 43, 309–315.

Fesenko, S.V., R.M. Alexakhin, M.I. Balonov, I.M. Bogdevitch, et al. 2007. An extended critical review of twenty years of countermeasures used in agriculture after the Chernobyl accident. Science of the Total Environment. 383, 1-24.

Jacob, P., S. Fesenko, I. Bogdevitch, V. Kashparov, N. Sanzharova, et al. 2009. Rural areas affected by the Chernobyl accident: Radiation exposure and remediation strategies, Science of the Total Environment 408, 14-25.

Jullien, T., N. Reales, F. Gallay, and S. Lepicard. 2005. The Farming approach: main results and perspectives of the French farming groups. Journal of Environmental Radioactivity. Vol. 83, p. 333-345. ISSN 0265-931X.

Kennedy, I.R., A.T.M.A. Chouhury, and M.L. Kecskes. 2004. Non-symbiotic bacterial diazotrophs in crop-farming systems: can their potential for plant growth promotion be better exploited? Soil Biol. Biochem. 36, 1229–1244.

Lochard, J. 2007. Rehabilitation of living conditions in territories contaminated by the Chernobyl accident: the ETHOS Project. Health Physics, 93 (5): 522-526.

Menzel, R.G. 1954. Competitive uptake by plants of potassium, rubidium, caesium, and calcium, strontium, barium from soils. Soil Science. 77(6): 419-425.

Mikhailouskaya, N. 2006. The effect of flax seed inoculation by *Azospirillum brasilense* on flax yield and its quality. Plant Soil Environment. 52 (9), 402–406.

Mikhailouskaya, N. and I. Bogdevitch. 2009. Effect of bio-fertilizers on yields and quality of long-fibred flax and cereal grains. Agronomy Research. 7(I), 412–418.

Nisbet, A.F. 1995. Effectiveness of soil-based countermeasures: six months to one year after contamination of five diverse soil types with ^{137}Cs and ^{90}Sr. Contract report to MAFF. NRPB-M546.

Nisbet, A.F., A.V. Konoplev, G. Shaw, J.F. Lembrechts, et al. 1993. Application of fertilizers and ameliorants to reduce soil to plant transfer of radiocaesium and radiostrontium in the medium to long term – a summary. The Science of the Total Environment 137, 173–182.

Okon, Y. and Y. Kapulnik. 1986. Development and function of *Azospirillum*-inoculated roots. Plant Soil. 90, 3–16.

Prister, B.S., G.P. Perepelyatnicov, and I.V. Perepelyatnikova. 1993. Countermeasures used in the Ukraine to produce forage and animal food products with radionuclide levels below intervention limits after Chernobyl accident. The science of the total Environment 137, 183-198.

Sanzharova, N.I., S.V. Fesenko, V.A. Kotik, and S.I. Spiridonov. 1996. Behavior of radionuclides in meadows and efficiency of countermeasures. Radiation Protection Dosimetry. Vol. 64. No 1/2. pp. 43-48.

Shaw, G. and J.N.B. Bell. 1994. Plants and radionuclides. *In* M.E. Farago (Ed.). Plants and Chemical Elements: Biochemistry, Uptake, Tolerance, and Toxicity. VCH.

Shaw, G. and J.N.B. Bell. 1991. Competitive effects of potassium and ammonium on caesium uptake kinetics in wheat. Journal of Environmental Radioactivity. 13: 283-296.

Sheppard, S.C. and W.G. Evenden. 1997. Variation in transfer factors for stochastic models: Soil–to–plant transfer. Health Physics, 72, 727-733.

Wiklander, L. 1964. Uptake, adsorption and leaching of radiostrontium in a lysimeter experiment. Soil Science 97, 168–172.

日本版 監修・翻訳者

[監修]…………………… 渡辺 和彦[1)]

[序論]…………………… 棟方 直比古[2)]、上杉 登[3)]

[要約]…………………… 棟方 直比古、上杉 登

[第１章]……………… 棟方 直比古

[第２章]……………… 棟方 直比古

[第３章]……………… 鈴井 智子[4)]（前半）、齋藤 俊雄[4)]（後半）

[第４章]……………… 石浦 啓佑[5)]

[第５章]……………… 前田 美穂[5)]

[第６章]……………… 長久保 有之[6)]

[第７章]……………… 大野 佳織[7)]

[第８章]……………… 土屋 慶彦[8)]、上杉 登

[第９章]……………… 大石 秀和[9)]

[第10章] …………… 上杉 登

[第11章] …………… 前田 美穂

[査読]…………………… 渡辺 和彦、棟方 直比古、長久保 有之、大野 佳織、上杉 登

[翻訳・編集協力]…… 石井 宏明[10)]、植松 清次[11)]、阿久津若菜[12)]、吉元博文[12)]、鈴木敏夫[12)]

[出版責任者]………… 上杉 登

1） 元東京農業大学客員教授

2） 日本・東京商工会議所　国際部シニアエキスパート

3） 一般社団法人 全国肥料商連合会会長

4） 住友化学株式会社　アグロ事業部　営業部

5） 住友化学株式会社　健康・農業関連事業研究所　応用開発グループ

6） 住友化学株式会社　アグロ事業部　事業企画部　主席部員

7） 住友化学株式会社　健康・農業関連事業研究所　応用開発グループ　主席研究員

8） 藪崎産商株式会社　常務取締役

9） 丸石株式会社　代表取締役社長

10）カンポテックスジャパン株式会社　代表取締役

11）千葉県農林総合研究センター暖地園芸研究所　主任上席研究員

12）株式会社農文協プロダクション

Person responsible for supervise and translation in Japanese

[Superviser] ……… Kazuhiko Watanabe[1)]

[Introduction] ……… Naohiko Munakata[2)], Noboru Uesugi[3)]

[Executive Summary] …… Naohiko Munakata, Noboru Uesugi

[Chapter1] ………… Naohiko Munakata

[Chapter2] ………… Naohiko Munakata

[Chapter3] ………… Tomoko Suzui[4)] (the former), Toshio Saito[4)] (the latter)

[Chapter4] ………… Keisuke Ishiura[5)]

[Chapter5] ………… Miho Maeta[5)]

[Chapter6] ………… Takayuki Nagakubo[6)]

[Chapter7] ………… Kaori Ohno[7)]

[Chapter8] ………… Yoshihiko Tsuchiya[8)], Noboru Uesugi

[Chapter9] ………… Hidekazu Oishi[9)]

[Chapter10] ……… Noboru Uesugi

[Chapter11] ……… Miho Maeta

[Peer review member] ……… Kazuhiko Watanabe, Naohiko Munakata, Takayuki Nagakubo, Kaori Ohno, Noboru Uesugi

[Co-operating Editor] ……… Hiro Ishii[10)], Seiji Uematsu[11)], Wakana Akutsu[12)], Hirofumi Yoshimoto[12)], Toshio Suzuki[12)]

[Managing Editor] ……… Noboru Uesugi

1) Former Guest Professor of Tokyo University of Agriculture

2) The Japan-Tokyo Chamber of Commerce and Industry, Senior Expert International Division

3) National Association Network for Agriculture of Japan, Chairman

4) Sumitomo Chemical Co., Ltd., Sales Dept., Crop Protection Division-Domestic

5) Sumitomo Chemical Co., Ltd., Biology Group, Development, Health & Crop Sciences Research Laboratory

6) Sumitomo Chemical Co., Ltd., Business Planning and Administration Dept., Crop Protection Division-Domestic, Manager

7) Sumitomo Chemical Co., Ltd., Biology Group, Development, Health & Crop Sciences Research Laboratory, Senior Research Associate

8) Yabuzaki sansyou Co., Ltd., Managing Director

9) Maruishi Co., Ltd., President

10) Canpotex (Japan) Limited, Managing Director

11) Southern Prefectural Horticulture Institute, Chiba Prefectural Agriculture and Forestry Research Center

12) Rural Culture Association Production Co., Ltd.

編集後記

私ども一般社団法人 全国肥料商連合会は、高い施肥技術と知識向上を図るため、技術講習会・検定試験を実施する「施肥技術マイスター制度」を2011（平成23）年8月に立ち上げた。以来、年3～4回の講習会を全国にて開催し、2014（平成26）年末には1,300名を超える施肥技術マイスターが誕生した。

その教材として使用している『環境・資源・健康を考えた―土と施肥の新知識』（発売：一般社団法人 農山漁村文化協会）にも謳われている“健康を考えた施肥”とは、執筆者の一人である渡辺和彦先生（農学博士、元東京農業大学客員教授）の提唱による。同書は講義の中でも参照され、人間の健康と施肥の関係を考えてもいなかった私どもに新鮮な情報を提供してくれている。

本書は、2013（平成25）年末にカンポテックスジャパン 株式会社代表取締役の石井宏明氏の協力を得て、国際肥料協会と国際植物栄養協会から日本語版の翻訳の承諾をいただき、約1年かけて翻訳を完了した。多くの医学用語もあり翻訳は難航をきわめたが、渡辺先生には「肥料を扱うことは命の源泉を農家に届けることであり、肥料業には明るい将来が待っている。まさに今“肥料の夜明け”が来た」と、常に励まし続けていただき、かつご指導を仰ぎ、ようやく本書を完成させることができた。心から感謝を申し上げる。また日本語版の監修・翻訳者は、先に記した通りである。今回は非営利事業としての出版であることから、監修者、翻訳者の各氏にはボランティア精神のもとご協力いただいた。各氏の粘り強い学究心に改めて敬意を表する。本書の製作にあたっては、株式会社 農文協プロダクション代表取締役の鈴木敏夫氏、同社阿久津若菜氏に多大な協力を得た。

まさに関係各位の肥料に対する情熱なくしては、本書の発行には至らず、この紙面を借りて、深く感謝を申し上げる。読者の方々には、肥料の新しい一面を読み取り、肥料新時代に向けて情熱を燃やしていただきたい。

上杉　登

（一般社団法人　全国肥料商連合会会長）

人を健康にする施肥

2015年3月31日　第1版発行
2015年8月1日　改訂第2版発行
ISBN978-4-540-15175-0

編者 …………… 国際植物栄養協会(IPNI)／国際肥料協会(IFA)

監修者 ………… 渡辺 和彦
出版責任者 …… 上杉 登

発行所 ………… 一般社団法人　全国肥料商連合会
〒113-0033　東京都文京区本郷3-3-1　お茶の水K.Sビル(3階)
TEL…03-3817-8880　FAX…03-3817-8882
発売 …………… 一般社団法人　農山漁村文化協会
〒107-8668　東京都港区赤坂7-6-1
TEL…03-3585-1141(営業)　FAX…03-3585-3668
振替…00120-3-144478　URL…http://www.ruralnet.or.jp/
製作 …………… (株)農文協プロダクション
印刷・製本 …… 図書印刷(株)